스크린

PE

PROFESSIONAL ENGINEER

건축시공기술사

한솔아카데미

기 술 사 학원강좌

학 원 강 좌

최단기간 코스

1. 토요반, 일요반(국내유일) – 정규/실전반 하루에 마무리
   현장근무, 경조사를 고려하여 토 · 일 교차수강 가능
2. Study System(2007년~현재) 따라할 수 없는 스터디 노하우
3. 첨삭지도 System(서브노트 체크) – 담임첨삭지도

과 정 명	횟수	수강료	특 성	비 고
정 규 반	10	800,000	각 단원별 기본이론 원리위주의 학습 마법지에 의한 흐름파악	
매주 1회씩 공개강의를 통해 청강 후 상담을 통한 등록진행 (실전반 청강불가)				
실전 테크닉반				
답안작성반	2	300,000	답안작성 원칙론 답안작성 방법론	
용어설명	3~5	300,000	핵심내용 설명	
기술지침	3~5	300,000	핵심내용 설명	
이슈특강	1~2	200,000	이슈 · 현장실무	상황에 따라 교차강의
모의고사/첨삭지도반	6	300,000	실전 Test 및 첨삭지도	
수요 All Pass반 (한솔 클라스)	8	매주 수요일 7시30분~10시30분 400,000	• 기술지침 핵심 • 답안 특화(공종별) • 예상문제풀이 • 5주 모의고사	※ 금액 별도 현수강생 20만원
최종모의고사 (400분 Full Time)	1	40,000	시험당일 모범답안 채점완료	금액 별도
All Pass반(연수원 합숙)	3박 4일		합격 시크릿	금액 별도
실전회원반(1년)		1,100,000	1년 (실전 전과정) (토,일) 선택	환불은 10주과정 내
종 합 반(1년)		**1,900,000**	전과정 혜택 (토,일) 선택	환불은 10주과정 내
※ 종합반 및 실전회원반은 10주과정을 기준으로 합니다. 10주 이후 나머지 기간은 서비스과정입니다. 두 과정은 1년을 기간으로 환불이 아니라 10주가 지나면 환불대상이 아닙니다. 부득이한 사정으로 중단을 할 경우 2년까지 유예기간을 드립니다.				
※ DC혜택				

※ DC혜택	
• 1년차 재수강 : 800,000원 • 2년차 재수강 : 500,000원 • 3년차 재수강 : 300,000원	교재비 별도
• 수강생 소개, 한솔건축기사, 건축사 수강생, 기술사 동영상 : 10%	
• 삼성물산, 현대건설, 대림산업, GS건설, 대우건설, 포스코건설, 호반건설, 롯데건설, 한화건설 현대 엔지니어링, SK건설, 중흥토건, 반도건설, 한신공영, 태영건설 D.C 15%	

※ 시험일정 및 학원사정상 일부 변경될 수 있습니다.

기 술 사 동영상강좌

동 영 상 강 좌

❶ 건축시공기술사 강의 특징

1. Smart View (시각화 강의+판서축소에 의한 Key Point 강의)
2. 기본이론+실무위주+도식화 설명
3. 다양하고 차별화된 고득점 아이템 설명

❷ 각 단원별 Focus를 맞춘 차별화 강의

정규과정 (마법 기본서)	대 상	- 기술사 공부의 필수코스 - 전과정 정리가 필요한 분	
	내 용	- 공종별 Lay out 및 folder별 설명 - 흐름에 의한 Part별 Story전개 - 기본이론+실무+도식화 설명	

❸ 동영상강좌 신청방법

- **교육기간 :** 신청한 날부터 6개월
- **교　　재 :** 한솔아카데미 발행 건축시공기술사 마법 기본서
- **수 강 료 :** 전과목 수강 ▶ 500,000원(시중교재 10% DC : 49,500원)

❹ 동영상강의 일정(정규과정)

단 원		주요내용
오리엔테이션		공부방법 및 학습커리큘럼
1강	가설공사 및 건설기계	학습 Point, 일반사항, 공통가설공사 직접가설공사, Tower Crane, Lift Car
2강	토공사	학습 Point, 지반공사, 토공, 물, 하자 및 계측관리
3강	기초공사	학습 Point, 기초유형, 기성 콘크리트 Pile, 현장타설 콘크리트 Pile, 기초의 안정
4강	철근콘크리트공사(Ⅰ)	학습 Point, 거푸집 공사, 철근공사
5강	철근콘크리트공사(Ⅱ)	학습 Point, 콘크리트 일반
6강	철근콘크리트공사(Ⅲ)	학습 Point, 특수콘크리트, 철근콘크리트 구조일반
7강	P · C공사	학습 Point, 일반사항, 공법분류, 시공, 복합화
8강	철골공사	학습 Point, 일반사항, 세우기, 접합, 부재 및 내화피복
9강	초고층 및 대공간 공사	학습 Point, 설계 및 구조, 시공계획, 대공간 구조, 공정관리
10강	Curtain Wall 공사	학습 Point, 일반사항, 공법분류, 시공, 하자
11강	마감 및 기타 공사(Ⅰ)	학습 Point, 쌓기공법, 붙임공법, 바름공법, 보호공법
12강	마감 및 기타 공사(Ⅱ)	학습 Point, 설치공사, 기타 및 특수재료, 실내환경
13강	건설사업관리(Ⅰ)	학습 Point, 건설산업과 건축생산, 생산의 합리화
14강	건설사업관리(Ⅱ)	학습 Point, 건설 공사계약, 건설 공사관리
추가특강		1. 2차실기 면접 특강 (추후 일정공지)
		2. 매회 예상문제 특강 (추후 일정공지)
		3. 공종별 단기간 전략 특강(10강) (추후 일정공지)
		4. 매회 기출문제 총평 (추후 일정공지)

동영상강좌 신청방법

인터넷 홈페이지(www.inup.co.kr)를 통하여 직접 신청 하시면 됩니다.

문의☎ (02) 575 – 6144 ~ 5 / FAX : (02) 529 – 1130

※ 한솔아카데미 학원강의 및 통신강의 기 수강회원께는 할인혜택을 드립니다.

Preface

- 예시: 설명하고자 하는 대상과 관계있는 실례를 보임으로써 전체의 의미를 분명하게 이해
- 비교와 대조: 성질이 다른 대상을 서로 비교·대조하여 그 특징 파악
- 분류: 대상을 일정한 기준에 따라 유형으로 구분
- 분석: 하나의 대상을 나누어 부분으로 이루어진 대상을 분석
- 평가: 방법과 방식으로 나누어 방안 제시
- 견해: 전제조건과 대안을 통하여 견해를 제시하는 것이 기술사 시험입니다.

Professional Engineer와 Amateur Engineer의 가장 큰 차이점은 무엇일까요?
그것은 바로 공부하는 전략이 다르다는 점입니다.
Amateur는 전략의 중요성을 인식하지도 못합니다.
너무도 준비 없이 다급하게 수업만 듣기에 급급하기 마련입니다.

하지만 Pro는 그 전략의 중요성을 인식하고 있고
채점자를 휘어잡는 특별한 전략을 준비하는 사람입니다.

Amateur는 Scale에 감탄하고 Pro는 Detail에 더 경탄합니다.
큰 틀과 방향을 잡는 것이 Scale의 단계이며, 단계별 전개과정에 따른 Why(왜 해야만 하는가), What(무엇으로), How(어떻게) 기본원리에 따라 Scale안에 있는 각 단계별로 Part를 삽입하는 것이 Detail입니다.

이 책은 건축시공을 한눈에 알 수 있게 각 공종의 Lay Out을 main screen으로 만들어 놓았고 PE 기본서의 내용을 요약설명해 놓은 책입니다.

교재의 구성

- 흐름과 연관성을 기초로 건축 분류체계의 획기적인 정립
- 구성원리를 이용한 용어의 유형분류체계 수립
- 현장시공을 기초로 한 실무형 창작그림으로 main theme 설정
- 공종별 Key Point와 Lay Out 제시(main screen & sub screen)
- Part와 Process를 이용한 Item구성

21일 동안 원하는 행동을 계속하면 습관이 된다. - 맥스웰 말츠

지식이 늘어나면 인생이 변한다.
당신은 변화된 멋진 인생을 맞을 준비가 되었는가?

건축시공기술사 백 종 엽

건축시공기술사 시험정보

1. 기본정보

1. 개요

건축의 계획 및 설계에서 시공, 관리에 이르는 전 과정에 관한 공학적 지식과 기술, 그리고 풍부한 실무경험을 갖춘 전문 인력을 양성하고자 자격제도 제정

2. 수행직무

건축시공 분야에 관한 고도의 전문지식과 실무경험에 입각한 계획, 연구, 설계, 분석, 시험, 운영, 시공, 평가 또는 이에 관한 지도, 감리 등의 기술업무 수행

3. 실시기관

한국 산업인력공단(http://www.q-net.or.kr)

2. 진로 및 전망

1. 우대정보

공공기관 및 일반기업 채용 시 및 보수, 승진, 전보, 신분보장 등에 있어서 우대받을 수 있다.

2. 가산점

- 건축의 계획 6급 이하 기술공무원: 5% 가산점 부여
- 5급 이하 일반직: 필기시험의 7% 가산점 부여
- 공무원 채용시험 응시가점
- 감리: 감리단장 PQ 가점

3. 자격부여

- 감리전문회사 등록을 위한 감리원 자격 부여
- 유해·위험작업에 관한 교육기관으로 지정신청하기 위한 기술인력, 에너지절약전문기업 등록을 위한 기술인력 등으로 활동

4. 법원감정 기술사 전문가: 법원감정인 등재

법원의 판사를 보좌하는 역할을 수행함으로서 기술적 내용에 대하여 명확한 결과를 제출하여 법원 판결의 신뢰성을 높이고, 적정한 감정료로 공정하고 중립적인 입장에서 신속하게 감정 업무를 수행

- 공사비 감정, 하자감정, 설계감정 등

5. 기술사 사무소 및 안전진단기관의 자격

3. 기술사 응시자격

(1) 기사 자격을 취득한 후 응시하려는 종목이 속하는 직무분야(고용노동부령으로 정하는 유사 직무분야를 포함한다. 이하 "동일 및 유사 직무분야"라 한다)에서 4년 이상 실무에 종사한 사람
(2) 산업기사 자격을 취득한 후 응시하려는 종목이 속하는 동일 및 유사 직무분야에서 5년 이상 실무에 종사한 사람
(3) 기능사 자격을 취득한 후 응시하려는 종목이 속하는 동일 및 유사 직무분야에서 7년 이상 실무에 종사한 사람
(4) 응시하려는 종목과 관련된 학과로서 고용노동부장관이 정하는 학과(이하 "관련학과"라 한다)의 대학졸업자 등으로서 졸업 후 응시하려는 종목이 속하는 동일 및 유사 직무분야에서 6년 이상 실무에 종사한 사람
(5) 응시하려는 종목이 속하는 동일 및 유사직무분야의 다른 종목의 기술사 등급의 자격을 취득한 사람
(6) 3년제 전문대학 관련학과 졸업자 등으로서 졸업 후 응시하려는 종목이 속하는 동일 및 유사 직무분야에서 7년 이상 실무에 종사한 사람
(7) 2년제 전문대학 관련학과 졸업자 등으로서 졸업 후 응시하려는 종목이 속하는 동일 및 유사 직무분야에서 8년 이상 실무에 종사한 사람
(8) 국가기술자격의 종목별로 기사의 수준에 해당하는 교육훈련을 실시하는 기관 중 고용노동부령으로 정하는 교육훈련기관의 기술훈련과정(이하 "기사 수준 기술훈련과정"이라 한다) 이수자로서 이수 후 응시하려는 종목이 속하는 동일 및 유사 직무분야에서 6년 이상 실무에 종사한 사람
(9) 국가기술자격의 종목별로 산업기사의 수준에 해당하는 교육훈련을 실시하는 기관 중 고용노동부령으로 정하는 교육훈련기관의 기술훈련과정(이하 "산업기사 수준 기술훈련과정"이라 한다) 이수자로서 이수 후 동일 및 유사 직무분야에서 8년 이상 실무에 종사한 사람
(10) 응시하려는 종목이 속하는 동일 및 유사 직무분야에서 9년 이상 실무에 종사한 사람
(11) 외국에서 동일한 종목에 해당하는 자격을 취득한 사람

건축시공기술사 시험기본상식

1. 시험위원 구성 및 자격기준

(1) 해당 직무분야의 박사학위 또는 기술사 자격이 있는 자
(2) 대학에서 해당 직무분야의 조교수 이상으로 2년 이상 재직한 자
(3) 전문대학에서 해당 직무분야의 부교수이상 재직한자
(4) 해당 직무분야의 석사학위가 있는 자로서 당해 기술과 관련된 분야에 5년 이상 종사한자
(5) 해당 직무분야의 학사학위가 있는 자로서 당해 기술과 관련된 분야에 10년 이상 종사한 자
(6) 상기조항에 해당하는 사람과 같은 수준 이상의 자격이 있다고 인정 되는 자

※ 건축시공기술사는 기존 3명에서 5명으로 충원하여 $\frac{1}{n}$로 출제
단, 학원강의를 하고 있거나 수험서적(문제집)의 출간에 참여한 사람은 제외

2. 출제 방침

(1) 해당종목의 시험 과목별로 검정기준이 평가될 수 있도록 출제
(2) 산업현장 실무에 적정하고 해당종목을 대표할 수 있는 전형적이고 보편타당성 있는 문제
(3) 실무능력을 평가하는데 중점

※ 해당종목에 관한 고도의 전문지식과 실무경험에 입각한 계획, 설계, 연구, 분석, 시험, 운영, 시공, 평가 또는 이에 관한 지도, 감리 등의 기술업무를 행할 수 있는 능력의 유무에 관한 사항을 서술형, 단답형, 완결형 등의 주관식으로 출제하는 것임

3. 출제 Guide line

(1) 최근 사회적인 이슈가 되는 정책 및 신기술 신공법
(2) 학회지, 건설신문, 뉴스에서 다루는 중점사항
(3) 연구개발해야 할 분야
(4) 시방서
(5) 기출문제

4. 출제 방법

(1) 해당종목의 시험 종목 내에서 최근 3회차 문제 제외 출제
(2) 시험문제가 요구되는 난이도는 기술사 검정기준의 평균치 적용
(3) 1교시 약술형의 경우 한두개 정도의 어휘나 어구로 답하는 단답형 출제를 지양하고 간단히 약술할 수 있는 서술적 답안으로 출제
(4) 수험자의 입장에서 출제하되 출제자의 출제의도가 수험자에게 정확히 전달
(5) 국·한문을 혼용하되 필요한 경우 영문자로 표기
(6) 법규와 관련된 문제는 관련법규 전반의 개정여부를 확인 후 출제

5. 출제 용어

(1) 국정교과서에 사용되는 용어
(2) 교육 관련부처에서 제정한 과학기술 용어
(3) 과학기술단체 및 학회에서 제정한 용어
(4) 한국 산업규격에 규정한 용어
(5) 일상적으로 통용되는 용어 순으로 함
(6) 숫자: 아라비아 숫자
(7) 단위: SI단위를 원칙으로 함

6. 채점

❶ 교시별 배점

교시	유형	시간	출제문제		채점방식				합격기준
			시험지	답안지	배점	교시당	합계	채점	
1교시	약술형	100분	13문제	10문제 선택	10/6	100	300/180	A:60점 B:60점 C:60점	평균 60점
2교시	서술형	100분	6문제	4문제 선택	25/15	100	300/180	A:60점 B:60점 C:60점	평균 60점
3교시		100분	6문제	4문제 선택	25/15	100	300/180	A:60점 B:60점 C:60점	평균 60점
4교시		100분	6문제	4문제 선택	25/15	100	300/180	A:60점 B:60점 C:60점	평균 60점
합계		400분	31문제	22문제	1200			720점	60점

❷ 답안지 작성 시 유의사항

(1) 답안지는 표지 및 연습지를 제외하고 총7매(14면)이며, 교부받는 즉시 매수, 페이지 순서 등 정상여부를 반드시 확인하고 1매라도 분리되거나 훼손하여서는 안 됩니다.
(2) 시행 회, 종목명, 수험번호, 성명을 정확하게 기재하여야 합니다.
(3) 수험자 인적사항 및 답안작성(계산식 포함)은 검정색 필기구만을 계속 사용하여야 합니다. (그 외 연필류·유색필기구·2가지 이상 색 혼합사용 등으로 작성한 답항은 0점 처리됩니다.)
(4) 답안정정 시에는 두 줄(=)을 긋고 다시 기재 가능하며, 수정테이프 사용 또한 가능합니다.
(5) 연습지에 기재한 내용은 채점하지 않으며, 답안지(연습지 포함)에 답안과 관련 없는 특수한 표시를 하거나 특정인임을 암시하는 경우 답안지 전체가 0점 처리됩니다.
(6) 답안작성 시 자(직선자, 곡선자, 탬플릿 등)를 사용할 수 있습니다.
(7) 문제의 순서에 관계없이 답안을 작성하여도 되나 주어진 문제번호와 문제를 기재한 후 답안을 작성하고 전문용어는 원어로 기재하여도 무방합니다.
(8) 요구한 문제수 보다 많은 문제를 답하는 경우 기재 순으로 요구한 문제수 까지 채점하고 나머지 문제는 채점대상에서 제외됩니다.
(9) 답안 작성 시 답안지 양면의 페이지 순으로 작성하시기 바랍니다.
(10) 기 작성한 문항 전체를 삭제하고자 할 경우 반드시 해당 문항의 답안 전체에 대하여 명확하게 X표시(X표시 한 답안은 채점대상에서 제외) 하시기 바랍니다.
(11) 시험시간이 종료되면 즉시 답안작성을 멈춰야 하며, 종료시간 이후 계속 답안을 작성하거나 감독위원의 답안제출 지시에 불응할 때에는 채점대상에서 제외됩니다.
(12) 각 문제의 답안작성이 끝나면 "끝"이라고 쓰고 다음 문제는 두 줄을 띄워 기재하여야 하며 최종 답안작성이 끝나면 그 다음 줄에 "이하빈칸"이라고 써야 합니다.

❸ 채점대상

(1) 수험자의 답안원본의 인적사항이 제거된 비밀번호만 기재된 답안
(2) 1~4교시까지 전체답안을 제출한 수험자의 답안
(3) 특정기호 및 특정문자가 기입된 답안은 제외
(4) 유효응시자를 기준으로 전회 면접 불합격자들의 인원을 고려하여 답안의 Standard를 정하여 합격선을 정함
(5) 약술형의 경우 정확한 정의를 기본으로 1페이지를 기본으로 함
(6) 서술형의 경우 객관적 사실과 견해를 포함한 3페이지를 기본으로 함

information

건축시공기술사 현황 및 공부기간

❶ 자격보유

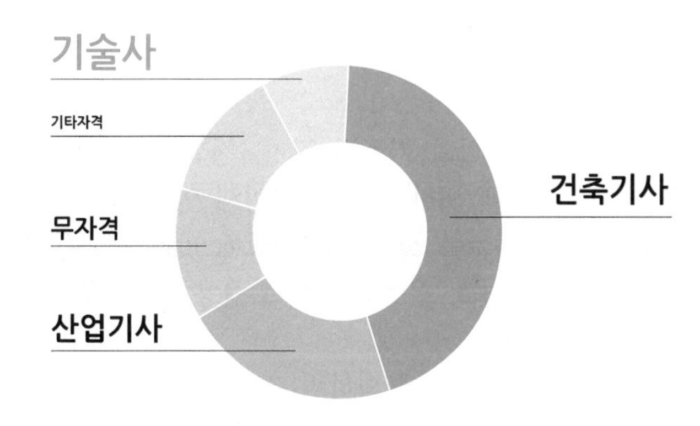

❷ 공부기간 및 응시횟수

공부기간, 응시횟수도 중요하지만
얼마만큼, 어떻게 준비하느냐가 관건
하루 평균 3시간 공부기준

❸ 기술사는 보험입니다

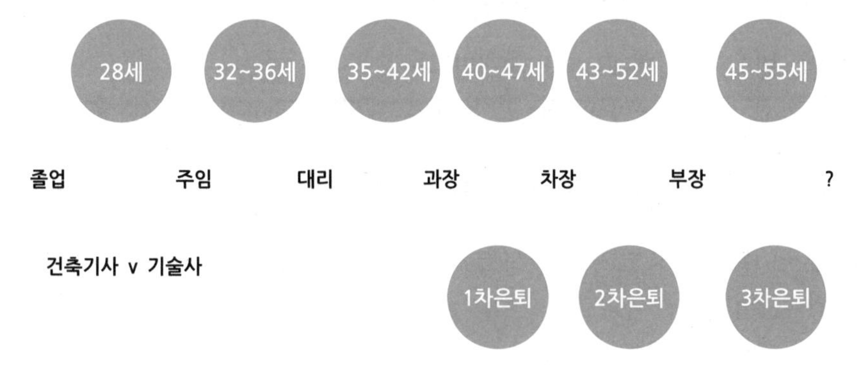

회사가 나를 필요로 하는 사람이 된다는 것은?
건축인의 경쟁력은 무엇으로 말할 수 있는가?

답안작성 원칙과 기준 bible

1. 작성원칙 bible

❶ 기본원칙

1. **正確性** : 객관적 사실에 의한 원칙과 기준에 근거. 정확한 사전적 정의
2. **論理性** : 6하 원칙과 기승전결에 의한 형식과 짜임새 있는 내용설명
3. **專門性** : 체계적으로 원칙과 기준을 설명하고 상황에 맞는 전문용어 제시
4. **創意性** : 기존의 내용을 독창적이고, 유용한 것으로 응용하여 실무적이거나 경험적인 요소로 새로운 느낌을 제시
5. **一貫性** : 문장이나 내용이 서로 흐름에 의하여 긴밀하게 구성되도록 배열

❷ 6하 원칙 활용

1. When(계획~유지관리의 단계별 상황파악)
   - 전·중·후: 계획, 설계, 시공, 완료, 유지관리

2. Where(부위별 고려사항, 요구조건에 의한 조건파악)
   - 공장·현장, 지상·지하, 내부·외부, 노출·매립, 바닥·벽체, 구조물별·부위별, 도심지·초고층

3. Who(대상별 역할파악)
   - 발주자, 설계자, 건축주, 시공자, 감독, 협력업체, 입주자

4. What(기능, 구조, 요인: 유형·구성요소별 Part파악)
   - 재료(Main, Sub)의 상·중·하+바탕의 내·외부+사람(기술, 공법, 기준)+기계(장비, 기구)+힘(중력, 횡력, 토압, 풍압, 수압, 지진)+환경(기후, 온도, 바람, 눈, 비, 서중, 한중)

5. How(방법, 방식, 방안별 Part와 단계파악)
   - 계획+시공(전·중·후)+완료(조사·선정·준비·계획)+(What항목의 전·중·후)+(관리·검사)
   - Plan → Do→ Check → Action
   - 공정관리, 품질관리, 원가관리, 안전관리, 환경관리

6. Why(구조, 기능, 미를 고려한 완성품 제시)
   - 구조, 기능, 미
   - 안전성, 경제성, 무공해성, 시공성
   - 부실과 하자

※ 답안을 작성할 시에는 공종의 우선순위와 시공순서의 흐름대로 작성
(상황, 조건, 역할, 유형, 구성요소, Part, 단계, 중요Point)

❸ 답안작성 Tip

1. 답안배치 Tip
   - 구성의 치밀성
   - 여백의 미 : 공간활용
   - 적절한 도형과 그림의 위치변경

2. 논리성
   - 단답형은 정확한 정의 기입
   - 단답형 대제목은 4개 정도가 적당하며 아이템을 나열하지 말고 포인트만 기입
   - 논술형은 기승전결의 적절한 배치
   - 6하 원칙 준수
   - 핵심 키워드를 강조
   - 전후 내용의 일치
   - 정확한 사실을 근거로 한 견해제시

3. 출제의도 반영
   - 답안작성은 출제자의 의도를 파악하는 것이다.
   - 문제의 핵심키워드를 맨 처음 도입부에 기술
   - 많이 쓰이고 있는 내용위주의 기술
   - 상위 키워드를 활용한 핵심단어 부각
   - 결론부에서의 출제자의 의도 포커스 표현

4. 응용력
   - 해당문제를 통한 연관공종 및 전·후 작업 응용
   - 시공 및 관리의 적절한 조화

5. 특화
   - 교과서적인 답안과 틀에 박힌 내용 탈피
   - 실무적인 내용 및 경험
   - 표현능력

6. 견해 제시력
   - 객관적인 내용을 기초로 자신의 의견을 기술
   - 대안제시, 발전발향
   - 뚜렷한 원칙, 문제점, 대책, 판단정도

❹ 공사관리 활용

1. 사전조사

- 설계도서, 계약조건, 입지조건, 대지, 공해, 기상, 관계법규

2. 공법선정

- 공기, 경제성, 안전성, 시공성, 친환경

3. Management

(1) 공정관리
- 공기단축, 시공속도, C.P관리, 공정Cycle, Mile Stone, 공정마찰

(2) 품질관리
- P.D.C.A, 품질기준, 수직·수평, Level, Size, 두께, 강도, 외관, 내구성

(3) 원가관리
- 실행, 원가절감, 경제성, 기성고, 원가구성, V.E, L.C.C

(4) 안전관리

(5) 환경관리
- 폐기물, 친환경, Zero Emission, Lean Construction

(6) 생산조달
- Just in time,S.C.M

(7) 정보관리: Data Base
- CIC, CACLS, CITIS, WBS, PMIS, RFID, BIM

(8) 통합관리
- C.M, P.M, EC화

(9) 하도급관리

(10) 기술력: 신공법

4. 7M

(1) Man: 노무, 조직, 대관업무, 하도급관리
(2) Material: 구매, 조달, 표준화, 건식화
(3) Money: 원가관리, 실행예산, 기성관리
(4) Machine: 기계화, 양중, 자동화, Robot
(5) Method: 공법선정, 신공법
(6) Memory: 정보, Data base, 기술력
(7) Mind: 경영관리, 운영

information

2. 작성기준 bible

❶ 건축용어 마법지 : 유형별 단어 구성체계 - made by 백 종 엽

<table>
<tr><th rowspan="2">유형</th><th colspan="4">단어 구성체계 및 대제목 분류</th></tr>
<tr><th>Ⅰ</th><th>Ⅱ</th><th>Ⅲ</th><th>Ⅳ</th></tr>
<tr><td rowspan="2">1. 공법(작업, 방법)
※ 핵심원리, 구성원리</td><td colspan="4">이동, 양중, 고정, 조립, 접합, 부착, 설치, 세우기, 붙임, 쌓기(축조, 구축), 바름, 붙임, 보호, 뿜칠, 굴착, 천공, 삽입, 타설, 양생, 제거, 보강, 파괴, 해체</td></tr>
<tr><td>정의</td><td>핵심원리
구성원리</td><td>시공 Process
요소기술
적용범위
특징, 종류</td><td>시공 시 유의사항
중점관리 사항
적용 시 고려사항</td></tr>
<tr><td rowspan="2">2. 시설물(설치, 형식, 기능)
※ 구성요소, 설치방법</td><td colspan="4">기능, 고정, 이음, 연결, 차단, 보호, 안전</td></tr>
<tr><td>정의</td><td>설치구조
설치기준
설치방법</td><td>설치 Process
규격 · 형식
기능 · 용도</td><td>설치 시 유의사항
중점관리 사항</td></tr>
<tr><td rowspan="2">3. 자재(부재, 형태)
※ 구성요소</td><td colspan="4">설치, 기능, 역할, 구조, 형태, 가공, 이음, 틈, 고정, 부착, 접합, 조립, 두께, 비중, 단열, 변형, 강도, 강성, 경도, 연성, 인성, 취성, 탄성, 소성, 피로</td></tr>
<tr><td>정의</td><td>제작원리
설치방법
구성요소
접합원리</td><td>제작 Process
설치 Process
기능 · 용도
특징</td><td>설치 시 유의사항
중점관리 사항</td></tr>
<tr><td rowspan="2">4. 기능(역할)
※ 구성요소, 요구조건</td><td colspan="4">연결, 차단, 억제, 보호, 유지, 개선, 보완, 전달, 분산, 침투, 형성, 지연, 구속, 막, 분해, 작용</td></tr>
<tr><td>정의</td><td>구성요소
요구조건
적용조건</td><td>기능 · 용도
특징 · 적용성</td><td>시공 시 유의사항
개선사항
중점관리 사항</td></tr>
<tr><td rowspan="2">5. 재료(성질, 성분, 형상)
※ 함유량, 요구성능</td><td colspan="4">성질, 성분, 함유량, 비율, 형상, 크기, 중량, 비중, 농도, 밀도, 점도</td></tr>
<tr><td>정의</td><td>Mechanism
영향인자
작용원리
요구성능</td><td>용도 · 효과
특성, 적용대상
관리기준</td><td>선정 시 유의사항
사용 시 유의사항
적용대상</td></tr>
<tr><td rowspan="2">6. 성능(구성, 용량, 향상)
※ 요구성능</td><td colspan="4">효율, 시간, 속도, 용량, 물리 화학적 안정성, 비중, 유동성, 부착성, 내풍성, 수밀성, 기밀성, 차음성, 단열, 안전성, 내구성, 내진성, 내열성, 내피로성, 내후성</td></tr>
<tr><td>정의</td><td>Mechanism
영향요소
구성요소
요구성능</td><td>용도 · 효과
특성 · 비교
관리기준</td><td>고려사항
개선사항
유의사항
중점관리 사항</td></tr>
<tr><td rowspan="2">7. 시험(측정, 검사)
Test, inspection
※ 검사, 확인, 판정</td><td colspan="4">지지, 인발, 오차, 기울기, 응력, 누수, 부착, 습기, 소음, 공기, 농도, 비중, 두께, 강도, 압축, 인장, 휨, 전단, 비율, 결함(하자, 손상, 부실)관련</td></tr>
<tr><td>정의</td><td>시험방법
시험원리
시험기준
측정방법
측정원리
측정기준</td><td>시험항목
측정항목
시험 Process
종류, 용도</td><td>시험 시 유의사항
검사방법
판정기준
조치사항</td></tr>
</table>

<table>
<tr><th rowspan="2">유형</th><th colspan="4">단어 구성체계 및 대제목 분류</th></tr>
<tr><th>Ⅰ</th><th>Ⅱ</th><th>Ⅲ</th><th>Ⅳ</th></tr>
<tr><td rowspan="2">8. 현상(힘의 변화)
영향인자, Mechanism
※ 기능저해</td><td colspan="4">중력, 풍력, 수압, 부력, 하중, 측압, 지진, 좌굴, 횡력, 크리프, 처짐, 변형, 응력, 저항, 상승, 쏠림, 파괴, 붕괴, 지연, 흐름, 변화</td></tr>
<tr><td>정의</td><td>Mechanism
영향인자
영향요소</td><td>문제점, 피해
특징
발생원인, 시기
발생과정</td><td>방지대책
중점관리 사항
복구대책
처리대책
조치사항</td></tr>
<tr><td rowspan="2">9. 현상(성질, 반응, 변화)
영향인자, Mechanism
※ 성능저해</td><td colspan="4">성질, 반응, 변화, 수축, 팽창, 흡수, 분리, 감소, 건조, 부피, 부착, 증발, 증대, 물리화학적, 경화, 부식, 탄산화, 건조수축, 동해, 발열, 폭렬</td></tr>
<tr><td>정의</td><td>Mechanism
영향인자
영향요소
작용원리</td><td>문제점, 피해
특성, 효과
발생원인, 시기
발생과정</td><td>방지대책
중점관리 사항
저감방안
조치사항</td></tr>
<tr><td rowspan="2">10. 결함(하자, 손상, 부실)
※ 형태</td><td colspan="4">표면, 내부, 형상(배부름, 터짐, 공극, 파손, 마모, 크기, 강도, 내구성, 열화, 부식, 수직도, Level, 두께, 비율</td></tr>
<tr><td>정의</td><td>Mechanism
영향인자
영향요소</td><td>문제점, 피해
발생형태
발생원인, 시기
발생과정
종류</td><td>방지기준
방지대책
중점관리 사항
복구대책
처리대책
조치사항</td></tr>
<tr><td rowspan="2">11. 시설, 기계, 장비, 기구
(성능, 제원)
※구성요소, System</td><td colspan="4">구조, 기능, 제원, 용도(천공, 굴착, 굴착, 양중, 제거, 해체, 조립, 접합, 운반, 설치</td></tr>
<tr><td>정의</td><td>구성요소
구비조건
형식, 성능
제원</td><td>기능, 용도
특징</td><td>설치 시 유의사항
배치 시 유의사항
해체 시 유의사항
운용 시 유의사항</td></tr>
<tr><td rowspan="2">12. 구조(구성요소)
※ 구조원리</td><td colspan="4">종류, 형태, 형식, 하중, 응력, 저항, 대응, 내력, 접합, 연결, 전달, 차단, 억제</td></tr>
<tr><td>정의</td><td>구조원리
구성요소</td><td>형태
형식
기준
종류</td><td>선정 시 유의사항
시공 시 유의사항
적용 시 고려사항</td></tr>
<tr><td rowspan="2">13. 기준, 지표, 지수
※ 구분과 범위</td><td colspan="4">운영, 관리, 정보, 유형, 범위, 영역, 절차, 단계, 평가, 유형, 구축, 도입, 개선, 심사</td></tr>
<tr><td>정의</td><td>구분, 범위
Process
기준</td><td>평가항목
필요성, 문제점
방식, 비교
분류</td><td>적용방안
개선방안
발전방향
고려사항</td></tr>
<tr><td rowspan="2">14. 제도(System)
※ 관리사항, 구성체계</td><td colspan="4">운영, 관리, 정보, 유형, 범위, 영역, 절차, 단계, 평가, 유형, 구축, 도입, 개선, 심사, 표준</td></tr>
<tr><td>정의</td><td>구분, 범위
Process
기준</td><td>평가항목
필요성, 문제점
방식, 비교
분류</td><td>적용방안
개선방안
발전방향
고려사항</td></tr>
<tr><td rowspan="2">15. 항목(조사, 검사, 계획)
※ 관리사항, 구분 범위</td><td colspan="4">구분, 범위, 절차, 유형, 평가, 구축, 도입, 개선, 심사</td></tr>
<tr><td>정의</td><td>구분, 범위
계획
Process
처리절차
처리방법</td><td>조사항목
필요성
조사/검사방식
분류</td><td>검토사항
고려사항
유의사항
개선방안</td></tr>
</table>

용어 WWH 추출법

Why (구조, 기능, 미, 목적, 결과물, 확인, 원인, 파악, 보강, 유지, 선정)
What (설계, 재료, 배합, 운반, 양중, 기후, 대상, 부재, 부위, 상태, 도구, 형식, 장소)
How (상태 · 성질변화, 공법, 시험, 기능, 성능, 공정, 품질, 원가, 안전, Level, 접합, 내구성)

서술형 15가지

1. 방법
2. 방식
3. 방안
4. 종류
5. 특징(장·단점), 비교설명
6. 필요성
7. 용도, 기준, 구성체계, 활용, 활성화
8. 목적 및 도입, 선정, 적용, 효과, 제도
9. 조사, 준비, 계획, 대상
10. 시험, 검사, 평가, 검토, 측정
11. 순서
12. 요구조건, 전제조건
13. 고려사항, 유의사항
14. 원인, 요인, 문제점, 피해, 발생, 영향, 하자, 붕괴
15. 방지대책, 복구대책, 대응방안, 개선방안, 처리방안, 조치방안, 관리방안, 해결방안, 품질확보, 절감방안, 저감방안, 협의사항, 운영방안, 대안

※ 건설 사업관리 전반의 내용과 약술형의 유형을 대입하여 현장경험에서 나올 수 있는 상황을 고려

❷ magic 단어

1. 제도: 부실시공 방지
   기술력, 경쟁력, 기술개발, 부실시공, 기간, 서류, 관리능력
   ※ 간소화, 기준 확립, 전문화, 공기단축, 원가절감, 품질확보

2. 공법/시공
   힘의 저항원리, 접합원리
   ※ 설계, 구조, 계획, 조립, 공기, 품질, 원가, 안전

3. 공통사항
   (1) 구조
      ① 강성, 안정성, 정밀도, 오차, 일체성, 장Span, 대공간, 층고
      ② 하중, 압축, 인장, 휨, 전단, 파괴, 변형
         ※ 저항, 대응
   (2) 설계
      ※ 단순화
   (3) 기능
      ※ System화, 공간활용(Span, 층고)
   (4) 재료 : 요구조건 및 요구성능
      ※ 제작, 성분, 기능, 크기, 두께, 강도
   (5) 시공
      ※ 수직수평, Level, 오차, 품질, 시공성
   (6) 운반
      ※ 제작, 운반, 양중, 야적

4. 관리
   - 공정(단축, 마찰, 갱신)
   - 품질(품질확보)
   - 원가(원가절감, 경제성, 투입비)
   - 환경(환경오염, 폐기물)
   - 통합관리(자동화, 시스템화)

5. magic
   - 강화, 효과, 효율, 활용, 최소화, 최대화, 용이, 확립, 선정, 수립, 철저, 준수, 확보, 필요

❸ 실전 시험장에서의 마음가짐

(1) 자신감 있는 표현을 하라.
(2) 기본에 충실하라(공종의 처음을 기억하라)
(3) 문제를 넓게 보라(숲을 본 다음 가지를 보아라)
(4) 답을 기술하기 전 지문의 의도를 파악하라
(5) 전체 요약정리를 하고 답안구성이 끝나면 기술하라
(6) 마법지를 응용하라(모든 것은 전후 공종에 숨어있다.)
(7) 시간배분을 염두해 두고 작성하라
(8) 상투적인 용어를 남용하지 마라
(9) 내용의 정확한 초점을 부각하라
(10) 절제와 기교의 한계를 극복하라

모르는 문제가 출제될 때는 포기하지 말고 문제의 제목을 보고 해당공종과의 연관성을 찾아가는 것이 단 1점이라도 얻을 수 있는 방법이다.

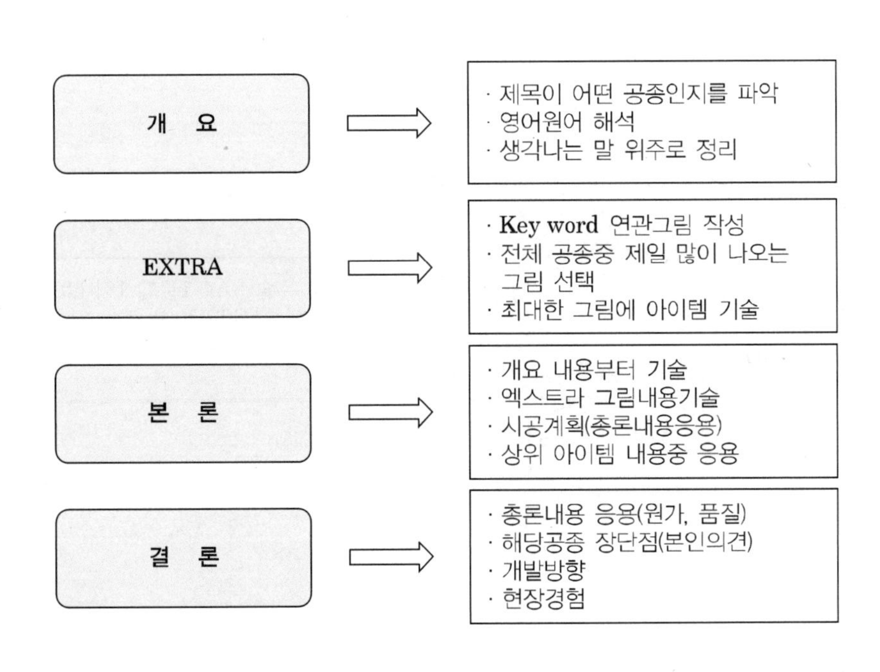

❹ 서브노트 작성과정

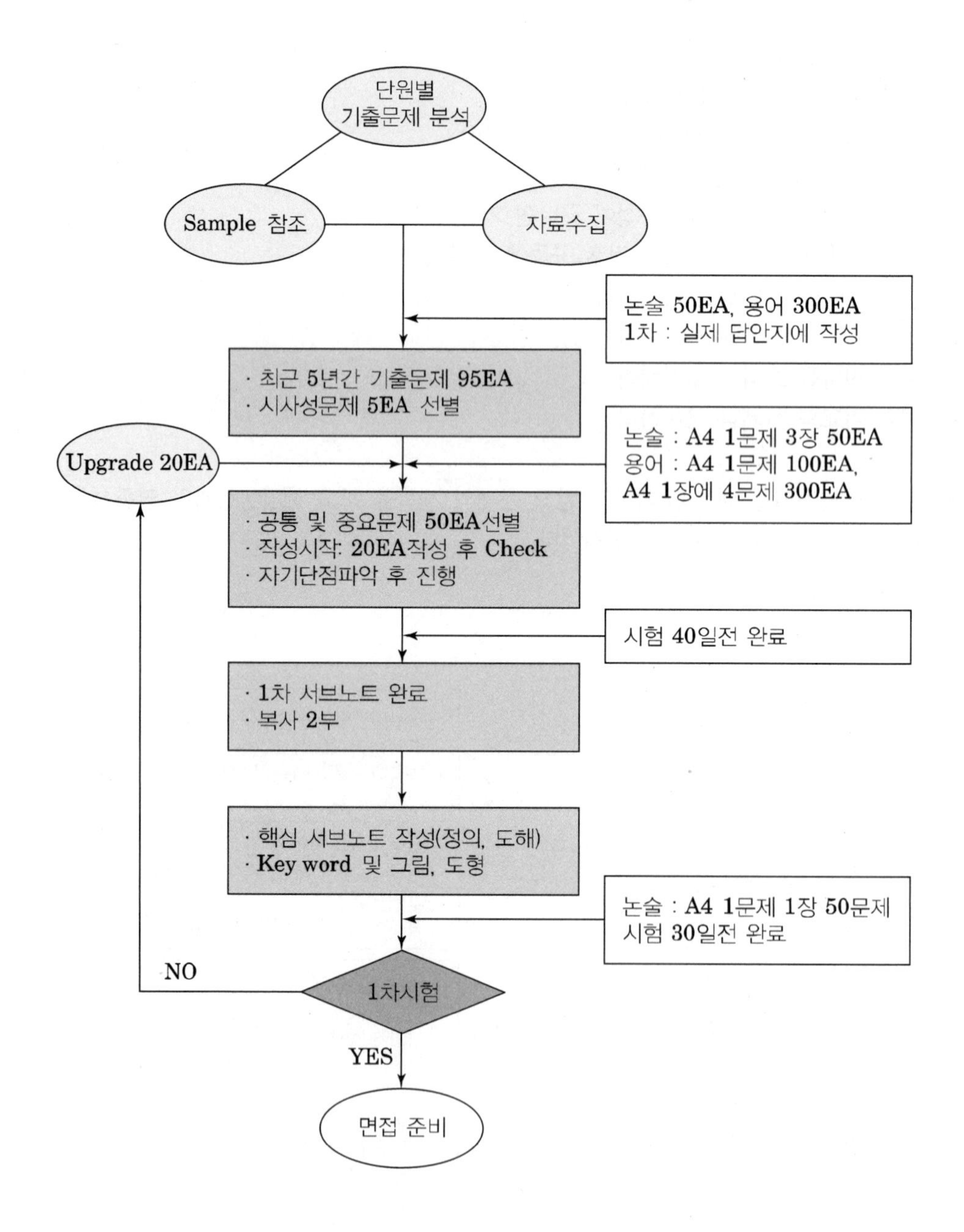

※ 서브노트는 책을 만든다는 마음으로 실제 답안으로 모범답안을 만들어 가는 연습을 통하여 각 공종별 핵심문제를 이해하고 응용할 수 있는 것이 중요 Point입니다.

합격하는 bible

❶ 관심

❷ 자기관리

자기관리

미래의 내 모습은?

시간이 없음을 탓하지 말고, 열정이 없음을 탓하라.

그대가 잠을 자고 웃으며 놀고 있을 시간이 없어서가 아니라 뜨거운 열정이 없어서이다.

작든 크든 목적이 확고하게 정해져 있어야 그것의 성취를 위한 열정도 쏟을 수 있다.

- Positive Mental Attitude
- 간절해보자
- 목표, 계획수립 - 2년 단위 수정
- 주변정리 - 노력하는 사람
- 운동, 잠, 스트레스, 비타민

❸ 단계별 제한시간 투자

절대시간 500시간

- 시작 후 2개월: 평일 9시~12시 (Lay out - 배치파악)
- 시작 후 3개월: 평일 9시~1시 (Part - 유형파악)
- 시작 후 6개월: 평일 9시~2시 (Process - 흐름파악)
- 빈 Bar부터 역기는 단계별로

우리의 의식은 공부하고자 다짐하지만 잠재의식은 쾌락을 원한다.
시간제한을 두면 뇌가 긴장한다.
시간여유가 있을 때는 딱히 떠오르지 않았던 영감이
시간제한을 두면 급히 가동한다.

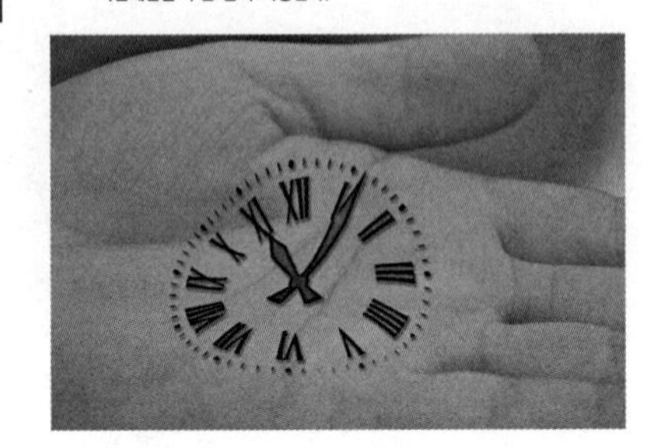

❹ 마법지 암기가 곧 시작

Lay out(배치파악) Process(흐름파악) Memory(암기) Understand(이해) Application(응용)

- 공부범위 설정
- 공부방향 설정 - 단원의 목차.Part구분
- 구성원리 이해
- 유형분석
- 핵심단어파악
- 규칙적인 반복 - 습관
- 폴더단위 소속파악 - Part 구분 공부

우리의 의식은 공부하고자 다짐하지만 잠재의식은 쾌락을 원한다.
시간제한을 두면 뇌가 긴장한다.
시간여유가 있을 때는 딱히 떠오르지 않았던 영감이
시간제한을 두면 급히 가동한다.

❺ 주기적인 4회 반복학습(장기 기억력화)

암기 vs 이해 　　분산반복학습, 말하고 행동(몰입형: immersion)

- 순서대로 진도관리
- 위치파악(폴더 속 폴더)
- 대화를 통한 자기단점 파악
- 주기적인 반복과 변화
- 핵10분 후, 1일 후, 일주일 후, 한 달 후

- 10분 후에 복습하면 1일 기억(바로학습)
- 다시 1일 후 복습하면 1주일 기억(1일복습)
- 다시 1주일 후 복습하면 1개월 기억(주간복습)
- 다시 1달 후 복습하면 6개월 이상 기억(전체복습)

- 우리가 말하고 행동한 것의 90%
- 우리가 말한 것의 70%
- 우리가 보고 들은 것은 50%
- 우리가 본 것의 30%
- 우리가 들은 것의 20%
- 우리가 써본 것의 10%
- 우리가 읽은 것의 5%

❻ 건축시공기술사의 원칙과 기준

1. 원칙

(1) 기본원리의 암기와 이해 후 ~~응용~~(6하 원칙에 대입)

(2) 조사 + 재료 + 사람 + 기계 + 양생 + 환경 + 검사

(3) 속도 + 순서 + 각도 + 지지 + 넓이, 높이, 깊이, 공간

2. 기준

(1) 힘의 변화

(2) 접합 + 정밀도 + 바탕 + 보호 + 시험

(3) 기준제시 + 대안제시 + 견해제시

❼ 필수적으로 해야 할 사항

(1) 논술노트 수량 - 50EA

(2) 용어노트 수량 - 150EA

(3) 논술 요약정리 수량 - 100EA

(4) 용어 요약정리 수량 - 300EA

(5) 필수도서 - 건축기술지침, 콘크리트공학(학회)

Contents

건축시공기술사 마법 스크린

4편 철근콘크리트 공사

4-1장 거푸집 공사

4-2장 철근공사

4-3장 콘크리트 일반

4-4장 특수 콘크리트

4-5장 철근콘크리트 구조일반

Contents

9편 마감 및 기타공사

Contents

10편 건설 사업관리

10-1장 건설산업과 건축생산

10-2장 생산의 합리화

10-3장 건설 공사계약

10-4장 건설 공사관리

CHAPTER

01

가설공사 및 건설기계

Professional Engineer

1-1장

가설공사

일반사항

배치계획

Key Point

☐ Lay Out
- 계획 · 항목 · 검토
- Process · 배치 · 구분
- 고려사항
- 유의사항

☐ 기본용어
- 가설공사의 기본방침
- 가설계획도
- 안전인증제

mind map

- 설계 입지는 공기관에서 조사해라
- 설계 단지는 설세야 안전한 기상조건

핵심메모 (핵심 포스트 잇)

1 일반사항

1. 가설계획

1-1. 사전조사

1) 검토요소

常數的 요소 — 變數的 요소

- 현장시공과 관련한 요소
- 설계도서, 착공, 준공, 품질

- 공사관리 요소
- 공기, Claim, 계약, 대관업무

설계도서, 계약조건, 입지조건(측량, 대지, 매설물, 교통), 지반조사, 공해, 기상, 관계법규

2) 고려사항

- 설계도서 요구조건 확인
- 단지 내 · 외부 현황
- 설치 및 사용조건
- 세부항목에 대한 고려(측량, 전기설비, 양중, 동절기)
- 안전 및 환경
- 기상조건

3) 가설공사 Process

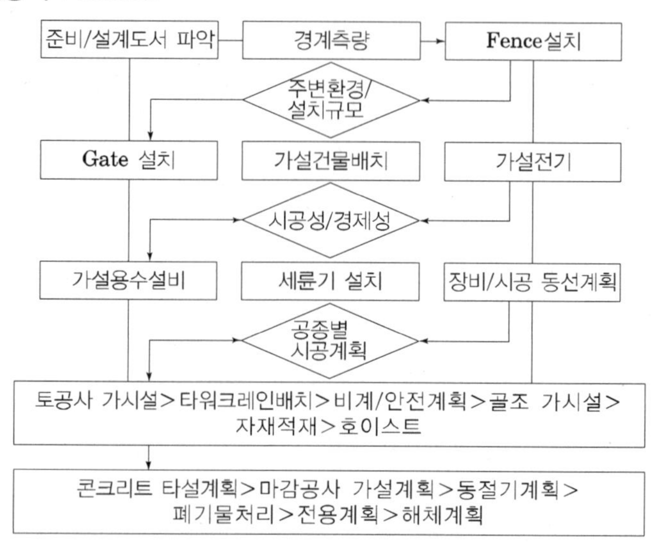

공통가설공사

2 공통가설 공사

1. 항목 및 배치

동선 이해

Key Point

☐ Lay Out
- 계획 · 항목 · 검토
- Process · 배치 · 구분
- 고려사항
- 유의사항

mind map

● 대지 가시설 환경 설비~

핵심메모 (핵심 포스트 잇)

공사에 간접적으로 활용되어 운영, 관리상 필요한 가설물(본 건물 이외의 보조역할 공사

1) 항목

- 대지 경계측량
- 가시설물(울타리, Gate)
- 가설설비(심정, 세륜기, 임시전력)
- 환경설비(쓰레기처리 시설)
- 가설건물(식당, 사무실)

2) 배치(Plan & Section)

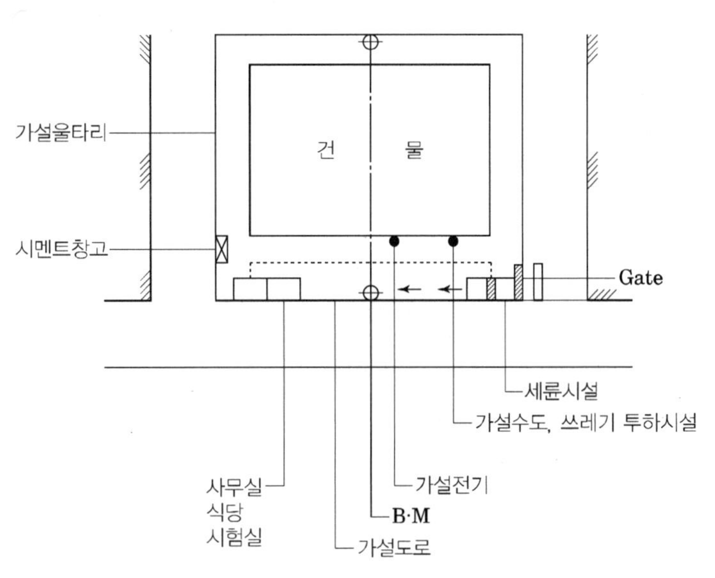

※ 현장정리 + 준공청소

수평동선과 관리가 용이하도록 배치

직접가설공사

3 직접가설 공사

동선 이해

Key Point

☐ Lay Out
- 계획 · 항목 · 검토
- Process · 배치 · 구분
- 고려사항
- 유의사항

mind map

• 먹장비 안보~

핵심메모 (핵심 포스트 잇)

1. 항목 및 배치

본 건물 축조에 직접적으로 활용되는 가설물

1) 항목

- 먹매김
- 공사용 장비(Tower Crane, Lift Car, CPB)
- 공사용 비계시설물
- 공사용 안전시설물
- 공사용 보조시설물

2) 배치(Plan & Section)

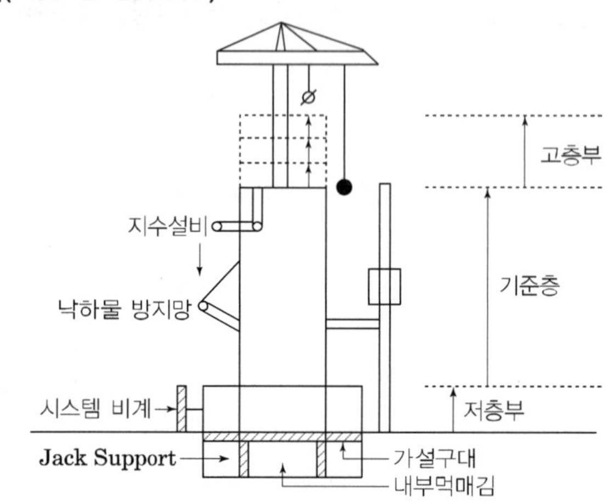

수직동선을 고려하여 양중과 공정에 지장이 없도록 배치

2. 시공

1) 외부강관 비계

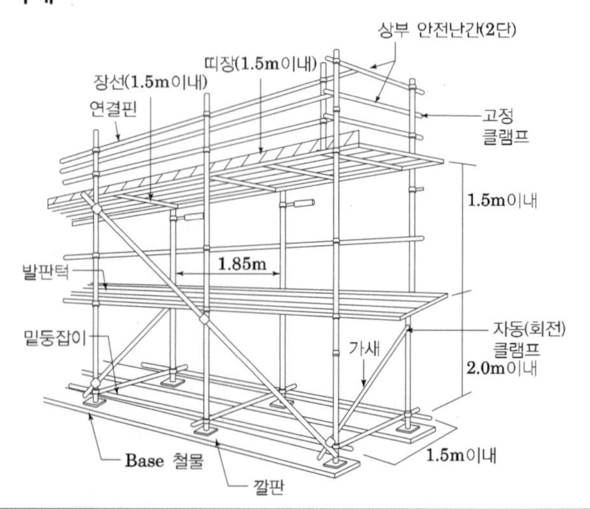

직접가설공사

핵심메모 (핵심 포스트 잇)

2) 강관틀 비계

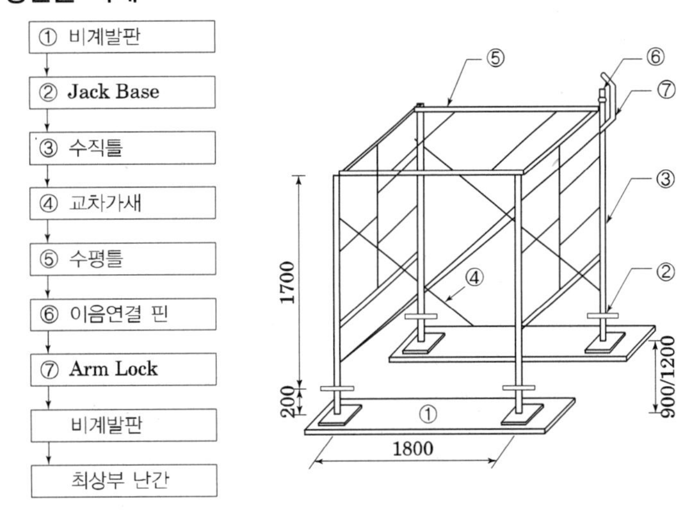

3) 낙하물 방지망

① 평면과의 경사각도는 20° 이상 30° 이하

② 긴결재의 강도는 15 kN 이상

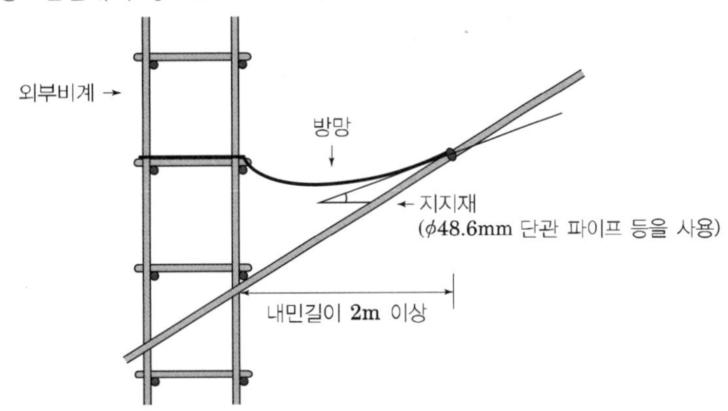

4) 가설구대

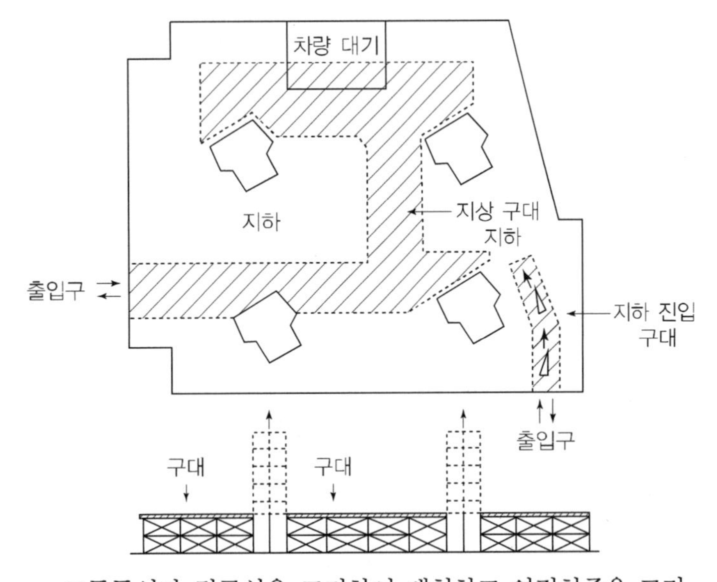

교통동선과 접근성을 고려하여 배치하고 연직하중을 고려

직접가설공사

5) 지수층 및 지수시설

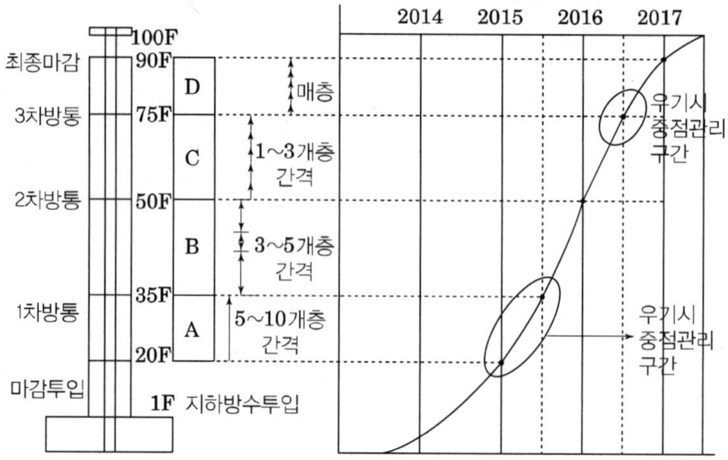

공정률 검토 → 기능별 분류 → 지수층 선정

[위치선정] [설치시기 검토]

Memo

핵심메모 (핵심 포스트 잇)

1–2장

건설기계

일반사항

장비성능 이해

Key Point

☐ Lay Out
- 계획 · 항목 · 검토
- Process · 배치 · 구분
- 고려사항
- 유의사항

☐ 기본용어
- 건설기계의 경제적 수명
- Trafficability
- 장비의 가동률
- Cycle Time

mind map

- 위대한 배현장 양가에서 건배할 때 반주가동을 공원안에서 검토한다.

핵심메모 (핵심 포스트 잇)

1 일반사항

1. 장비선정

1-1. 검토요소

위치선정 — 대수산정

- 배치계획과 동선계획
- 현장여건 및 부지현황

- 양중부하 계산
- 가동률

1-2. 선정 시 고려사항

건물규모, 배치조건, 작업반경, 주행성, 가동률, 공정 · 원가 · 안전

2. 양중계획

2-1. 양중계획 및 장비선정 Process

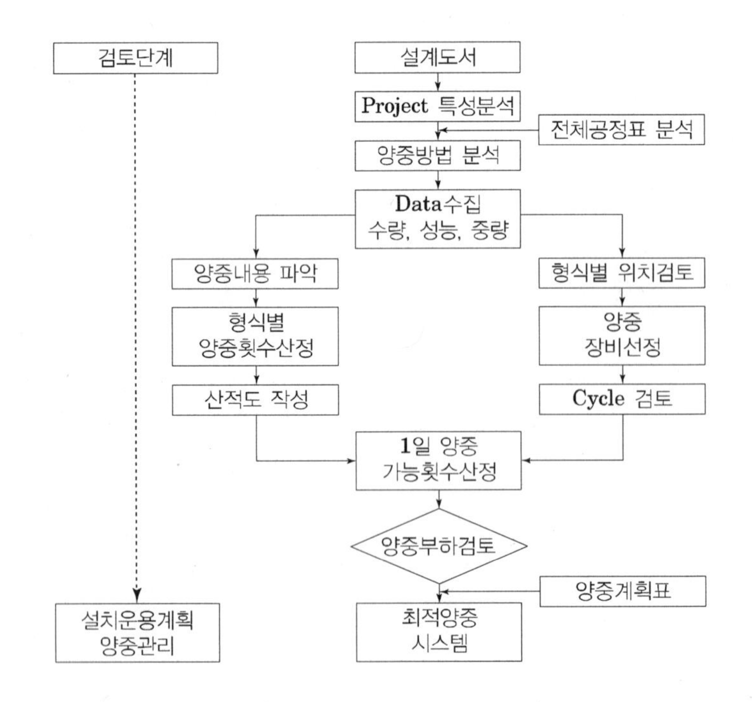

2-2. 고려사항

- 장비선정(장비선정 내용 전부)
- 설치 · 운용계획(시기별 양중내용 포함)
- 공정 · 원가 · 안전 (기간, 양중제원, 위치)
- 장비별(T/C, Lift Car, Con'c 타설장비)

일반사항

고속시공 전제조건

- 자재 및 공법의 Prefab화
- Just In Time 유지
- 동선을 고려한 Zoning 구분
- 자재의 건식화 및 System화
- ACS거푸집 적용
- 기계화 자동화

핵심메모 (핵심 포스트 잇)

2-2-1. 양중장비 위치선정 및 배치 - 작업반경을 고려

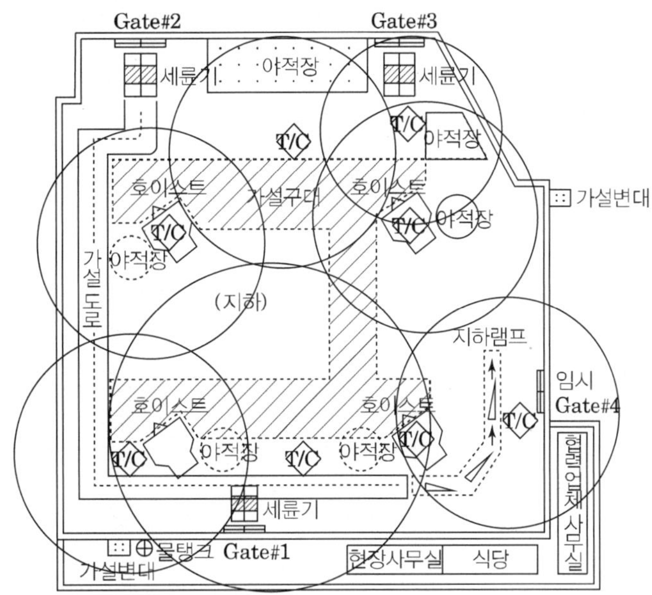

2-2-2. 공사단계별 양중내용 및 장비운용계획

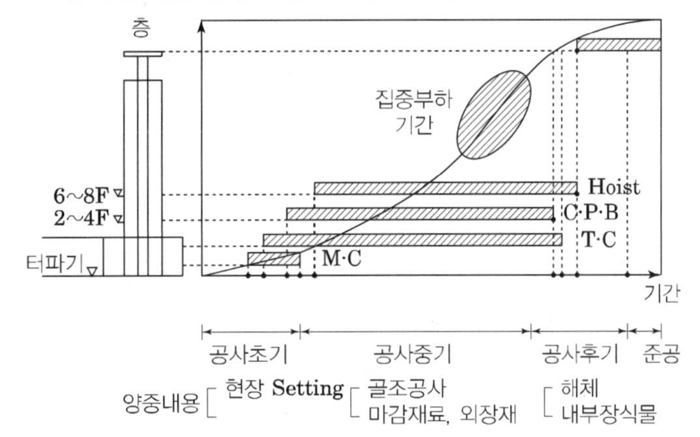

2-2-3. 기준층 양중 및 자재적치 계획

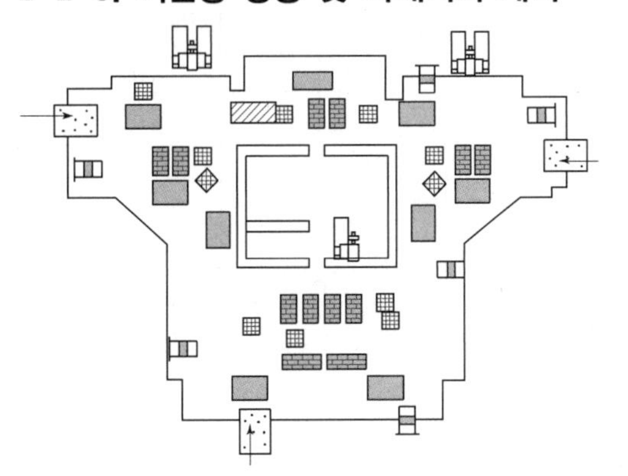

[범 례]

Index	Sort	Nos/Unit
	Hoist Twin	1
	Hoist Single	1
	Super Deck	3
	Winch for C/W	6
	C/W Unit	
	Tile	Box
	Gyp. Board	Sheet
	Rubbish Bin	1

T/C

설치운영 이해

Key Point

□ Lay Out
- 구성 · 기능 · 성능 · 운용
- 제원 · 분류 · 구분 · 종류
- 선정 · 방식 · 설치기준
- 구비조건 · 유의사항
- 적용조건 · 고려사항

□ 기본용어
- 마스트 지지방식
- Telescoping

대수산정 기준

- 초고층: 2대가 일반적
- 고층: 15~30층 내외로 1~2대
- 복합 건물의 저층부: 반경 내 해결여부 검토 후 Mobile Crane 검토

기종 선정 시 고려

- 현장 내 현황: 지형, 지반, 도로, 주변건물
- 단지 내 건물배치 및 평면형태: 공구구분, 동선구분
- 높이: Set Back, 층별 양중 규모와 건물의 높이
- 건물구조: 철근 콘크리트조, 철골구조
- 시공공법: 코어선행, N공법, 콘크리트 타설방법, 양중자재 수평이동방법
- 장비의 최대양중능력
- 장비의 반경
- 사용기간 및 경제성, 안전성

2 Tower Crane

1. 장비선정

1-1. 구성 및 명칭

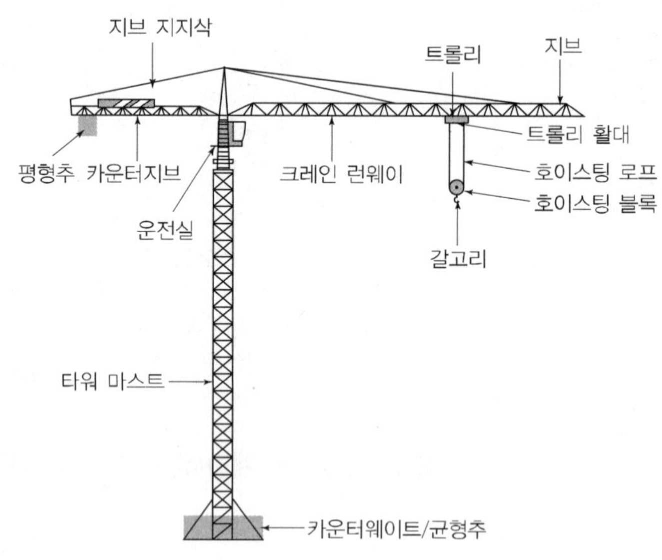

1-2. 기종선정

- 용량기준에 따라: 인양자재의 하중, 작업반경, End Point
- Jib 작동방식에 따라: 대지경계선 넘어갈 경우 Luffing Crane
- 건축물의 높이에 따라: 자주식의 경우 (Mast Climbing), 초고층의 경우 Floor Climbing)

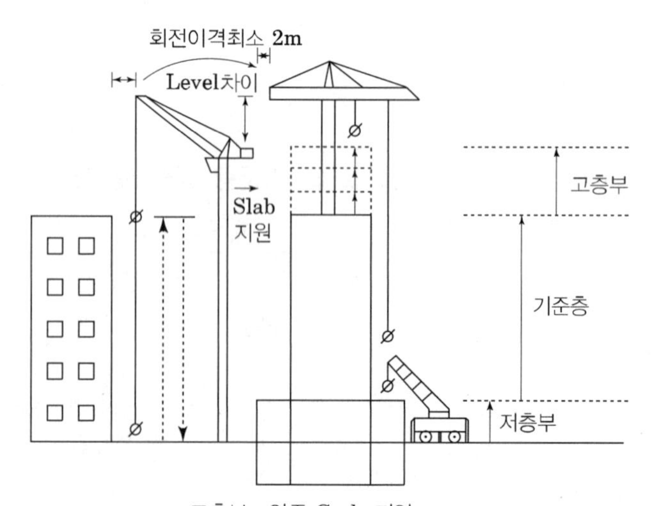

고층부 : 양중 Cycle 지연
기준층 : 골조공사로 인한 양중부하 증대
저층부 : Stock yard부족, 이동시간 소요

[공사 구간별 양중요소 분석]

T/C

배치 시 고려

- 공사규모 및 건물의 용도와 형태별 설치부위와 기초계획
- 설치 및 해체의 시공성
- 구조물과의 간섭
- 작업의 효율성
- 기준층 층당 Cycle을 우선으로 작업능률 분석

핵심메모 (핵심 포스트 잇)

2. 설치

2-1. 배치 시 고려사항

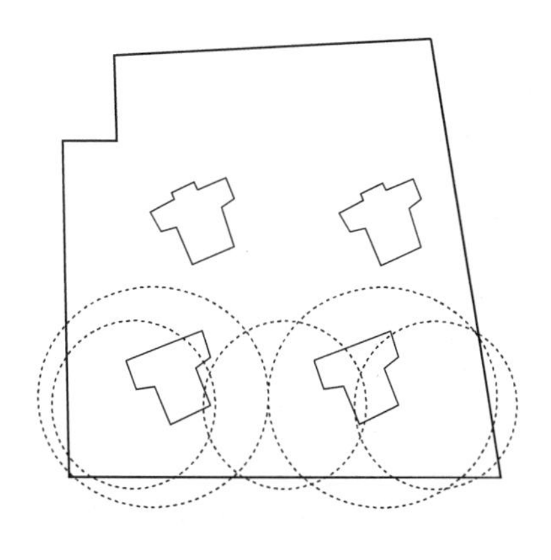

- Main동을 중심으로 우선배치를 결정한 다음 최소 설치대수 산정
- Crane의 최대 거리를 고려하여 작업반경 Over Lap 검토

2-2. 기초 및 보강

1) 강말뚝 방식

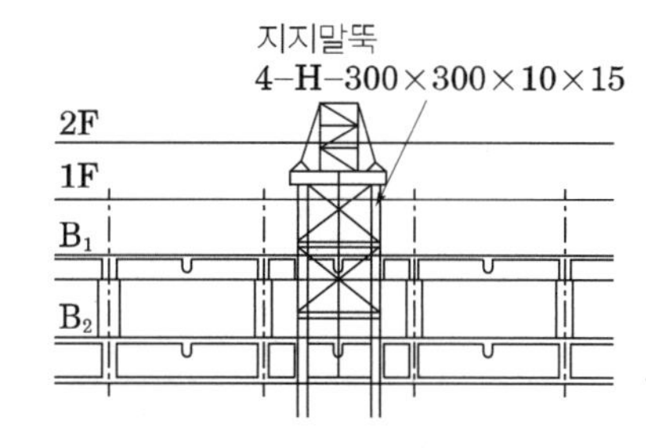

- Top Down 공법 시공 시 채택

2) 독립기초 방식

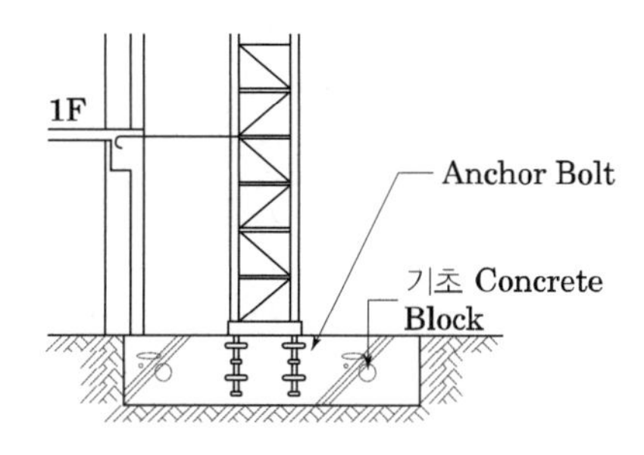

- 해체 및 폐기물 비용 발생

3) 구조체 이용방식

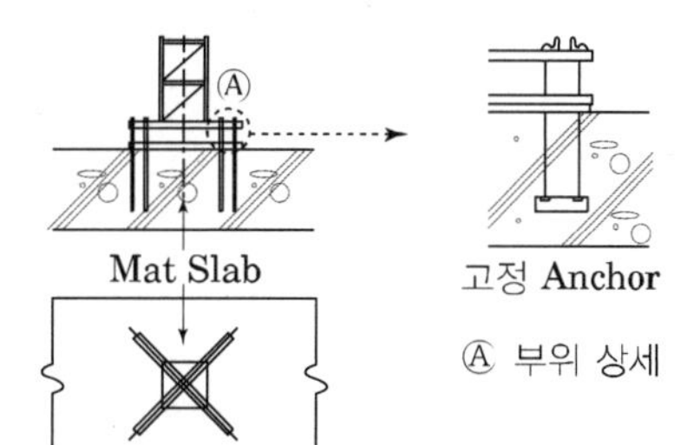

- 콘크리트 강도확보 시간 필요

T/C

3. 운용관리

3-1. Telescoping

Telescoping Cage를 유압구동 상승장치로 1단 Mast 높이만큼 밀어 올린 다음 추가 Mast를 삽입하고 Pin으로 고정하여 자체 상승시키는 Climbing 방식이다

[Telescoping]

연장할 마스트 권상작업 → 마스트를 가이드 레일에 안착 → 마스트로 좌우 균형유지 → 유압상승 → 마스트끼움 → 반복작업

3-2. 운용

- 양중부하의 평균화
- 가동효율
- 작업범위 설정
- 안전수칙 및 교육
- 클라이밍 일정조절
- 야간작업 준비
- 유지보수

핵심메모 (핵심 포스트 잇)

Memo

Lift Car

3 Lift Car

설치운영 이해

Key Point

☐ Lay Out
- 구성 · 기능 · 성능 · 운용
- 제원 · 분류 · 구분 · 종류
- 선정 · 방식 · 설치기준
- 구비조건 · 유의사항
- 적용조건 · 고려사항

기종 선정 시 고려

- 건물의 높이
- 인양자재의 최대 Size
- 풍속고려
- Cycle Time 고려하여 속도 Type고려

운용

- 운행시간의 효율적인 분석: 탑승인원 및 집중시간 고려하여 운행횟수와 정치층 분석
- 지반의 높이에 다른 소운반에 지장이 없는 구배가 되도록 Level결정
- 현재의 최상층을 기준으로 2/3 이상의 높이에 해당하는 작업을 우선으로 하며, 상승작업우선

1. 장비선정

1-1. 구성 및 명칭

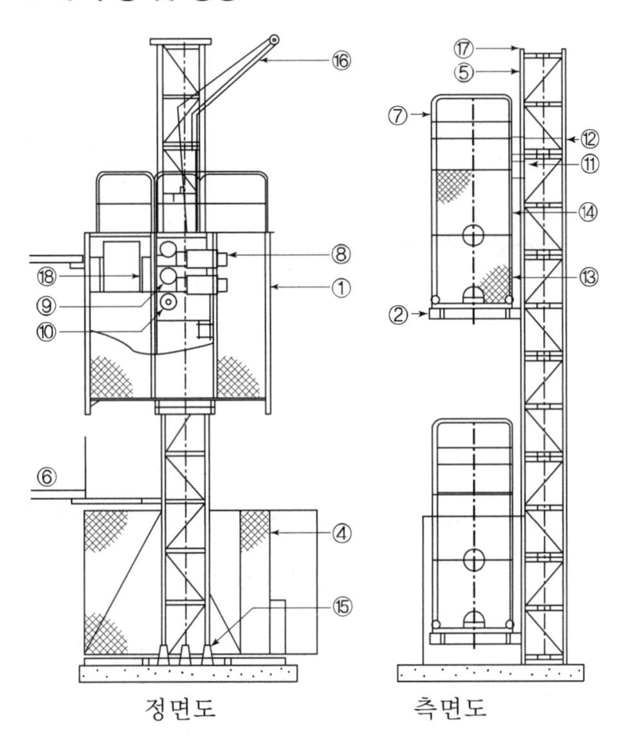

① Cage
② Cage Frame
③ Mast Base
④ 방호울(Safety Fence)
⑤ Mast
⑥ Wall Tie
⑦ Hand Rail
⑧ Motor & Brake
⑨ 감속기(Reducer)
⑩ 낙하방지장치(Governor)
⑪ Top Guide Roller
⑫ Bottom Guide Roller
⑬ Side Guide Roller
⑭ Safety Hook
⑮ Bumpers Spring
⑯ 설치 크레인
⑰ Stopper
⑱ Control Panel

- 속도(고속, 중속, 저속)
- Cable 운송방식(Drum방식, Trolley방식)

1-2. 대수산정

- Cycle Time을 분석
- 소요되는 양중시간을 분석
- 수평동선을 고려하여 산정
- 기종별 적절한 조합을 통하여 리프트 대수산정
- 운용비용과 평균가동률을 고려

2. 설치

- 설치위치는 이동에 지장이 없는 곳
- 소운반에 지장이 없는 구배가 되도록 기초 Level을 결정

자동화

구비조건 이해

Key Point

□ Lay Out
- 구성 · 기능 · 성능 · 운용
- 제원 · 분류 · 구분 · 종류
- 선정 · 방식 · 구비조건
- 적용조건 · 고려사항

[표면 마무리 로봇]

[바닥미장 레벨정리 로봇]

[커튼월 설치 로봇]

4 건설 자동화

1. 기계화

장비, 기계, 로봇이용 시공법

2. 건설로봇

2-1. 범위

자동화의 Hardware 기술 장비, 기계, 로봇이용 시공법

2-2. 구비조건

① 원격조작 방식을 채택
② 각 공종별 자재, 시공법 등 복잡한 조건에 대응
③ 작업장의 잦은 이동에 적응하기 위한 이동기능이 편리
④ 복잡한 조작이나 판단이 필요 없을 것
⑤ 유지관리비가 적게 들고 단기 투자비가 과다하지 않을 것

2-3. 현실정에 맞는 로봇개발 및 적용가능분야

건축공사	토공 및 기타
철골조립 로봇	지중 장애물 탐지기
콘크리트타설 Robot	적재위치 화상감지 장치
철골보 자동용접 Robot	진동롤러 원격조작
내화피복 뿜칠 Robot	말뚝 절단기(지중, 수중)
바닥미장 Robot	설비배관 검사 로봇
운반 및 설치 Robot	
외벽도장 Robot	
내부바닥 및 외부 유리 청소Robot	

3. 건설 자동화

Hardware+Software: 컴퓨터를 이용한 원격조정, 제어(Control), 수치제어 +엔지니어링

4. 성력화

기계화+자동화=노동력 절감

CHAPTER

02

토 공 사

지반조사

1 지반조사

지반구성 이해

Key Point

□ Lay Out
- 목적 · 조사방법
- Process
- 확인사항
- 활용방안

□ 기본용어
- Boring
- 표준관입시험
- N치
- 토질주상도
- 흙의 연경도
- 흙의 전단강도
- 흙의 투수성
- 압밀
- 액상화
- 지내력시험

mind map

- 예비군은 본래 보톡스를 맞는다~
- 지BS에서는 Sample로 토지를 방송하고 있다~

mind map

- 보링장 오수에는 회충이 많다~

1. 조사단계

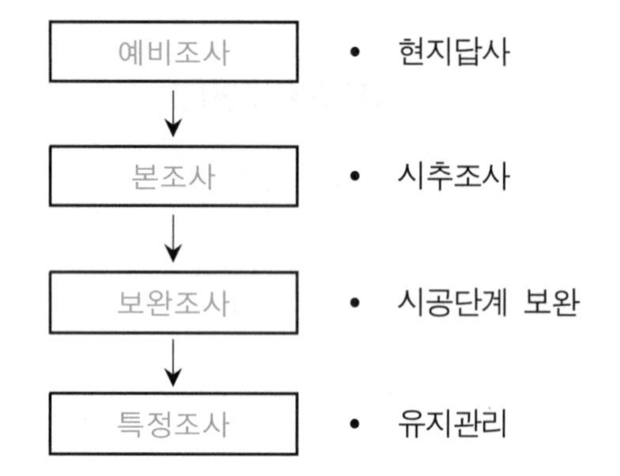

2. 종류

2-1. 지하탐사법

얕은 지층에서 지반의 개략적인 특성을 파악

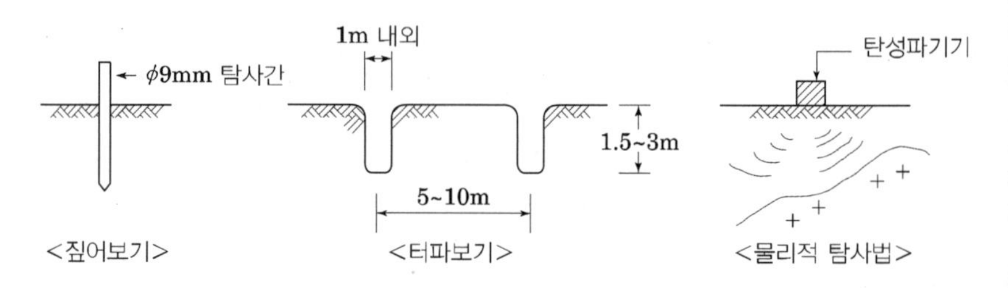

<짚어보기> <터파보기> <물리적 탐사법>

- 짚어보기: 인력으로 박아 감각으로 파악
- 터파보기: Back Hoe로 직접 파보는 방법
- 물리적 탐사: 물리현상(지진파, 탄성파, 전기 등)을 이용하여 지중전파 거동측정

2-2. Boring

시추공내 원위치 시험을 위한 구멍을 만드는 작업

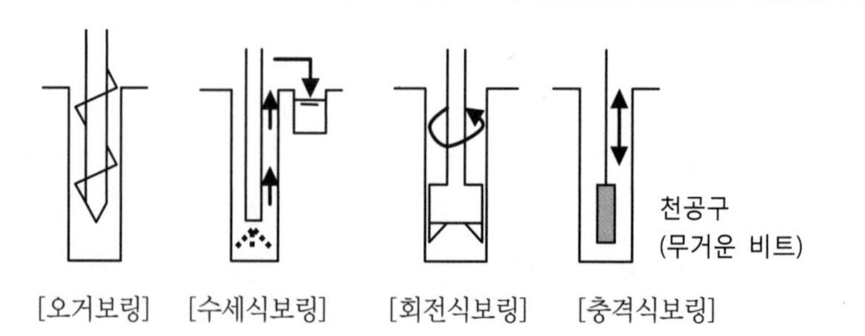

[오거보링] [수세식보링] [회전식보링] [충격식보링]

지반조사

2-3 Sounding

저항체의 관입저항 정도로 지반의 강도 · 변형 · 성상을 조사

1) Standard Penetration Test

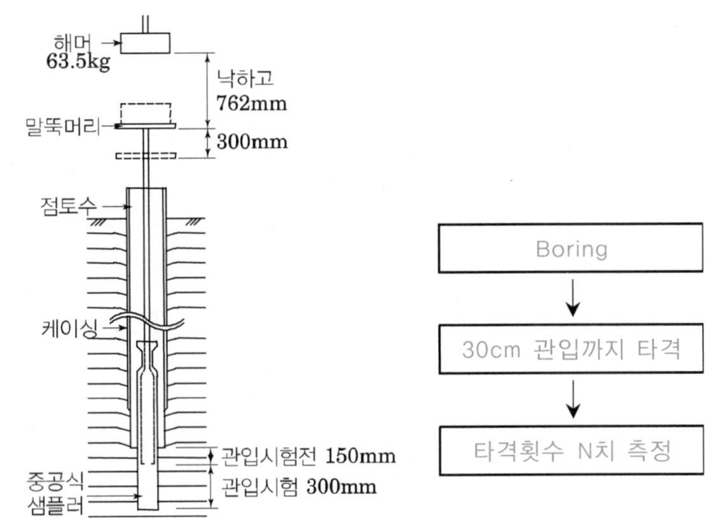

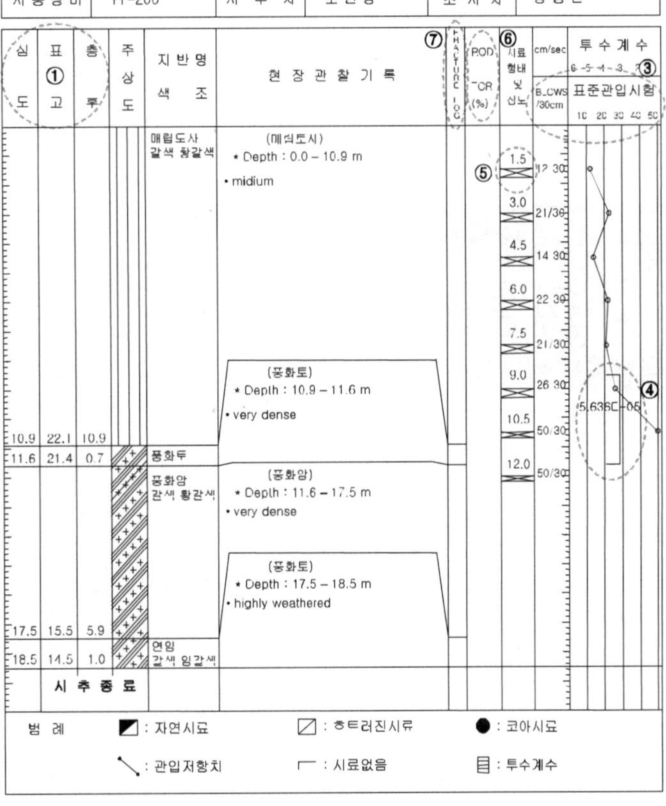

조 사 명	XXX 신축공사 부지 지반조사			시 추 번 호	BH-2
위 치	YY구 ZZ동	좌 표	X : Y :	표 고	EL (+) 33.000m
시추 완료일	2018.01.01	시 추 구 경 ⑧	BX	② 지 하 수 위	GL (-) 2.8m
시 용 장 비	YT-200	시 추 자	조 인 성	조 사 자	장 동 건

심도	표고 ①	층후	주상도	지반명 색조	현 장 관 찰 기 록
				매립토사 갈색 황갈색	(매립토사) • Depth : 0.0 – 10.9 m • midium
10.9	22.1	10.9			(풍화토) • Depth : 10.9 – 11.6 m • very dense
11.6	21.4	0.7		풍화토	
				풍화암 갈색 황갈색	(풍화암) • Depth : 11.6 – 17.5 m • very dense
17.5	15.5	5.9			(풍화토) • Depth : 17.5 – 18.5 m • highly weathered
18.5	14.5	1.0		연암 갈색 암갈색	
	시 추 종 료				

⑦ PHOTOLOG, ⑥ RQD/TCR (%), 시료 형태 및 심도, cm/sec, 투수계수, ③ 표준관입시험 (B_CWS/30cm)

시료 심도 ⑤	표준관입시험
1.5	12/30
3.0	21/30
4.5	14/30
6.0	22/30
7.5	21/30
9.0	26/30
10.5	50/30
12.0	50/30

④ 5.636E-05

범 례: 자연시료, 흐트러진시료, 코아시료, 관입저항치, 시료없음, 투수계수

토질주상도 활용

- 지층확인
- 지하수위 확인
- N치 확인
- 투수계수 및 공내 수위
- 시료채취

핵심메모 (핵심 포스트 잇)

지반조사

① 사질토

N치	흙의 상태	상대밀도	내부마찰각
0~4	Very Loose	0~15%	30° 미만
4~10	Loose	15~35%	30° ~35°
10~30	Medium Dense	35~65%	35° ~40°
30~50	Dense	65~85%	40° ~45°
50 이상	Very Dense	85~100%	45° 초과

② 점성토

N치	Consistency	전단강도	일축압축강도
0~2	Very Soft	14kPa	25kPa
2~4	Soft	14~25kPa	25~50kPa
4~8	Medium	25~50kPa	50~100kPa
8~15	Stiff	50~100kPa	50~100kPa
15~30	Very Stiff	100~200kPa	200~400kPa
30 이상	Hard	200kPa	400kPa

Vane Test 용도

- 연약점토의 점착력
- 전단강도

2) Vane Test

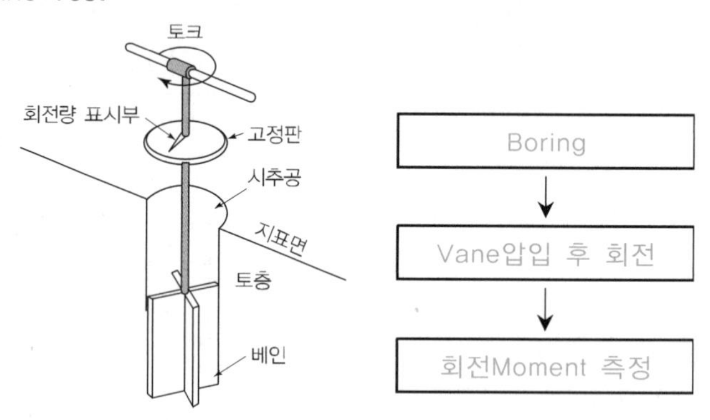

[Sampling]

- 함수비: $w = \frac{W_w}{W_s} \times 100\%$
- 간극비: $e = \frac{V_v}{V_s}$
- 예민비: $S_t = \frac{\text{자연 시료의 강도}}{\text{이긴 시료의 강도}}$

2-4 Sampling

지층의 구성과 두께를 파악하고 실내시험용 시료를 채취

1) 시료

- 비교란 시료(Undisturbed Sample) - 역학적 특성파악
- 교란 시료(Disturbed Sample) - 물리적 특성파악

2) 흙의 구성과 성질

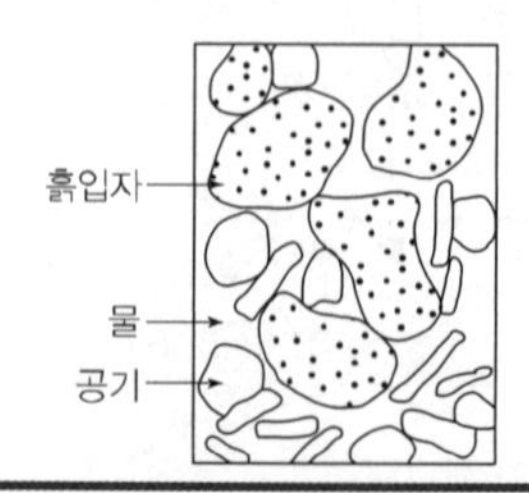

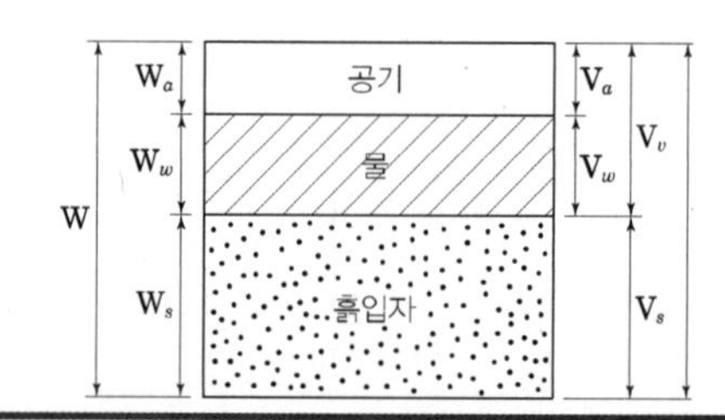

지반조사

물리적 성질	간극비, 함수비, 예민비, 연경도
역학적 성질	강도, 변형, 압밀, 투수성, 액상화

연경도 (Consistency)

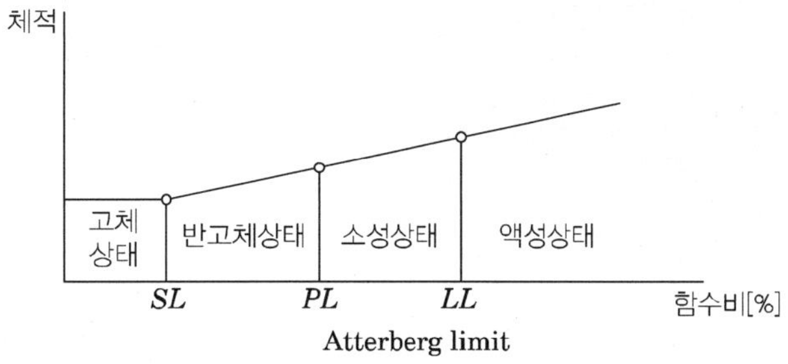

함수량에 의하여 나타나는 성질

전단강도 (Shear Strength)

$$\tau = C + \sigma' \cdot \tan\phi$$

흙이 전단파괴가 발생할 때의 활동면상의 전단응력의 최대 값

- 모래: 점착력 $C=0$ 이므로 $\tau = \sigma' \cdot \tan\phi$
- 포화점토: 내부마찰각 $\phi = 0$ 이므로 $\tau = C$

압밀 (Consolidation)

점성토지반에 외부 하중에 의해 간극 내의 간극수가 배출되면서 압축되는 현상

액상화 (Liquefaction)

모래지반에 순간적인 충격과 지진, 진동 등에 의해 간극수압의 상승으로 유효응력이 감소/ 전단저항을 상실/지반이 액체와 같이 되는 현상

흙의 투수성

흙의 공극 사이로 물이 얼마나 잘 통과 하는지의 능력

단위 : cm/sec

핵심메모 (핵심 포스트 잇)

지반조사

2-5 토질시험

- 물리적 시험: 함수량, 입도, 비중, 연경도
- 역학적 시험: 다짐시험, 전단시험, 압밀시험
- 원위치 시험: SPT, Vane Test, 지내력시험, 양수시험, 재하시험

2-6 지내력시험 - 평판재하 시험: Plate Bearing Test

- 하중 증가 : 98kN/m^2 이하 또는 예상지지력의 1/6 이하의 하중으로 나누고 6단계로 나누고 누계적으로 동일하중을 가함
- 재하시간 간격 : 최소 15분 이상
- 침하량 측정 : 하중증가 바로 전후, 일정하중 유지 시 동일시간 간격으로 6회 이상 측정

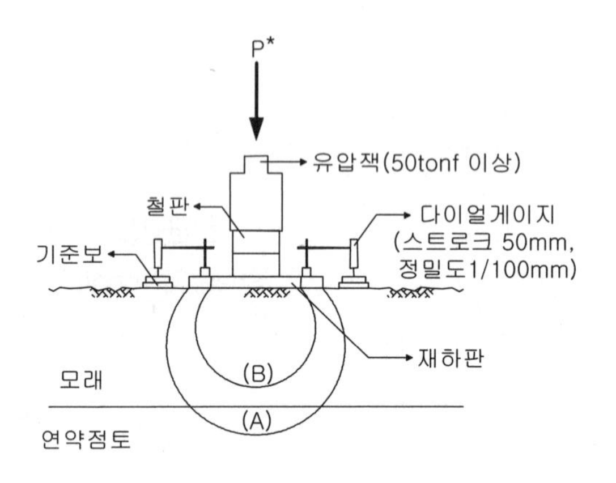

- 비교란 시료의 채취가 불가능한 경우
- 지층구성이 복잡한 경우
- 온통기초나 독립기초에서 주로 실시

핵심메모 (핵심 포스트 잇)

Memo

토공

지지원리 이해

Key Point

□ Lay Out
- 원리 · 공벽유지 방법
- Process
- 설계 검토사항
- 유의사항

□ 기본용어
- 휴식각
- Slurry Wall
- Guide Wall
- 안정액
- 일수현상
- 슬라임처리
- Koden Test
- 트레미관
- Cap Beam
- Counter Wall
- Earth Anchor
- Top Down
- Toe Grouting

mind map

● 벽지로 막을려면 H시트를 주서와라~ 버어스 IP가 Top

적용범위

- 양호한 지반조건
- 지하수위가 낮은 지반
- 인접건물과의 이격거리가 비교적 큰 경우

□ 토류판 근입 길이

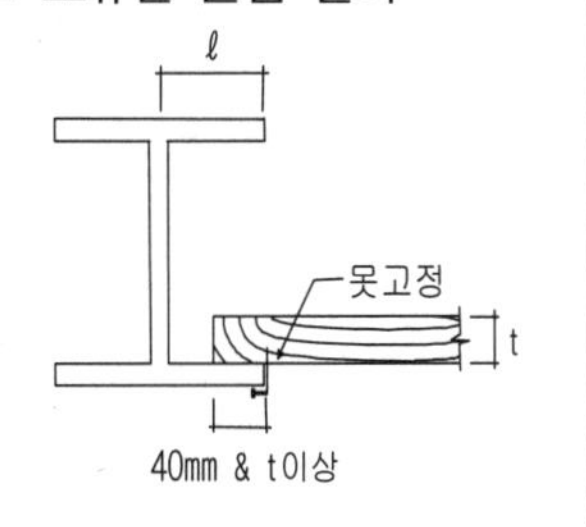

2 토공

1. 터파기

1) Open Cut

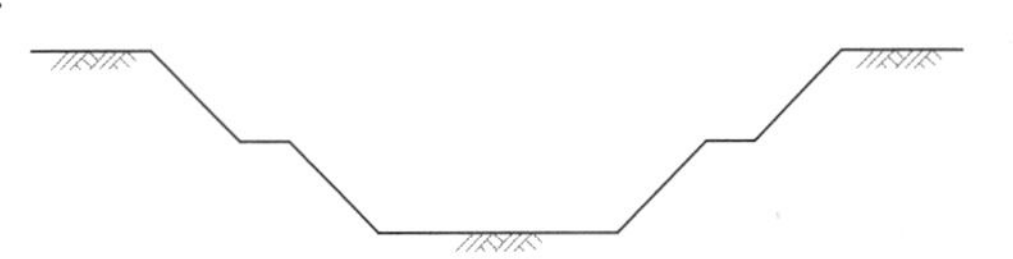

① 주변에 비탈형성을 위한 대지여유 필요
② 굴착토량 및 되메우기 토량 많음

2) Island Cut & Trench Cut

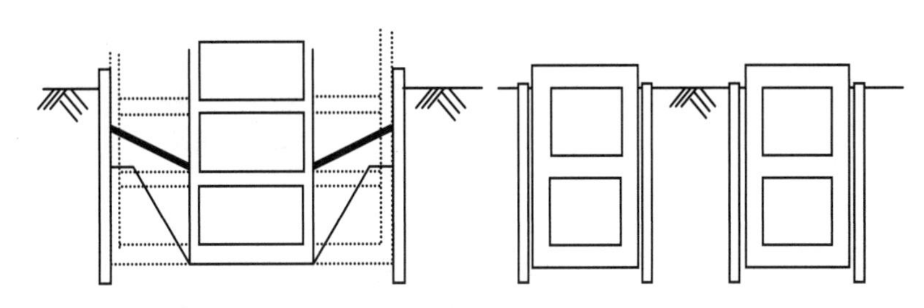

Island Cut: 중앙부 먼저 굴착　　Trench Cut: 주변부 먼저 굴착

2. 흙막이-벽식

2-1. H-Pile 토류판 공법

H-Pile+토류판

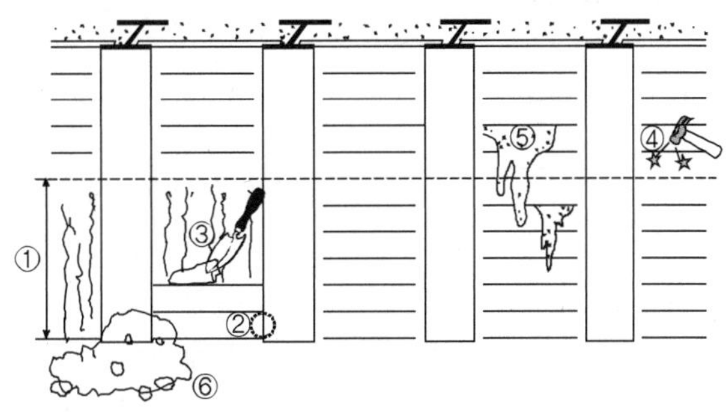

① 굴착: 수직도 확보 및 자립높이 1.2m~1.6m로 제한
② 토류판: 틈새없이 시공
③ 뒷채움 철저
④ 틈새 확인

토공

[Guide Beam설치]

[파일 근입]

핵심메모 (핵심 포스트 잇)

2-2. Sheet Pile 공법

H이음부위를 물리게 하여 Vibro Hammer로 지중에 타입

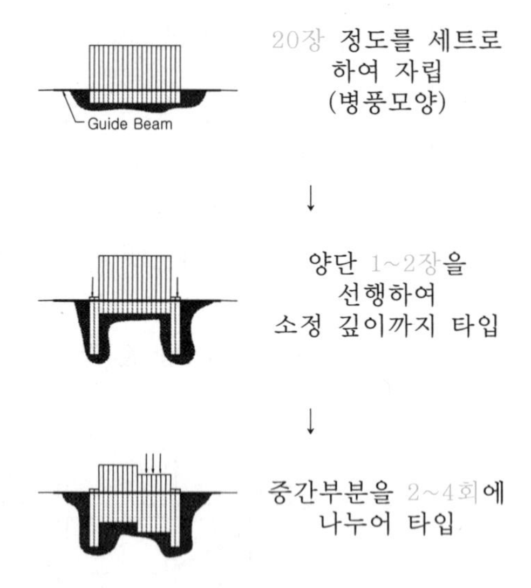

2-3. 주열식 흙막이

2-3-1. Soil Cement Wall 공법

Soil+ Cement

1) 굴착방식

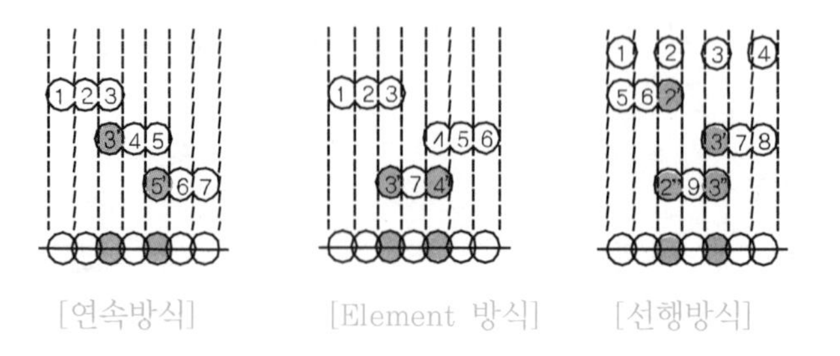

핵심메모 (핵심 포스트 잇)

2) 시공 시 유의사항

① 수직도 유지
② 근입장 유지: 굴착저면에서 2m 이상 확보
③ 심재세우기 시점 : Cememt Paste 주입 후, 하절기에는 15분 이내 동절기에는 약 30분 이내정도
④ Cement Milk 물시멘트비는 350%를 넘지 않도록 함

토공

[천공]

[철근망 삽입]

핵심메모 (핵심 포스트 잇)

[Guide Wall]

[굴착 및 주입]

2-3-2. Cast In Place Pile공법

철근망+콘크리트 타설

1) 시공순서

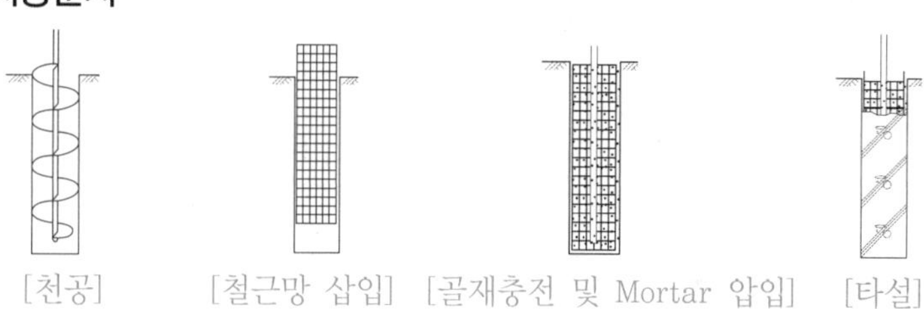

2) 시공 시 유의사항

① 피복두께 확보
② 철근의 변형방지
③ Balance Frame 등을 이용하여 건입 시 흔들림 방지
④ Transit 등을 이용하여 수직정밀도 확인

2-4. Slurry Wall 공법

특수 굴착기+안정액+철근망+콘크리트를 타설

1) Element 계획

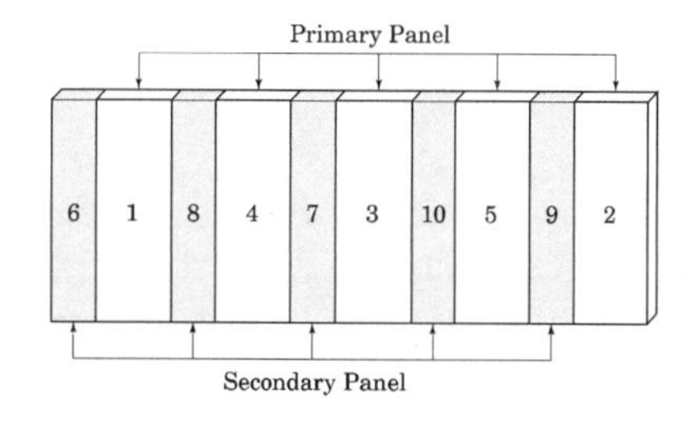

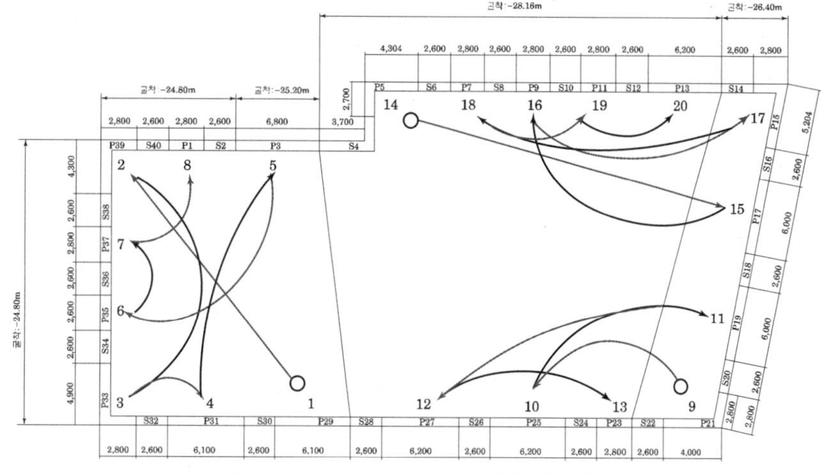

[Primary Panel 시공순서도]

코너부위를 기점으로 Primary Panel의 순서도를 그린 다음 Primary Panel의 양생순서에 따라 Secondary Panel을 굴착계획을 세운다.

토공

[Desander: 토사분리]

[Filter Press]

[1차 처리: Desanding]

[2차 처리: Cleaning]

요구성능

- 굴착벽면에 대한 조막성
- 화학적 안정성
- 물리적 안정성
- 적정비중

핵심메모 (핵심 포스트 잇)

2) Guide Wall

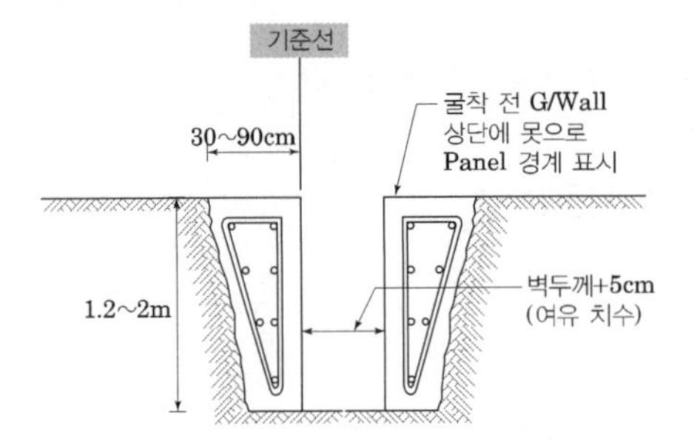

① 굴착 시 붕괴방지 및 수직도 유지
② 굴착 시 안내벽 역할
③ 거치대 역할
④ 계획고 및 측량의 기준

3) 굴착

굴착정밀도
- Koden Test
- 1/300 or ±50mm 보다 작은 값

굴착깊이 측정
- 1Panel이 1 CUT : 중앙부 1개소
- 복수 CUT : 양단 + 중앙 3개소

- 양단을 먼저 굴착 후 중앙부 굴착

4) 안정액

- 굴착벽면의 붕괴방지
- 부유물의 침전방지
- 굴착공극 사이로 유출방지
- 굴착토사 배출

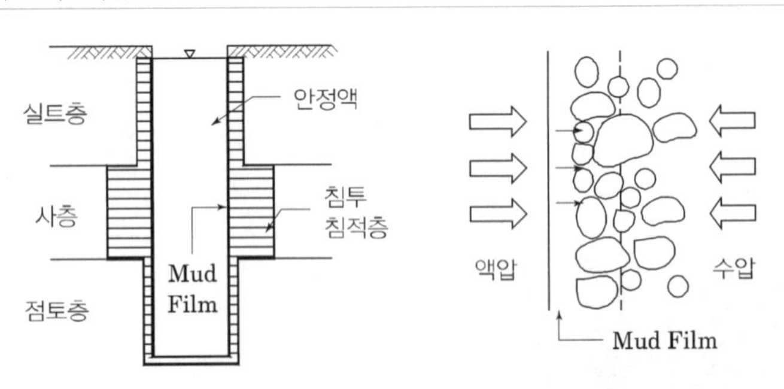

성상	시험항목		시험방법	기준 값
비중	비중	굴착 시	Mud Balance로 점토무게 측정	1.04~1.2
		Slime 처리 시		1.04~1.1
유동 특성	점성		500cc 안정액이 깔대기를 흘러내리는 시간 측정	22~40초
				22~35초
조벽성	탈수량		표준 Filter Press를 이용하여 질소Gas로 가압	20cc 이하
	진흙 막두께	굴착 시		3mm 이하
		Slime 처리 시		1mm 이하
pH	pH		시료에 전극을 넣고 값의 변화가 거의 없을 때	7.5~10.5
사분	사분율	굴착 시	Screen을 통해 부어넣은 후 남은 시료를 시험관 안에 가라앉힌 후 사분량 기록	15% 이하
		Slime 처리 시		5% 이하

토공

[Dowel Bar 시공]

[폭방향 Spacer]

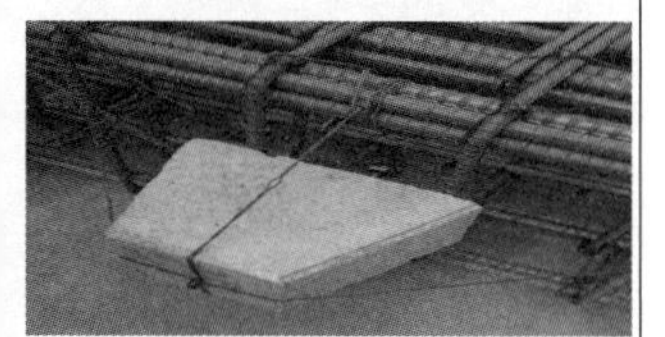
[Panel간 Spacer]

[배치 후 타설]

[두부정리]

핵심메모 (핵심 포스트 잇)

5) 철근망

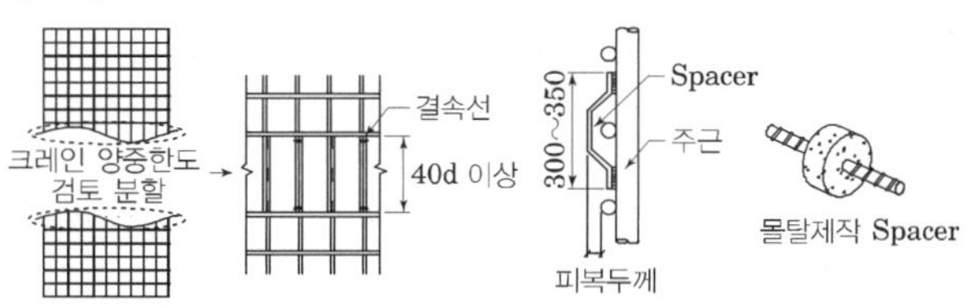

- 이음: 양중한도를 고려하여 분할이음(철선#10, 용접, Clamp 이용)
- 피복두께: 폭방향 100mm, 길이방향 300mm

6) 콘크리트 타설

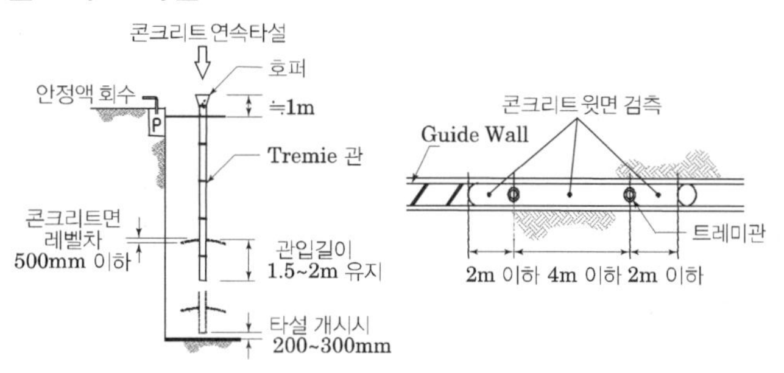

[중단없이 연속타설] [Primary Panel Tremie Pipe 배치]

- Primary Panel은 2개의 Tremie관을 동시에 타설

7) Cap Beam

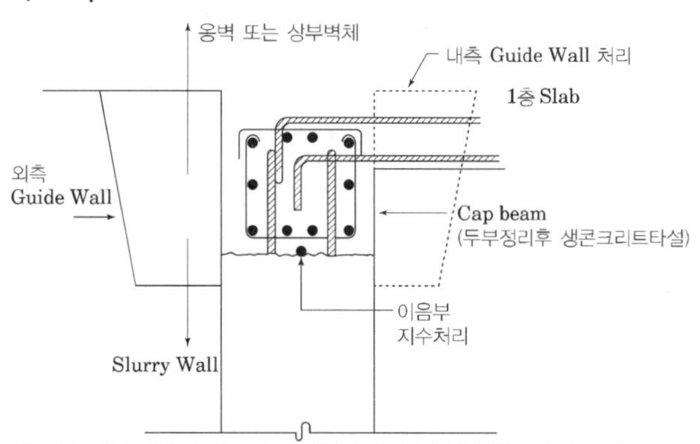

Slab 및 상부 벽체와의 Level 및 일체성 확보를 위해 분할 타설 여부 검토필요

Memo

토공

핵심메모 (핵심 포스트 잇)

3. 흙막이-지보공

3-1. 버팀대(Strut) 공법

Strut · Post Pile을 설치하여 토압에 저항

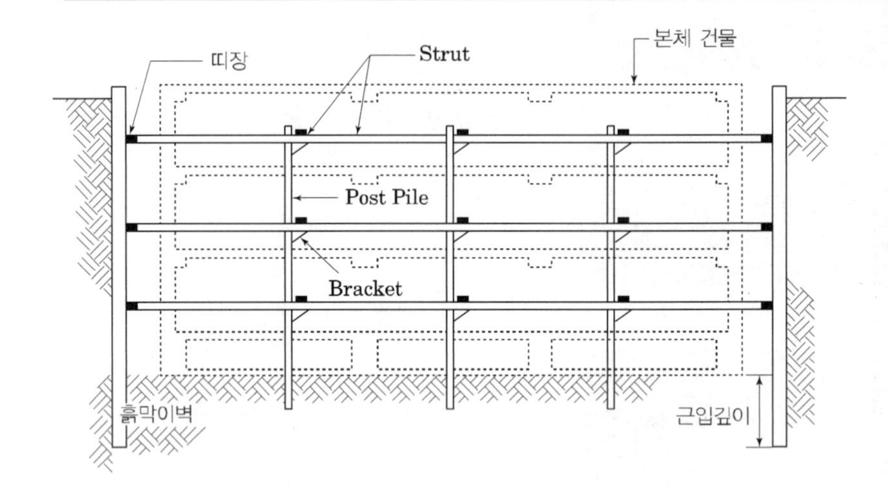

① Strut와 띠장의 중심잡기: Liner에 의한 축선 보정
② 교차부 긴결: Angle보강으로 좌굴방지
③ 띠장 Web 보강: Stiffener보강으로 국부좌굴 방지
④ Strut 귀잡이: 45° 각도 유지

[천공]

[강선삽입]

[Grouting후 고정준비]

[PC강선 긴장]

3-2. Earth Anchor 공법

인장재 양단을 지반과 정착물에 고정시킨 후 신장변형에 자유로운 자유장에 Prestress를 가하여 토압에 지지

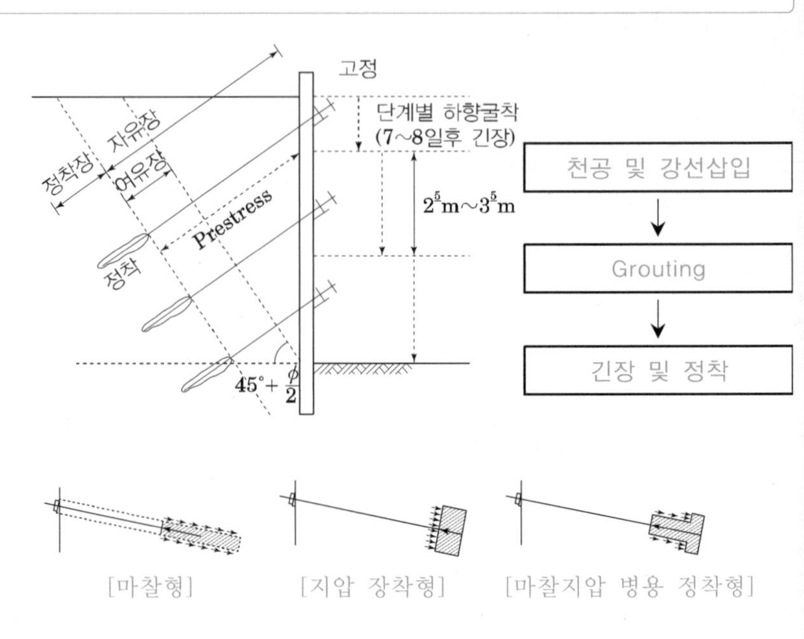

토공

핵심메모 (핵심 포스트 잇)

3-3. IPS(Innovative Prestressed Support System)

짧은 H-Beam 받침대에 IPS System을 거치한 후 등분포하중으로 작용하는 토압을 P.C 강연선의 Prestressing으로 지지

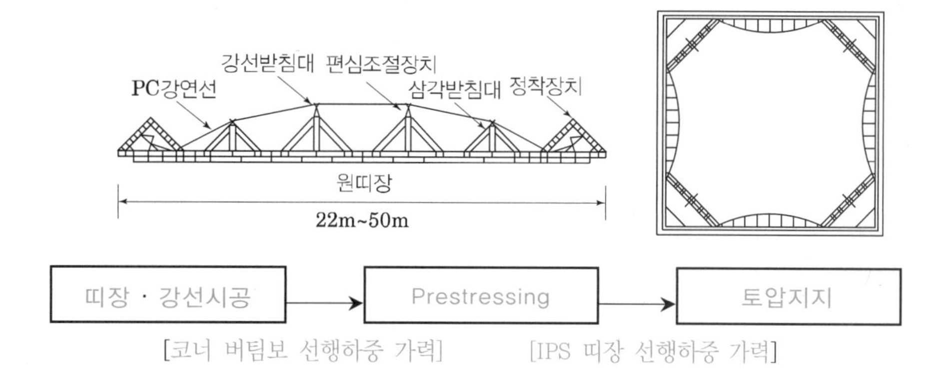

3-4. PS(Pre-stressed Strut)공법, PS Beam공법

띠장에 Cable 또는 강봉을 정착한 겹띠장을 설치하여 양단부에 Prestress를 가하여 토압에 지지

Strut
PS Cable
겹띠장
원띠장
버팀보 지간거리

핵심메모 (핵심 포스트 잇)

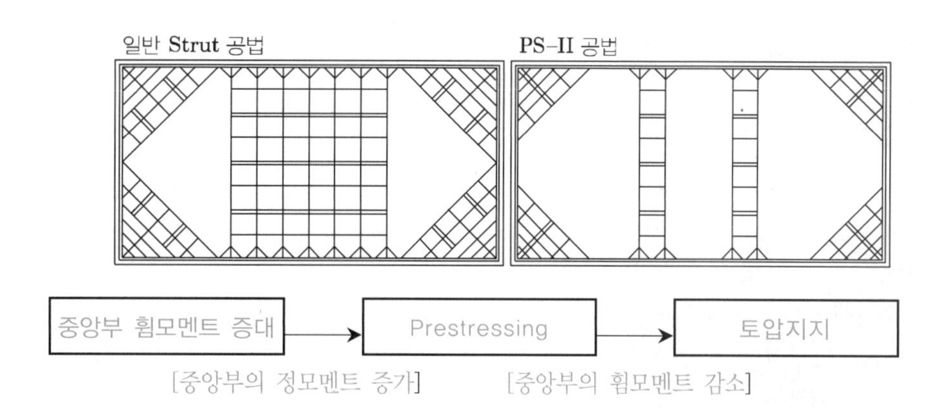

Memo

토공

핵심메모 (핵심 포스트 잇)

3-5. Top Down 공법

1) 시공순서

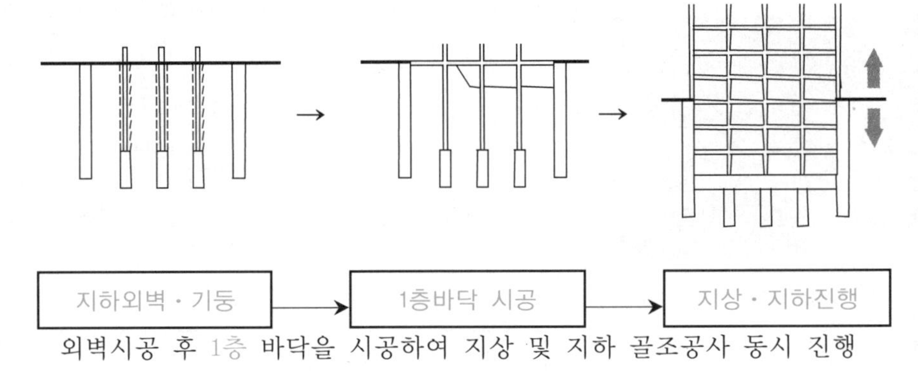

외벽시공 후 1층 바닥을 시공하여 지상 및 지하 골조공사 동시 진행

2) 공법분류

1. 완전 탑다운 공법(Full Top Down)

지하층 전체를 탑다운 공법으로 시공하는 공법

2. 부분 탑다운 공법(Partial Top Down)

지하층 일부분만 탑다운 공법을 적용하고 나머지 구간은 오픈 컷 공법을 적용하여 시공하는 공법

3. RC조

1) 지반에 지지

① SOG(Slab On Grade)

② BOG(Beam On Grade)

③ SOS(Slab On Support)

2) 무동바리

① NSTD 공법(Non Supporting Top-Down)

② BRD 공법(Bracket Supported R.C Downward)

3) King Post이용

ES-TD 공법(Economic Steel Top Downward)

4) Center Pile이용(철골조로도 시공)

DBS: Double Beam System(STD;Strut Top down)

4. 철골조

1) King Post이용

① SPS 공법(Strut as Permanent System Method)

② CWS 공법(Buried Wale Continuous Wall System)

③ ACT Coumn(Advanced Construction Technology Column)

5. Hybrid Structure(복합구조)

1) Composite Beam(합성보)

① TSC(The SEN Steel Concrete)

② TU합성보

2) 철골+PC합성보

Modularized Hybrid System

[NSTD]

[BRD]

[ES TD]

[DBS]

토공

3-6. SPS(Strut As Permanent System)

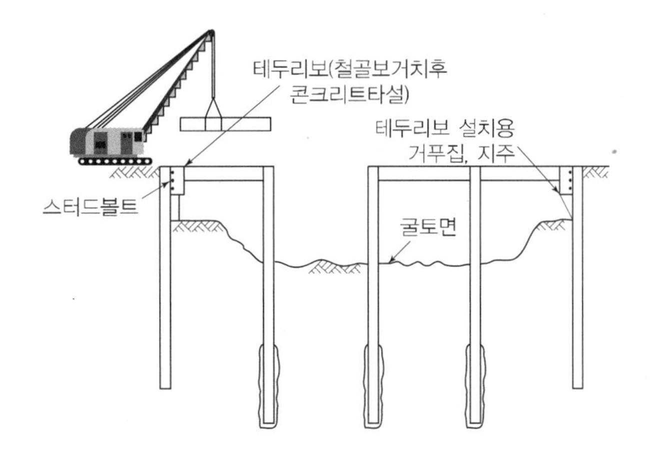

[RC 띠장 설치]

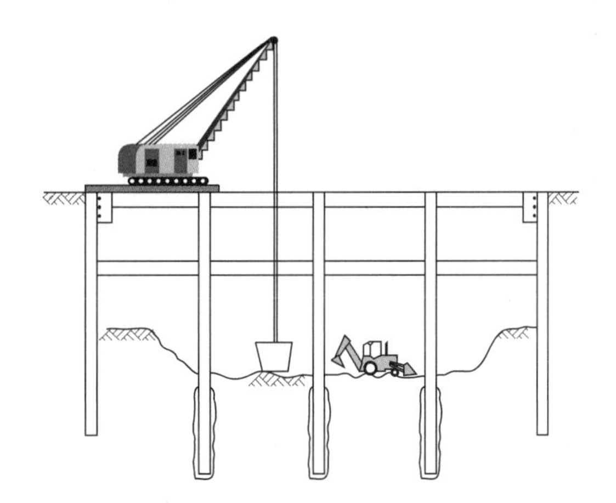

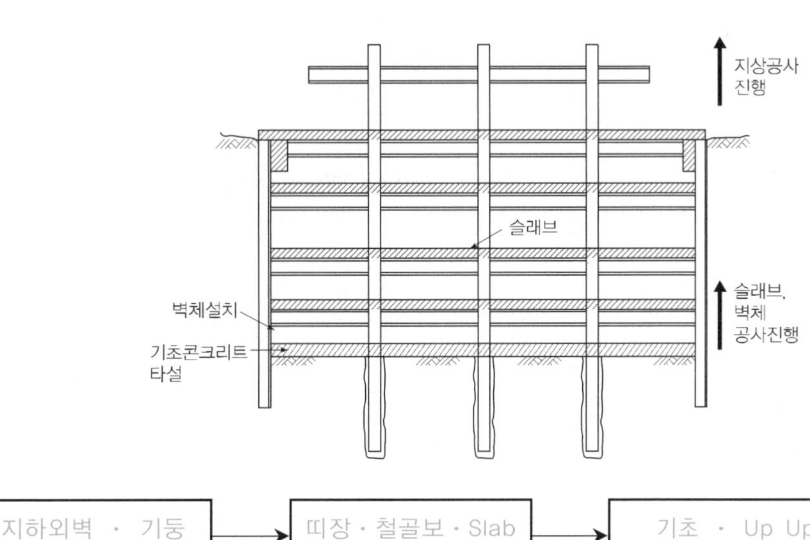

핵심메모 (핵심 포스트 잇)

지하외벽 · 기둥 → 띠장 · 철골보 · Slab → 기초 · Up Up

[굴토공사] [각단 반복하향 시공]

물

3 물

흙의 입도 및 투수성

Key Point

☐ Lay Out
- 원리 · 특성 · 적용범위
- 설치방법 · 배수방법
- 유의사항 · 중점관리 항목

☐ 기본용어
- 피압수
- 지하수위
- 투수계수
- 중력배수
- 강제배수
- Dewatering

mind map

- 차빼라 LSJC(이성진씨)가 중강에 영구하고 집뒤에 포진에 있다가 물을 타다다 퍼부을 상이다~

핵심메모 (핵심 포스트 잇)

1. 피압수

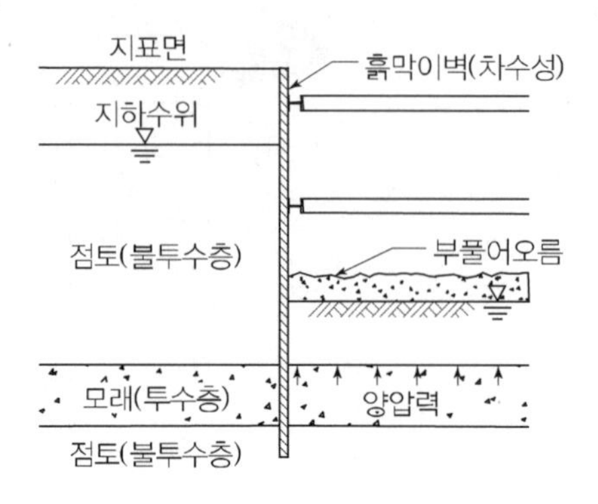

2. 차수

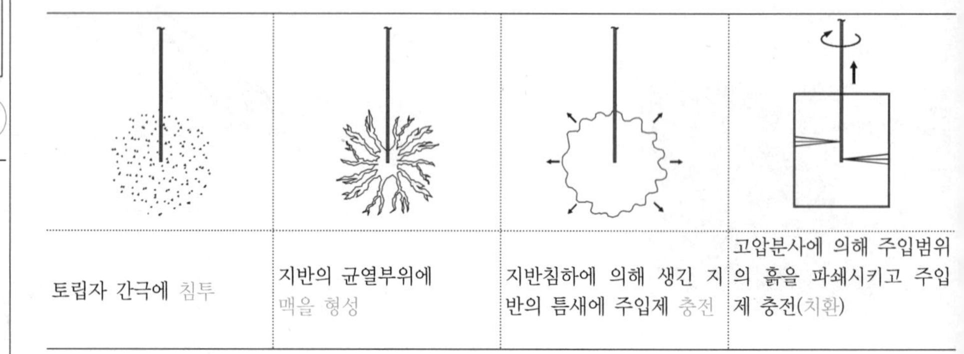

토립자 간극에 침투	지반의 균열부위에 맥을 형성	지반침하에 의해 생긴 지반의 틈새에 주입제 충전	고압분사에 의해 주입범위의 흙을 파쇄시키고 주입제 충전(치환)

- LW: 저압 Seal재 주입(차수)
- SGR: 저압복합주입(차수)
- JSP: 초고압 분사주입(차수 · 지반보강)
- CGS: 저유동성 Mortar 주입(지반보강)

2-1. Labiles Wasser Glass Grouting

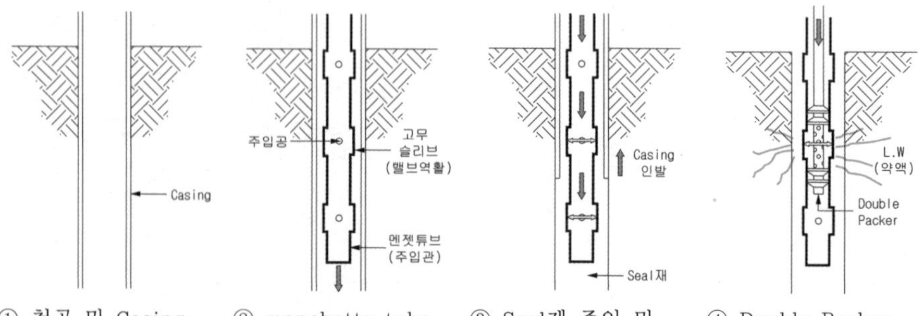

① 천공 및 Casing ② manchette tube 삽입 ③ Seal제 주입 및 Casing 인발 ④ Double Packer 삽입 및 LW 주입

물

2-2. SGR(Space Grouting Rocket)

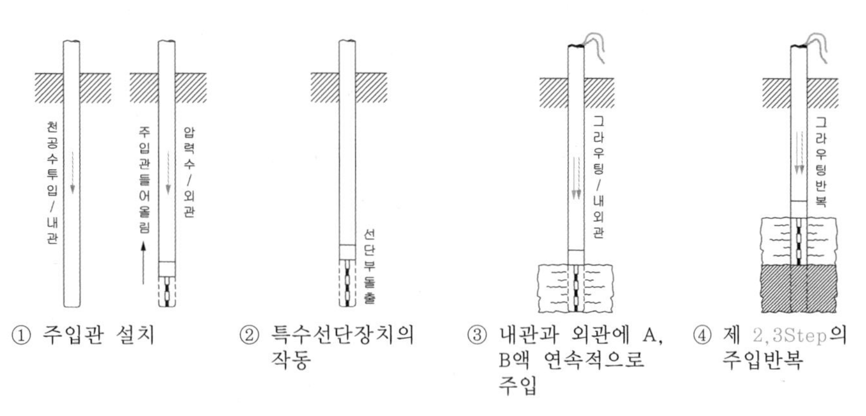

2-3. Jumbo Special Pile

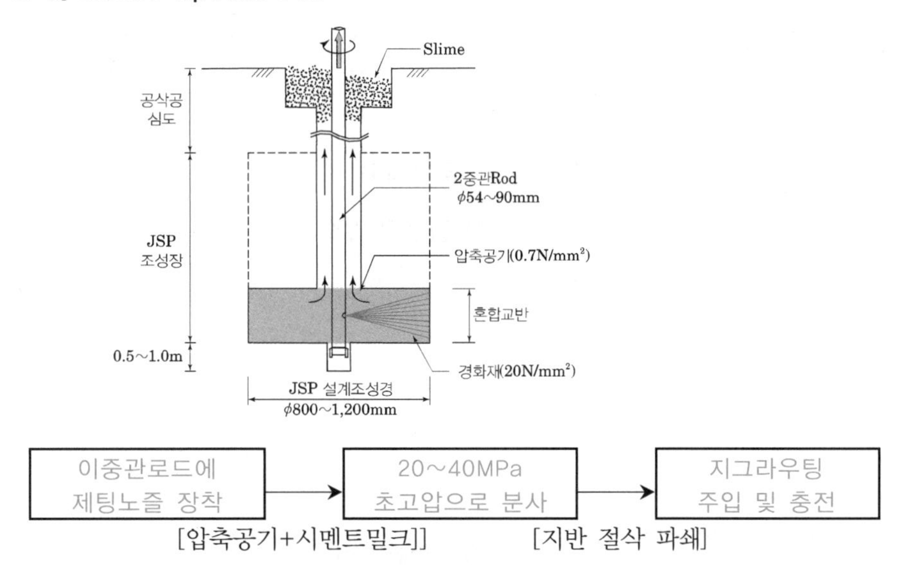

2-4. Compaction Grouting System

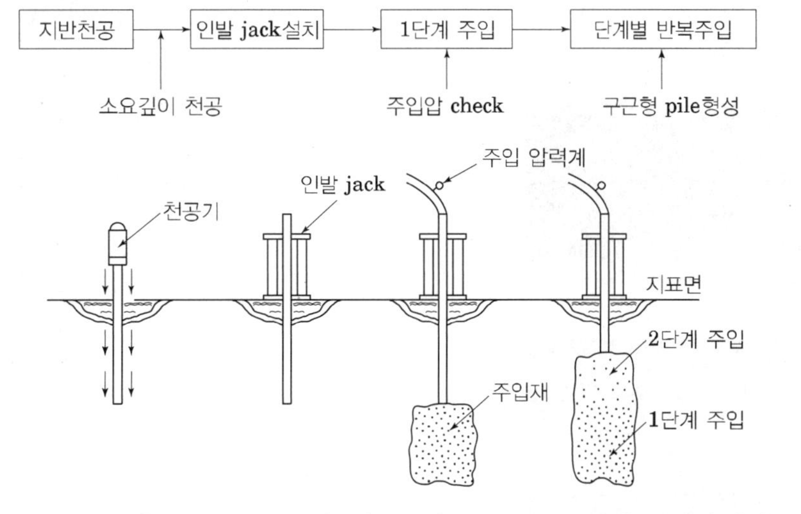

Slump 값이 30mm 이하의 저유동성 Mortar 주입재를 지반내에 주입 · 압입 · 충전하여 원기둥꼴의 고결체를 형성

핵심메모 (핵심 포스트 잇)

물

핵심메모 (핵심 포스트 잇)

적용조건 및 배수원리

- 투수계수 10^{-2}cm/sec 보다 큰 경우 (깊은 양수)

[Strainer]

[Strainer Screen 제작]

3. 배수공법

구분	내용
중력배수	• 집수정 배수(Sum-Pit) • Deep Well
	중력에 의해 지하수를 집수한 후, 펌프를 이용하여 지상으로 배수
강제배수	• Well Point • Vaccum Well(진공흡입공법)
	지반에 진공이나 전기에너지를 가하여 강제적으로 지하수를 집수하여 배수
영구배수(기초 바닥 배수)	• Trench+다발관배수공법 • Drain Mat • Dual Chamber System • PDD(Permanent Double Drain) • 상수위 조절배수(자연, 강제)
	기초바닥에서 유도관을 이용하여 집수정으로 배수하는 영구배수

3-1. 중력배수

1) 집수정 배수

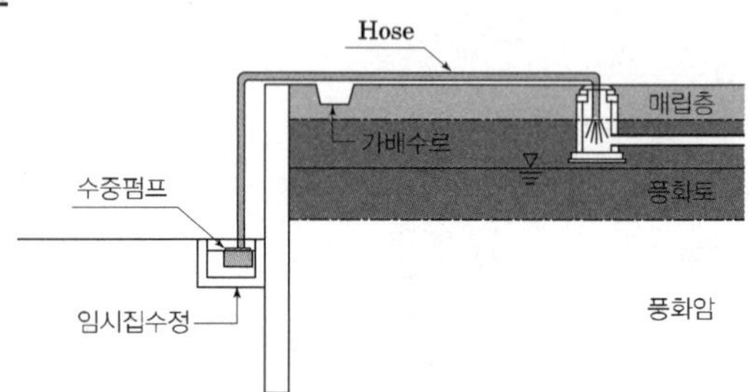

2) Deep Well

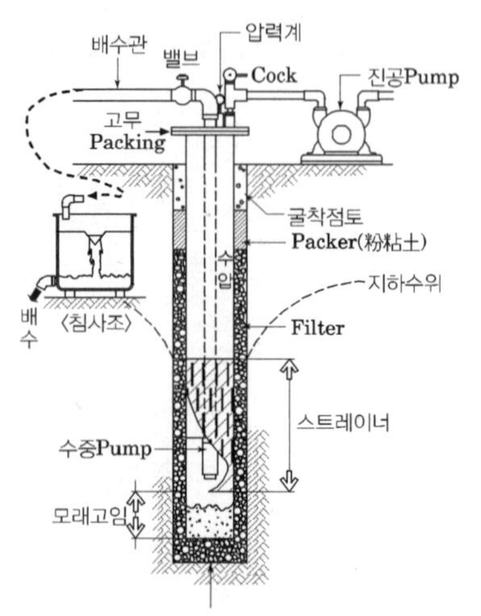

Casing설치 · 천공 → Filter재료 충전 → In Casing인발

[Strainer Pipe설치] [Pump설치 및 양수량 산정]

물

적용조건 및 배수원리

- 투수계수 10^{-1}~10^{-4}cm/sec보다 큰 경우 (깊은 양수)

[진공 Pump]

[배수전경]

핵심메모 (핵심 포스트 잇)

3-2. 강제배수

1) Well Point & 진공Well

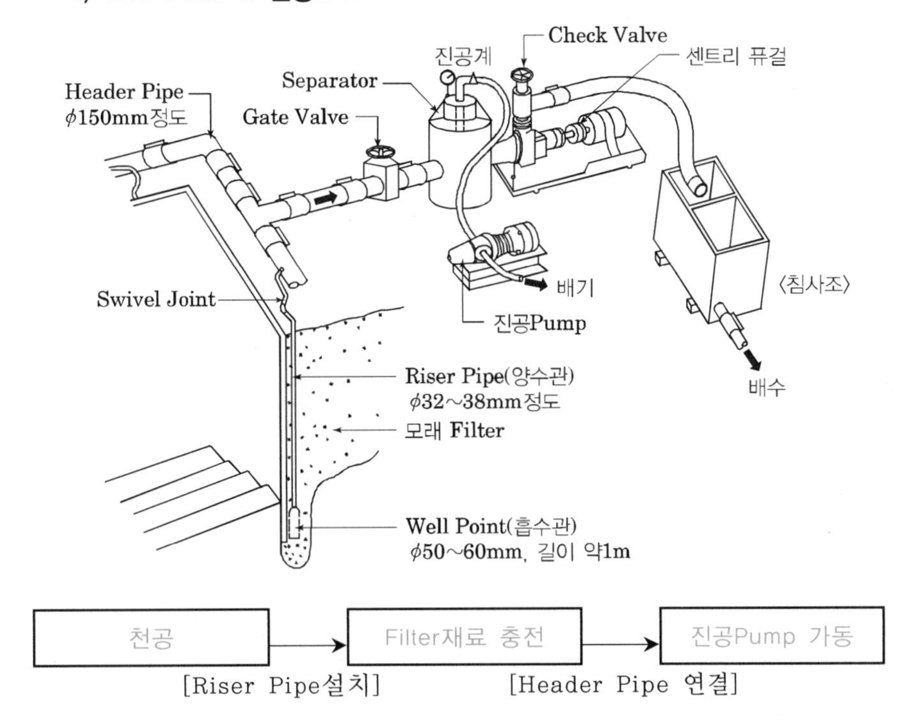

천공 → Filter재료 충전 → 진공Pump 가동

[Riser Pipe설치] [Header Pipe 연결]

Memo

하자 · 계측

4 하자 및 계측관리

힘의 변화 이해

Key Point

□ Lay Out
- 변형 · 발생조건
- 발생Mechanism · 영향인자
- 문제점 · 방지대책 · 대응
- 조치사항
- 항목 · 계획 · 종류 · 위치
- 배치
- 고려사항

□ 기본용어
- 토압
- Heaving
- Boiling
- 지하수위
- 계측기기

1. 토압이론(Earth Pressure)

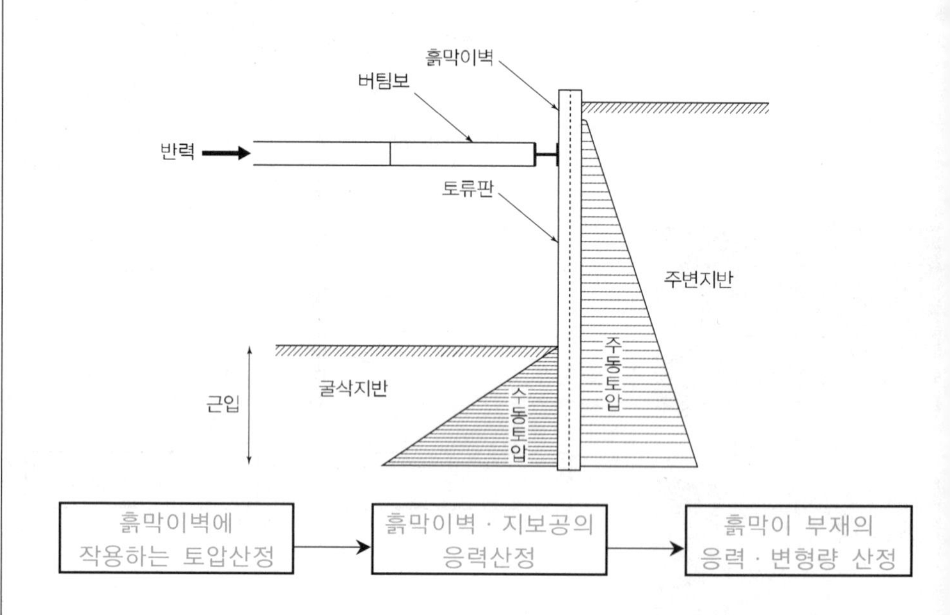

2. 하자 및 주변침하

하자 침하 붕괴

□ 흙
- 상부: 침하, 보양
- 중앙부: 뒤채움
- 하부(Heaving, Boiling)

□ 물
- 지하수위, 피압수, 차수, 배수

□ 흙막이
- 상부: 보양
- 중앙부: 뒤채움, 버팀대, E/A
- 하부: 근입장

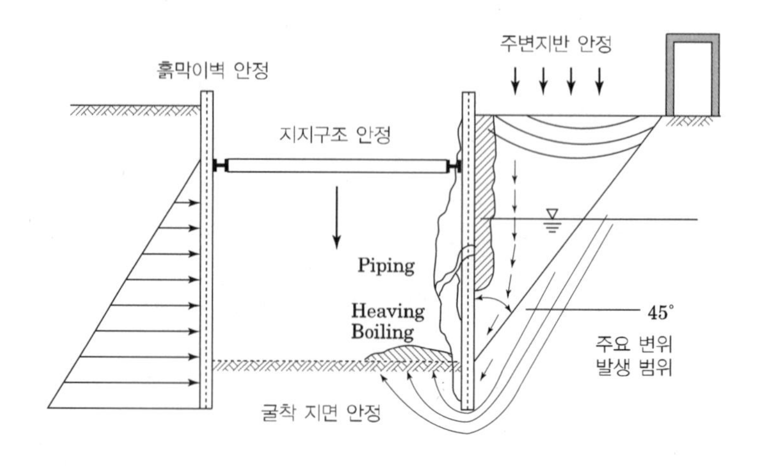

- 벽체의 변형 – 과도한 토압 및 강성부족
- 벽체의 거동 – 과도한 토압 및 근입장 부족
- 지반 부풀음 – 피압수
- 압밀침하 – 지표면 과재하
- 토사유출 – 뒷채움 불량 및 틈새에 의한 토사의 이동

하자 · 계측

핵심메모 (핵심 포스트 잇)

3. 계측관리

3-1. 계측기 배치

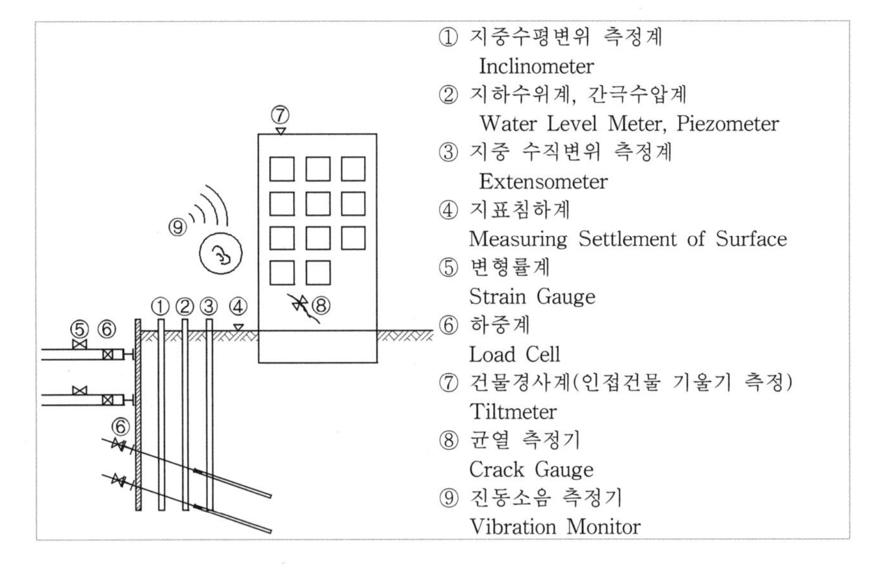

- 선행 시공부 우선배치
- 인근 주요 구조물이 있는 장소
- 지반조건(보링 등)이 충분히 파악된 곳에 배치
- 상호관련 계측 근접 배치
- 교통량 등 하중 증감이 많은 곳
- 구조물 혹은 지반의 특수조건이 있는 곳

Memo

핵심메모 (핵심 포스트 잇)

CHAPTER

03

기초공사

Professional Engineer

기초유형

하중전달 이해

Key Point

□ Lay Out
- 분류 · 구성요소 · 조사
- 항목 · 기준 · 계획 · 검토
- 형태 · 설계 · 구조
- 고려사항 · 하중전달

□ 기본용어
- Floating Foundation
- 마찰말뚝 지지말뚝
- Time Effect
- 부마찰력
- 팽이말뚝

1 기초유형

1. 기초 구성형태

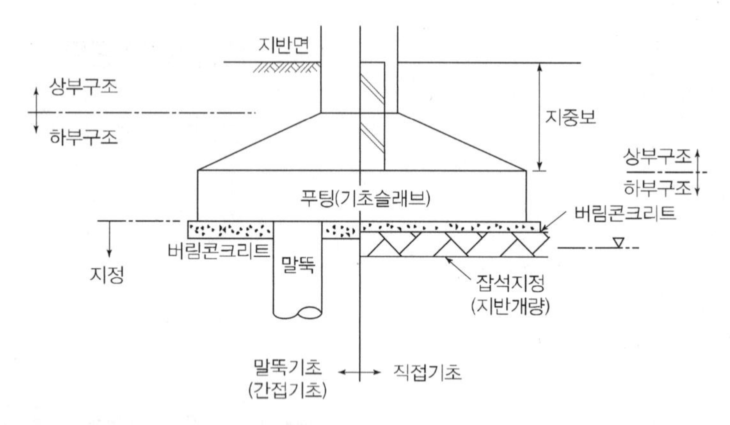

2. 기초의 분류

구 분	종 류		
기초판 형식	독립기초, 복합기초, 연속기초, 온통기초		
기타	뜬기초- Floating Foundation(부력기초)		
지정 형식	직접기초	모래지정, 자갈지정, 잡석지정, 콘크리트지정	
	말뚝기초	지지방법	지지말뚝, 마찰말뚝, 다짐말뚝
		재질	나무 P, 기성 C.P, 현장 C.P, 강재 P
		방법	대구경P- P.H.C말뚝, 무용접 말뚝
		형상	선단확대말뚝, Top Base(팽이말뚝)
	깊은기초	Well 공법, Cassion 공법	

2-1. Floating Foundation

연약지반에 구조물을 축조하는 경우, 흙파기한 흙의 중량과 구조물의 자중이 균형을 이루도록 만든 기초

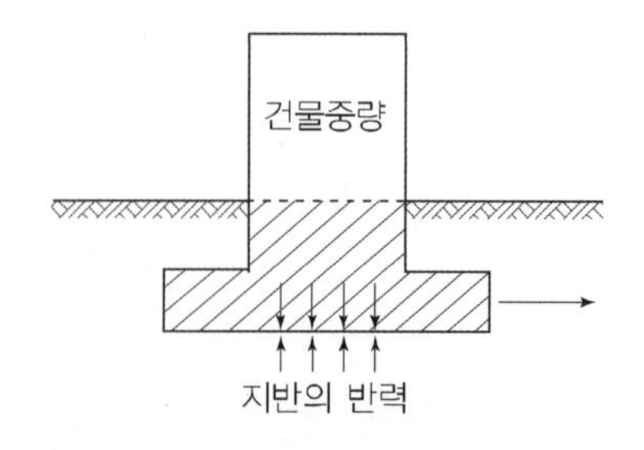

개념도

기초유형

2-2. 말뚝의 지지방법

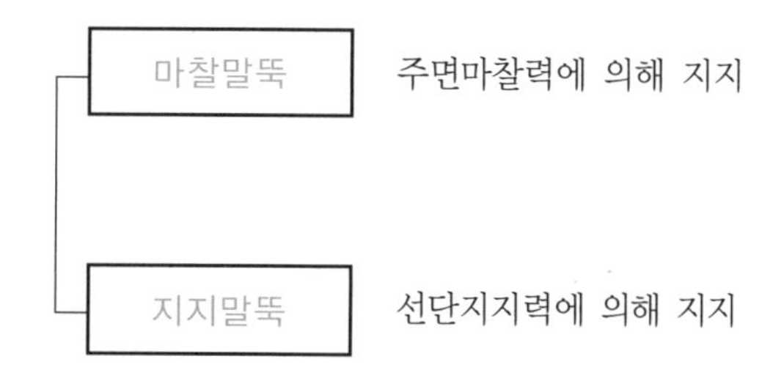

1) 파일의 부마찰력 (Negative Skin Friction)

연약지반에서 Pile의 침하량 보다 주면지반의 침하량이 클 경우 Pile 주면 지반이 말뚝을 끌고 내려가려는 하향으로 작용하는 마찰력

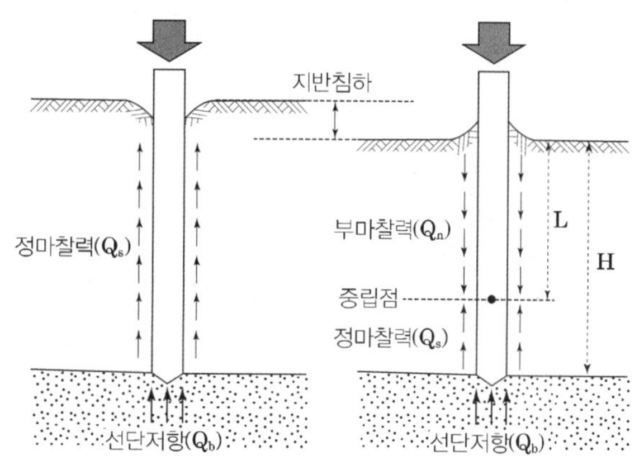

$Q_{a1}=(Q_b+Q_s)/F_s$ [정(+)마찰력]

$Q_{a2}=(Q_b+Q_s-Q_n)/F_s$ [부(-)마찰력]

Q_{a1}, Q_{a2} : 정마찰력, 부마찰력 상태의 허용지지력, F_s : 안전율

2-3. 형상

1) 선단확대 말뚝

말뚝선단부의 단면을 확대시켜 지지지반과 접하는 면적 확대

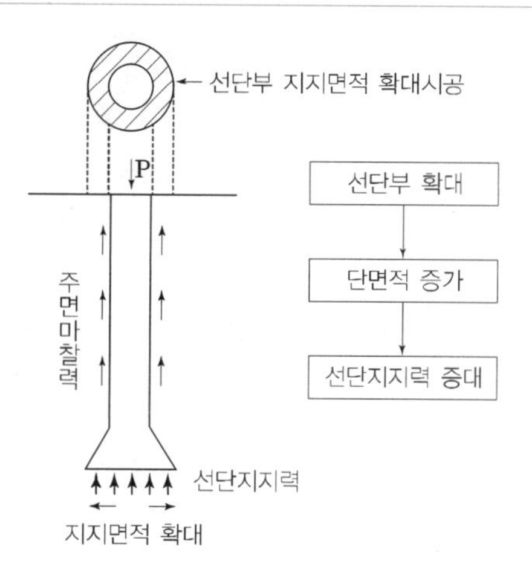

중립점(Neutral Point)

부마찰력이 정마찰력으로 변화되는 지점

□ 중립점 깊이(L)
(n: 지반에 따른 계수, H:침하층의 두께)
L=n · H
- 마찰말뚝 또는 불완전지지말뚝: n=0.8
- 보통모래, 자갈층: n=0.9
- 굳은지반, 암반: n=1.0

EXT-Pile

Pile With An Extended Head
파일선단부에 말뚝직경보다 25mm 큰 보강판을 용접하여 선단부 면적을 확대시킨 기성Concrete 선단확대말뚝

[확대 보강판]

[확대 보강판 용접]

기초유형

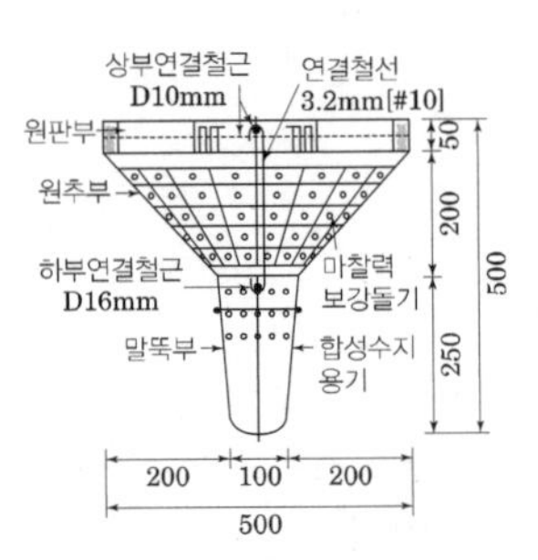

[현장 타설형 말뚝상세]

[공장 제작형 말뚝]

핵심메모 (핵심 포스트 잇)

2) Top Base Pile(팽이말뚝)

지반에 연속압입 설치하고, 공간을 쇄석으로 채운다음 진동다짐 후 상부 연결 철근을 결속하여 Concrete를 부어넣어 Mat 기초를 형성

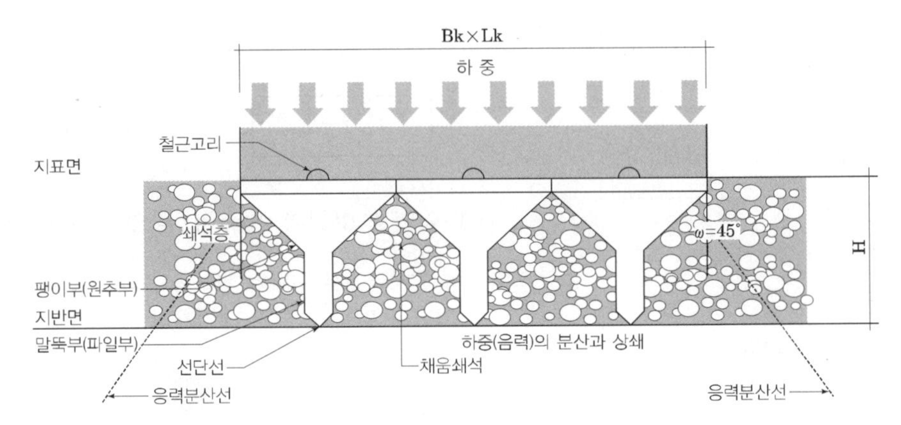

팽이말뚝 원추부의 45° 접지면 때문에 연직 재하하중이 수평분력(P_H)와 수직분력(P_V)의 응력으로 분산 및 상쇄되면서 침하량 저감

① 공장 제작형

① 시공지반 고르기	② 위치 철근	③ 말뚝 압입
④ 쇄석 충전	⑤ 연결철근 결속	⑥ 완료

② 현장 타설형

① 용기하부 조립	② 설치	③ 상부 연결철근
④ 콘크리트 타설	⑤ 쇄석포설	⑥ 완료

기성P

2 기성 콘크리트 Pile

지지방법 이해

Key Point

☐ Lay Out
- 원리 · 특성 · 적용범위
- 시공방법 · 시공순서
- 기능 · 구성요소
- 유의사항 · 중점관리 항목

☐ 기본용어
- SIP공법
- DRA공법
- 이음공법
- 동재하시험
- 정재하시험
- 리바운드체크

mind map

• 타진압으로 PW중~

핵심메모 (핵심 포스트 잇)

1. 공법종류

- 타격공법: Drop Hammer, Diesel Hammer, 유압 Hammer
- 진동공법: Vibro Hammer로 진동을 주면서 매입
- 압입공법: 유압Jack의 반력에 의해 압입
- Preboring:(SIP, DRA)
- Water Jet공법: 모래층, 모래 섞인 자갈층 또는 진흙 층 등에 고압수를 분사하여 지반을 무르게 한 후 압입하는 공법
- 중공굴착공법: PHC 또는 강관말뚝 내부에 Auger를 삽입하여 회전관입 · 강관삽입 후 내부를 굴착하는 공법

1) Soil Cement Injected Precast Pile

설계심도까지 Auger를 굴진하면서 Cement Paste 주입 · 교반하고 기성말뚝을 압입 후 타격하여 설치

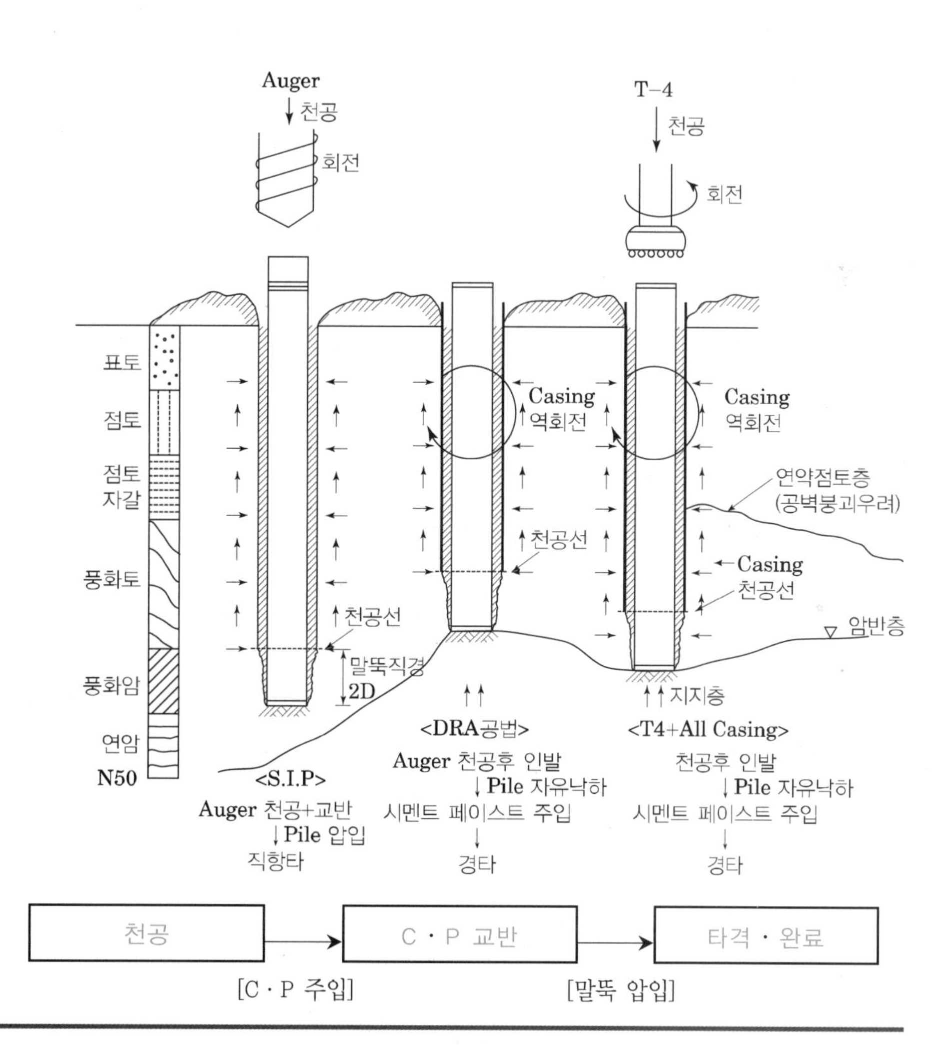

기성P

mind map

- 지표 말시세가 수박하고 연속 이음 판두부보다 비싸다~

□ 시공순서별 유의사항
- 지반조사
- 표토제거
- 말뚝중심 측량
- 시항타
- 세우기
- 수직도
- 박기순서
- 중단 없이 연속박기
- 이음
- 지지력 판정
- 두부정리

시항타 준비사항

□ 장비
- 본항타와 동일조건

□ 수직도 체크
- 트랜싯, 다림추, 수평자

□ 예상심도 표기
- 말뚝 및 주상도에 천공 및 관입깊이 표기

□ 말뚝길이
- 예상 관입깊이 보다 1~2m 긴 것을 준비

mind map

- 개구부를 수강하자~

□ 이음부 요구조건/유의사항

- 이음개소 최소화
- 구조적 단면 여유
- 부식 영향 없을 것
- 수직도 유지
- 이음부 강도는 설계응력 이상 확보

2. 시공

1) 주상도에 의한 시공관리

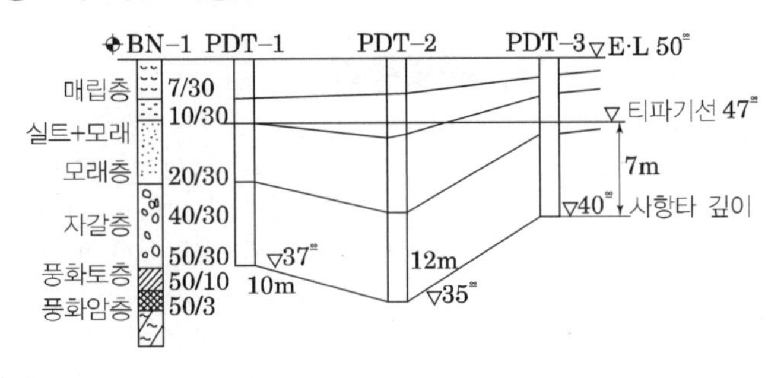

2) 시항타 시 유의사항

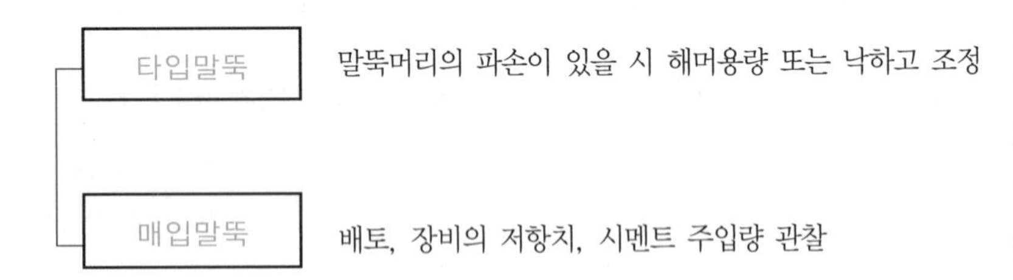

1,500m² 이하 2本 이상, 3,000m² 이하 3本 이상 및 15m 이내로 실시

3) 말뚝중심 간격

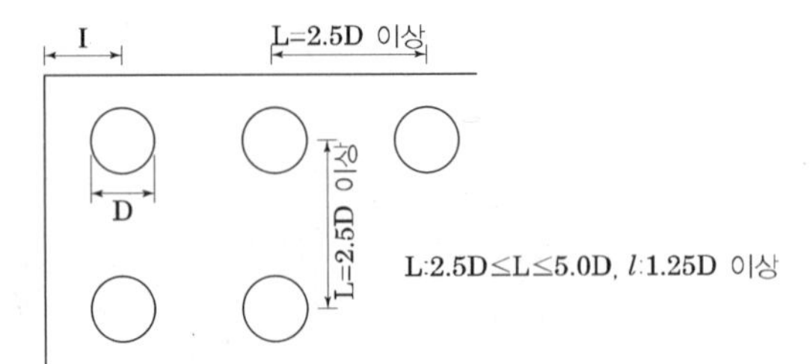

3. 이음

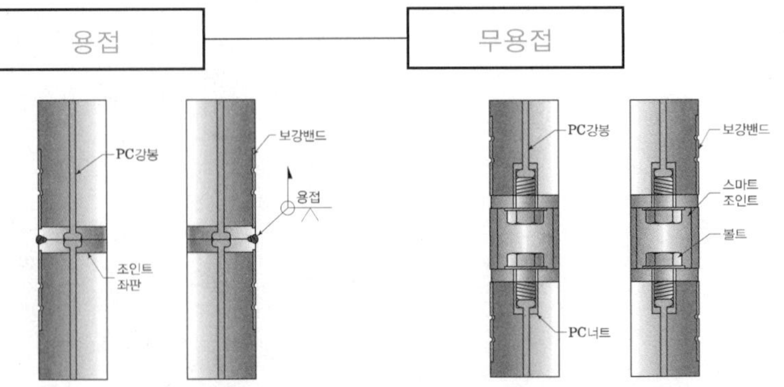

- Joint 좌판이 부착된 PHC말뚝을 서로 맞대어 용접(V형 4mm 이하)하는 이음공법
- PHC말뚝 사이에 Joint Plate를 설치하고 Bolt를 이용하여 Plate와 말뚝을 이음하는 공법

기성P

mind map

• 정동하 소리체크해라~

[변형률계, 가속도계]

[실물재하]

[반력파일]

[인발]

[수평재하]

4. 지지력 판정

말뚝의 허용지지력(Allowable Pile Bearing Capacity)

$$R_a = (\text{허용지지력}) = \frac{R_u(\text{극한지지력})}{F_s(\text{안전율})}$$

4-1. 정역학적 추정방법(靜力學, Statics)

1) 테르자기(Terzaghi) 공식

R_u극한지지력 $= R_p$선단지지력 $+ R_f$주면마찰력

2) 메이어호프(Meyerhof) 공식(SPT에 의한 방법)

$$R_u = 30 \cdot N_p \cdot A_p + \frac{1}{5} N_s \cdot A_s \cdot \frac{1}{2} N_c \cdot A_c$$

4-2. 동역학적 추정방법(動力學, Dynamics)

1) 샌더(Sander) 공식

$R_u = \frac{W \times H}{S}$, $W = hammer$무게 $H =$낙하고 $S =$평균관입량

2) 엔지니어링 뉴스(Engineering News) 공식

$$R_u = \frac{W \times H}{S + 2.54}$$

3) 하인리 공식(Hiley)

$$R_u = \frac{e_f \cdot F}{S + \frac{C_1 + C_2 + C_3}{2}} \times \frac{W_H \times e^2 \cdot W_p}{W_H + W_p}$$

4-3. 재하시험

1) 동재하 시험(PDA: Pile Driving Analyzer System)

파일몸체에 발생하는 응력과 속도의 상호관계를 측정 및 분석(허용지지력 예측)

R_u극한지지력 $= R_p$선단지지력 $+ R_f$주면마찰력

2) 정재하 시험(Load Test on Pile): 실재하중을 재하

① 압축재하: 실물재하, 반력파일

② 인발

③ 수평재하

4-4. 소리에 의한 추정

4-5. 리바운드 체크

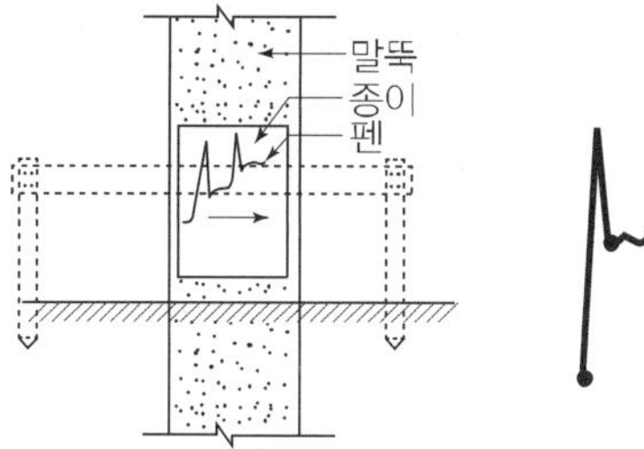

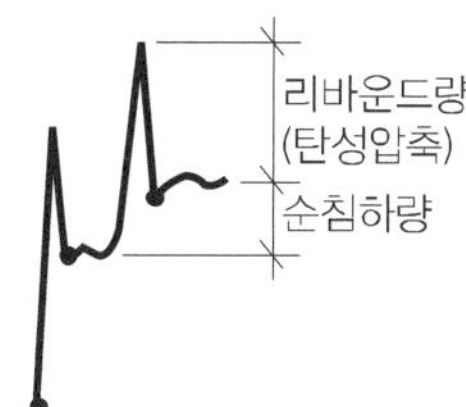

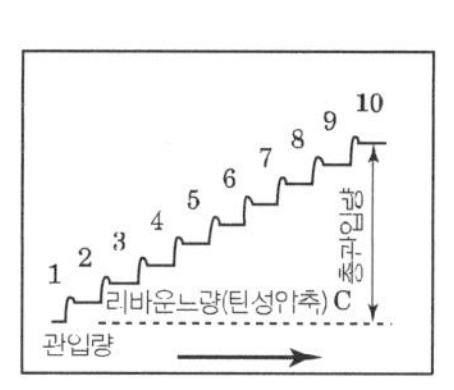

$$s = \frac{\text{총관입량}}{10} = 5 \sim 10(\text{mm})$$

기성P

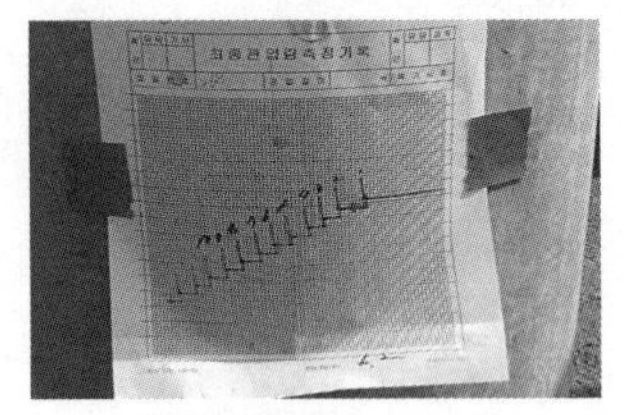

[리바운드 체크]

mind map

● 해머를 낙하고에서 편타하면 타회사 쿠션으로 바꿔도 장축이 강수경이다~

[원커팅]

[두부정리]

핵심메모 (핵심 포스트 잇)

5. 두부파손

◈ Hammer
- Hammer 중량(W)
- 낙하고(H)
- 편타
- 타격에너지(F=W · H)

◈ 기타
- Cusion 두께 부족
- 장애물

◈ Pile
- 축선불일치
- 이음불량
- Pile 강도불량
- Pile 수직도 불량

◈ 지반
- 경사지반

6. 항타 후 관리

6-1. 두부정리

말뚝에 Cutting선, 버림 콘크리트 상단면 표시하여 완전히 절단한 다음, 두부보강 철근 캡(기성품)을 말뚝 내부로 넣어 올려놓는다.

6-2. 파손 및 위치허용오차 확인

바닥 먹매김을 실시하여 설치위치 오차 측정(위치 허용오차: 150mm 이하, 기초 보강 없는 허용한계오차: 75mm 이하

6-3. 보강방법

1) 설계위치에서 벗어난 경우

① 75~150mm인 경우: 중심선 외측으로 벗어난 만큼 기초 확대 및 철근 1.5배 보강

② 150mm 초과 시: 구조검토 후 추가 항타 및 기초보강

Memo

현장타설 P

지지방법 이해

Key Point

□ Lay Out
- 원리 · 특성 · 적용범위
- 시공방법 · 시공순서
- 기능 · 구성요소
- 유의사항 · 중점관리 항목

□ 기본용어
- RCD공법
- PRD공법
- Micro Pile
- 건전도시험
- 양방향 말뚝재하시험

mind map

- ERP는 바레트~

핵심메모 (핵심 포스트 잇)

3 현장타설 콘크리트 Pile

1. 공법종류

1-1. 대구경

1) Earth Drill 공법

드릴링 버킷을 이용하여 굴착, 안정액으로 공벽보호, 직경 0.6~2m, 심도 20~50m

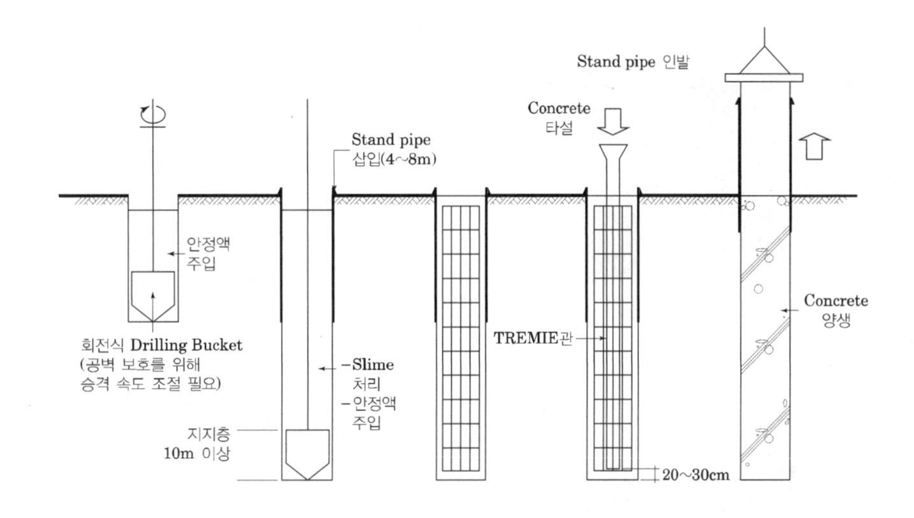

2) Reverse Circulation Drill 공법

드릴로드 선단에서 물을 빨아올리면서 굴착, 물과 혼합되어 만들어지는 이수와 정수압 0.02MPa로 공벽유지, 직경 0.8~3m, 심도 60m

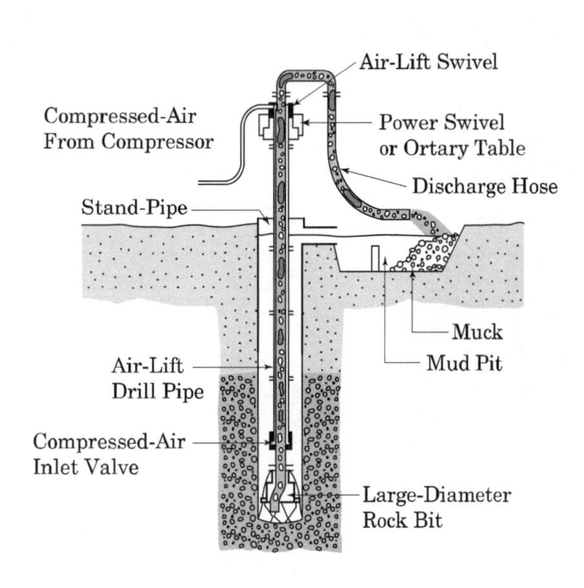

현장타설 P

[PRD 아웃케이싱 설치]

[인케이싱 설치 및 천공]

[굴착]

[철근망 조립]

[Surging]

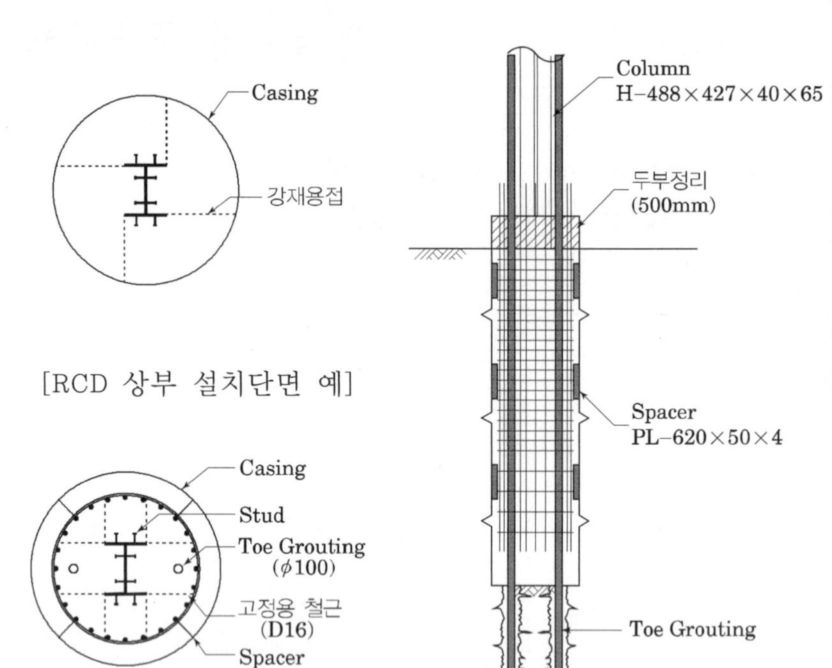

[RCD 상부 설치단면 예]

[RCD 하부 설치단면]

[RCD Typical 단면]

3) Percussion Rotary Drill 공법

Pile Driver에 장착된 Hammer Bit를 저압의 Air에 의해 타격과 동시에 회전시켜 굴착, Casing으로 공벽보호, 직경 0.8~1.2m

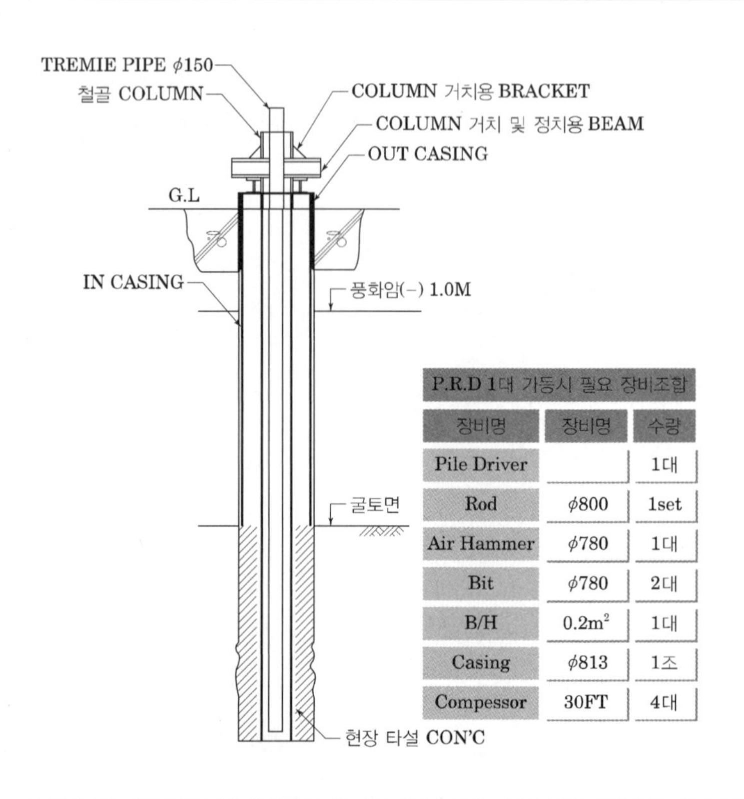

P.R.D 1대 가동시 필요 장비조합

장비명	장비명	수량
Pile Driver		1대
Rod	ϕ800	1set
Air Hammer	ϕ780	1대
Bit	ϕ780	2대
B/H	0.2m²	1대
Casing	ϕ813	1조
Compessor	30FT	4대

현장타설 P

[Barrette]

mind map

• 중공천 선단에 SK철콘을 인발해라~

핵심메모 (핵심 포스트 잇)

4) Barrette공법

슬러리월 장비를 이용하여 굴착, 2.4m×0.8~1.2m

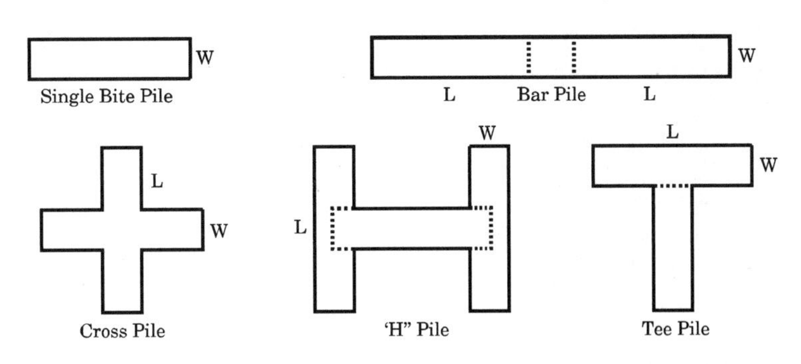

2. 시공(공통)

- 말뚝중심측량
- 공벽보호(공내 수위, Casing, 안정액)
- 천공 수직도
- 선단지반 붕괴 주의
- Slime제거
- Koden Test
- 철근망/기둥 부상방지
- 콘크리트 품질확보
- 기계인발 시 공벽붕괴 주의

Memo

현장타설 P

[Setting]

[확인]

1 2
3 4

[Access Tube]

[하부 재하장치]

[상부 재하장치]

3. 시험

3-1. Pile Integrity Test(건전도 시험)- 결함검사 시험

말뚝 몸체의 구조적 결함 및 말뚝 주변지반과의 지지 · 접촉상태를 파악

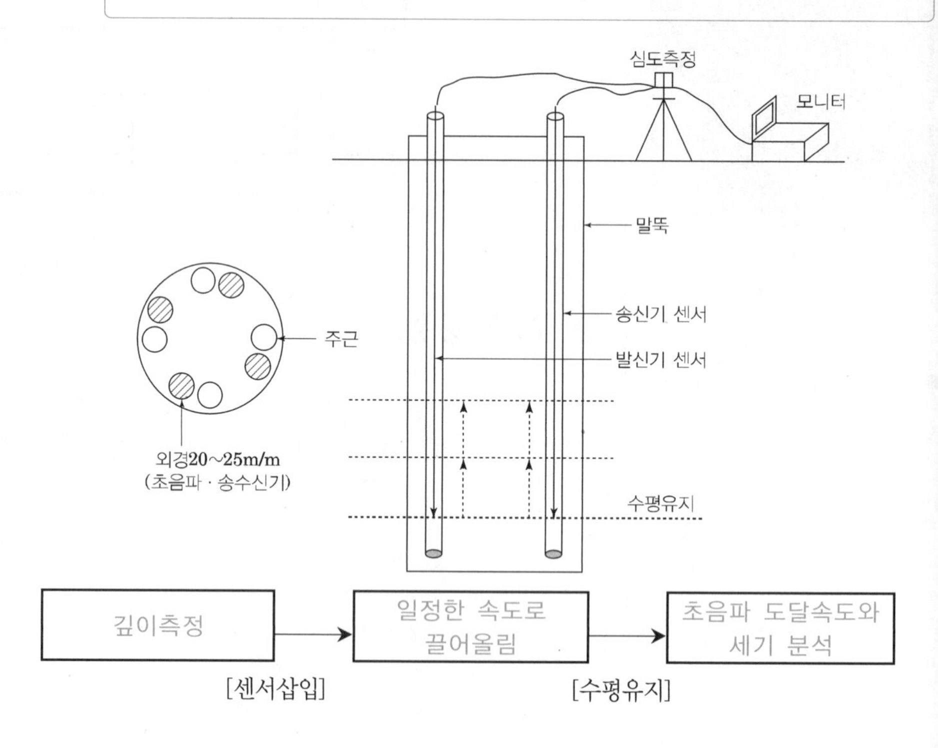

3-2. Bi-Directional Pile Load Test- 양방향 말뚝재하

지상에서 유압을 가하고, 유압잭 하부는 하향으로 움직여 선단지지력을 발생시키고 동일한 힘으로 상향으로 움직이면서 주면마찰력 발생

말뚝 시공 – 시험장치 설치 – 콘크리트 타설 – 양 생 – 재하시험 – Data 분석/평가

시험장치 설치: 철근망에 설치, H-Beam에 설치

Memo

기초안정

기초안정 이해

Key Point

□ Lay Out
- 원리 · 특성 · 적용범위
- 시공방법 · 시공순서
- 메커니즘
- 유의사항 · 중점관리 항목

□ 기본용어
- 약액주입공법
- CGS
- JSP
- SGR
- LW
- 부력과 양압력
- Rock Anchor
- under Pinning

mind map

- 배탈나면 압으로 고치고 동전으로 대표를 가리자~

mind map

- 모두 전진하면 폭동이 약이다~

핵심메모 (핵심 포스트 잇)

4 기초의 안정

1. 지반개량

1-1. 점성토 ≤ N치 4

- 배수공법
- 탈수공법(Vertical Drain): Sand Drain, Paper Drain, Pack Drain
- 압밀공법: (Preloading, 사면선단재하, 압성토공법)
- 고결공법: 생석회, 동결, 소결
- 치환공법
- 동치환공법
- 전기침투공법
- 대기압공법진공압밀)
- 표면처리공법
-

1-2. 사질토 ≤ N치 10

- 모래다짐공법
- 전기충격공법
- 진동다짐공법
- 폭파다짐공법
- 동다짐공법
- 약액주입공법

Memo

기초안정

2. 부력

부력: 지하수위 이하에서 구조체의 밑면 깊이만큼 구조물을 올리는 힘(정수압)

양압력: 구조물을 중심으로 상류와 하류의 수위차에 의해 물의 침투력으로 구조물을 위로 들어 올리는 상향수압(동수압)

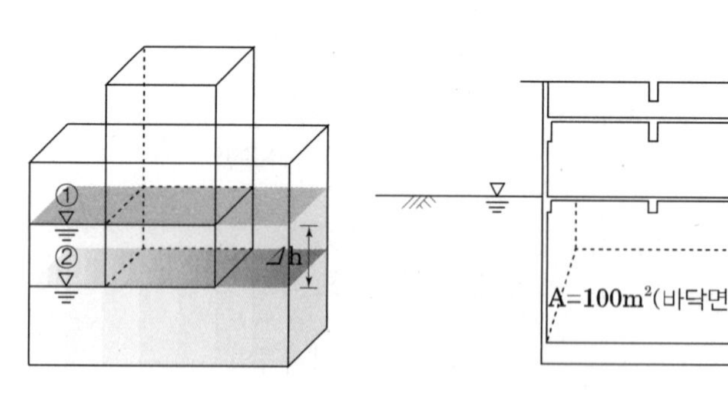

[물체의 부피만큼 수위 변화] [지하수위가 있는 구조물]

부　력: $\gamma_\omega \times V = 1\mathrm{tf/m^3} \times 100\mathrm{m^2} \times 10\mathrm{m} = 1{,}000\mathrm{tf}$

양압력: $\Delta h \times \gamma_\omega = 10\mathrm{m} \times 1\mathrm{tf/m^3} = 10\mathrm{tf/m^3}$

$U_p = \gamma_\omega \times V = A \times u$

U_p: 부력(tf)

γ_ω : 유체의 단위중량($\mathrm{tf/m^3}$)

V : 물체가 유체 속에 잠겨있는 부분의 체적($\mathrm{m^3}$)

u : 양압력($\mathrm{tf/m^3}$)

A : 면적($\mathrm{m^2}$)

mind map

- 강인이 자수하면 마자브라 ~

- 강제배수
- 인접건물에 긴결
- 자중증대
- 지하수 유입
- 마찰말뚝
- 자연배수
- Bracket
- Rock Anchor

기초안정

□ Hydrostatic Pressure, 靜水壓

● 정지해 있는 물 속에서는 상대적인 마찰 운동이 없기 때문에 마찰력이 작용하지 않으며, 내부의 어떤 면을 생각해도 그 면에 따른 성분을 가진 힘은 작용하지 않는다. 또한 표면을 제외하고는 인장력에 저항하지 않기 때문에 정지해 있는 물의 내부에 작용하는 힘은 압력뿐이다. 이것을 정수압이라 한다.

□ 감소방식

● 영구배수, 강제배수, 자연배수

□ 상쇄방식

● 지하수 유입, 지하실 규모축소

핵심메모 (핵심 포스트 잇)

2-1. 순응(감소 및 상쇄)

1) 영구배수(Dewatering System)

기초저면에 인위적인 배수층을 형성하여 유입된 지하수를 배수로를 따라 집수정으로 유도하여 Pumping하는 부력저감 배수

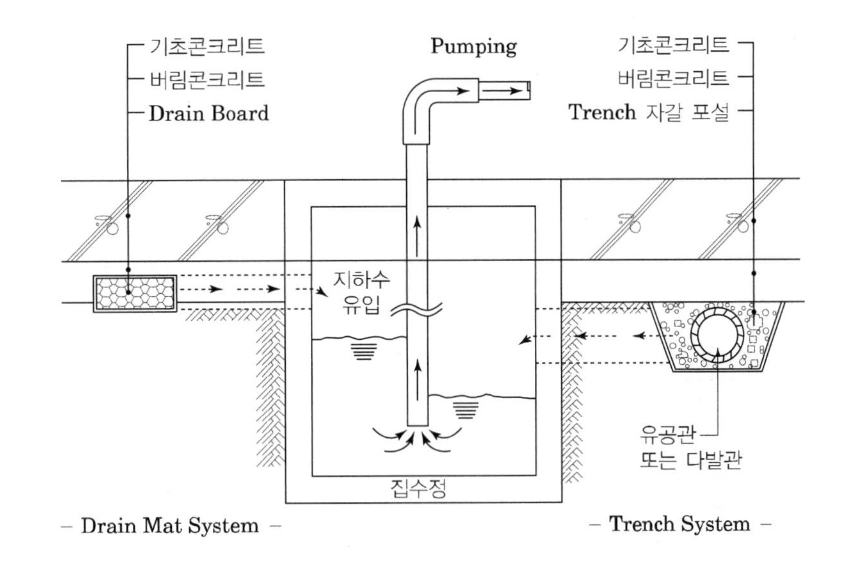

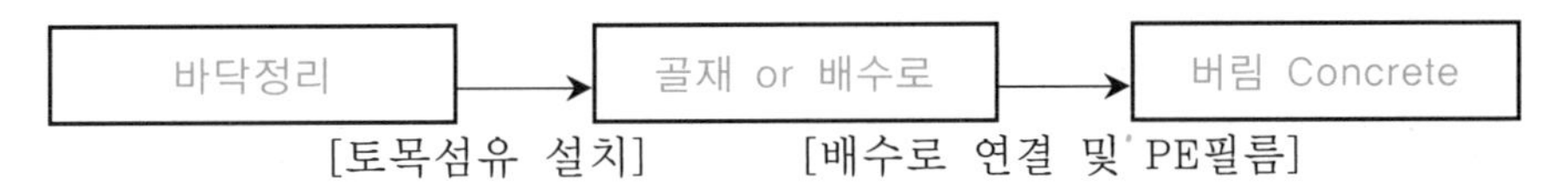

2) 상수위 조절배수

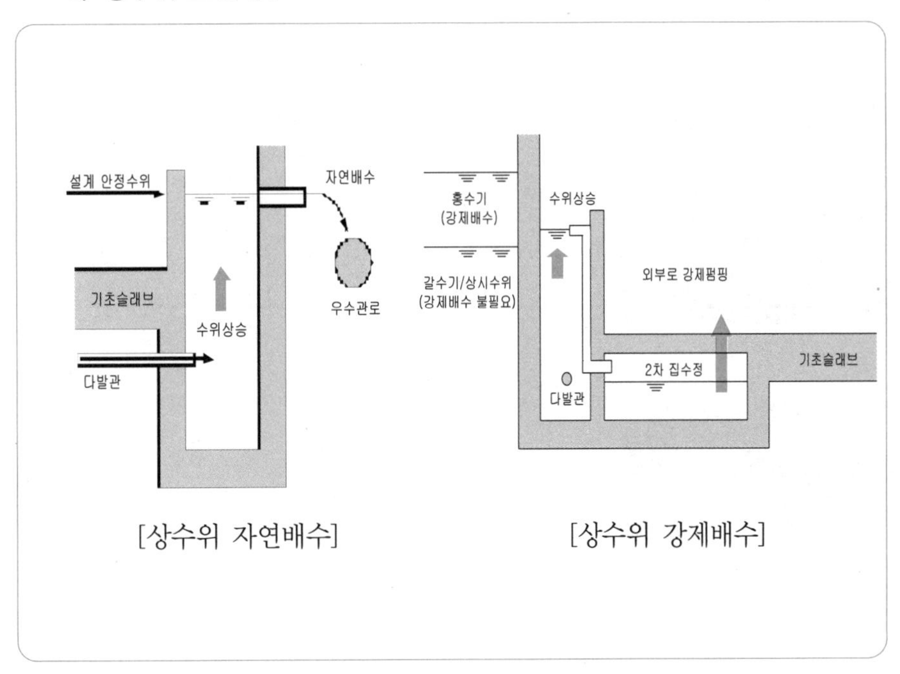

[상수위 자연배수] [상수위 강제배수]

기초안정

적용조건

- 지하수가 많고 굴착 하부 지층이 견고한 지반(풍화대이상)
- 하부지층 지하 벽체의 선단부가 불투수층에 Keying 되어 내부로의 지하수 유입량이 적을 경우 효과적
- Rock Anchor 적용이 어려울 경우

[락앙카 천공]

[삽입 후 그라우팅]

[거푸집]

[인장시험]

2-2. 대응(저항방식)

Bracket 설치, Rock Anchor, 자중증대, 마찰말뚝, 인접건물 연결

1) 자중증대

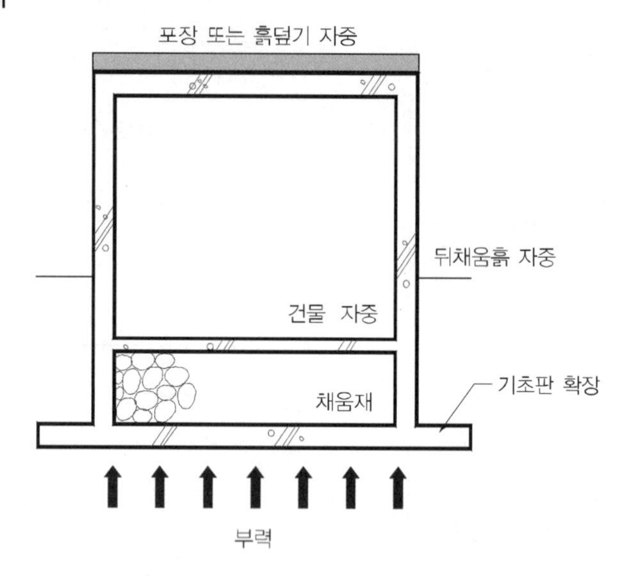

2) Rock Anchor

암반층까지 천공하여 Strand삽입 후 요구되는 하중 이상을 인장하여 정착

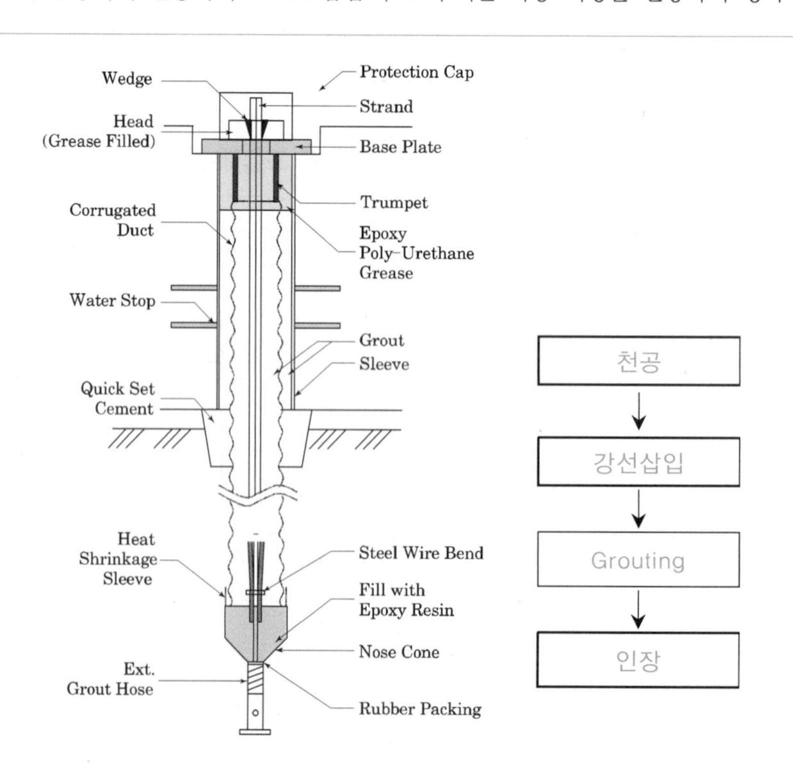

기초안정

3. 부동침하

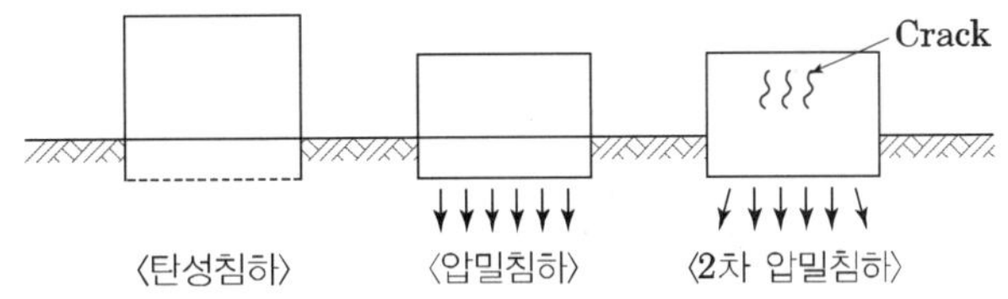

탄성침하
• 재하와 동시에 일어나며 즉시 침하한다.

1차 압밀침하
• 탄성침하 후에 장기간에 걸쳐서 일어나는 침하

2차 압밀침하
• 점성토의 Creep에 의해 일어나는 침하

부동침하의 원인

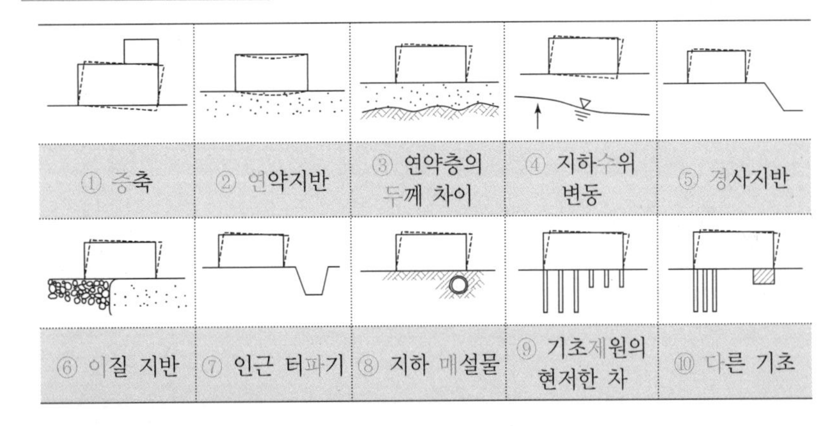

부동침하의 대책

① 상부 구조물 강성 증대
② 연약지반 개량
③ 마찰말뚝 지정 이용
④ 지하수위 변동 방지
⑤ 경질지반에 지지
⑥ 이질 지반 시 복합기초 시공
⑦ 건축물의 균등 중량
⑧ 매설물 조사
⑨ Under Pinning 보강
⑩ 동일 지반 시 통합기초

mind map

• 증연두는 수경이파 매제다 ~

□ 설계
□ 상부
□ 기초
□ 지반, 물
□ 주변

기초안정

4. Under Pinning

기존 구조물을 보호하는 보강공사

mind map

• 사전에 준비해서가보니 철거와 복구를 하더라~

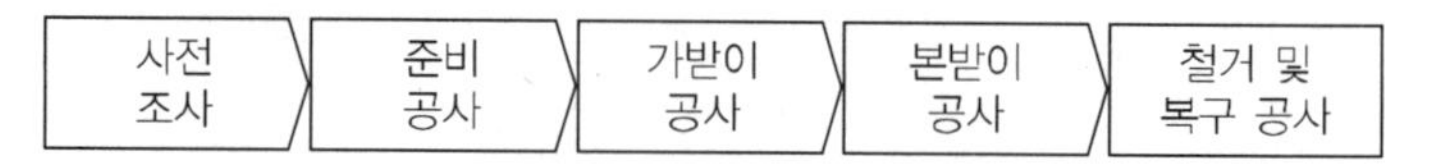

4-1. 가받이 공사

1) 지주에 의한 가받이

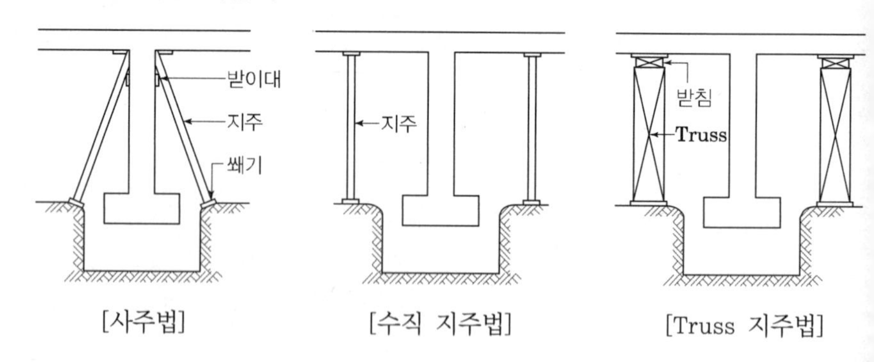

[사주법] [수직 지주법] [Truss 지주법]

2) 신설기초 일부를 이용한 가받이

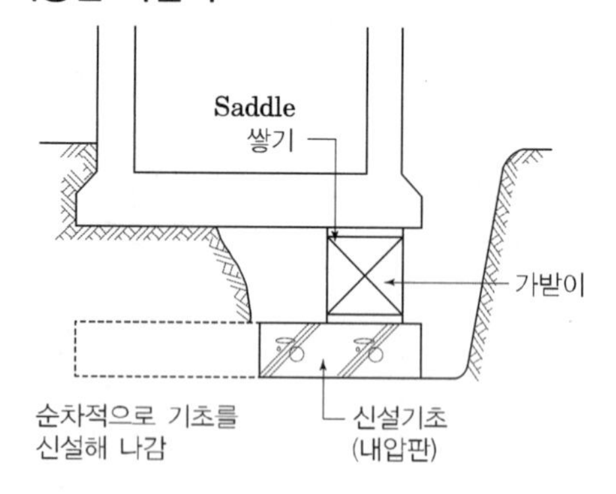

[내압판 방식]

3) 보에 의한 가받이

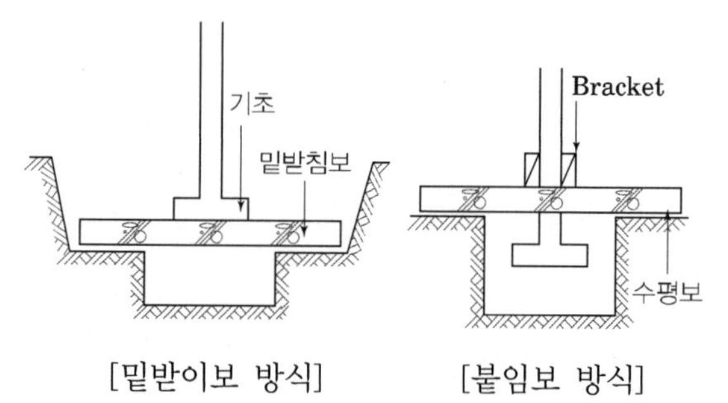

[밑받이보 방식] [붙임보 방식]

핵심메모 (핵심 포스트 잇)

기초안정

mind map

• 바보는 바닥에서 약을 먹는다~

핵심메모 (핵심 포스트 잇)

4-2. 본받이 공사

1) 바로받이

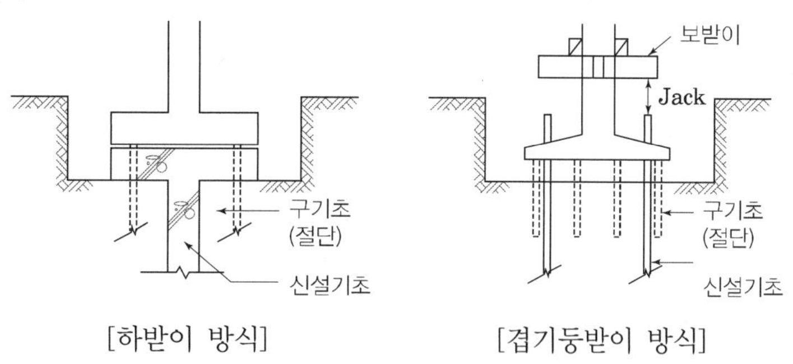

[하받이 방식] [겹기둥받이 방식]

2) 보받이

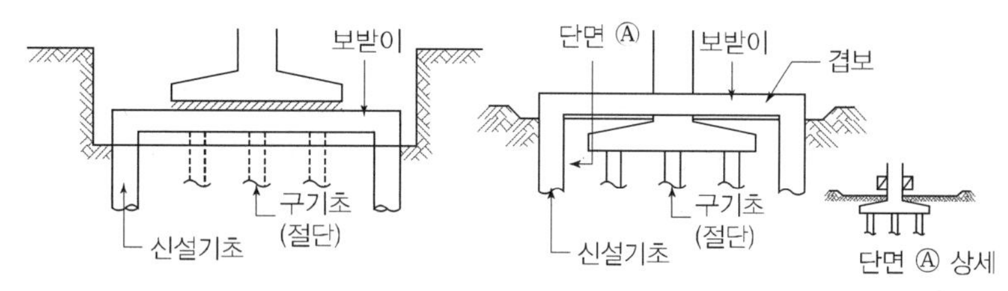

[하받이 방식] [첨보받이 방식]

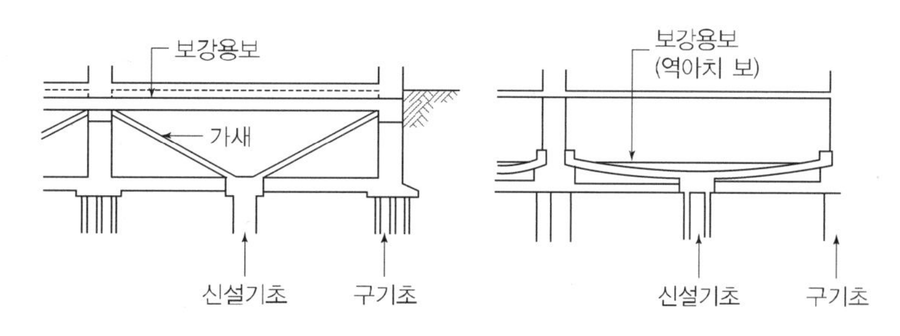

[보강용보 방식]

3) 바닥받이

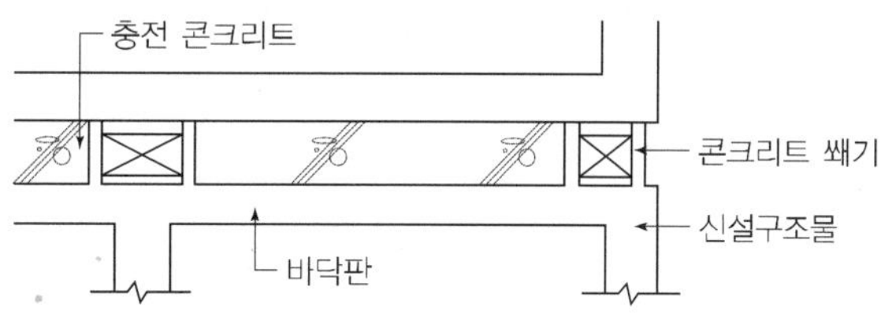

[신설 바닥판 방식]

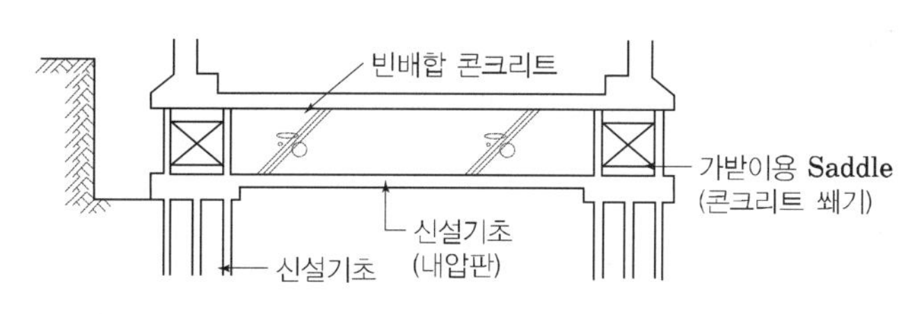

[신설 구조물의 상바닥판 방식]

CHAPTER

04

철근 콘크리트 공사

4-1장

거푸집공사

일반사항

요구조건 이해

Key Point

□ Lay Out
- 고려사항 · 시공계획
- 구성부재
- 거푸집 종류 · 작용외력

□ 기본용어
- 연직하중
- 수평하중
- 측압

1 일반사항

1. 시공계획 및 공법선정

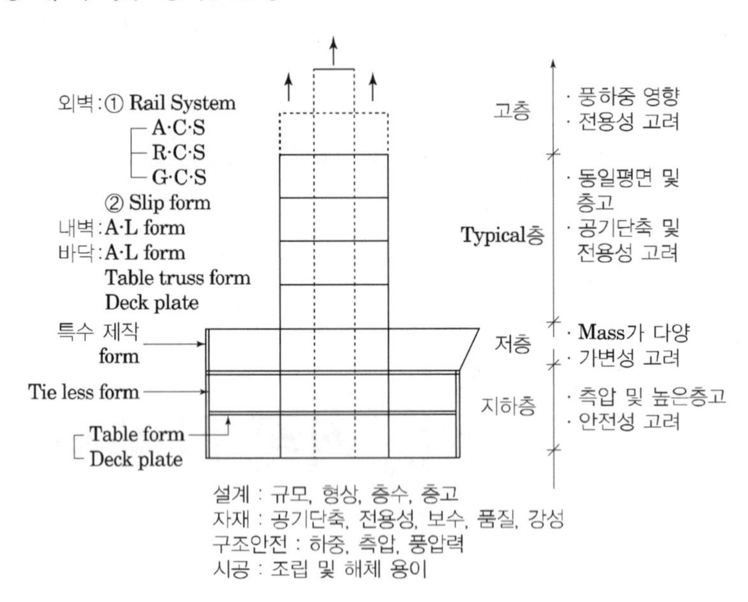

설계 : 규모, 형상, 층수, 층고
자재 : 공기단축, 전용성, 보수, 품질, 강성
구조안전 : 하중, 측압, 풍압력
시공 : 조립 및 해체 용이

2. 거푸집의 구성

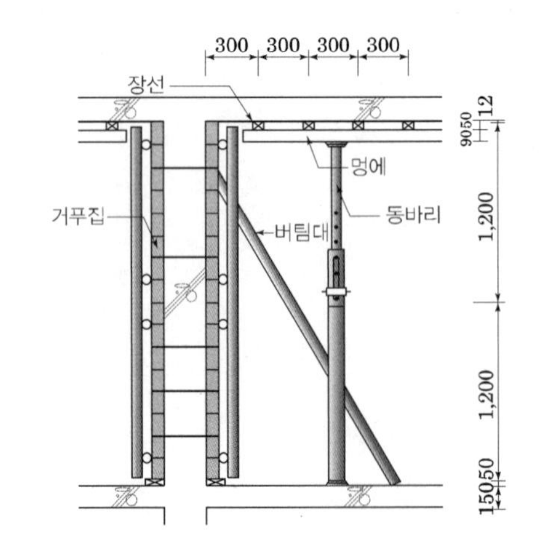

mind map

- 강정수와 내작전은 경량화된 표면이라 경제성이다~

□ 요구조건
- 강도(외력 변형에 대응)
- 정확성(형상, 치수 허용오차)
- 수밀성
- 내구성(충경, 변형, 하중)
- 작업성(조립, 해체, 운반)
- 전용성
- 경량화
- 표면마감(오염)
- 경제성

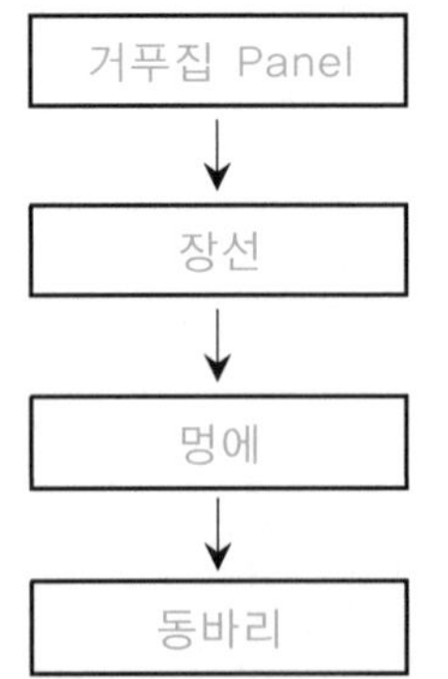

- 콘크리트와 접하는 표면
- 거푸집널을 지지하여 멍에로 하중을 전달하는 부재
- 장선을 지지하며 거푸집 긴결재나 동바리로 하중을 전달하는 부재
- 소정의 강도를 얻기까지 지지하는 부재

일반사항

3. 거푸집의 설계

3-1. 거푸집에 작용하는 외력

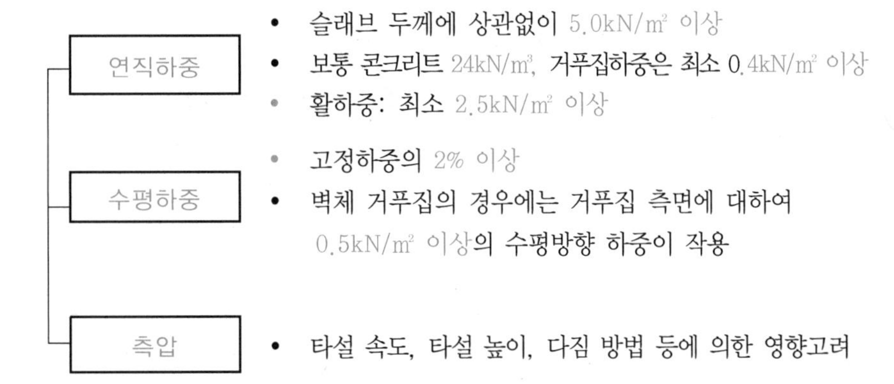

- 슬래브 두께에 상관없이 5.0kN/㎡ 이상
- 보통 콘크리트 24kN/㎥, 거푸집하중은 최소 0.4kN/㎡ 이상
- 활하중: 최소 2.5kN/㎡ 이상
- 고정하중의 2% 이상
- 벽체 거푸집의 경우에는 거푸집 측면에 대하여 0.5kN/㎡ 이상의 수평방향 하중이 작용
- 타설 속도, 타설 높이, 다짐 방법 등에 의한 영향고려

3-2. 구조계산 순서

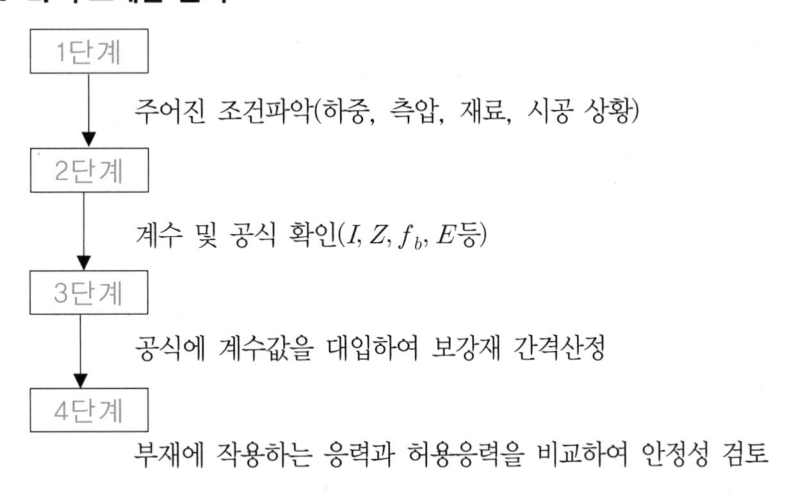

1단계: 주어진 조건파악(하중, 측압, 재료, 시공 상황)

2단계: 계수 및 공식 확인(I, Z, f_b, E등)

3단계: 공식에 계수값을 대입하여 보강재 간격산정

4단계: 부재에 작용하는 응력과 허용응력을 비교하여 안정성 검토

핵심메모 (핵심 포스트 잇)

Memo

공법종류

조립 · 고정

Key Point

☐ Lay Out
- 용도 · 기능 · 성능
- 제작 · 양중 · 고정 · 조립
- 유의사항

☐ 기본용어
- Self Climbing Form
- Tie Less Form
- AL폼
- 시스템 동바리

☐ 갱폼 인양조건
- Slab: 5MPa 이상
- 전단볼트(D10)150mm 매립

[갱폼]

[Cone매립]

[Cone에 Shoe설치]

[Hydraulic Cylinder]

2 공법종류

1. 전용/System

1-1. 외벽 System(Climbing)

1) Gang Form System

평면상 상하부 동일 단면 구조물에서 견출 작업용 Cage를 일체로 제작하여 인양장비를 사용하여 설치 해체

2) Rail Climbing System

- 유압펌프를 Unit당 이동하면서 Rail을 타고 상승
- 이동식 유압기, 허용풍속 40m/sec

GCS

- 유압기는 제거되고 T/C이용하여 Rail을 타고 상승
- 허용풍속 16~40m/sec

3) Self Climbing System

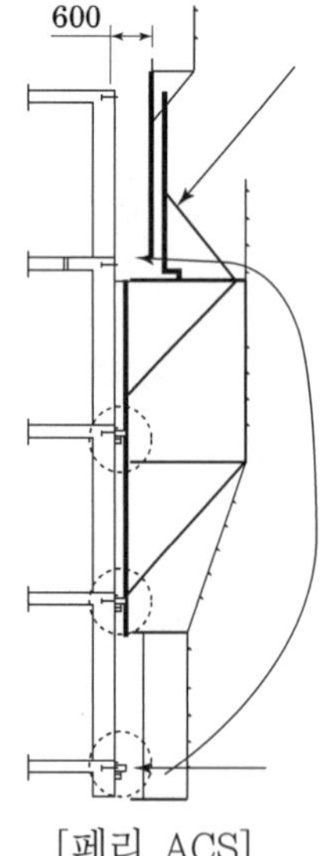

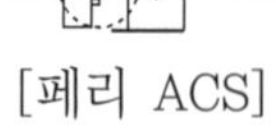
[페리 ACS]

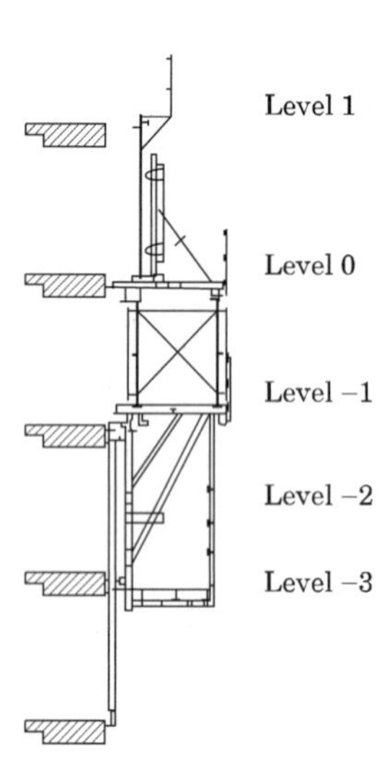

[도카SKE50/100]

구분	ACS	SKE50/100
Zoning방식	부분방식(30m 정도)	전체 Zoning 방식
허용풍속	40m/sec	40m/sec
인양 시 강도	10MPa 이상	10MPa 이상
Climbing 속도	유압기 1대로 8개 실린더 작동 한번에 300mm를 구분상승	유압기 1대로 24개 실린더 작동 한번에 80mm씩 전체상승
펌프 시스템	개별식	중앙 집중식

공법종류

[Slip Form]

□ 검토사항
- 4~6시간 내 초기발현 필요
- 시공속도는 3~4m/day로 빠르지만 타설 시간이 길다.

[Table Form]

4) Slip Form System(Sliding Form)

유압잭에 의하여 자동으로 로드를 타고 지속적으로 Steel York와 1.0~1.5m 스틸폼이 시간당 10~17cm씩 수직 상승하는 것으로 소규모에 적합하며, 단면의 변화가 적을 때 유리

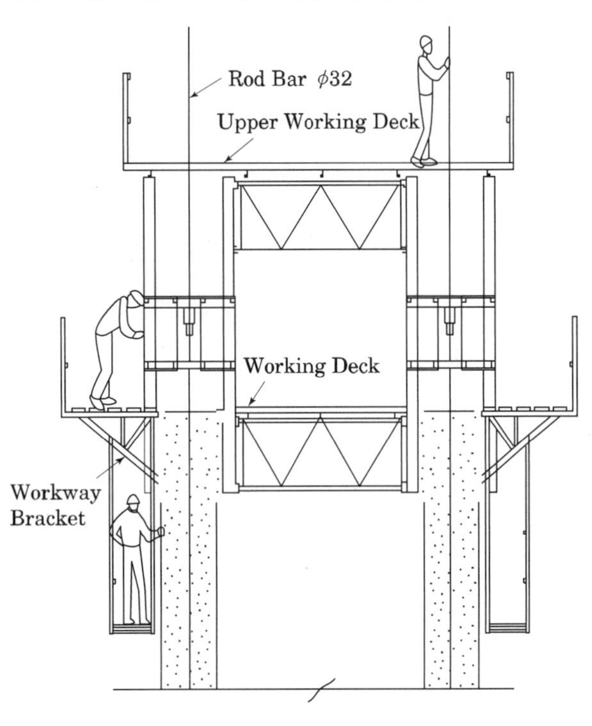

1-2. 바닥전용

1) Table Form System

바닥판Panel+지보공을 Unit화

Truss Type
- Lowering Device를 하단에 설치 후 해체
- 양중장비를 이용하여 외부 공간으로 이동 후 상승

Support Type
- 이동Shift나 지게차를 이용하여 해체
- 양중장비를 이용하여 외부 공간으로 이동 후 상승

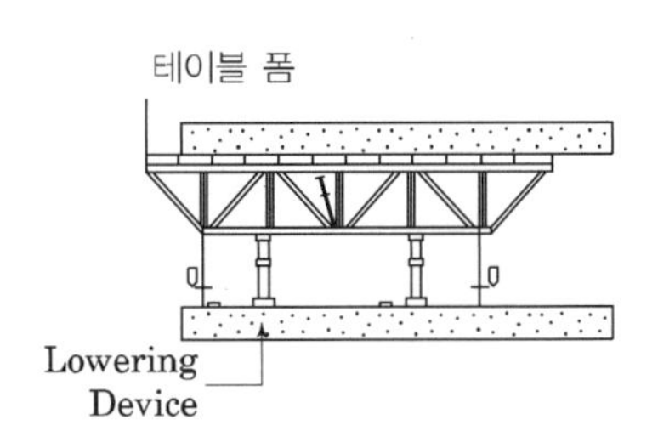

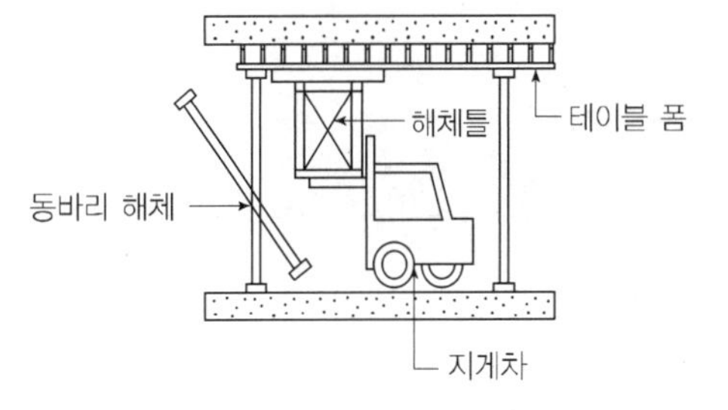

공법종류

2) 합성 Deck Plate

① 합성 Deck Plate: 콘크리트와 일체로 되어 구조체 형성
② 철근배근 거푸집(철근 트러스형) Deck Plate: 주근+거푸집 Deck Plate
③ 구조 Deck Plate: Deck Plate만으로 구조체 형성
④ Cellular Deck Plate: 배관, 배선 System을 포함.

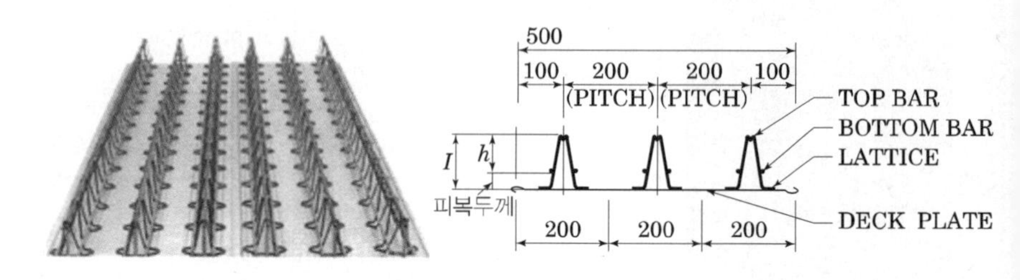

[철근트러스형 데크 플레이트(SUPER DECK)]

3) Waffle Form

Waffle Form은 무량판구조와 평판구조에서 2방향 장선(長線) 바닥판 구조가 가능하도록 하는 속이 빈 특수상자 모양의 기성재 Form

[Waffle Form]

1-3. 벽+바닥전용 System

1) Tunnel Form System

벽체, 바닥판 거푸집과 지보공을 Unit화

[Tunnel Form]

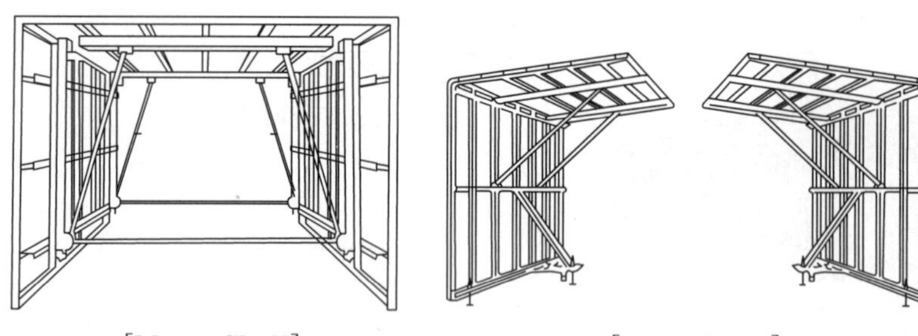

[Mono Shell] [Twin Shell]

2) Traveling Form System

거푸집 Panel+비계틀+Rail 일체화 → 수평이동

[Traveling Form]

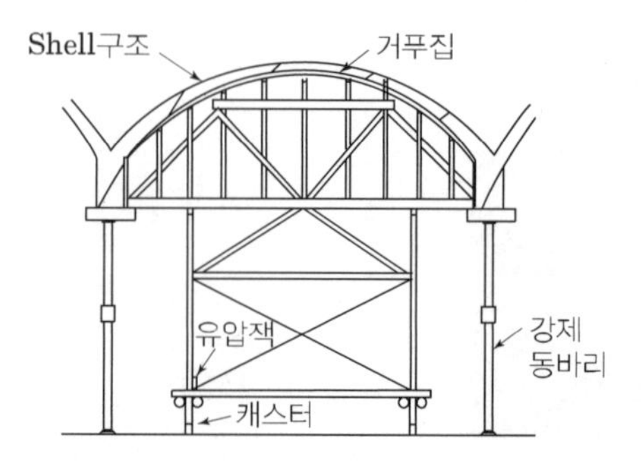

공법종류

[SB Brace Frame]Peri社

[Soldier System]

[AL Form]

[Sky Deck]

[Rib Lath거푸집]

1-4. 합벽전용 System

1) Tie Less Form System

별도의 타이 없이 지지하는 거푸집

① Brace Frame: 일체형

② Soldier System: 분리형(각강재+Support+Girder)

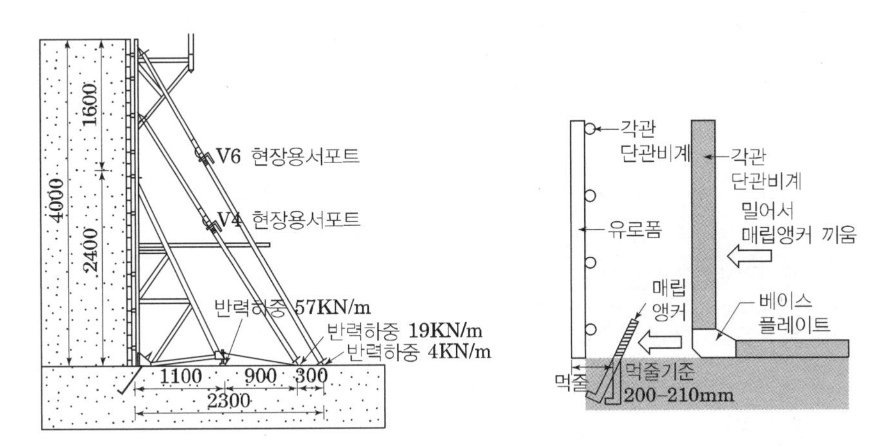

2. 특수 거푸집

2-1. Aluminum Form

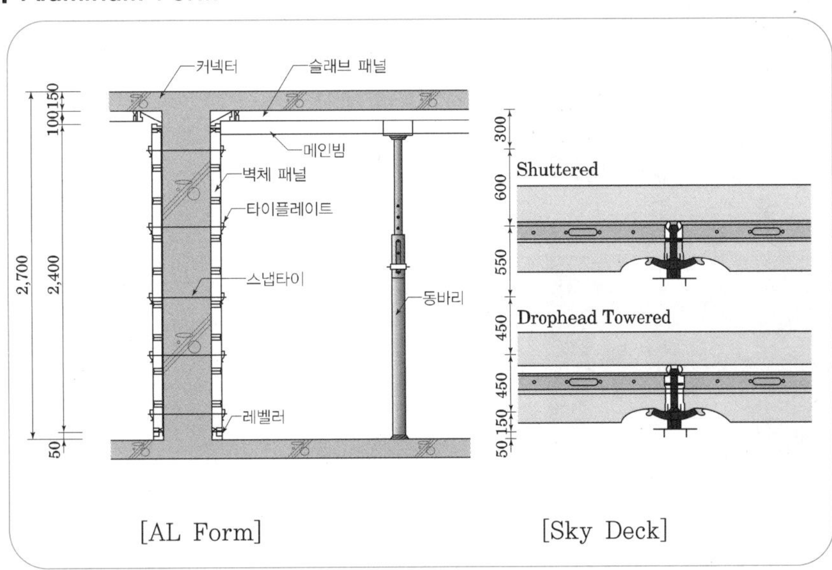

[AL Form] [Sky Deck]

2-2. 비탈형 거푸집

- PC
- EPS
- Rib Lath Form
- TSC보
- CFT공법

공법종류

[시스템 동바리]

[보우빔]

[호리빔]

핵심메모 (핵심 포스트 잇)

3. 동바리

4-1. System Support

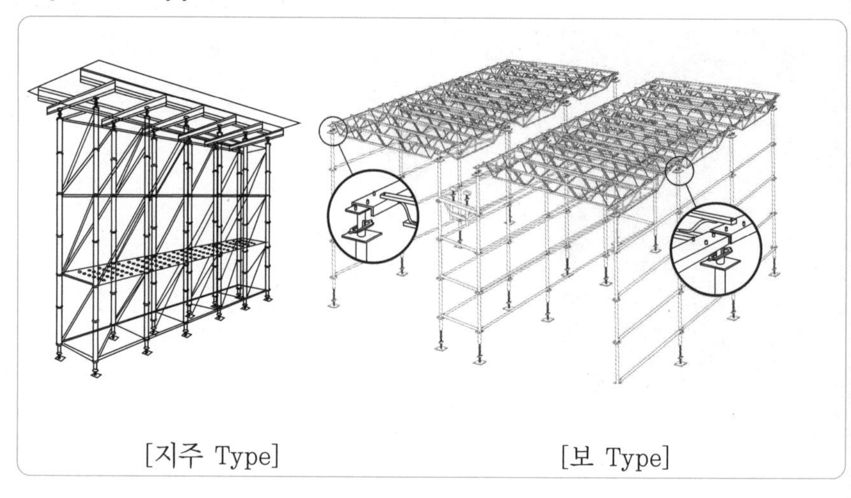

[지주 Type] [보 Type]

4-2. 무지주

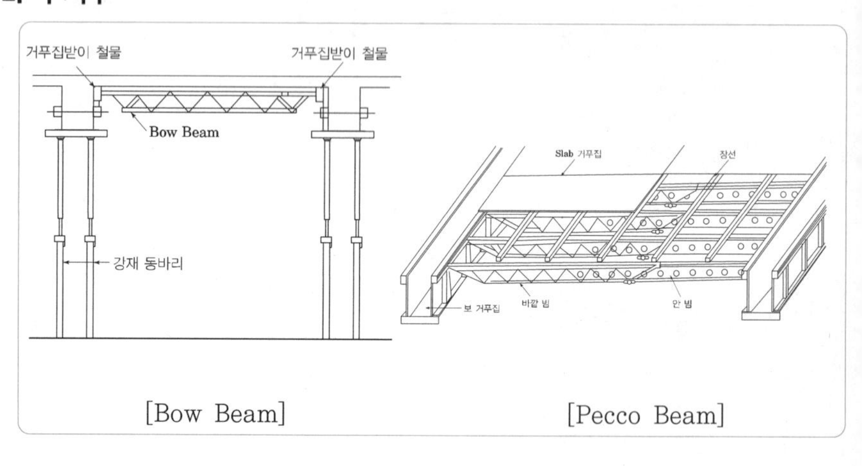

[Bow Beam] [Pecco Beam]

Memo

시공

점검항목

Key Point

□ Lay Out
- 설계 · 조립 · 타설
- Mechanism · 점검항목
- Process · 방법 · 유의사항
- 핵심원리 · 적용 시 고려사항

□ 기본용어
- 중간 보조판
- 거푸집 측압
- 동바리 바꾸어 세우기
- Camber

핵심메모 (핵심 포스트 잇)

3 시공

1. 시공

- 수직도 검사
- 수평 및 높이검사
- 관통구멍 및 매설물 확인
- 지주검사(수직도, 수량 및 간격, 수평이음)
- 연결철물 검사(조임 상태, 수량 및 간격)
- 보강

2. 측압

2-1. 측압과 헤드

한 번에 타설하는 경우

$h{=}H$

최대측압

2회로 나누어 타설하는 경우

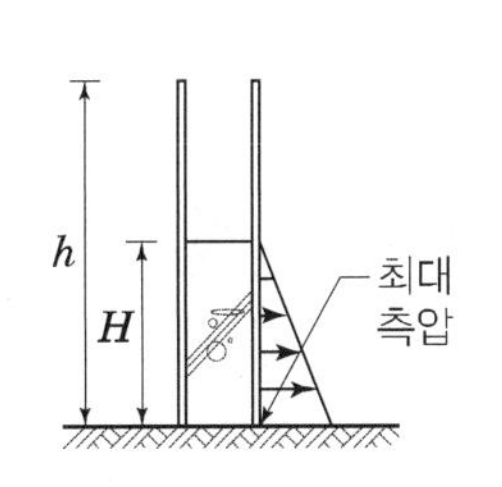

2차 타설시의 측압

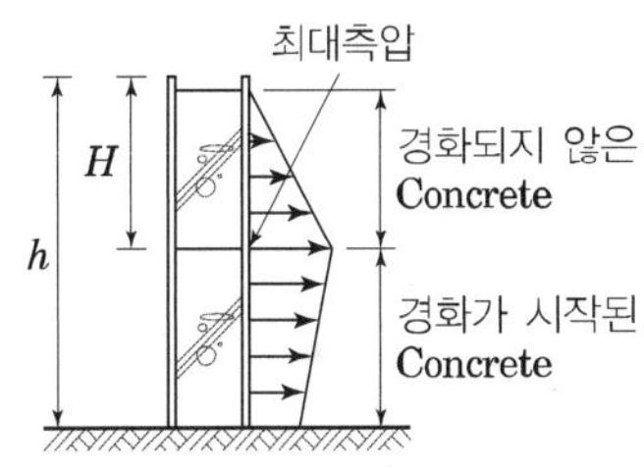

- 시간의 경과에 따라 최대측압 부위가 상승

2-2. 측압 산정기준

1) 일반 콘크리트

$$p = WH$$

p : 콘크리트의 측압(kN/m²)
W : 굳지 않은 콘크리트의 단위 중량(kN/m³)
H : 콘크리트의 타설 높이(m)

2) Slump 180mm 이하, 깊이 1.2m 이하의 일반적인 내부진동마감

다만, $30C_w \le$ 측압$(p) \le WH$

① 기둥: $p = C_w C_c[7.2 + \frac{790R}{T+18}]$

② 벽체: 타설 속도에 따라 다음과 같이 구분

시공

C_w : 단위 중량 계수
C_c : 화학 첨가물 계수
R : 콘크리트 타설 속도(m/h)
T : 타설되는 콘크리트의 온도(℃)

구분 \ 타설속도		2.1m/h 이하	2.1~4.5m/h 이하
타설높이	4.2m 미만 벽체	$p = C_w C_c [7.2 + \frac{790R}{T+18}]$	
	4.2m 초과 벽체	$p = C_w C_c [7.2 + \frac{1160 + 240R}{T+18}]$	
모든 벽체			$p = C_w C_c [7.2 + \frac{1160 + 240R}{T+18}]$

mind map

• 부슬타다 습기 응수철강

3) 측압 영향요인

구분	영향	측압
배합	부배합일수록, 시공연도 좋을수록	大
	(컨시스턴스, 슬럼프, W/C)클수록	大
타설	타설속도大, 다짐량多	大
습도, 기온	습도 높을수록 응결 늦음, 기온이 낮을수록	大
시멘트	조강(응결속도 빠를수록)	小
거푸집	수밀성 클수록	大
철근량	철근량이 많을수록	小

3. 하자 및 붕괴 – 조립 전, 조립 중, 조립 후

3-1. 거푸집

mind map

• 안전한 형상으로 변수를 균등하게 측압에 존치해라~

- 안정성 검토, 안전인증(적정 제품)
- 형상 및 치수 정확도
- 변형고려(처짐, 배부름, 뒤틀림)
- 수밀성 유지 및 보강철저
- 균등한 응력 유지
- 측압
- 존치기간 준수

3-2. 동바리

mind map

• 안전한 수직 간격으로 수평 시스템을 전도하여 측압을 방지해라~ 존치해라~

- 안정성 검토, 안전인증(적정 제품)
- 동바리 수직도 확보
- 동바리의 간격
- 수평 연결재 설치
- System Support
- 동바리 전도 방지
- 측압 과다발생방지

존치기간

성능확보

Key Point

□ Lay Out
- 기준 · 전용계획
- 유의사항

□ 기본용어
- 중간 보조판
- 동바리 바꾸어 세우기

4 존치기간

1. 압축강도 시험할 경우 거푸집널의 해체시기

부 재		콘크리트 압축강도 f_{cu}
확대기초, 기둥, 벽, 보 등의 측면		5MPa 이상
슬래브 및 보의 밑면, 아치내면	단층구조	$f_{cu} \geq \frac{2}{3} \times f_{ck}$ 또한, 14MPa 이상
	다층구조	$f_{cu} \geq f_{ck}$ (필러 동바리→ 구조계산에 의해 기간단축 가능) 다만, 14MPa 이상

내구성이 중요한 구조물에서는 콘크리트 압축강도가 10MPa 이상일 때 거푸집을 해체할 수 있다.

mind map

- 부재측면 강도5M, 밑면은 평균 보다 3분의 2 이상 다만 14MPa 이상

2. 압축강도를 시험하지 않을 경우 거푸집널의 해체 시기

기초, 보, 기둥 및 벽 등의 측면 KCS 21.02.18

평균기온 \ 시멘트	조강 P.C	보통 P.C (혼합 C 1종)	혼합 C (2종)
20℃ 이상	2일	4일	5일
10℃ 이상	3일	6일	8일

평균기온이 10℃ 이상인 경우는 콘크리트 재령이 상기표의 재령이상 경과하면 압축강도시험을 하지 않고도 해체할 수 있다.

mind map

- 조보혼씨 20대 24.5
  10대 36.8

Memo

4-2장

철근공사

재료/가공

1 재료 및 가공

성질 이해

Key Point

□ Lay Out
- 특성 · 허용오차 · 기준
- 용도 · 성능
- 유의사항

□ 기본용어
- 고강도철근
- 에폭시수지도장 철근
- 수축.온도철근
- 철근의 부착강도

온도철근의 배치기준

□ 1방향 Slab에서의 철근비

① 수축 · 온도철근으로 배치되는 이형철근은 콘크리트 전체 단면적에 대한 0.14%(0.0014) 이상이어야 한다.

② 설계기준 항복강도가 400MPa 이하인 이형철근을 사용한 Slab : 0.0020

③ 0.0035의 항복 변형률에서 측정한 철근의 설계기준항복강도가 400MPa를 초과한 Slab : $0.0020 \times \frac{400}{f_y}$

다만, 위 ①항목의 철근비에 전체 콘크리트 단면적을 곱하여 계산한 수축 · 온도철근 단면적을 단위 m당 1,800㎟ 보다 취할 필요는 없다.

④ 수축 · 온도철근의 간격은 Slab 두께의 5배 이하, 또한 450mm 이하로 하여야 한다.

⑤ 수축 · 온도철근은 설계기준항복강도 f_y를 발휘할 수 있도록 정착되어야 한다.

1. 종류 및 성질

1-1. 형상별

- 원형철근
- 이형철근

2. 강도별

구 분		기 호	항복강도(MPa)
이형 철근	일반 철근 (Mild bar)	SD 300	300 이상
	고강도 철근 (Hi bar)	SD 400	400 이상
		SD 500	500 이상

1-3. 용도별

1) **용접철망**
   이형철선(Wire)을 직교로 배열한 후 각 교차점을 전기저항 용접
2) **Epoxy Coating 철근**
   에폭시 수지를 피복
3) **하이브리드(FRP)보강근**
   유리강화섬유를 합성해 부식방지 및 인정성능 강화
4) **Tie Bar**
   기둥 축 방향 철근의 위치확보와 좌굴방지를 위해 결속
5) **수축 · 온도철근(Temperature Bar)**
   1방향으로만 배치되는 경우 이 휨 철근에 직각방향으로 배치
6) **배력철근**
   1방향 Slab에 있어서 정철근에 직각 방향으로 배치
7) **나선철근**
   기둥에서 Hoop대신 철근을 이음 없이 나선상으로 감아 시공
8) **Doewl Bar**
   Joint로 인한 부재의 일체성을 확보
9) **기타**
   사인장철근, 전단보강근, Hoop, Stirrup, Bent Bar, Top Bar

1-4. 철근의 녹과 부식

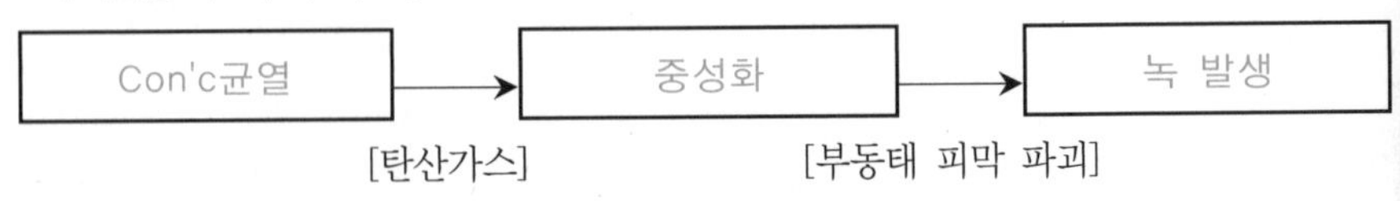

재료/가공

□ 철근의 부동태막
- 부동태막은 Concrete 내의 철근 표면에 녹의 발생을 방지하는 막이다.
- Concrete 내부의 pH가 11 이상에서 철근은 표면에 부동태막을 형성하므로 산소 침입을 막아 철근의 부식을 방지하지만 중성화에 의하여 pH가 11보다 낮아지면 부동태막이 파괴되면서 철근에 녹이 발생하게 된다.

표준갈고리 규정

- 스터럽과 띠철근의 표준갈고리는 D25 이하의 철근에만 적용된다. 또한 구부린 끝에서 $6d_b$로 직선 연장한 90° 표준갈고리는 D16 이하의 철근에 적용된다. 실험결과 $6d_b$를 연장한 90° 표준갈고리의 지름이 D16보다 큰 철근인 경우에는 큰 인장응력을 받을 때 갈고리가 벌어지는 경향을 나타내었다.

Banding Margin

- 철근 구부리기 여유길이
- 철근 주문 시 현장 정착 및 도면상의 구부림에 대한 여유길이를 고려하여 공장 가공길이를 결정하며, 실소요 총길이보다 짧지 않게 여유길이를 확보해야 한다.

2. 가공

2-1. Loss절감

- 단척 활용(각종 개구부 및 스터럽 보강)
- 규격별 사전 상세도에 의한 주문생산
- 가공길이 조합(절단 손실율이 적은 쪽으로)
- 적산시스템 활용
- 설계검토 및 구조검토
- 이음공법개선
- Prefab화
- 일체화시공(가스압접 및 기계적 이음)
- 데이터 축적(용도별 사례)

2-2. 표준갈고리

주철근	스터럽, 띠철근		
180° hook: $4d_b$ 이상, 60mm 이상 / 90° hook: $12d_b$ 이상	$6d_b$ 이상	$12d_b$ 이상	135°, $6d_b$
• 180° 표준갈고리 구부린 반원 끝에서 $4d_b$ 이상, 또한 60mm 이상 • 90° 표준갈고리 구부린 끝에서 $12d_b$ 이상 더 연장	D16 이하	D19~D25	D25 이하

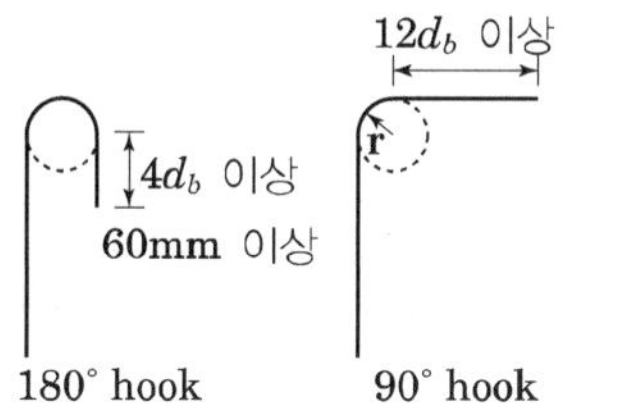

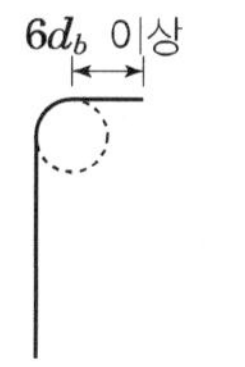

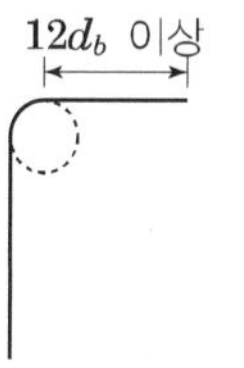

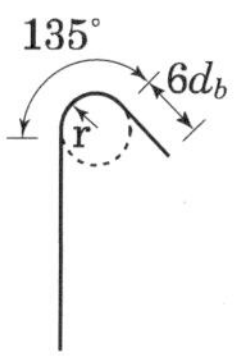

Memo

정착

일체화

Key Point

□ Lay Out
- 구조기준 · 길이 · 방법
- 기능 · 위치
- 유의사항

□ 기본용어
- 정착위치

Development Length l_d

- 콘크리트에 묻혀있는 철근이 힘을 받을 때 뽑히거나 미끄러짐 변형이 발생하지 않고 항복강도에 이르기 까지 응력을 발휘할 수 있는 최소한도의 묻힘길이

□ $\sqrt{f_{ck}}$ ≦8.4MPa로 규정
- 고강도 콘크리트를 사용하는 경우라도 일정강도 이상 정착력이 증가하지 않기 때문

용어의 이해

□ f_y: 철근의 항복강도
□ f_{ck}: 콘크리트의 압축강도 ($\sqrt{f_{ck}}$ ≦8.4MPa)
□ d_b: 철근 또는 철선의 공칭직경(mm)
□ l_d: 이형철근의 정착길이
□ l_{db}: 기본정착길이
□ l_{dh}: 인장을 받는 표준갈고리의 정착길이
□ l_{hb}: 표준갈고리의 기본정착길이

2 정착

1. 정착 길이($\sqrt{f_{ck}}$ ≦8.4MPa로 제한)

1-1. 인장 이형철근

- 기 준: $l_d = l_{db}$×보정계수≥300mm
- 약산식: $l_{db} = \dfrac{0.6 d_b \cdot f_y}{\lambda \sqrt{f_{ck}}}$

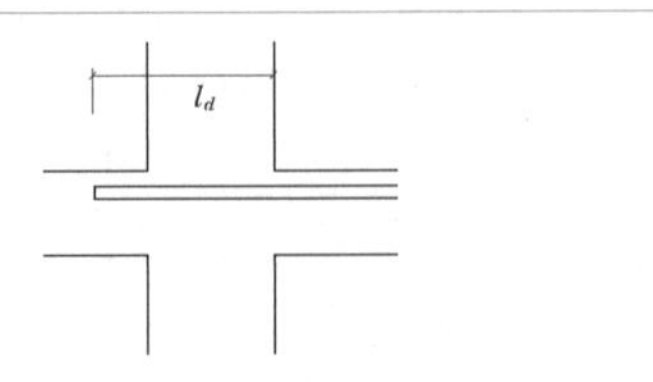

1-2. 압축 이형철근

- 기 준: $l_d = l_{db}$×보정계수≥200mm
- 약산식: $l_{db} = \dfrac{0.25 d_b f_y}{\lambda \sqrt{f_{ck}}} \geq 0.043 d_b f_y$

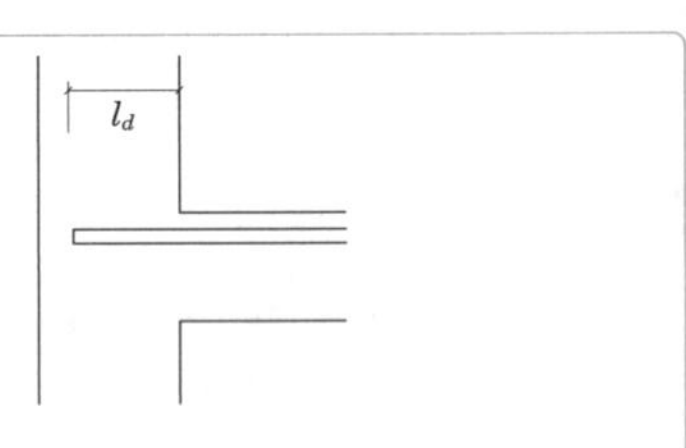

1-3. 표준갈고리를 갖는 인장이형철근

- 기 준: $l_{dh} = l_{hb}$×보정계수≥$8d_b$≥ 150mm
- 약산식: $l_{hb} = \dfrac{0.24 \beta \cdot d_b \cdot f_y}{\lambda \sqrt{f_{ck}}}$

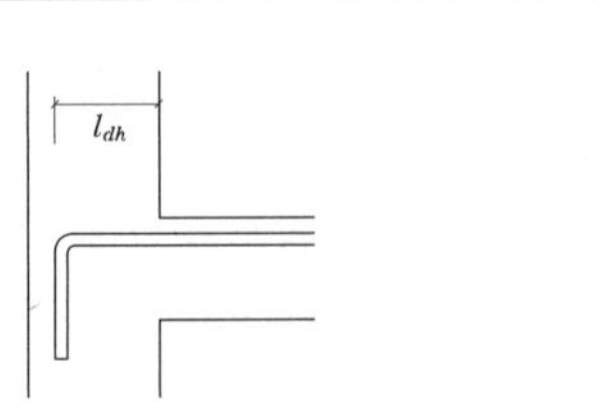

1-4. 정착위치

- 기둥→기초
- 큰보→기둥
- 작은보→큰보
- 지중보→기초, 기둥
- 벽체→보, Slab
- Slab→보, 벽체, 기둥

Memo

이음

3 이음

일체화

Key Point

□ Lay Out
- 구조기준 · 길이 · 방법
- 기능 · 위치
- 유의사항

□ 기본용어
- 이음위치
- 철근의 가스압접
- 나사식이음
- Sleeve Joint

1. 이음길이

1-1. 겹침이음

1) 이음 구분

배치 A_s / 소요 A_s	소요 겹침이음 길이내의 이음된 철근 A_s 의 최대(%)	
	50 이하	50 초과
2 이상	A급	B급
2 미만	B급	B급

2) 인장 이형철근의 겹침이음 기준

- 기 준: A급: 1.0 l_d, B급: 1.3l_d
- 제 한: (l_d)≤ 300mm
  l_d :과다철근의 보정계수는 적용하지 않은 값
- A급 이음: 구조계산 결과의 2배 이상, 이겹침 이음길이 내에서 전철근량에 대한 겹침이음된 철근량이 1/2 이하

이음일반

- D35를 초과하는 철근은 겹침이음을 하지 않아야 한다.
- 휨부재에서 서로 직접 접촉되지 않게 겹침이음된 철근은 횡방향으로 소요 겹침이음길이의 1/5 또는 15mm 중 작은 값 이상 떨어지지 않아야 한다.

3) 압축 이형철근의 겹침이음 기준

- 기 준: f_y≤400MPa →$0.072 f_y d_b$ 이상
  f_y >400MPa→$(0.13 f_y - 24) d_b$ 이상
- 제 한: f_{ck}< 21MPa =$\frac{1}{3}$ 증가시킴

2. 이음위치

mind map

- 예비군은 본래 보톡스를 맞는다~

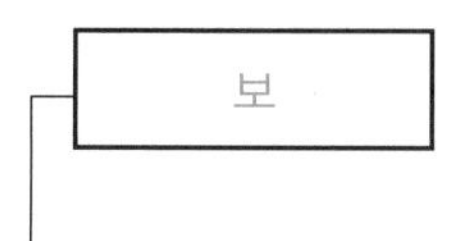

보
· 상부근: 중앙
· 하부근: 단부
· Bent근: $l/4$

기둥
· 하부: 바닥에서 500mm 이상, 3/4H 이상

이음

mind map

- 겹용가스는 나사 압편에서 이음 해라~

□ 검사 로트
- 1검사 로트는 1조의 작업반이 하루에 시공하는 압접 개소의 수량으로 그 크기는 200개소 정도를 표준으로 함)

□ 초음파 탐사법 KS D 0273
- 검사 로트에 20개소 이상 (콘크리트 표준시방서는 30개소)

□ 인장시험법 KS D 0244
- 검사 로트에 3개소 이상의 시험편으로 하고 6개 이상의 시험편에 의한 검사를 시행

3. 이음공법

3-1. 겹침이음

3-2. 용접이음

3-3. 가스압접(Gas Pressure Welding)

두 철근을 서로 맞대어 산소 아세틸렌 혹은 전류로 접합부를 가열(1200~1300℃), ~~용융~~ 직전의 상태에 가압하여 접합

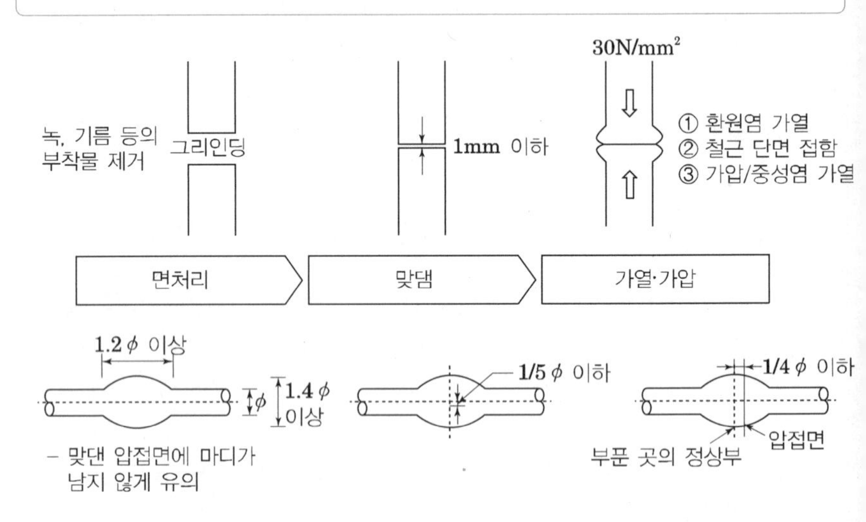

① 압접 돌출부의 지름은 철근지름의 1.4배 이상
② 압접 돌출부의 길이는 철근지름의 1.2배 이상으로 하고 그 형태는 완만하게 밑으로 처지지 않도록 한다.
③ 철근 중심축의 편심량은 철근 지름의 1/5 이하
④ 압접 돌출부의 단부에서의 압접면의 엇갈림은 철근지름의 1/4 이하

3-4. 기계적 이음(Sleeve Joint)

1) 나사이음

- 나사마디이음: 나사형 철근
- 단부 나사 가공이음
- 단부 나사 조임식 이음

[나사마디 이음, 나사형 철근]

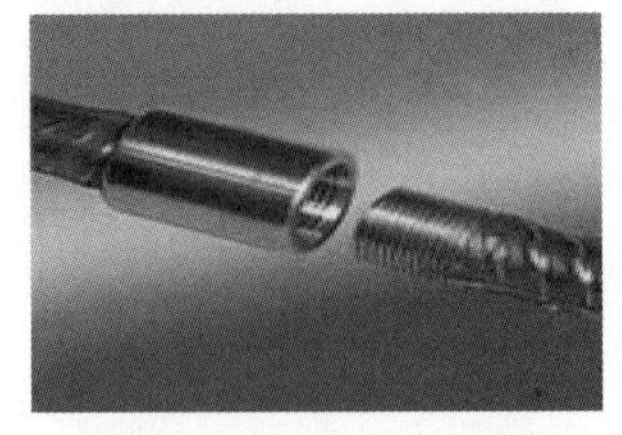
[단부 나사 가공 이음]

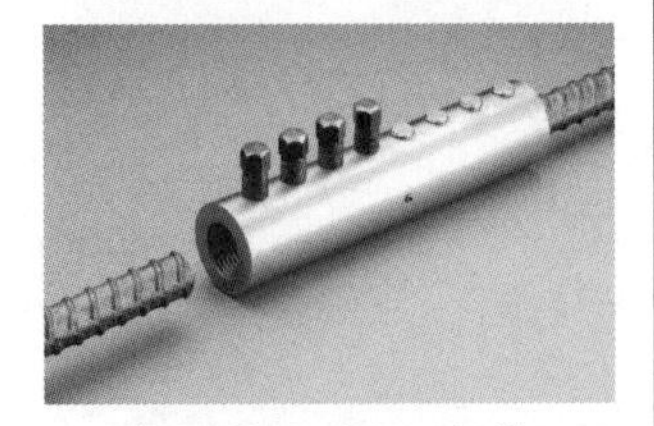
[나사(볼트) 조임식]

2) 강관 Sleeve 압착

① 연속 압착이음(Squeeze Joint) - 국내 생산업체 없음

Sleeve의 축선을 따라 연속적으로 한 방향으로 압착하는 방식

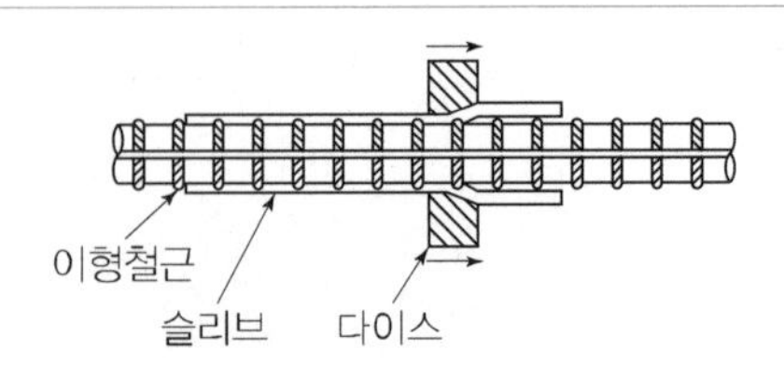

이음

[Cad Welding]

② 단속 압착이음(Grip Joint)

- G-Loc Sleeve, G-Loc Wedge, Insert등을 이용하여 철근을 Sleeve사이에 끼운 뒤 G-loc Wedge를 Hammer로 내리쳐서 이음

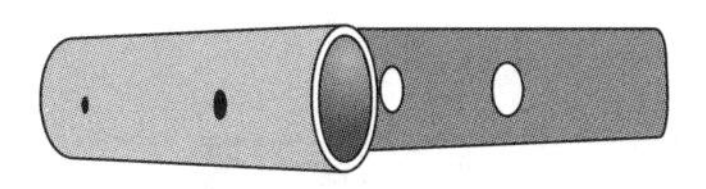

- 상온에서 유압 Pump · 고압 Press기 등으로 Sleeve를 압착

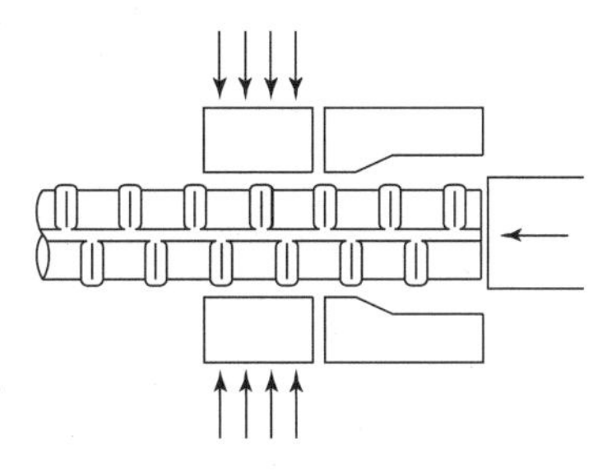

③ 폭발 압착이음, ~~용융금속~~ 충전(Cad Welding) - 최근 미사용하며 **충전식 이음**에도 포함

화약의 폭발력에 의해 원통형 강관을 이형철근의 마디에 압착

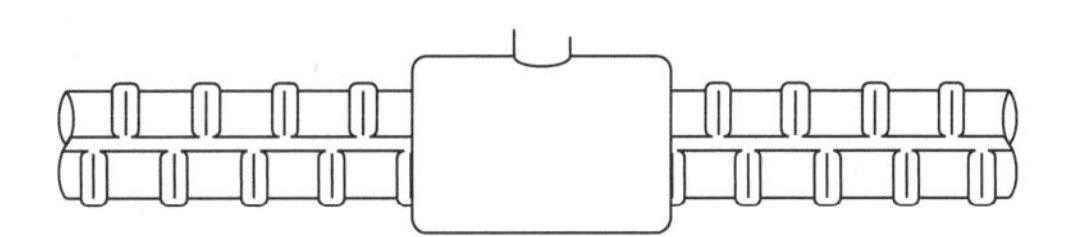

3) 편체식 이음(Coupler)

① 리브결합형 철근이음쇠 공법(Easy Coupler)신기술 제179호

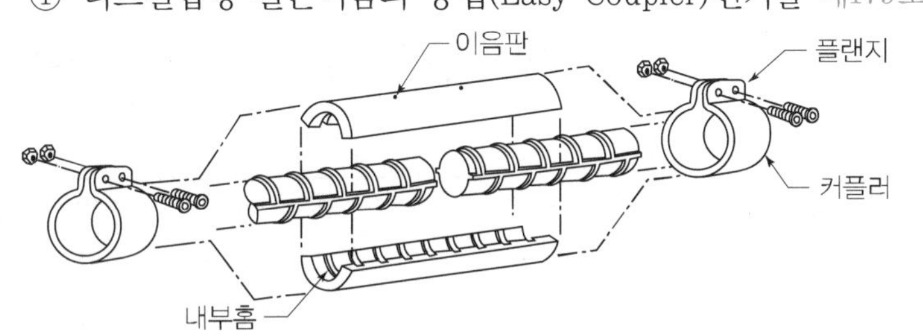

② 마디 편체식 이음(내부 분리형, 내부 일체형): 홈이 가공된 편체를 단부에 체결하는 방식

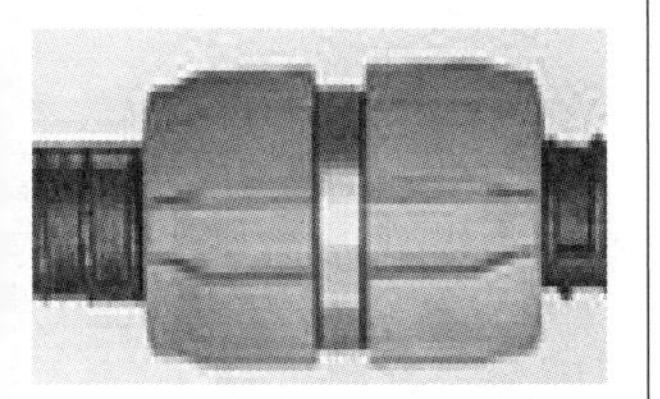

[마디편체 내부 분리형]

[마디편체 내부 일체형]

Memo

조립

4 조립

1. 조립

철근의 간격

Key Point

□ Lay Out
- 순간격 · 이음공법
- 피복두께 · 고려사항

□ 기본용어
- 철근Prefab공법
- 철근의 피복두께

1-1. 순간격

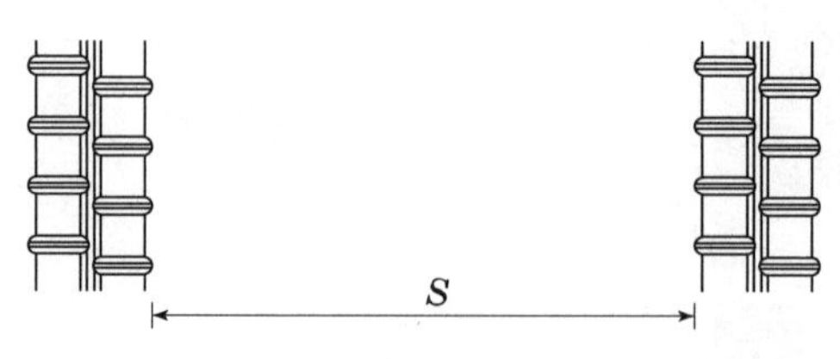

[S=철근의 순간격=철근 표면간의 최단거리]

- 보: 철근 공칭지름($1.5d_b$ 이상), 굵은골재 최대치수 4/3 이상, 25mm 이상
- 벽 및 슬래브에서 휨 주철근: 벽체, 슬래브 두께의 3배 이하, 450mm 이하
- 기둥: 40mm 이상, d_b의 1.5배 이상

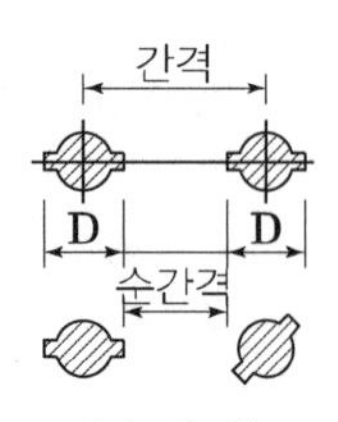

[순간격]

1-2. Prefab

- 형상의 단순화
- 철근조립 전 청소철저
- 자재반입, 운반, 세우기시 변형방지
- Lead Time 준수
- 이음의 최소화
- 적절한 접합공법 사용
- 철근조립오차 최소화
- 구조검토

mind map

- 프리패브는 단순하게 청소해서 자리에서 순이음 접합 조립 구조로 패야한다.

2. 피복두께(Cover Thickness)

KDS 21.02.18

<table>
<tr><th colspan="3">종 류</th><th>최소 피복두께(mm)</th></tr>
<tr><td colspan="3">수중에 타설하는 콘크리트</td><td>100</td></tr>
<tr><td colspan="3">흙에 접하여 콘크리트를 친 후 영구히 흙에 묻히는 콘크리트</td><td>75</td></tr>
<tr><td colspan="2" rowspan="2">흙에 접하거나 옥외의 공기에 직접 노출되는 콘크리트</td><td>D19 이상의 철근</td><td>50</td></tr>
<tr><td>D16 이하의 철근</td><td>40</td></tr>
<tr><td rowspan="4">옥외의 공기나 흙에 직접 접하지 않는 콘크리트</td><td rowspan="2">슬래브, 벽체, 장선</td><td>D35 초과하는 철근</td><td>40</td></tr>
<tr><td>D35 이하인 철근</td><td>20</td></tr>
<tr><td colspan="2">보, 기둥</td><td>40</td></tr>
<tr><td colspan="2">쉘, 절판부재</td><td>20</td></tr>
</table>

※ 보, 기둥의 경우 $f_{ck} \geq 40MPa$일 때 피복두께를 10mm 저감시킬 수 있다.

□ 피복두께 역할
- 내구성 확보
- 부착성 확보
- 내화성 확보
- 구조내력상의 안전성
- 방청성 확보

4-3장

콘크리트 일반

재료 · 배합

성능 및 품질 이해

Key Point

☐ Lay Out
- 특성 · 품질 · 기준
- 성분 · 성능
- 유의사항

☐ 기본용어
- 수화반응
- 수화열
- 응결과 경화
- 골재의 입도
- 혼화재료
- AE제
- Fly ash
- 설계기준 강도
- 배합강도
- 호칭강도
- 물결합재비
- 공기량
- 굵은골재 최대치수
- 잔골재율
- 시험비비기
- 빈배합과 부배합

mind map

- 시골물은(혼) 피가 혼특하여 보중조 쩌내~
- 포플러시면~고
- 알까고 초팽이 칠거야~

1 재료 · 배합

1. 시멘트

1-1. 성분

석회석, 점토, 규석, 철광석을 1,450℃까지 가열/ 미분쇄(분말도 2,800㎠/g)

1-2. 주요 화합물의 특성

구분	C_3S (Alite)	C_2S (Belite)	C_3A (Aluminate)	C_4AF (Ferrite, Celite)
분자식	$3CaO \cdot SiO_2$	$2CaO \cdot SiO_2$	$3CaO \cdot Al_2O_3$	$3CaO \cdot Al_2O_3 \cdot Fe_2O_3$
수화반응	상당히 빠름	늦음	대단히 빠름	비교적 빠름
강도	28일 이내 초기강도	28일 이후 장기강도	1일 이내의 초기강도	강도에 거의 기여 안함
수화열	大	小	極大	中
건조수축	中	小	大	小
화학저항성	中	大	小	中

1-3. KS에 규정된 시멘트의 종류

1) P · C

구분	종류	특징
포틀랜드 시멘트	1종 보통 P.C	일반 건축공사
	2종 중용열P.C	수화열 및 조기강도 낮고 장기강도는 동등 이상
	3종 조강P.C	보통P.C 3일 강도를 1일에 7일 강도를 3일에 발현
	4종 저열P.C	중용열P.C보다 수화열이 낮음
	5종 내황산염P.C	C_3A를 줄이고 C_4AF를 약간 늘림

2) 혼합 시멘트

구분	종류	특징
고로슬래그	1종, 2종, 3종	내화학 저항성, 내해수성
포졸란	1종, 2종, 3종	수밀성이 높고 내화성성 우수, 초기강도 작음
플라이애쉬	1종, 2종, 3종	수화열 및 건조수축이 적음

3) 특수 시멘트

구분	특징
알루미나 시멘트	내화학성우수, 강도발현 빠름. 6~12시간에 일반P.C와 동일
초속경 시멘트	6,00㎠/g으로 미분쇄, 2~3시간에 10MPa에 도달
팽창 시멘트	건조수축을 방지

1-4. 수화(Hydration)

Cement(CaO)와 물(H_2O)이 반응하여 가수 분해되어 수화물 생성

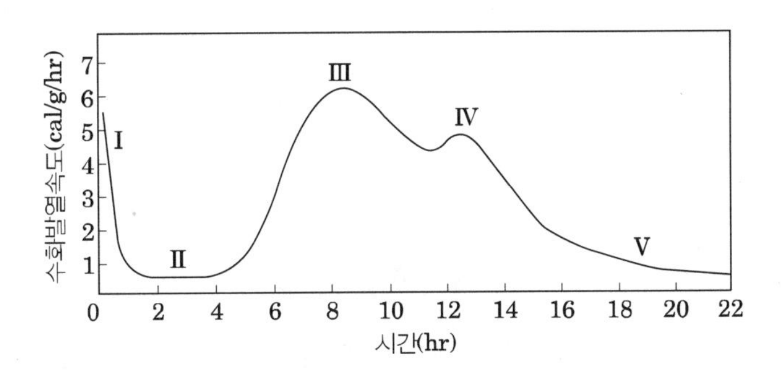

① 제1 peak(Ⅰ): 석고와 알루미네이트상의 반응하여 Ettringite생성. 알라이트 표면의 용해

② 유도기(Ⅱ): 2~4시간 수화가 진행되지 않고 페이스트도 변화하지 않은 상태

③ 제2 Peak(Ⅲ): 알라이트의 수화 가속

④ 제3 Peak(Ⅳ): 석고의 소진으로 Ettringite가 Monsulfate로 변화

⑤ 제3 Peak이후(Ⅴ): 수화물 간의 접착으로 경화시작

2. 골재

2-1. 밀도에 따른 분류

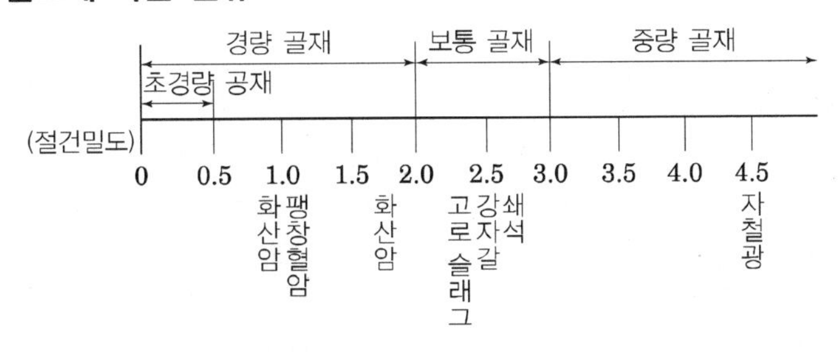

2-2. 입자크기에 따른 분류

① 잔골재(Fine Aggregate: 5 mm 체를 중량으로 85% 이상 통과

② 굵은골재(Coarse Aggregate): 5 mm 체 크기에서 중량으로 85% 이상 남는 골재

2-3. 골재의 품질에 대한 허용 값 - KS F 2526

구분	밀도(절대건조g/㎤)	흡수율(%)	안정성(%)	마모율(%)
굵은골재	2.5 이상	3.0 이하	12 이하	40 이하
잔골재	2.5 이상	3.0 이하	10 이하	

재료 · 배합

□ 응결(Setting)
- 수화되면서 유동성 상실

□ 경화(Hardening)
- 응결이후 굳으면서 강도발현

□ False Setting(위(僞)응결, 가(假)응결, 헛응결)
- False Setting은 시멘트를 분쇄할 때 고열로 인하여 첨가한 석고의 탈수에 의해 기인한 것으로 시멘트를 비벼서 놓아두면 물을 넣은 후 5~10분이 경과되었을 때 발열을 수반하지 않고 약간 굳어 일시적으로 응결된 것처럼 보이는 현상이다.

□ Abnormal Setting(이상응결(異常凝結), 비정상응결)
- Abnormal Setting은 응결의 시작과 끝을 나타내는 초결과 종결이 정상응결의 범위 밖으로 진행되는 응결이 초결은 1시간 이상, 종결은 10시간 이내의 범위를 벗어난 응결을 말한다.

□ 실적률
- 실적률=(단위용적질량/절건밀도)×공극률

회수수

□ 슬러지 수
- 콘크리트의 세척배수에서 골재를 분리 · 회수하고 남은 현탁수

□ 상징수
- 슬러지 수에서 슬러지 고형분을 침강 또는 기타방법으로 제거한 물

재료 · 배합

3. 배합수

배합수는 콘크리트 용적의 약 15%를 차지하고 있으며, 소요의 유동성과 시멘트 수화반응을 일으켜 경화를 촉진한다.

항목	허용량
염소 이온량(Cl^-)(mg/ℓ)	250mg/ℓ 이하
시멘트의 응결시간의 차	초결 30분 이내, 종결 60분 이내
모르타르의 압축강도 비율	재령 7일 및 28일에서 90% 이상

4. 혼화재료

1) 혼화재

시멘트 중량에 대하여 5% 이상 첨가하는 것으로서 용적으로 고려함

① 포졸란 작용: Fly ash
② 잠재수경성: 고로Slag 미분말, Silica Fume

2) 혼화제

시멘트 중량에 대하여 1% 전후 첨가하는 것으로서 용적으로 고려안함

① 작업성능이나 동결융해 저항성능 향상: AE제, AE 감수제
② 단위수량, 단위시멘트량 감소: 감수제, AE 감수제
③ 강력한 감수효과 및 강도증가: 고성능 감수제
④ 감수효과를 이용한 유동성 개선: 유동화제, 고유동화제
⑤ 응결, 경화시간 조절: 촉진제, 지연제, 급결제
⑥ 염화물에 의한 강재부식 억제: 방청제
⑦ 기포를 발생시켜 충전성, 경량화: 기포제, 발포제
⑧ 점성, 응집작용 등을 향상시켜 재료분리 억제: 증점제, 수중콘크리트용 혼화제
⑨ 방수효과: 방수제
⑩ 기타: 보수제, 방동제 등

잠재수경성

□ 수경성
- 시멘트의 광물질은 물과 접촉하여 수화반응을 하는 성질

□ 잠재수경성
- 물과 접촉하여도 수경성을 나타내지는 않지만 소량의 소석회, 황산염 등이 존재하면 수경성이 있는 것 처럼 반응하는 성질로 고로슬래그미분말 등이 잠재수경성이 있다.

포졸란 반응

□ 포졸란
- 실리카물질을 주성분으로 하며, 그 자체에 수경성이 없는 광물질 분말 재료

□ 포졸란 반응
- 시멘트의 수화에 의해 생기는 수산화 칼슘과 포졸란이 상온에서 서서히 반응하여 불용성 화합물을 만드는 현상

Memo

재료 · 배합

mind map

● 설배시 물슬굵잔 공단시현

5. 배합설계 - KS 4009, 콘크리트 표준시방서 기준

1) 설계기준강도 : F_{ck}

2) 배합강도: F_{cr}

- $F_{ck} \leq 35\text{MPa}$인 경우
  $f_{cr} = f_{ck} + 1.34s(\text{MPa})$
  $f_{cr} = (f_{ck} - 3.5) + 2.33s(\text{MPa})$ 중 큰 값
  S: 압축강도의 표준편차(MPa)
- $F_{ck} > 35\text{MPa}$인 경우
  $f_{cr} = f_{ck} + 1.34s(\text{MPa})$
  $f_{cr} = 0.9f_{ck} + 2.33s(\text{MPa})$ 중 큰 값
  S: 압축강도의 표준편차(MPa)

현장 콘크리트의 품질변동을 고려하여 콘크리트의 배합강도를 설계기준 압축강도보다 충분히 크게 정하여야 한다.

3) 시멘트 강도 (K) 결정: KS시험기준에 의해 재령 28일 강도

4) 물-결합재비

$$\frac{51}{f_{28} + 0.31}(\%)$$

5) Slump치

종류		슬럼프 값 (mm)
철근콘크리트	일반적인 경우	80~150(180)
	단면이 큰 경우	60~120(150)
무근콘크리트	일반적인 경우	50~150(180)
	단면이 큰 경우	50~100(150)

6) 굵은골재 최대치수 G_{max}

① 거푸집 양 측면 사이의 최소 거리의 1/5
② 슬래브 두께의 1/3
③ 개별철근, 다발철근, 긴장재 또는 덕트 사이 최소 순간격의 3/4

구조물의 종류	굵은 골재의 최대치수(㎜)
일반적인 경우	20 또는 25
단면이 큰 경우	40
무근콘크리트	40 부재 최소치수의 1/4을 초과해서는 안됨

□ 내동해성
– 40~50% 이하

□ 황산염 포함용액
– 45~50% 이하

□ 제빙 화학제 사용
– 45% 이하

□ 수밀성 기준
– 50% 이하

□ 해양구조물
– 40~50% 이하

□ 탄산화 저항성 고려
– 55% 이하

재료 · 배합

□ 절대 건조상태
- 건조한 상태, 골재 내부 모세관 등에 흡수된 수분이 거의 없는 상태

□ 공기 중 건조 상태
- 골재를 공기 중에 건조하여 골재의 표면은 수분이 없는 상태이고, 내부는 수분을 포함하고 있는 상태

□ 표면건조 포수상태
- 골재의 표면은 수분이 없는 상태이고, 내부는 포화상태

□ 습윤상태
- 골재의 표면은 수분이 있는 상태이고, 내부는 포화상태

□ 골재의 흡수율

$$\frac{\text{흡수량}}{\text{절대건조중량}} \times 100(\%)$$

핵심메모 (핵심 포스트 잇)

7) 잔골재율

$$S/a = \frac{Sand\text{용적}}{Aggreate = G\text{용적} + Sand\text{용적}} 100\%$$

8) 단위수량

① 작업이 가능한 범위 내에서 될 수 있는 대로 적게 되도록 시험을 통해 정하여야 한다.
② 표준 값: 165~170kg/m³
③ AE제, 감수제, AE감수제, 고성능 AE감수제 사용

9) 공기량의 결정

- 공기량 1% 증가하는데 슬럼프는 20mm 증가
- 공기량 1% 증가하는데 단위수량은 3% 감소
- 공기량 1% 증가하는데 압축강도는 4~6% 감소

10) 시방배합(실표준배합)

실내배합 시험→ 레미콘사 배합조정

11) 현장배합

구분	골재의 함수상태	골재 입도
시방배합	표면건조 내부 포화	S: 5mm 체에 100% 통과 G: 5mm 체에 100% 잔류
현장배합	기건, 습윤	S: 5mm 체에 거의 통과율 G: 5mm 체에 거의 잔류율

현재 사용하는 원재료의 품질 특성을 고려하여 보정

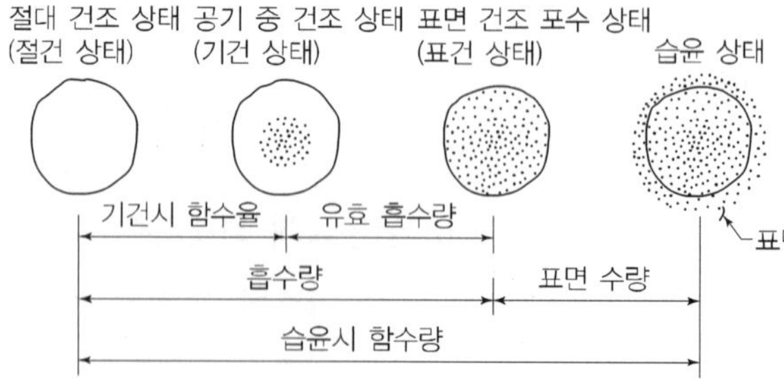

Memo

제조 · 시공

성능 및 품질 이해

Key Point

□ Lay Out
- 특성 · 품질 · 기준
- 기능 · 성능 · 이음
- 타설전 중 후 유의사항
- 품질시험

□ 기본용어
- Pre Cooling
- Plug현상
- Concrete Placing Boom
- V.H분리타설
- 구조 Slab용 Level Space
- 진동다짐 방법
- Construction Joint
- Cold Joint
- Expansion Joint
- Control Joint
- Delay Joint
- 습윤양생기간

mind map

● 공장 운타 다이양 품질

운반차

□ Central Mixed Concrete
- 근거리용(100% 비빔)
□ Shrik Mixed Concrete
- 중거리용(운반중에 비비기)
□ Transit Mixed Concrete
- 장거리용(건비빔)

현장내 운반방식

□ Bucket
□ Chute
□ Cart
□ Pump

2 제조 · 시공

1. 공장선정 · 제조

1-1. 선정기준

- 운반거리
- 품질관리(공장점검)
- 제조능력

1-2. 계량

재료의 종류	측정단위	1회 계량분량의 한계허용오차 (%)
시 멘 트	질량	± 1
골 재	질량 또는 부피	± 3
물	질량	± 1
혼 화 재	질량	± 2
혼 화 제	질량 또는 부피	± 3

고로 Slag 미분말의 계량오차의 최대치는 1%로 한다.

1-3. 비비기

2. 운반

2-1. 운반시간

구 분	KS F 4009	표준시방서	
한정	혼합 직후부터 배출직전	혼합 직후부터 타설 완료	
한도	90분	외기온도 25℃ 이상	90분
		외기온도 25℃ 미만	120분

2-2. 운반시 온도

① 서중 및 매스콘크리트: 35℃ 이하
② 수밀콘크리트: 30℃ 이하
③ 고내구성 콘크리트: 3~30℃
④ 한중콘크리트: 5~20℃

제조 · 시공

3. 타설

3-1. 타설 계획

- **설계도서 검토**
  ① 콘크리트 강도 및 배합
  ② 이음부분확인
  ③ 1회 타설 수량 결정
- **타설방법 및 구획결정**
  ① 운반방법
  ② 타설장비
  ③ 타설방법
  ④ 다짐방법
  ⑤ 레미콘 공급관리
- **타설순서 검토**
  ① 시공이음의 위치
  ② 타설량
  ③ 타설 소요시간
- **시공이음 처리**
- **다짐 및 표면 마무리**
- **양생방법 결정**

3-2. 압송장비 선정

- 건물의 규모
- 1회 콘크리트 타설량
- 콘크리트 물성

발생압력산정→ 시간당 타설량→ 장비 필요출력 산정→ 비교선정

3-3. 콘크리트 타설

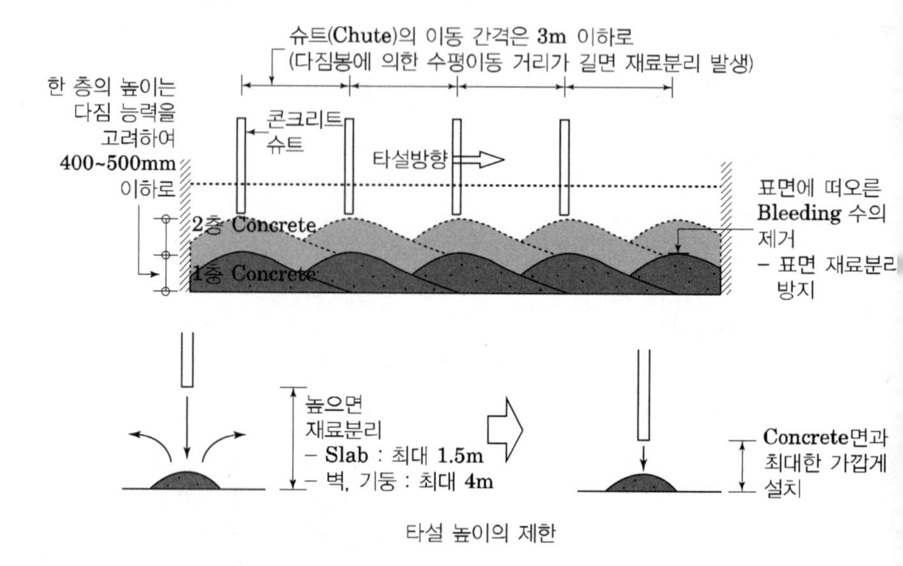

타설 높이의 제한

핵심메모 (핵심 포스트 잇)

제조 · 시공

이어치기 시간

□ 25℃ 초과: 2시간
□ 25℃ 이하: 2.5시간

4. 다짐

1) 다짐방법

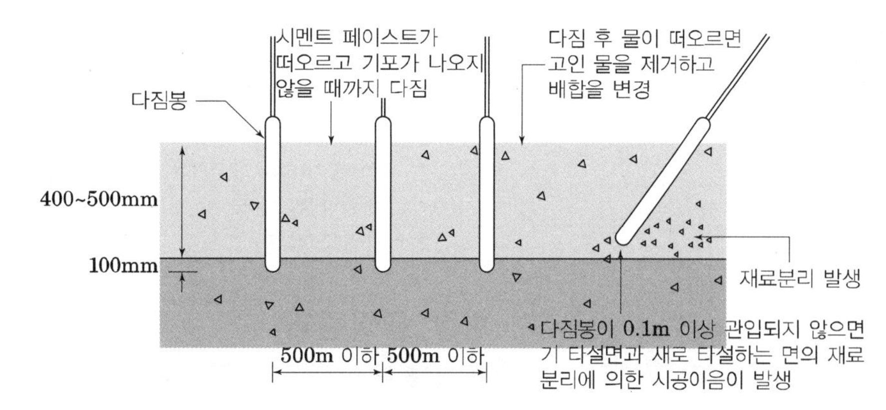

2) 침하균열에 대한 조치

① 슬래브 또는 보의 콘크리트가 벽 또는 기둥의 콘크리트와 연속되어 있는 경우에는 수직부의 침하가 거의 끝난 다음 타설

② 콘크리트가 굳기 전에 침하균열이 발생한 경우에는 즉시 다짐이나 재진동 실시

③ Tamping 도구를 이용하여 표면을 두들겨 침하균열 방지

5. 이음

5-1. Construction Joint (시공이음)

Concrete 시공과정 중 작업관계로 굳은 Concrete에 새로운 Concrete를 이어붓기 함으로써 일체화되지 못해 발생되는 Joint

5-2. Expansion Joint(신축이음)

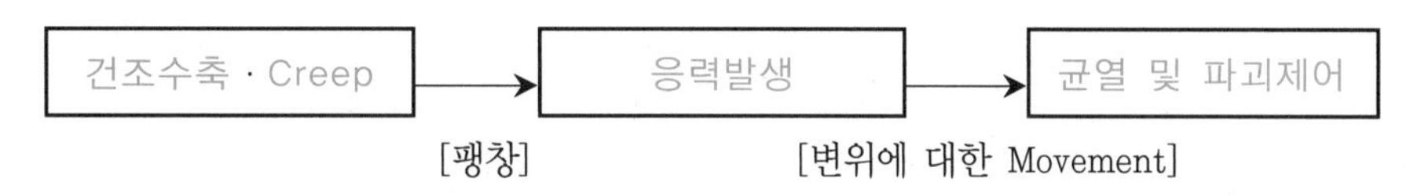

5-3. Control Joint(균열유발 이음)

구조물의 온도변화에 따른 건조수축 등에 의한 균열을 벽면 중의 일정한 곳으로 유도하기 위해 단면결손부위로 균열을 유도하여 구조물의 단면 및 외관손상을 최소화하는 Joint

5-4. Delay Joint(Shrinkage Strips)지연줄눈

Concrete가 건조수축에 대해서 내외부의 구속을 받지 않도록 수축대를 두고, Concrete를 타설한 다음 초기수축 4~6주를 기다린 후 수축대 부분을 타설하는 Joint

핵심메모 (핵심 포스트 잇)

제조 · 시공

6. 양생

- 습윤양생: 수중, 담수, 살수
- 증기양생: PC
- 전기양생: 한중
- 피막양생: 피막을 형성하여 수분증발 억제
- Pipe Cooling: 매스콘크리트
- Precooling: 재료냉각
- 단열양생: 한중
- 가열양생: 한중

7. 현장 품질관리

7-1. 시험항목

재료		콘크리트	
시멘트	골재	타설 전	타설 후
분말도시험 안정성시험 시료채취 비중시험 강도시험 응결시험 수화열시험	혼탁비색법 공극률시험 체가름시험 마모시험 강도시험 흡수율시험	압축강도시험 슬럼프시험 공기량시험 Bleeding 시험 염화물시험	코아채취시험 비파괴시험 - 슈미트해머법 - 방사선법 - 조합법 - 인발법 - 자기법 - 초음파법

mind map

- 습증전피 파이프는 프리단가
- 분을 안삭이고 시비를 걸면 강력하게 응수해라~
- 혼공체마강흡
- 압슬공 비염걸려서 코비가 슛을 방해하는 조인자에게 초음파를 보냈다~

핵심메모 (핵심 포스트 잇)

7-2. 받아들이기 시험

항목	시험 · 검사방법	시기 및 횟수	판정기준
압축강도시험	KS F2405	120m³ 당 또는 그여분에 1Lot	• 1회 결과가 호칭강도의 85% 이상 • 3회 결과 평균값이 호칭강도 이상
슬럼프	KS F2402	압축강도 시험용 공시체 채취 시 및 타설 중에 품질변화가 인정될 때	허용오차 ±25mm
공기량	KS F 2409		허용오차: ±1.5%
단위질량	KS F 2409		정해진 조건에 적합할 것
염소 이온량	KS F 4009 부속서 1	의심되는 골재 사용 시 120m³ 당 1회	0.3kg/m³ 이하

제조 · 시공

시험기준

ㅁ KS
- 450㎥를 1로트로 하여 150㎥당 1회의 비율로 시험

ㅁ 시방서
- 450㎥를 1로트로 하여 120㎥당 1회의 비율로 한다.

핵심메모 (핵심 포스트 잇)

7-3. 강도시험

1) 압축강도에 의한 콘크리트의 품질검사

① 표준시방서 기준

- 설계기준강도가 35MPa 이하인 경우: 연속 3회 시험값의 평균이 설계기준강도 이상이고 1회 시험값이 설계기준강도-3.5MPa 이상이면 합격
- 설계기준강도가 35MPa 초과인 경우: 연속 3회 시험값의 평균이 설계기준강도 이상이고 1회 시험값이 설계기준강도×0.9 이상이면 합격

② KS F 2403 기준

- 3회의 시험 결과의 평균값이 호칭강도 이상이어야 하며, 1회의 시험 결과가 호칭강도의 85% 이상이어야 함

7-4. 구조물 콘크리트의 강도평가

7-4-1. 파괴검사

1) 구조체 관리용 공시체

① 현장 수중양생: 재령 28일의 시험결과가 설계기준 강도의 85% 이상이거나, 재령 90일 이전에 3회 이상의 시험 결과가 설계기준강도 이상인 경우는 합격

② 현장봉함양생: 랩이나 비닐로 감싸 구조체 옆에 보관하고, 재령일에서 실시하는 강도시험

③ 온도추종양생: 구조체의 일부 부위와 동일한 온도이력이 되도록 제조된 양생용기에서 양생(고강도/매스콘크리트 등 수화열의 영향을 고려할 때)

④ 3단계로 반복하고 시작해서 끝날 때

2) 코어채취

- 구조물에 손상이 없도록 채취위치 및 수량 선정
- 철근이 절단되지 않도록 할 것
- 직경: 보통 G_{max}의 3배, 최소G_{max}의 2배
- 높이: 지름의 2배
- 합격기준: 평균값이 설계기준강도의 85% 이상이고, 그중 하나의 값이 설계기준강도의 75% 이상

7-4-2. 비파괴검사

- 슈미트해머: 콘크리트 표면을 타격→반발경도
- 방사선법: 콘크리트 속을 투과하는 방사선의 강도촬영→ 내부조사
- 조합법: 2종류 이상의 비파괴 시험값을 병용
- 인발법: 콘크리트 속에 매입한 볼트 등의 인발내력에서 강도를 측정
- 자기법: 내부 철근의 자기의 변화를 측정→ 위치, 지름, 피복두께 추정
- 초음파법: 초음파의 속도에서 동적 특성이나 강도를 추정

콘크리트 성질

성질변화 이해

Key Point

□ Lay Out
- 특성 · 성질 · 현상
- Mechanism · 영향인자
- 유의사항 · 방지대책

□ 기본용어
- Bleeding
- Laitance
- 소성수축균열
- 침하균열
- Creep 현상
- 건조수축
- 자기수축
- 모세관 공극
- 염해
- 탄산화
- 알칼리(Alkali)골재반응
- 동결융해

mind map

- WC에서 CF를 찍으면 MVP가 된다~
- 시반다마 유점성

핵심메모 (핵심 포스트 잇)

3 콘크리트 성질

1. 굳지않은 콘크리트의 성질

1-1. 성질

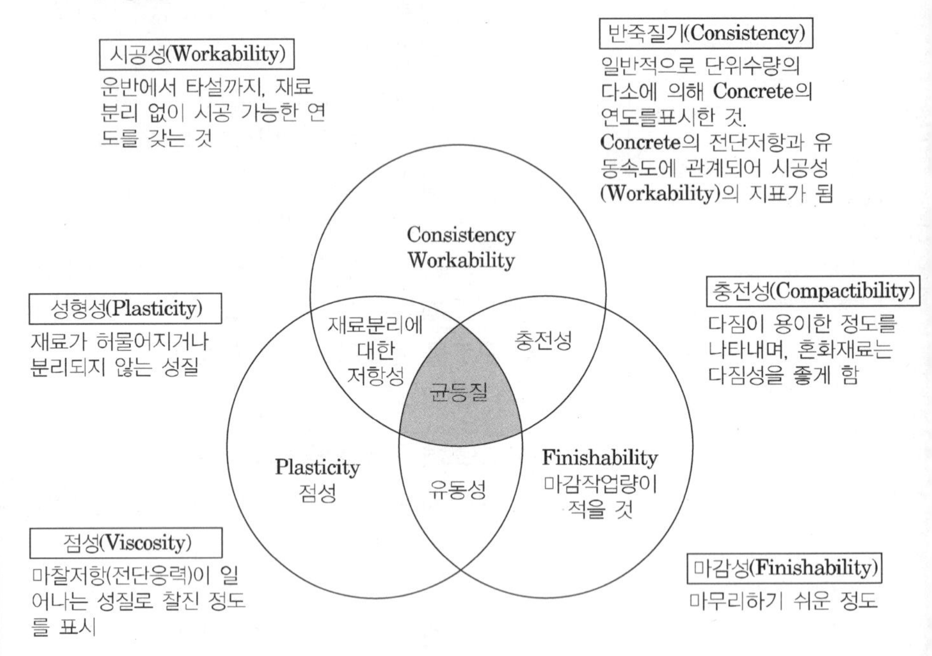

시공성(Workability)
운반에서 타설까지, 재료 분리 없이 시공 가능한 연도를 갖는 것
반죽질기(Consistency)
일반적으로 단위수량의 다소에 의해 Concrete의 연도를표시한 것.
Concrete의 전단저항과 유동속도에 관계되어 시공성(Workability)의 지표가 됨
Consistency
Workability
성형성(Plasticity)
재료가 허물어지거나 분리되지 않는 성질
재료분리에 대한 저항성
충전성
균등질
충전성(Compactibility)
다짐이 용이한 정도를 나타내며, 혼화재료는 다짐성을 좋게 함
Plasticity
점성
유동성
Finishability
마감작업량이 적을 것
점성(Viscosity)
마찰저항(전단응력)이 일어나는 성질로 찰진 정도를 표시
마감성(Finishability)
마무리하기 쉬운 정도
유동성(Mobility)
Concrete의 유동성 정도를 나타내며 유동화제 등을 사용하여 유동성을 높임

1-2. 콘크리트 시공성에 영향을 주는 요인

구분	내용
시멘트의 성질	• 분말도가 높은 시멘트: 시공연도는 ↓
골재의 입도	• 0.3mm 이하의 세립분: 콘크리트의 점성 ↑성형성↑ • 입자가 둥근 강자갈: 시공연도↑ • 평평하고 세장한 입형의 골재: 재료가 분리↑
혼화재료	• 감수제: 반죽질기를 ↑, 10~20%의 단위수량↓ • Pozzolan: 시공연도↑ • Fly Ash: 시공연도↑
물시멘트비	• 물시멘트비: 높이면 시공연도↑, 콘크리트의 강도↓
굵은골재최대치수	• 치수가 작을수록 시공연도↑ • 입도가 균등할수록 작업성↑ • 쇄석은 시공연도↓, 골재분리 ↑
잔골재율	• 클수록 콘크리트의 시공연도↑, 강도↓
단위수량	• 커지면 Consistency와 Slump치 ↑, 강도↓
공기량	• 공기량 1% 증가→ Slump 20mm ↑, 단위수량 3% ↓, 강도 4~6% ↓

콘크리트 성질

1-3. 재료분리

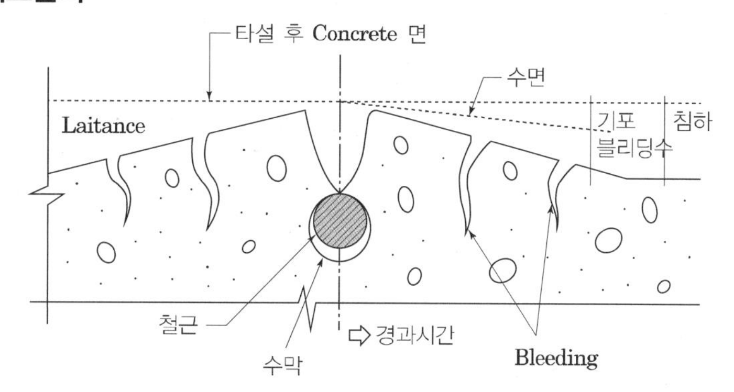

침하량 정도 : 부재두께(h)=300~1000mm일 때
묽은 비빔 1~2%
중간 정도 0.5~1%

굵은골재

- 굵은골재와 모르타르의 비중차
- 굵은골재와 모르타르의 유동 특성차
- 단위수량, 물시멘트비, 골재의 종류, 입도, 입형, 타설방법

시멘트 · 물 분리

- 물시멘트비가 클 경우
- 골재의 최대치수가 클수록
- 수평면적이 클수록

1-4. 초기 소성수축

수분증발률

ㅁ 요인

- 대기온도, 상대습도, 풍속, 콘크리트 온도

ㅁ 균열발생

- 1시간당 1kg/m²/h 이상

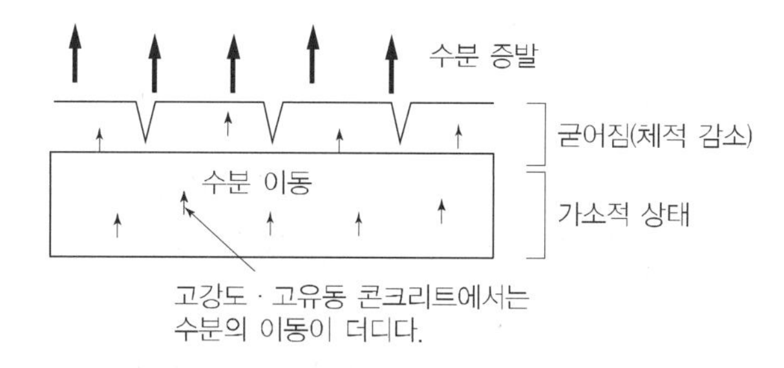

증발속도가 블리딩 물의 상승 속도보다 큰 경우

핵심메모 (핵심 포스트 잇)

Memo

콘크리트 성질

2. 굳은 콘크리트의 성질

2-1. 강도특성

1) 압축강도에 미치는 영향인자

① 재료
- 시멘트: 시멘트의 강도
- 골재: 골재의 종류 및 굵은골재 최대치수

② 배합
- 물시멘트비
- 겔공극비: $\frac{\text{수화시멘트풀의 부피}}{\text{수화시멘트부피} + \text{모세관 공극 부피}}$

③ 시공
- 비빔시간
- 가수
- 반죽질기: 진동다짐

④ 재령 및 양생기간, 온도

2-2. 역학적 특성

1) 응력과 변형률

① 하중조건: 순간적으로 작용하는 충격하중 반복하중, 지속적 하중에 따라

② 환경조건: 저온, 상온, 고온, 건조, 습윤조건

2) 탄성계수

골재와 시멘트 풀의 탄성계수에 의해 좌우되며, 골재의 탄성계수는 일정하게 유지되지만 물- 시멘트비에 따라 시멘트 풀의 공극률이 변화하므로 시멘트 풀의 탄성계수가 달라지면 콘크리트 강도도 영향을 받는다

3) 콘크리트의 피로

반복응력을 받는 횟수의 증가에 따라 크게 된다.

2-3. 변형특성/ 물성변화

1) Creep: 콘크리트의 시간적인 소성변형

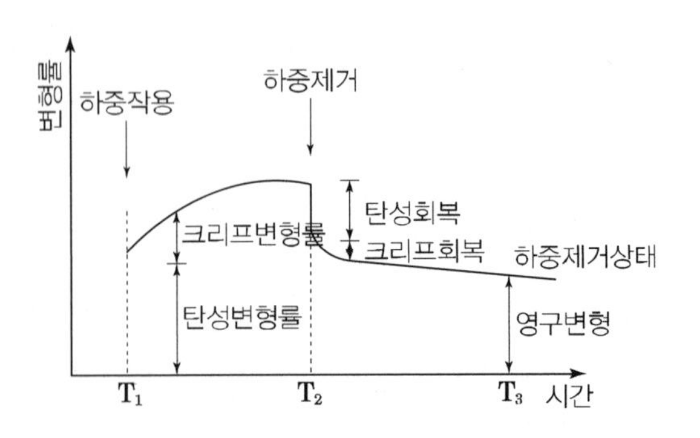

[크리프 변형- 시간곡선]

핵심메모 (핵심 포스트 잇)

콘크리트 성질

2) 수축의 종류

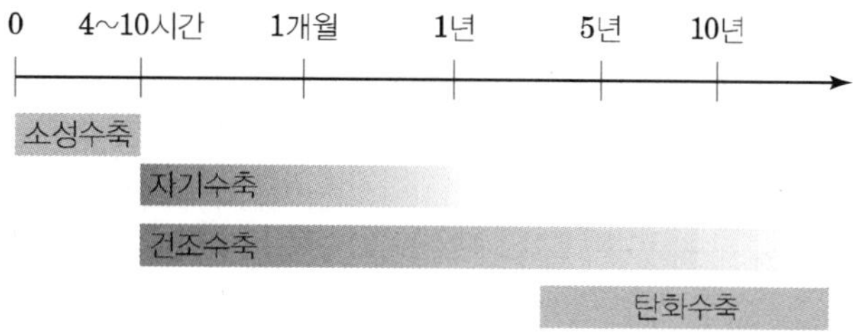

0 4~10시간 1개월 1년 5년 10년

소성수축
자기수축
건조수축
탄화수축

건조수축
- 시멘트 수화물 내에 존재하는 수분이 장기간에 걸쳐 증발하면서 발생하는 수축

경화(자기수축)
- 시멘트의 화학반응 결과물인 시멘트 수화물의 체적이 시멘트와 물의 체적 합보다 작기 때문에 발생하는 수축

탄화수축
- 시멘트 경화체 내의 수산화칼슘이 공기 중의 이산화탄소와 반응하여 분해되면서 수축

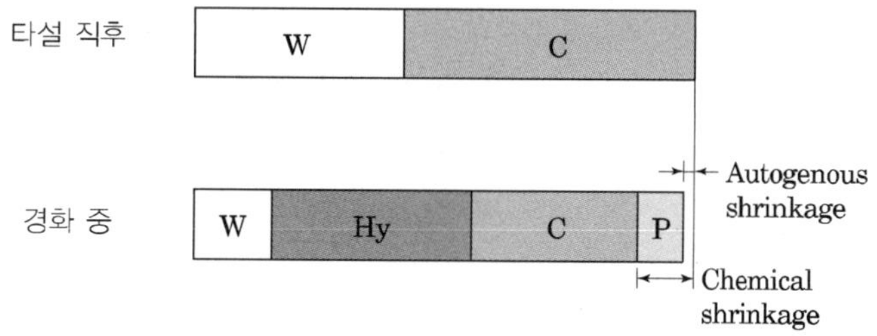

타설 직후 W C

경화 중 W Hy C P

Autogenous shrinkage

Chemical shrinkage

C : 시멘트 W : 물 P : 공극 Hy : 수화생성물

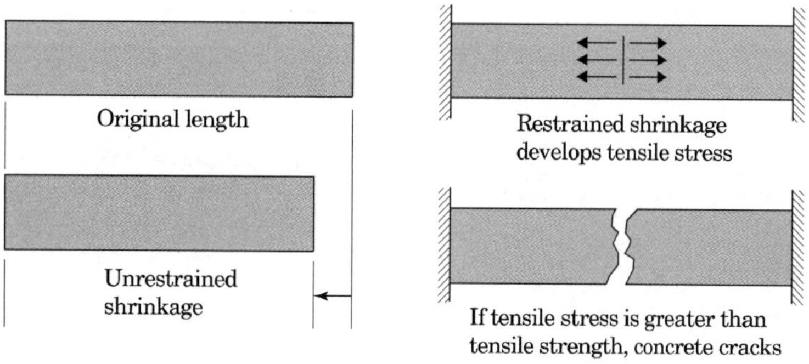

Original length

Unrestrained shrinkage

Restrained shrinkage develops tensile stress

If tensile stress is greater than tensile strength, concrete cracks

핵심메모 (핵심 포스트 잇)

Memo

콘크리트 성질

mind map

● 염탄 알중 온건 진충파마

핵심메모 (핵심 포스트 잇)

3. 내구성

요인	세부요인
화학적 요인	염해, 탄산화, 알칼리골재반응
기상적 요인	동결융해, 온도변화, 건조수축
물리적 요인	진동, 충격, 파손, 마모

3-1. 염해

염화물(CaCl) 혹은 염화물 이온(Cl^-)의 침입으로 철근이 부식하면서 체적팽창(약 2.6배)하고 이 팽창압으로 Concrete에 팽창균열 · 박리 · 박락 · 녹물 등의 손상을 입히는 현상

3-2. 탄산화

$Ca(OH)_2 + CO_2 \rightarrow CaCO_3 + H_2O$

수산화칼슘은 pH12~13정도의 강알칼리성을 나타내며, 약산성의 탄산가스(약0.03%)와 접촉하여 탄산칼슘과 물로 변화한다. 탄산칼슘으로 변화한 부분의 pH가 8.5~10정도로 낮아지는 것

3-3. 알칼리 골재반응

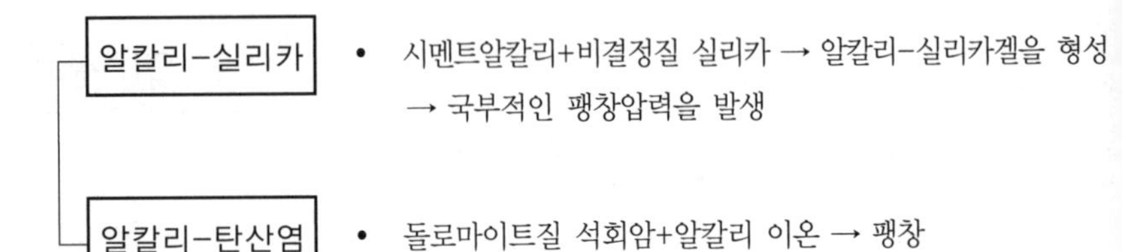

3-4. 동결융해

수분이 동결하면 물이 약 9% 팽창하며, 이 팽창압으로 Concrete에 팽창균열 · 박리 · 박락 등의 손상을 일으켜 Concrete 내구성이 저하되는 현상

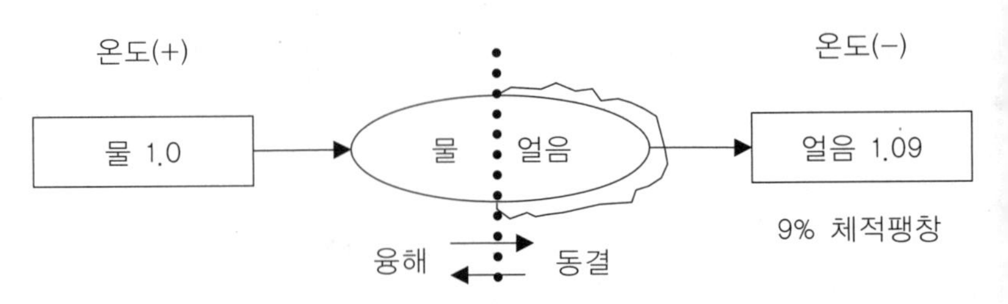

① 박락(Spalling)
② Pop out
③ 표면박리(Scaling)

균열

성질변화 이해

Key Point

□ Lay Out
- mechanism · 영향인자
- 유의사항 · 방지대책

□ 기본용어
- 표면결함
- 보수보강

4 균열

1. 미경화 균열

1) 초기 수분증발에 의한 소성수축 및 건조수축 균열
2) 침하균열
3) 거푸집 변형에 의한 균열
4) 진동 및 경미한 재하에 따른 균열
5) 콘크리트 온도상승에 의한 균열

종류

□ 자기수축
- 수화반응 시
□ 소성수축
- 마감시작 전
□ 침하균열
- 마감 후
□ 건조수축
- 타설완료 후
□ 탄화수축
- 탄산화 과정 시

2. 경화균열

구분		원인	방지대책
설계단계		온도균열, 수축균열	- 부재 단면 축소 - E.J 및 D.J - 최소 철근량의 배치
설계단계		철근부식에 의한 균열	최소 피복두께 준수
설계단계		휨균열	전단 보강근 시공
재료		- 시멘트의 종류 - 시멘트의 이상응결 - 골재의 입도 입형 - 골재의 강도 - 수화열	- 적정재료 선정(시멘트 및 골재) - 중용열 시멘트, Fly Ash사용 - 단위수량 및 단위시멘트량 적게
배합		- 장시간 혼합 - 비빔시간과소·과다	- 배합기준 준수 - 타설소요시간 및 현장여건 파악
시공	타설	- 급속한 타설 - 타설높이 - 다짐간격 및 다짐량 - 타설량 - 타설시간 - 이음처리 불량	- 공구별/ 부위별 속도조정 - 높이 1.5m 이하 - 진동기는 0.1m 정도 찔러 넣고 0.5m 이하의 간격으로 다짐 - 거푸집판에 접하는 콘크리트는 되도록 평탄한 표면이 얻어지도록 타설하고 다진다. - Tamping실시 - 이음부위 레이턴스 제거, 수밀성 유지
시공	거푸집	- 거푸집 변형 - 동바리 침하 - 거푸집 존치기간	- 긴결재 강도유지 - 동바리 간격유지 - 존치기간 준수
시공	양생	- 초기 수분증발 - 진동 및 재하 - 동해	- 표면보양 및 비닐보양(수분증발 방지) 후 살수 - 타설 후 3일 이상 충격, 진동방지 - 최소 5일 - 5℃ 이상 유지

균열

균열의 검사

- 육안검사
- 비파괴 검사
- 코어검사

mind map

- 표를 사러 충주에 가는 강단에 탄복할 수밖에~

핵심메모 (핵심 포스트 잇)

3. 균열의 보수 보강 – 세부사항은 건설사업관리 생산의 합리화 유지관리 참조

보수	손상된 부위를 당초의 형상, 외관, 성능, 기능으로 되돌리는 작업
보강	구조물의 강도적인 약점을 보완하기 위해 다른 부재를 대는 것

1) 보수

① 표면처리법
② 충전법
③ 주입공법

2) 보강

① 강재 보강공법
② 단면증대 공법
③ 탄소섬유시트 보강공법
④ 복합재료 보강공법

Memo

4-4장

특수 콘크리트

기상 · 온도

1 특수한 기상 · 온도

성능 및 품질 이해

Key Point

☐ Lay Out
- 특성 · 품질 · 기준
- 성분 · 성능 · 기능
- 유의사항

☐ 기본용어
- 콘크리트의 적산온도
- Pop out
- Cold Joint
- 적산온도
- 이중버블시트
- Precooling
- Pipe Cooling
- 온도균열
- 온도구배
- 온도균열지수
- 수화열
- Fly Ash
- 수축온도철근
- 균열유발줄눈

1. 한중콘크리트

하루의 평균기온이 4℃ 이하가 예상되는 조건일 때

1) 지역별 적용기간

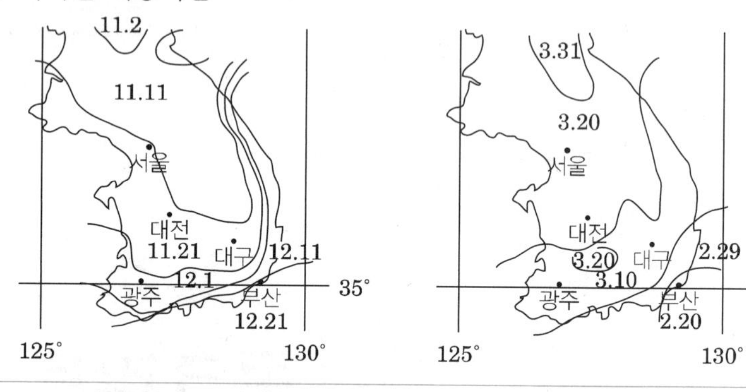

- 조강 포틀랜드 시멘트
- AE제, AE감수제, 내한성 촉진제 사용
- W/B 60% 이하
- 적산온도 방식에 의한 배합강도 결정
- 타설온도 5~20℃ 내, 최저 10℃
- 콘크리트 온도 5℃ 이상

2. 서중콘크리트

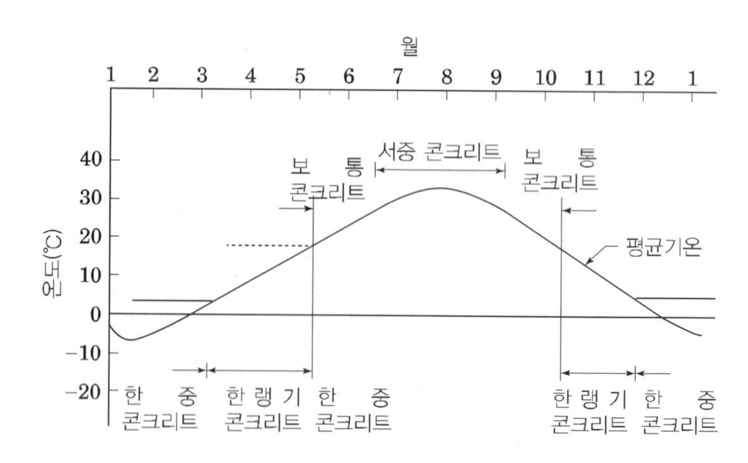

- 저발열시멘트, 혼합시멘트 사용
- Precooling
- AE감수제 및 고성능 감수제 사용
- 타설온도 35℃ 이하
- 5일 이상 습윤양생

☐ Ice Lens
- 흙이나 콘크리트가 서서히 동결(凍結)하였을 때에, 그 속에 형성된 얇은 렌즈 모양의 얼음 층(層). 아이스 렌즈가 성장하여 커지면 동상(凍上)이 발생한다.

☐ Pop Out
- Concrete 중에 존재하는 수분이 결빙점 이상과 이하를 반복하며, 동결팽창에 의해 수분이 동결하면 물이 약 9% 팽창하여, 이 팽창압으로 콘크리트 표면의 골재 · mortar가 박리 · 박락을 일으키는 현상

기상 · 온도

[수화열 측정]

[수화열 측정]

[파이프 쿨링]

핵심메모 (핵심 포스트 잇)

3. Mass 콘크리트

일반적인 표준으로서 넓이가 넓은 평판구조의 경우 두께 0.8m 이상, 하단이 구속된 벽조의 경우 두께 0.5m 이상

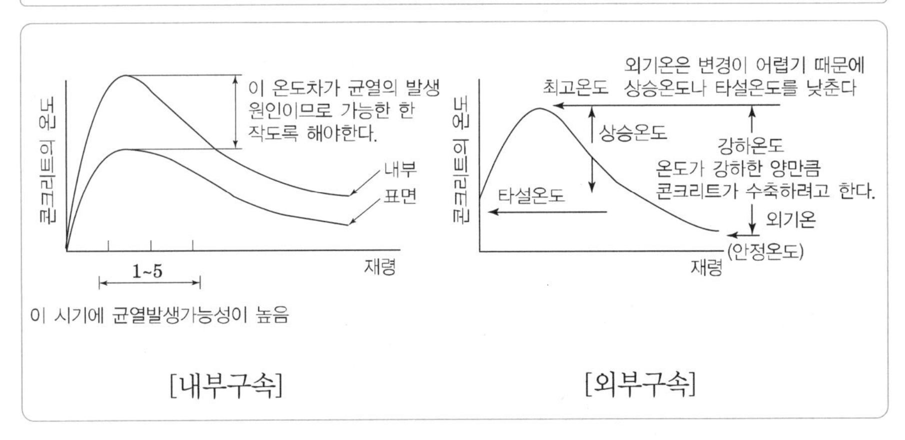

<table>
<tr><th>대책</th><th colspan="3">구체적인 대책</th></tr>
<tr><td rowspan="4">설계</td><td colspan="2" rowspan="4">설계상 배려</td><td>온도균열지수 선정</td></tr>
<tr><td>균열유발줄눈의 설치</td></tr>
<tr><td>수축온도철근으로 균열을 분산시킴</td></tr>
<tr><td>별도의 방수 보강</td></tr>
<tr><td rowspan="6">배합</td><td rowspan="6">발열량의 저감</td><td colspan="2">저발열형 시멘트의 사용</td></tr>
<tr><td rowspan="5">시멘트량 저감</td><td>양질의 혼화재료 사용</td></tr>
<tr><td>슬럼프를 작게 할 것</td></tr>
<tr><td>골재치수를 크게 할 것</td></tr>
<tr><td>양질의 골재 사용</td></tr>
<tr><td>강도 판정시기 연장</td></tr>
<tr><td rowspan="7">시공</td><td colspan="2" rowspan="5">온도변화의 최소화</td><td>양생온도의 제어</td></tr>
<tr><td>보온(시트, 단열재)가열 양생 실시</td></tr>
<tr><td>거푸집 존치기간 조절</td></tr>
<tr><td>콘크리트의 타설시간 간격 조절</td></tr>
<tr><td>초지연제 사용에 의한 Lift별 응결시간 조절</td></tr>
<tr><td colspan="2">시공 시 온도상승을 저감할 것</td><td>재료의 쿨링</td></tr>
<tr><td colspan="3">계획온도를 엄격히 관리할 것</td></tr>
</table>

강도 · 시공성

성능 및 품질 이해

Key Point

□ Lay Out
- 특성 · 품질 · 기준
- 성분 · 성능 · 기능
- 유의사항

□ 기본용어
- 고강도 콘크리트
- 고성능 콘크리트
- 고유동 콘크리트
- 섬유보강 콘크리트

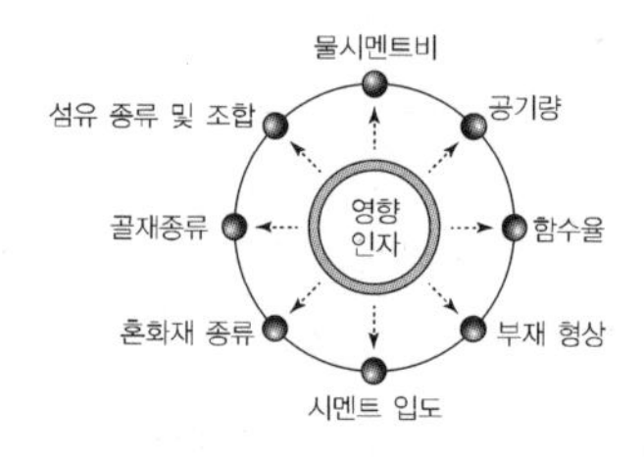

□ 폭렬 방지
- 온도상승 억제
- 내부수분을 빠르게 외부로 이동
- 폭렬에 따른 콘크리트 비산을 구속력으로 억제하는 방법
- 콘크리트의 배합조건 선정에 있어서 함수율 및 물-시멘트비(W/C)를 낮추는 방법
- 콘크리트 표면의 내화피복을 통하여 고온을 차단하는 방법
- 콘크리트 부재단면의 횡구속을 설치하여 내부에서 발생하는 횡변위에 저항하는 방법
- 콘크리트에 유기질 섬유를 혼입하여 수증기압을 외부로 배출하는 방법

2 특수한 강도 · 시공성 개선

1. 강도성능

1-1. 고강도 콘크리트(High Strength Concrete)

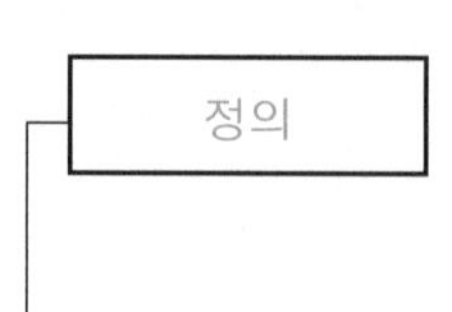

정의
- 설계기준압축강도가 보통(중량)콘크리트에서 40MPa 이상,
- 경량골재 콘크리트에서 27MPa 이상인 경우의 콘크리트

배합
- 물시멘트비= 50% 이하, 슬럼프 150mm 이하(유동화 콘크리트로 할 경우 슬럼프 플로의 목표값은 설계기준압축강도 40MPa 이상, 60MPa 이하의 경우 500mm, 600mm, 700mm로 구분)

1-2. 고성능 콘크리트(High Performance Concrete)

- 초고성능 콘크리트(초고강도, 고인성, 초고성능)
- 고내구성 콘크리트(미세구조, 밀도높임)
- 고유동 콘크리트(자기충전성)

1-3. 섬유보강 콘크리트(Fiber Reinforced Concrete)

강(Steel), 유리(Glass), 탄소(Carbon), 나일론(Nylon), 폴리프로필렌(Polypropylene), 석면(Asbestos) 등의 섬유를 혼입하여 균열발생시 균열면에 위치한 섬유에 의해 그 성장을 억제하도록 인성을 부여

1-4. 폴리머 복합체(Concrete Polymer Composite)

초기강도 개선, 내마모성, 보수보강용
- 폴리머 시멘트 콘크리트
- 폴리머콘크리트(시멘트 미사용, 액상수지)
- 폴리머함침 콘크리트(경화된 콘크리트 내부공극에 액상의 반응성 Monomer를 침투)

1-5. 초속경 콘크리트(Ultra Super Early Strength Concrete)

2. 시공성능

2-1. 유동화 콘크리트(Flowing Concrete)

콘크리트의 종류	베이스 콘크리트	유동화 콘크리트
보통 콘크리트	150 이하	210 이하
경량골재 콘크리트	180 이하	210 이하

2-2. 고유동화 콘크리트(High Fluidity Concrete)

굳지않은 상태에서 재료분리 없이 높은 유동성을 가지면서 다짐작업 없이 자기 충전성이 가능한 콘크리트

저항 · 기능

3 저항성능 · 기능발현

성질변화 이해

Key Point

□ Lay Out
- 특성 · 성질 · 현상
- mechanism · 영향인자
- 유의사항 · 방지대책

□ 기본용어
- 폭렬현상
- 팽창 콘크리트
- 경량콘크리트

핵심메모 (핵심 포스트 잇)

1. 저항성능

1-1. 물에 저항

1) 조습 콘크리트

천연 제올라이트 성분을 함유하고 있는 광물과 합성 제올라이트 등을 콘크리트에 사용하여 패널을 제작한 후 수장고에 활용

2) 수밀 콘크리트

투수 · 투습에 의해 구조물의 안전성, 내구성, 기능성, 외관 등에 영향을 크게 받는 지하구조물에 주로 사용

3) 불에 저항: 내화 콘크리트(Fire Resistant Concrete)

화재 중의 고온 하에서 부재가 받는 모든 외력에 견디며, 고열을 차단하고, 인접부가 발화하지 않을 만큼 적당한 단열성을 지닐 것

1-3. 균열에 저항

1) 팽창콘크리트(Expansive Concrete)

콘크리트의 팽창효과를 이용하여 건조수축보상에 따른 균열저감 및 내구성 개선

2) 자기치유 콘크리트(Self Healing Concrete)

- 미생물, 마이크로캡슐 등을 이용한 자기치유

3) 자기응력 콘크리트(Self Stressed Concrete)

- 비가열 시멘트
- 가열시멘트

5) 균에 저항

향균콘크리트: 방균제를 이용하여 세균의 생육을 억제 및 살균목적

2. 기능발현

2-1. 경량 콘크리트

- 경량골재 콘크리트
- 경량기포 콘크리트
- 무잔골재 콘크리트

2-2. 스마트 콘크리트

센서를 이용하여 콘크리트 구조가 살아있는 생명체처럼 거동하는 콘크리트

시공 · 환경

4 시공 · 환경 · 친환경

성질변화 이해

Key Point

□ Lay Out
- 특성 · 성질 · 현상
- mechanism · 영향인자
- 유의사항 · 방지대책

□ 기본용어
- 노출콘크리트
- 진공배수 콘크리트
- 친환경 콘크리트

핵심메모 (핵심 포스트 잇)

1. 특수한 시공

1-1. 노출 콘크리트

- 노출거푸집의 설계(골조도, 패널, 줄눈, 콘 분할도)
- Mock-UP 실험을 통한 시공조건 및 문제점 파악
- 콘크리트: 시멘트 색상, 골재 크기, 물, 혼화제, 설계기준강도, 슬럼프
- 거푸집 : 거푸집 자재, 표면처리상태, 코너주위 처리상태, 각종 줄눈
- 철근: 순간격, 피복두께, 결속선
- 콘크리트: 배합, 타설, 진동기 사용방법, 양생방법, 탈형방법
- 마감 : 코팅방법, 유지관리 보수

1-2. 진공배수 콘크리트

콘크리트 표면에 진공매트를 덮고 진공상태를 만들어 80~100kN/m²의 대기압이 매트에 작용하게 하여 잉여수가 표면으로 나오면 진공펌프로 배출

1-3. Shotcrete

1) 건식

시멘트, 골재, 급결재 등이 혼합된 마른 상태의 재료를 압축공기에 의해 압송하여 노즐 또는 그 직전에서 압력수를 가하고 뿜어 붙이는 방식

2) 습식

시멘트, 골재, 급결재 등이 혼합된 젖은 상태의 재료를 펌프 또는 압축공기로 압송시켜 노즐 부근에서 급결제를 첨가시키면서 뿜어 붙이는 방식

2. 특수 환경

2-1. Preplaced Concrete

미리 거푸집 속에 특정한 입도를 가지는 굵은 골재를 채워놓고 그 간극에 모르타르를 주입하여 제조한 콘크리트

2-2. 수중 콘크리트

담수 중이나 안정액 중 혹은 해수 중에 타설되는 콘크리트

2-3. 해양 콘크리트

항만, 해안 또는 해양에 위치하여 해수 또는 바닷바람의 작용을 받는 구조물에 쓰이는 콘크리트로 설계기준강도는 30MPa 이상

2-4. Lunar 콘크리트

달환경

시공 · 환경

3. 친환경 (Environmentally Friendly Concrete)

3-1. Porous Concrete

연속된 공극을 많이 포함시켜 물과 공기가 자유롭게 통화할 수 있도록 무세골재 콘크리트 또는 다공질이기 때문에 포러스 콘크리트라 한다.

3-2. Eco-Cement Concrete

폐기물로 배출되는 도시 쓰레기 소각회나 각종 오니에 시멘트 원료성분이 포함되어 있는 점에 착안하여 이들을 주원료로 사용하여 시멘트로서 재활용하기 위하여 탄생한 새로운 자원 순환형 시멘트를 이용하여 만든 Concrete

3-3. Recycled Aggregate Concrete

건설폐기물을 물리적 또는 화학적 처리과정 등을 거쳐 품질기준에 적합한 골재로 만든 Concrete

3-4. Geopolymer Concrete

이산화탄소를 포틀랜드 시멘트보다 적게 배출하는 친환경 · 고성능 콘크리트로서 미래사회가 요구하는 개념에 부합하는 콘크리트다.

Memo

핵심메모 (핵심 포스트 잇)

4-5장

철근콘크리트 구조일반

구조일반

단위 이해

Key Point

☐ Lay Out
- 특성 · 지표 · 기준

☐ 기본용어
- Pa(Pascal)
- 단면2차모멘트
- 수축.온도철근
- 탄성과 소성

SI단위 실례

☐ $1kgf/cm^2 = \frac{9.81}{100} N/mm^2$
=0.0981MPa(0.1MPa)

☐ $1MPa = 1N/mm^2$

☐ $1kPa = 1kN/m^2$

☐ $1GPa = 1kN/mm^2$

1 구조일반

1. 재료와 단면의 성질

1-1. 철근 콘크리트 구조 특성

① 하중 분담

- 중립축 상부: 콘크리트가 압축력(Compression) 부담
- 중립축 하부: 철근이 인장력(Tension) 부담

② 온도변화에 대한 열팽창계수(선팽창계수)가 거의 유사

철근	콘크리트
$1.2 \sim 10^{-5}/℃$	$1.0 \sim 1.3 \times 10^{-5}/℃$

1-2. 콘크리트의 재료적 특성

1) 압축강도(f_c, Compressive Strength)

① 공시체: 직경 150mm×높이 300mm 원주형(∅150×300)표준

② $f_c = \frac{P}{A} = \frac{P}{\frac{\pi D^2}{4}}$ MPa하중 분담

2) 설계기준압축강도(f_{ck}), 평균압축강도(f_{cu})

① 설계기준압축강도(f_{ck}, Specified Compressive Strength): 콘크리트 부재를 설계할 때 기준이 되는 콘크리트의 압축강도

② 평균압축강도(f_{cu}, 재령 28일에서 콘크리트의 평균압축강도): 크리프변형 및 처짐 등을 예측하는 경우 보다 실제 값에 가까운 값을 구하기 위한 것

$$f_{cu} = f_{ck} + \Delta f \text{(MPa)}$$

3) 배합강도(f_{cr}, Required Average Compressive Strength)

콘크리트의 배합을 정할 때 목표로 하는 압축강도

4) 인장강도(f_{sp}, Splitting Strength)

콘크리트의 인장강도는 압축강도의 0% 정도 이므로 구조설계 시 무시

1-3. 단면 2차모멘트(I, Second Moment of Area)

- 구조물에 작용하는 하중에 의해 단면 내 발생하는 응력을 계산하기 위한 지표
- 단면의 형태를 유지하려는 관성(inertia, 慣性)을 나타내는 지표로서 구조역학에서 가장 기본이 되면서 중요한 지표 중의 하나이다.

1-4. 응력과 변형률

- 응력(Stress): 외력에 저항하려는 단위면적당의 힘
- 변형률(Strain): 외력에 의한 변형의 정도

구조설계

철근콘크리트 구조체 원리

① 단순보에 하중이 작용

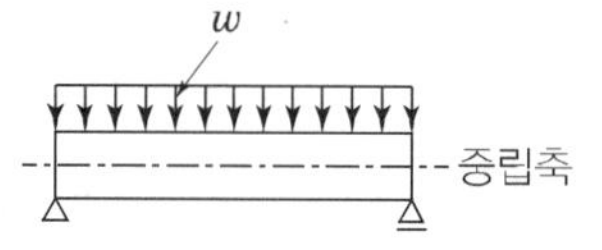

② 부재 중립축의 상부는 압축력, 하부는 인장응력이 발생하여 인장균열 발생

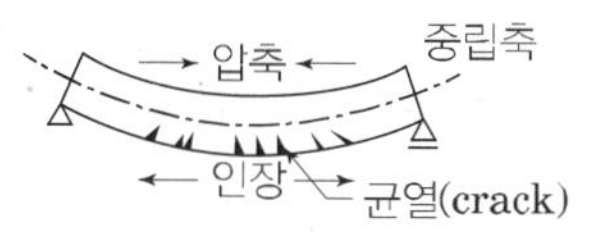

③ 철근으로 보강하여 인장력에 저항

□ 단면 2차 모멘트 용도
- 구조물의 강약을 조사할 때, 설계할 때 휨에 대한 기본이 되는 지표
- 단면계수 Z: 휨재 설계
- 단면 2차 반경 r: 압축재 설계

□ Poisson's Raio(ν)
- 수직응력에 의해 발생되는 가로변형률과 길이변형률의 비율

□ Poisson's Number(m)
- 일반적으로 푸아송수(m)에 의해 재료의 특성을 파악한다.
- Steel: m=3~4
- Concrete: m=6~8

□ R.Hook의 법칙
- 탄성(Elasticity)한도 내에서 응력과 변형률은 비례

2 구조설계

1. 설계 및 하중

1-1. 콘크리트 구조물의 설계법

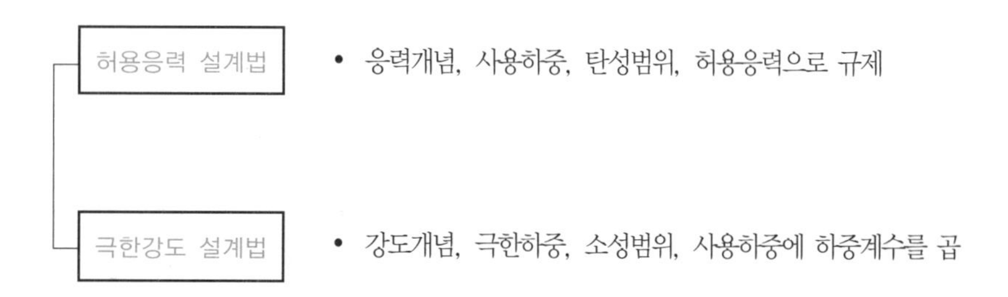

허용응력 설계법
• 응력개념, 사용하중, 탄성범위, 허용응력으로 규제
극한강도 설계법
• 강도개념, 극한하중, 소성범위, 사용하중에 하중계수를 곱

1-2. 주요 설계하중

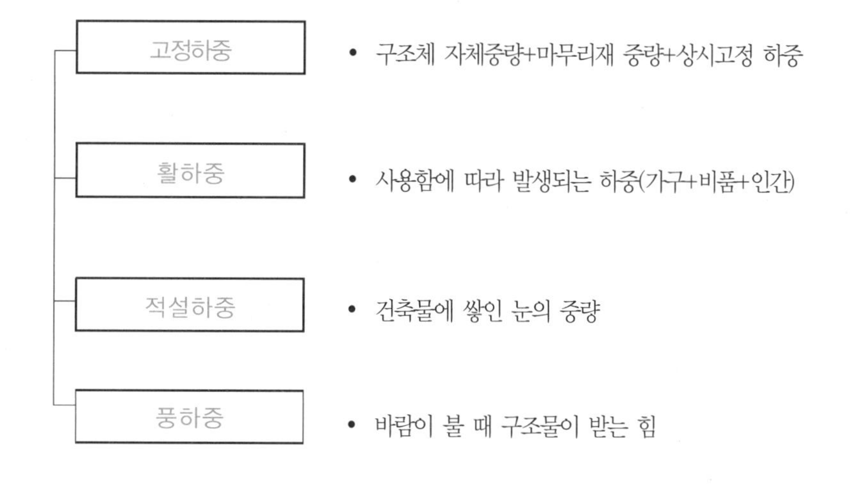

• 구조체 자체중량+마무리재 중량+상시고정 하중

• 사용함에 따라 발생되는 하중(가구+비품+인간)

• 건축물에 쌓인 눈의 중량

• 바람이 불 때 구조물이 받는 힘

2. 철근비 & 파괴모드

2-1. 철근비

1) 균형철근비(ρ_b, Balanced Steel Ratio)

콘크리트의 최대압축응력이 허용응력에 달하는 동시에, 인장철근의 응력이 허용응력에 달하도록 정한 철근비

2) 최소 철근비

인장 측 철근의 허용응력도가 압축 측 콘크리트의 허용응력도 보다 먼저 도달할 때의 철근비

3) 최대 철근비

균형철근비 보다 많은 철근비

2-2. 파괴모드

- (연성파괴, 취성파괴, 피로파괴)

슬래브 · 벽체

3 Slab · Wall

일체화

Key Point

□ Lay Out
- 구조기준 · 설계 · 하중
- 파괴모드
- 유의사항

□ 기본용어
- 고정하중(Dead Load)
- 활하중(Live Load)
- 균형철근비
- 취성파괴와 연성파괴

파괴모드

□ 연성파괴
- 균형상태보다 적게 철근량을 사용한 보
- 압축측 Concrete의 변형률이 0.003에 도달하기 전에 인장철근이 먼저 항복한 후 단계적으로 서서히 일어나는 파괴이다.

□ 취성파괴
- 균형상태 보다 많은 철근량을 사용한 보
- 과다 철근보에서 인장 철근이 항복하기 전에 압축 측 Concrete의 변형률이 0.003에 도달 · 파괴되어 사전 징후 없이 갑작스럽게 일어나는 파괴

□ 피로파괴
- 부재에 반복하중이작용하면 그 재료의 항복점 하중보다 낮은 하중으로 파괴되는 경우

1. 변장비에 의한 슬래브의 분류

1-1. 슬래브 해석의 기본사항

1) 설계대(設計帶)

① 주열대(Column Strip): 기둥 중심선 양쪽으로 $0.25l_2$ 와 $0.25l_1$ 중 작은 값을 한쪽의 폭으로 하는 슬래브의 영역을 가리키며, 받침부 사이의 보는 주열대에 포함한다.

② 중간대(Middle Strip): 두 주열대 사이의 슬래브 영역

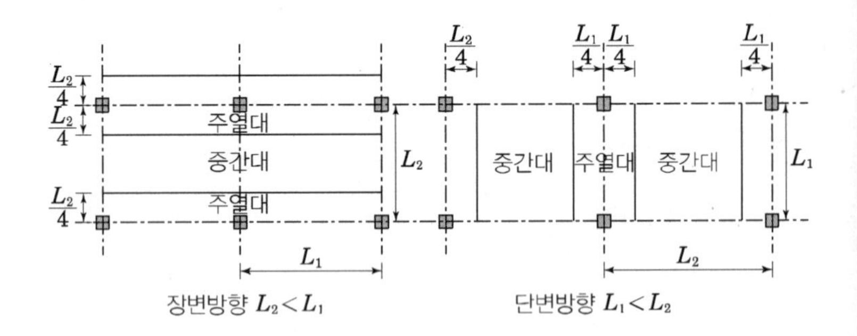

2) 슬래브 변장비 (λ)

1방향 슬래브(1-Way Slab)	2방향 슬래브(2-Way Slab)
$변장비(\lambda) = \frac{장변\,Span(L)}{단변\,Span(S)} > 2$	$변장비(\lambda) = \frac{장변\,Span(L)}{단변\,Span(S)} \leq 2$
단변 주철근 배근	단변 및 장변 주철근 배근

3) 1방향 슬래브

1방향 슬래브는 대응하는 두변으로만 지지된 경우와 4변이 지지되고 장변길이가 단변길이의 2배를 초과하는 경우, 최소 두께는 100mm 이상

2. 주요 Slab

2-1. Flat Plate Slab & Flat Slab – 2방향 슬래브

- Flat Plate
  구조물의 외부 보를 제외하고, 내부에는 보가 없이 Slab가 연직 하중(Vertical Load)을 직접 기둥에 전달하는 구조
- Flat Slab
  Flat Plate에 Drop Panel을 설치하여 뚫림전단에 대비한 구조

슬래브 · 벽체

변장비

Key Point

☐ Lay Out
- 구조기준 · 하중
- 지지상태 · 위치
- 유의사항

☐ 기본용어
- Punching shear crack
- Flat slab
- Flat plate slab
- 내력벽(Bearing wall)

온도철근의 배치기준

☐ 1방향 Slab에서의 철근비

① 수축·온도철근으로 배치되는 이형철근은 콘크리트 전체 단면적에 대한 0.14% (0.0014)이상 이어야 한다.

② 설계기준 항복강도가 400MPa 이하인 이형철근을 사용한 Slab : 0.0020

③ 0.0035의 항복 변형률에서 측정한 철근의 설계기준항복강도가 400MPa를 초과한 Slab : $0.0020 \times \dfrac{400}{f_y}$

다만, ①항목의 철근비에 전체 콘크리트 단면적을 곱하여 계산한 수축 · 온도철근 단면적을 단위m당 1,800㎟ 보다 취할 필요는 없다.

④ 수축·온도철근의 간격은 Slab 두께의 5배 이하, 또한 450mm 이하로 하여야 한다.

⑤ 수축·온도철근은 설계기준항복강도 f_y를 발휘할 수 있도록 정착되어야 한다.

1) 구조기준

① 뚫림전단(Punching Shear)위치: 기둥면에서 $\frac{d}{2}$ 위치

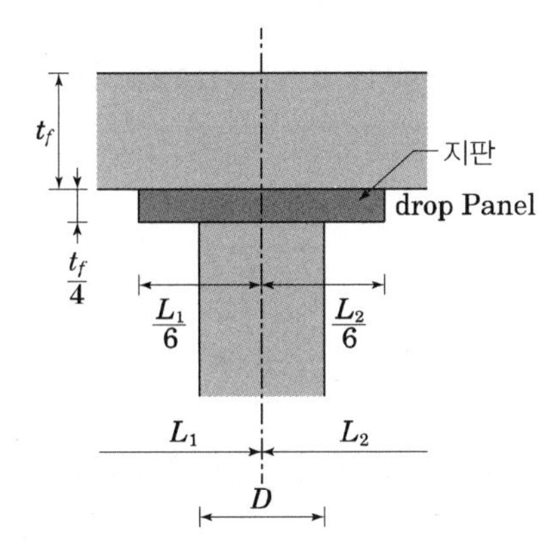

기둥폭 결정(D)
- 기둥 중심간거리 $\frac{L}{20}$ 이상
- 300mm 이상
- 층고의 $\frac{1}{15}$ 이상

② 지판은 받침부 중심선에서 각 방향 받침부 중심간 경간의 $\frac{1}{6}$ 이상 각 방향으로 연장하여야 한다.

③ 지판의 슬래브 아래로 돌출한 두께는 돌출부를 제외한 두께의 $\frac{1}{4}$ 이상이어야 한다.

④ Slab 두께(t): 150mm 이상 (단, 최상층 Slab는 일반 슬래브 두께 100mm 이상 규정을 따를 수 있다.)

2-2. Rib Slab(장선 슬래브)

- 장선 Slab: 1방향 구조
  일정한 간격의 장선과 그 위의 슬래브가 일체로 되어 있는 구조
- 중공 Slab: 1방향 구조
  Slab 단면 내부에 일정한 크기의 구멍이 1방향으로 연속해 있는 구조
- Waffle Slab: 2방향 구조
  Flat Slab와 유사하게 기둥위에 간한 패널이 놓이고 지지보 없이 양방향 리브사이에 공간을 갖는 연속되는 2방향 장선바닥 구조

3. 벽체

벽체는 수직 압축부재로서 주로 수직하중과 휨모멘트, 전단력을 받는다.

3-1. 전단벽(Shear Wall)

바람 또는 지진과 같이 벽면에 평행하게 작용하는 수평하중에 저항하는 벽체로서 수평력에 의한 면내 휨과 전단력에 저항한다.

3-2. 내력벽(Bearing Wall)

바닥슬래브, 지붕, 상부 벽체와 같은 등분포 하중을 지지하거나 보 또는 기둥으로부터 전달되는 집중하중 등 수직하중을 지지하는 벽체이다.

지진

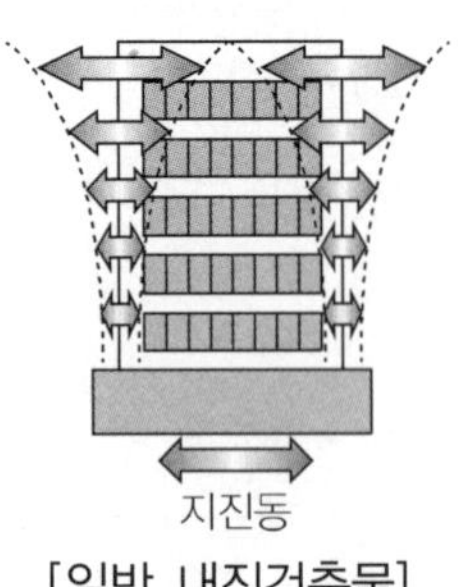

[일반 내진건축물]
지반의 진동이 건물에 전달

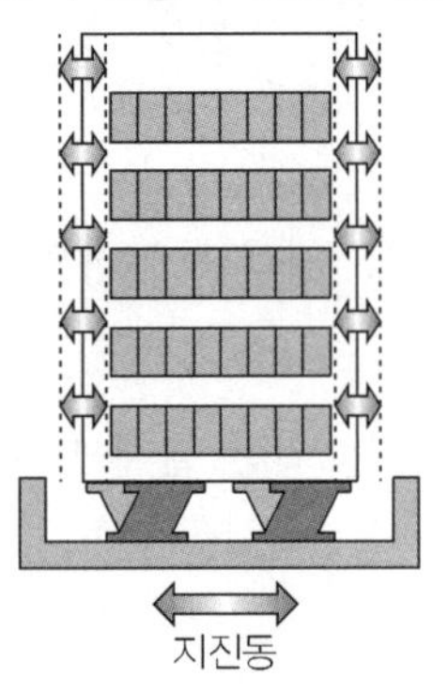

[면진보강 건축물]

지반의 흔들림을 차단하여 지진하중의 영향을 감소

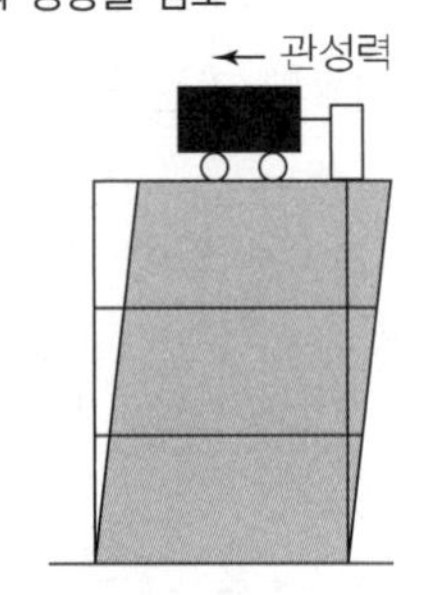

[제어력 부가: Active]

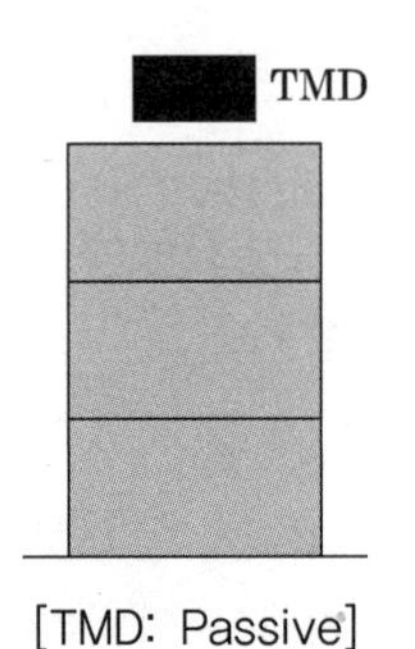

[TMD: Passive]

4 지진

1. 내진 耐震(Earthquake Resistant Structure)

- 수평하중에 대한 구조요소의 평면과 입면에 있어서의 균형적이고 연속적인 배치
- 건축물의 경량화
- 구조부재의 배치 및 수량
- 조물의 강성 및 강도, 변형능력(연성 및 인성)형태이다.

2. 면진 免震(Seismic Isolated Structure)

면진구조는 구조물과 기초사이에 진동을 감소시킬 수 있는 기초분리 장치(Base Isolator)와 감쇠장치(Damper)를 이용하여 지반과 건물을 분리시켜 지반진동이 상부건물에 직접 전달되는 것을 차단하는 구조형태이다.

기초분리 장치

· 기초 분리장치(Base Isolator)는 건물의 중량을 떠받쳐 안정시키고 수평방향의 변형을 억제하는 역할
(스프링 분리장치와 미끄럼 분리장치로 구분)

감쇠장치

· 감쇠장치(Damper)는 지진 시 건물의 대변형을 억제하면서 종료 후에는 건물의 진동을 정지시키는 역할
(탄소성, 점성체, 오일, 마찰 감쇠장치로 구분)

3. 제진 制震(Seismic Controlled Structure)

진동을 제어하는 구조이고 진동을 제어하기 위한 특별한 장치나 기구를 구조물에 설치하여 지진력을 흡수하는 구조다.

Active제진

· 구조물의 진동에 맞춰 가력장치(Actuator)에 의해 능동적으로 힘을 구조물에 더하여 진동을 제어
(감지장치:Sensor, 제어장치: Controller),
가력장치: Actuator)

Passive제진

· 감쇠기를 건물의 내 · 외부에 설치하여 건물이 흔들리는 것을 제어
(건물하부, 상부, 인접 건물사이에 설치)

CHAPTER

05

P·C 공사

Professional Engineer

일반사항

요구조건 이해

Key Point

☐ Lay Out
- 구조검토 · 적용방안 · 기준
- 생산방식 · 용오차 · 특징

☐ 기본용어
- Closed System
- Open System
- Prestress Concrete
- Pre-Tension
- Post-Tension

mind map

- 살생를 허용해라~

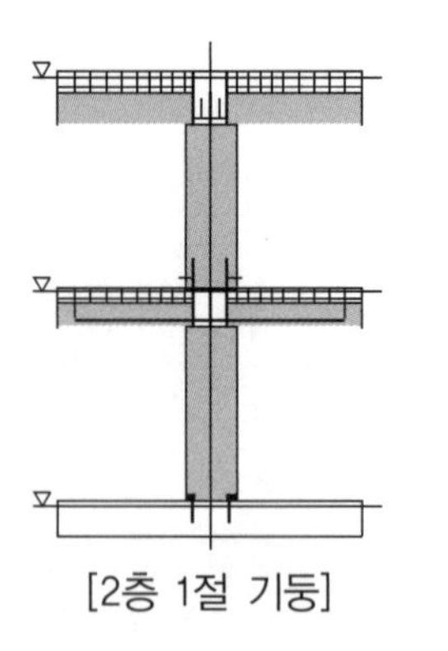

[2층 1절 기둥]

[Post tension]

1 일반사항

1. 설계

1-1. 구조검토

1) 구조형식별 분류

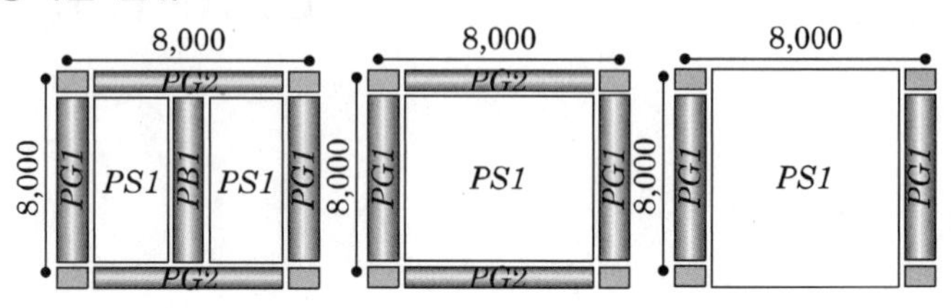

2) 기둥형식 및 접합방법 결정

2층1절 기둥을 사용할 경우 2개 층에 해당되는 두 개의 기둥을 동시에 조립할 수 있으므로 조립공기가 단축

2. 생산방식

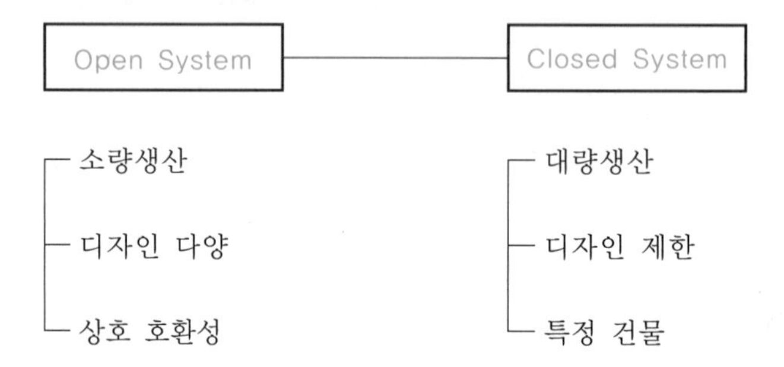

3. 부재생산

3-1. Pre-tension

PS강재에 인장력 가함 → Concrete 타설 → 경화 후 인장력제거→ 콘크리트와 PS 강재의 부착에 의해 프리스트레스를 도입

3-2. Post-tension

Sheath관내 PS강선매입 → Concrete 타설 → 경화 후 인장력가함 → Sheath관내 Grout재 주입 후 긴장제거 → 양단부의 정착장치에 고정 후 반력으로 압축력 전달

4. 허용오차

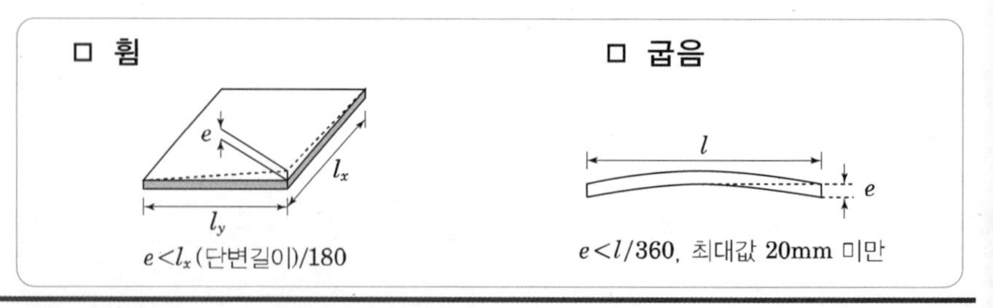

공법분류

특징 이해

Key Point

□ Lay Out
- 종류 · 기능 · 특징
- 유의사항 · 적용 시 고려사항

□ 기본용어
- 합성슬래브
- Shear connector

mind map

● 판골 상복

2 공법분류

1. 구조형태

1-1. 판식(Panel System)

1) 횡벽구조(Long Wall System)

평면구조상 내력벽을 횡방향으로 배치하여 평면계획에 유리

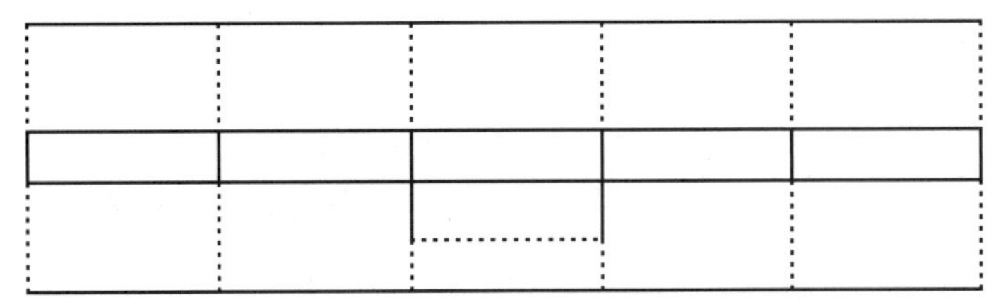

2) 종벽구조(Cross Wall System)

평면구조상 내력벽을 종방향으로 배치하여 평면계획에 유리

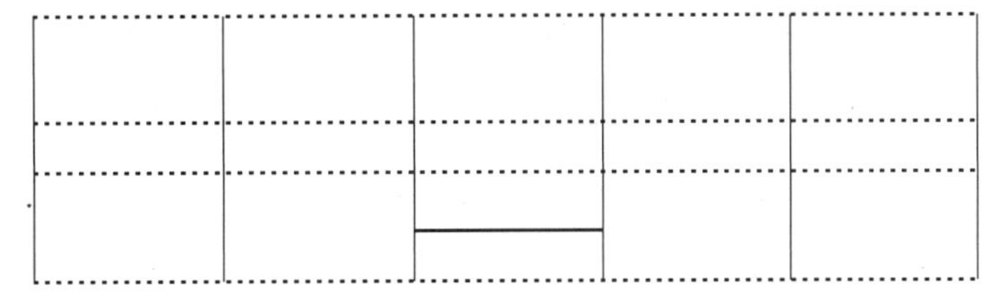

3) 양벽구조(Ring or Two-Span System),Mixed system

종. 횡 방향이 모두 내력벽인 구조에 채택

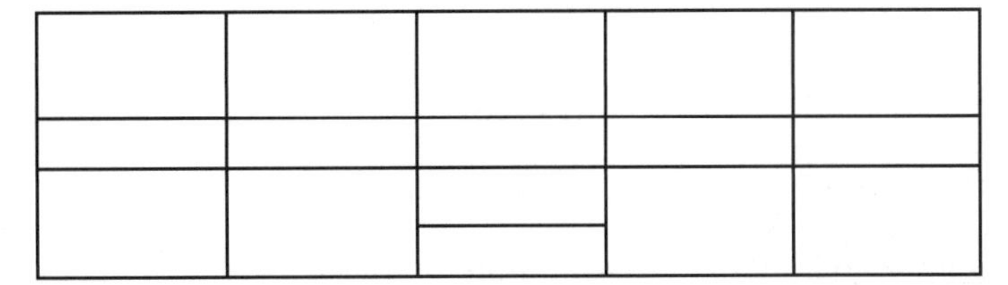

1-2. 골조식(Skeleton System)

□ 보-기둥 구조(Beam- Column System)
□ 무량판 구조(Beamless Skeleton System)
□ 개구식 구조(Portal Skeleton System)

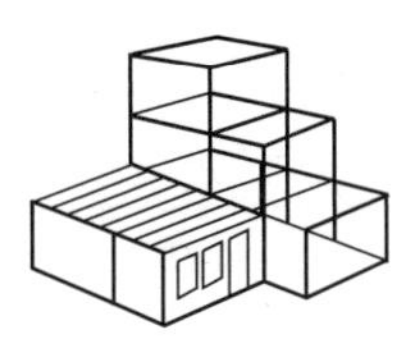

(a) 골조구조

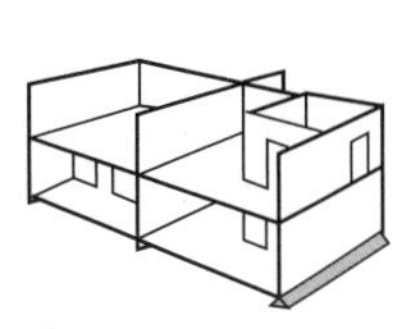

(b) 판구조

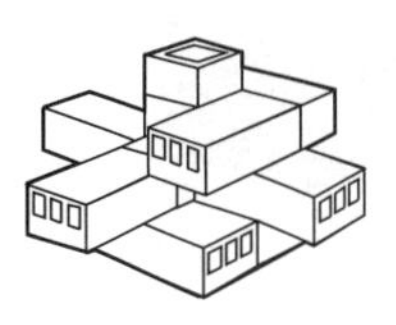

(c) 상자구조

공법분류

1-3. 상자식(Box unit System)

1) Space Unit

Space Unit를 순철골조에 삽입

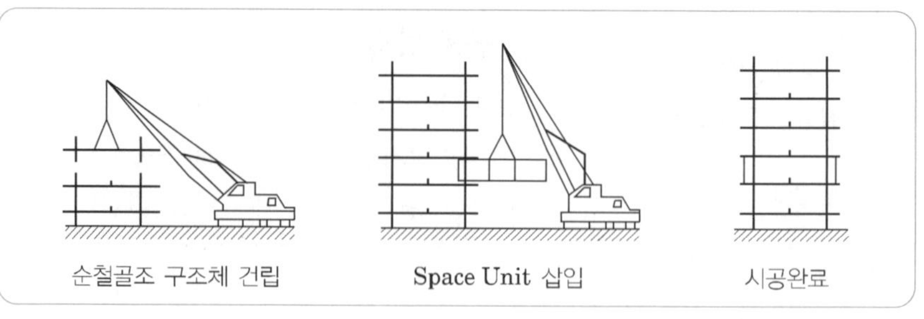

2) Cubicle Unit

주거 Unit를 연결 및 쌓아서 시공

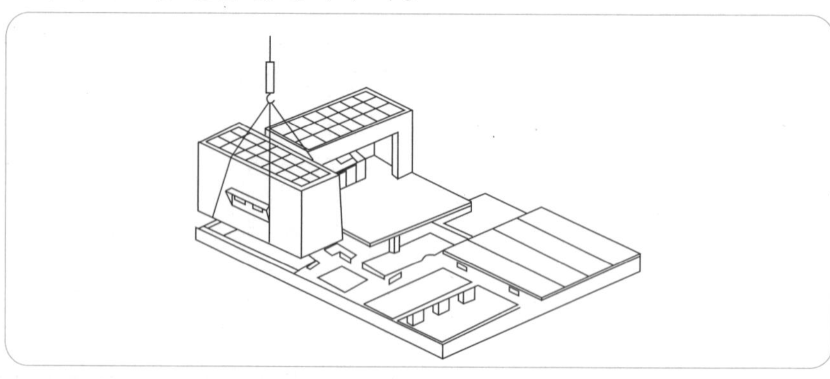

1-4. 복합식(Composite System, Frame Panel System)

가구형과 패널형의 복합형태로 철골을 주요 구조재로 하고 패널은 구조적 역할보다는 단열, 차음 및 공간구획 등의 기능만을 수행

2. 시공방식

2-1. Full PC

2-2. Half PC

1) 접합연결 형태

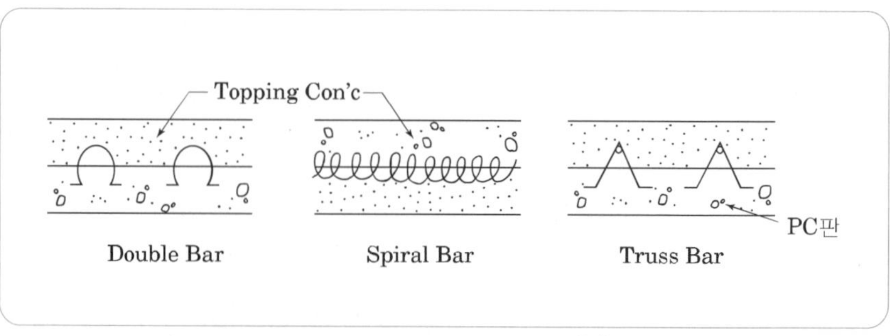

Cotter & Shear Connector사용

2-3. 적층공법(Total Space Accumulation)

P.C 부재화하여 1개층씩 조립 · 접합 · 방수하면서, 동시에 설비공사 및 마감공사도 1개층씩 완료하면서 진행하는 공법이다.

[중공 슬라브 제작]

[중공 슬라브 제작]

[중공 슬라브 제작]

[중공 슬라브]

[Double-T]

시공

3 시공

접합방법 이해

Key Point

□ Lay Out
- 시공계획
- Process
- 접합
- 유의사항
- 적용시 고려사항

□ 기본용어
- Wet joint method
- Dry joint method

[외벽 거푸집 부위]

[PC와 RC접합부]

[먹매김 및 Anchoring]

[Column조정]

1. 시공계획

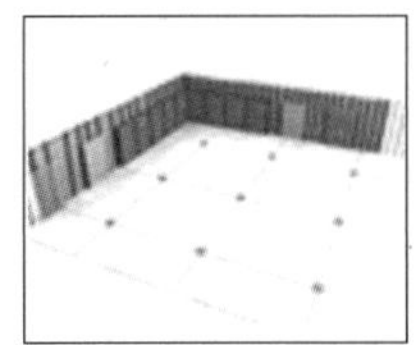
기초 Con'c 타설/먹매김

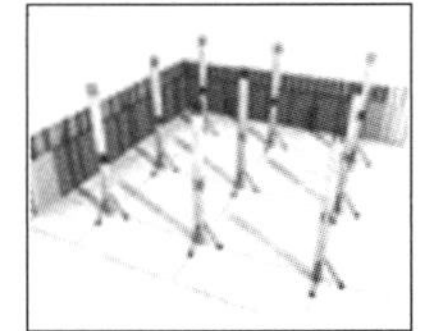
Column 조립

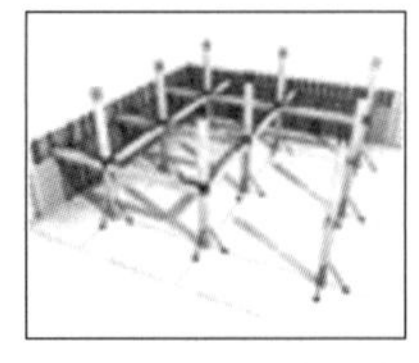
B2 Girder&Beam 조립

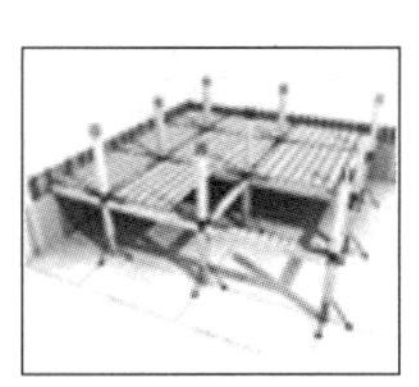
B2 Half Slab 조립

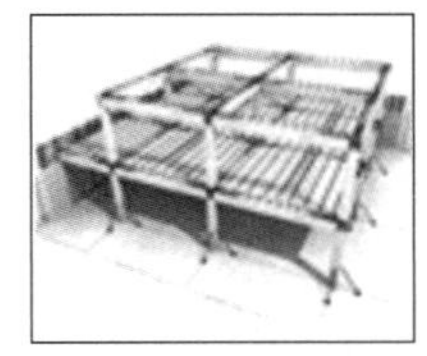
B1 Girder&Beam 조립

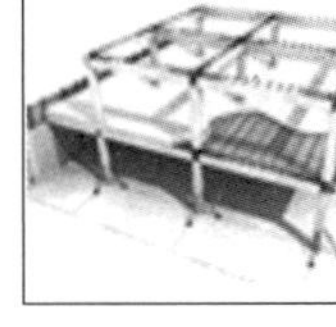
B2 Slab Con'c 타설

B1 Half Slab 조립

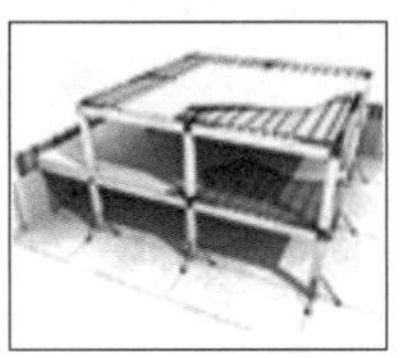
B1 Slab Con'c 타설

1-1. 준비 및 가설

Stock Yard확보, 먹매김, 장비운용: 지하주차장의 조립양중 장비는 Mobile Crane이 전담하고 아파트 본동은 Tower Crane으로 조립

1-2. 기초

분할 타설 계획 및 Level 확보

1-3. 조립

1) Anchor

먹매김→ Drilling→Blower로 구멍 내부를 청소→접착식 앵커 시공

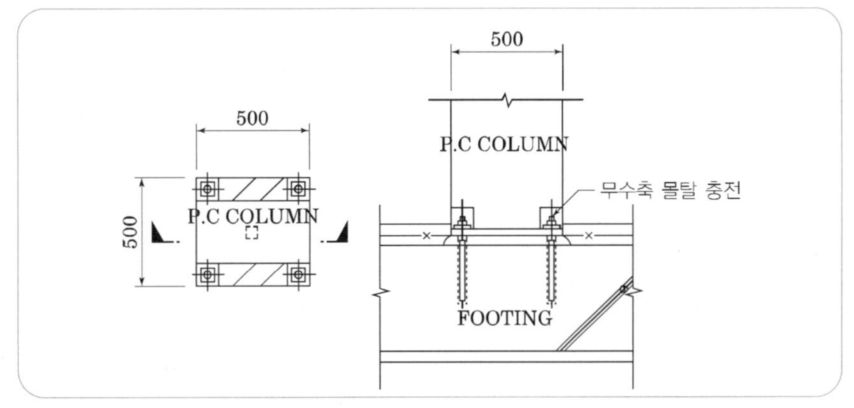

2) Leveling 및 기둥 시공

① 인접기둥 평균 Level 값 산정→Liner 를 이용하여 Leveling
② 수직도는 직각방향으로 교차하여 2개소에서 검측
③ 무수축 모르타르 시공

3) 큰 보 시공

주근의 높이가 낮은 부재부터 먼저 조립

시공

[Column 고정]

[보시공]

[바닥판 시공]

[보강근 시공]

[Con'c 타설]

[양생포 보양]

4) 작은 보 시공

작은보의 길이방향으로 큰보와의 간격이 협소하므로 허용 오차범위 내에서 조립이 이루어져야 인접보와의 오차가 축소

5) 바닥판 시공

부재의 두께가 얇기 때문에 충격에 의한 파손이 없도록 관리

6) 보, Slab 상부철근을 배근하고 Topping Concrete타설

하절기에는 하루 전부터 충분히 살수하여 습윤상태의 Half Slab 위에 Topping Concrete를 타설

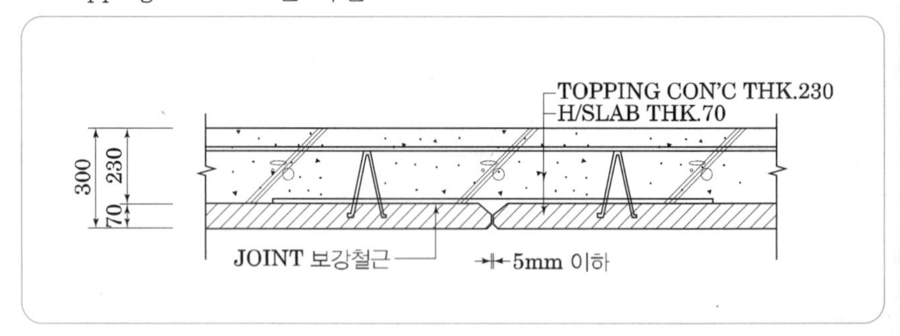

1-4. 접합방식

1) 습식접합(Wet Joint Method)

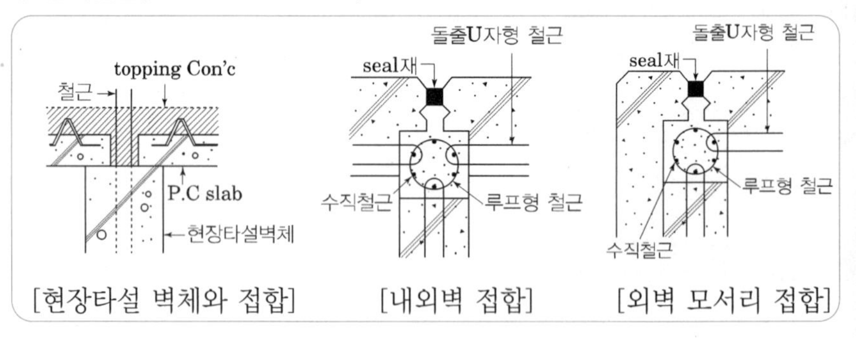

[현장타설 벽체와 접합] [내외벽 접합] [외벽 모서리 접합]

2) 건식접합(Dry Joint Method)

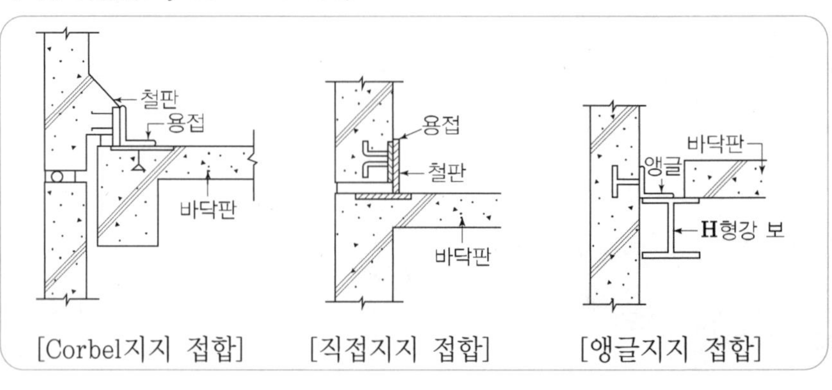

[Corbel지지 접합] [직접지지 접합] [앵글지지 접합]

복합화

공사관리 이해

Key Point

□ Lay Out
- Process · 방법 · 유의사항
- 적용 시 고려사항

□ 기본용어
- Preflex beam
- Embedded System

핵심메모 (핵심 포스트 잇)

4 복합화 및 공사관리

1. 복합화

1) Frame System

- RPC(Rhamen Precast System)공법
- 주차장 PC화
- HPC(Steel Reinforced Precast Concrete)
- 적층공법
- Half PC공법

2) Prestress System

- Double Tee
- Hi-Beam(철골부재 참조)
- Prestress Half PC공법
- Preflex Beam

2. 공사관리

- 공기단축
- 현장작업의 단순화
- 안전성
- Lead Time 준수
- 정밀도 확보
- 균열발생 방지
- 동바리 존치기간
- 기성고 관리
- 작업의 한계 고려

Memo

CHAPTER

06

철골공사

일반사항

1 일반사항

요구성능 이해

Key Point

□ Lay Out
- 재료의 성질
- Shop Drawing · 품질검사
- 유의사항 · 판정기준 · 조치

□ 기본용어
- 취성파괴
- Inspection
- Mill sheet
- reaming
- Metal touch
- Scallop
- Stiffener

1. 재료

1-1. 강재의 KS규격

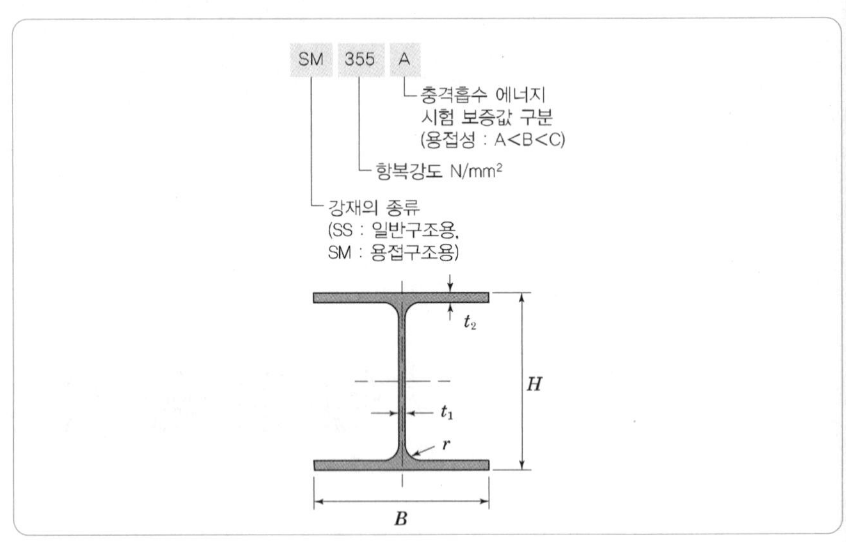

1-2. 강재의 역학적 성질

1) 응력 · 변형률 관계

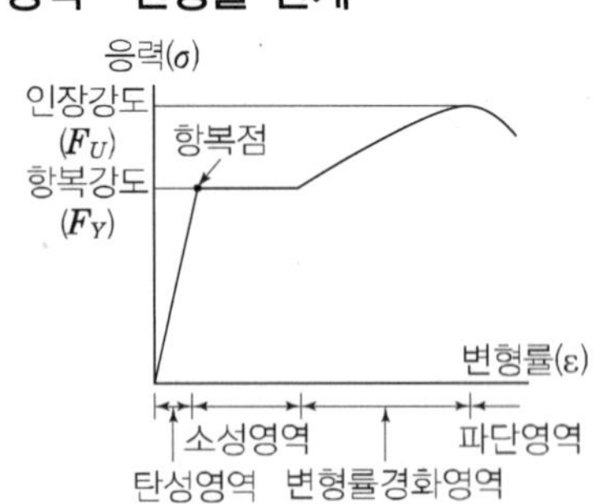

□ 탄성영역
- 응력(Stress)과 변형률(strain)이 비례
- 소성영역
응력의 증가 없이 변형률 증가
- 변형률 경화영역
소성영역 이후 변형률이 증가하면서 응력이 비선형적으로 증가
- 파단영역
변형률은 증가하지만 응력은 감소

□ 고온에서의 거동

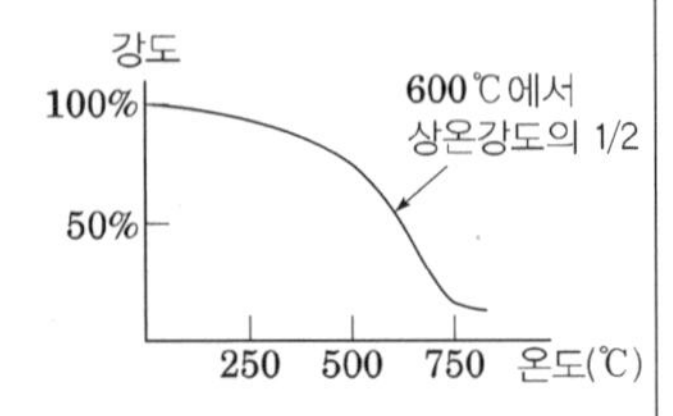

□ 저온에서의 거동
- 온도가 낮아짐에 따라 강성은 증가하나 연성과 인성감소
- 변형능력이 줄어 취성파괴 가능성 증대

2) 강재의 파괴

① 피로파괴 (Fatigue Fracture, 疲勞破壞, Fatigue Failure)
- 재료는 정하중(靜荷重)에서 충분한 강도를 지니고 있더라고 반복하중이나 교번(交番)하중(荷重)을 받게 되면 그 하중이 작더라도 파괴를 일으키게 된다. 이러한 현상을 피로파괴라 한다.

② 취성파괴 (Brittle Fracture, 脆性破壞, Brittle Failure)
- 부재의 응력이 탄성한계 내에서 충격하중에 의해 부재가 갑자기 파괴되는 현상

③ 연성파괴 (Ductile Fracture, 延性破壞, Ductile Failure)
- 재료가 항복점을 넘는 응력에 의해 큰 소성 변형을 일으킨 다음 일어나는 파괴

일반사항

□ Ceq= Carbon Equivalent

1-3. 강재의 화학적 성질

1) 탄소당량(炭素當量): 강재의 용접성.

$$C_{eq} = C + \frac{Mn}{6} + \frac{Si}{24} + \frac{Ni}{40} + \frac{Cr}{5} + \frac{Mo}{4} + \frac{V}{14} + \left(\frac{Cu}{13}\right) \ (\%)$$

C_{eq}(탄소당량) ≤ 0.44: 예열 필요성의 기준이며, 용접에 적합

강재의 기계적 성질이나 용접성은 성분을 구성하는 원소의 종류나 양에 따라 좌우된다. 그들 원소의 영향을 강(鋼)의 기본적인 첨가 원소인 탄소의 양으로 환산한 것이 탄소 당량이다.

공장인증제도

- 목적: 철강구조물 제작공장의 제작능력에 따른 등급화를 통해 철강구조물의 품질을 확보하기 위함
- 대상 : 건설현장에 철강구조물을 제작·납품하는 공장
- 분야·등급 : 교량·건축 분야별로 4개 등급
- 인증 : 공장규모, 기술인력, 제작 및 시험설비, 품질관리실태 등으로 구성된 점검항목의 필수점수 및 판정기준 점수 이상 획득한 경우 공장인증

2. 공작도(Shop Drawing)

설계도에 의하여 작성되며, 철골을 가공하는데 편리하고 정확하게 제작되도록 각 부분을 상세하게 변경시킨 도면으로 도면의 축척은 1/10, 1/20, 1/30, 1/100 등으로 작성

2-1. 공작도 내용

1) 일반도

① 앵커 플랜: 1/100, 1/50, 1/10

② 각층 보 평면 상세: 1/200, 1/100, 1/50

③ 부재 List: 1/50, 1/30

④ 열별 골구도: 1/200, 1/100, 1/50

2) 기준도

이음기준도, 주심도, 용접기준도, 관련공사 연관기준도

2-2. 공작도의 확인사항

① 접합방법과 치수표시 방법

② Drawing은 평면도 기준

③ Erection Drawing의 마킹은 기둥의 경우 북측 또는 서측, 기타 Member는 좌측에 기재

④ Title Block 기재사항 확인

⑤ Shop Note 기재사항 확인

⑥ 철골은 운반 가능 규격이 가로 3m, 세로 3m, 길이 15m로 제한되어 있음

2-3. 강재 발주 시 확인사항

① 설계도서 및 시방서 확인

② 사용 강재의 종류 확인

③ 제조사 지정여부

④ 체결볼트의 종류

⑤ 방청도장의 범위와 종류

일반사항

Mill Sheet

- 철골재의 물리적 · 역학적 성질을 나타내는 공인된 시험성적표로서, 부재를 주문한 현장에 강재가 반입되면 강재의 주재별 등급, 자재등급별 표식 등이 주문 내용과 일치하는지 확인

Stiffener

- Flange나 Web의 강성이나 강도를 유지하고 전단보강과 좌굴을 방지하기 위하여 일정한 간격으로 설치하는 판형의 보강부재이다.

Metal Touch

- 이음부를 수평으로 완전히 밀착시키기 위하여 Facing Machine 혹은 Rotary Planer 등으로 이음부를 정밀 가공하여 상 · 하부 기둥을 수평으로 완전히 밀착시켜서 축력의 50%까지 하부 기둥 밀착면에 직접 전달시키는 이음방법이다.

Scallop

- Scallop은 철골부재 용접 시 이음 및 접합부위의 용접선(seam)이 교차되어, 재용접된 부위가 열영향을 집중으로 받아 취약해지기 쉬우므로, 열영향의 제거를 위하여 부채꼴 모양으로 모따기 한 것이다.

3. 공장제작 및 Inspection

3-1. 반입검사

품질검사 항목	세부 내용	사진
외관검사	굽음, 휨, 비틀림, 야적상태	
치수검사	가로, 세로, 높이, 두께, 대각선	
Mill Sheet	종류, 규격, 제조사, 시험성적서	

3-2. Cutting

품질검사 항목	세부 내용	사 진	
절단 및 구멍뚫기	Punching Drilling 절단면 및 개선 가공상태 Scallop Metal Touch Stiffener	 Diameter of bolt hole	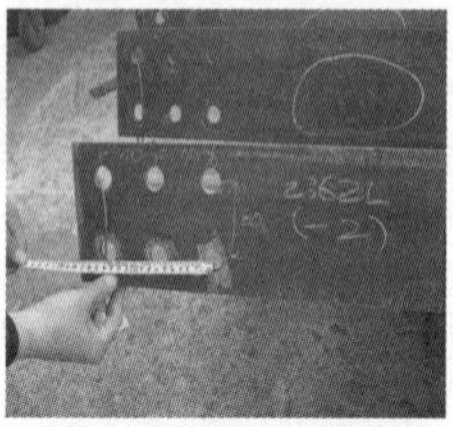 Diameter of hole to hole
		 Distance from member end to gusset plate	 Beam identification
		 Groove	 Scallop
		 Metal touch	 Stiffener

일반사항

3-3. Fit Up

품질검사 항목	세부 내용	사 진
Marking	조립철물의 위치 거리, 방향, 경사도, 부재번호	
가조립 상태	조립정밀도, 부재치수, 가용접 상태	Fit-up

3-4. Welding

품질검사 항목	세부내용	사 진	
용접전 검사	용접환경 재료보관 End tab		
용접중 검사	예열, 전류 전압, 속도 순서, 자세	Welder Performance Test	End tab
용접 후 검사	결함육안검사 비파괴검사	 UT	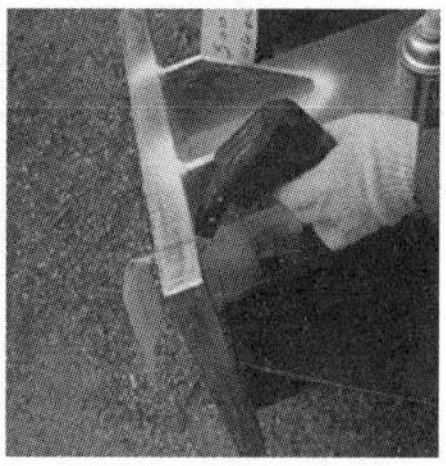 MT

3-5. Painting

품질검사 항목	세부내용	사 진	
표면처리 검사	온습도 및 대기환경 조건 Profiles	 Weather condition Check For Shot Blasting	 Surface Profile Check For Painting
도막두께 검사	도장재료 도장횟수 도장결함 부착력 시험	 UT	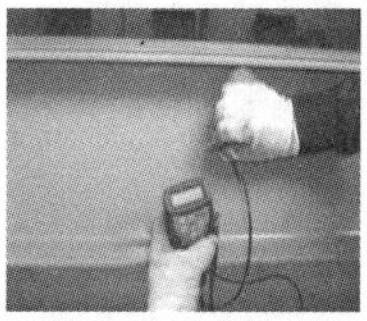 MT

일반사항

3-6. Packing

품질검사 항목	세부 내용	사 진
Marking	부재번호표, Bar Code, Packing List	 결속
결속상태 검사	포장방법, 결속상태, Unit별 중량	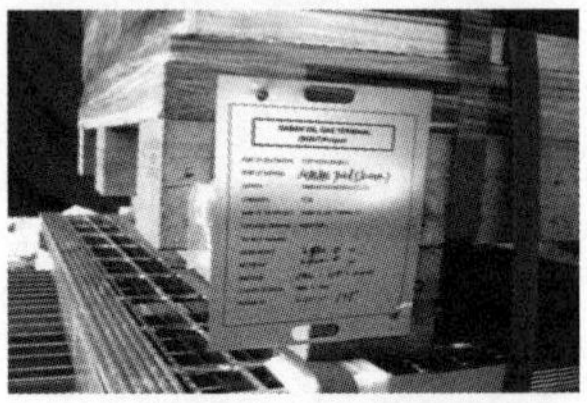 Shipping mark  상차확인 검사

Memo

핵심메모 (핵심 포스트 잇)

세우기

2 세우기

양중계획

Key Point

□ Lay Out
- 세우기 시공계획
- 장비선정 · 조립순서
- 수직도 기준 · 유의사항

□ 기본용어
- Anchor bolt 매립공법
- Plumbing & Spanning
- Buckling
- Bracing

1. 세우기 계획

1-1. 세우기 방법

- 구조형식별
- 접합별(Bolting, Welding)
- 형태별: 고층, 저층, Truss

① Block별 구분하여 세우기
- 고층이면서 면적이 넓은 건물→ 2개 Block으로 나누어 순차적 시공
- 저층이면서 길이가 긴 건물→ 수평으로 순차적 진행 또는 건물 양단에서 시작해서 중앙부에서 결합

② 장비위치에 따라 세우기
- 크레인의 경우는 가까운 곳부터, 먼곳으로 이동이 가능한 장비의 경우는 먼 곳에서 부터 시공

1-2. 세우기 공법

구분	설치개념	공기	개요
Tier공법		6.5일/층	기둥의 이음위치를 3~4개층 1개절 단위로 연결
N공법		4.5일/층	층별로 분산이음
미국식공법		3일/층	2개절에서 동시에 설치
D-Sem공법 (Digit & Spiral Erection Method)		3.5일/층	코어는 선행하며 외주부는 구역별로 조닝하여 N공법과 유닛공법을 병행
유닛플로어 공법		5일/층	지상 조립장에서 데크를 설치하여 설비시설물을 설치하고 양중하여 조립

M크레인 선정

□ 기종결정
- 철골부재의 최대중량
- E/V의 중량

□ 대수결정
- 부재의 반입장소 및 반경
- 부재수량 및 Cycle Time

핵심메모 (핵심 포스트 잇)

세우기

2. 주각부 Setting

2-1. Anchoring

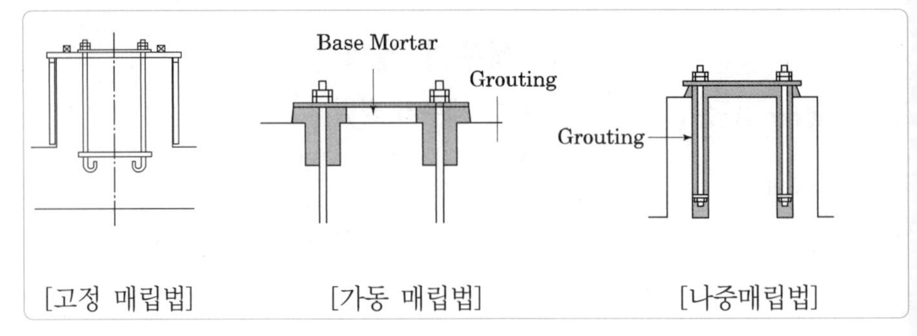

[Anchor Bolt]

2-2. Padding

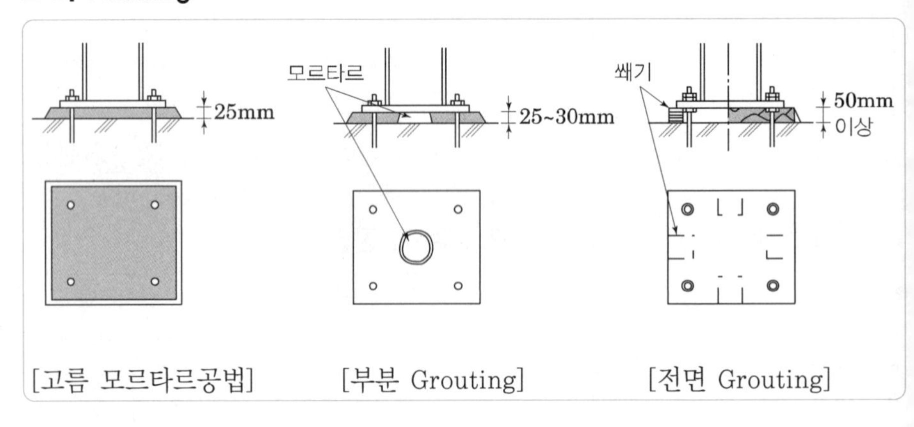

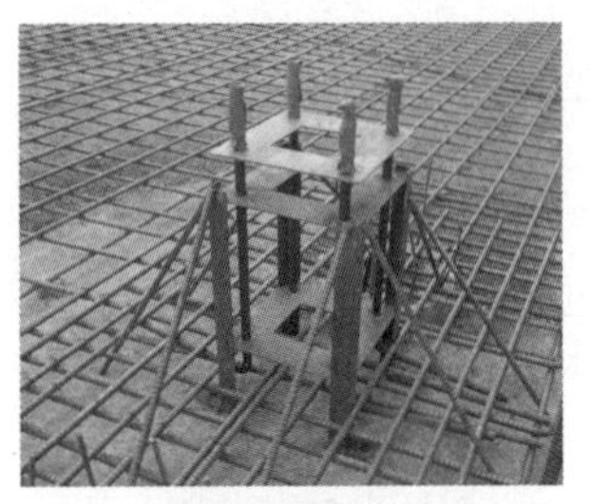
[고정매립]

[무수축 모르타르 시공]

2-3. 고정 시 유의사항

1) Anchor Bolt 유지 및 매립

구조용 앵커볼트는 강재 프레임 등에 의하여 고정하는 방식으로 하고, 설치용 앵커볼트는 형틀 등으로 고정하는 방식으로 한다.

2) Level 및 위치 확인

3) 길이 및 지름 확인

4) 철근과 간섭 여부

5) Anchor Bolt 양생

6) 경화 후 위치확인

7) 설치 정밀도

[부분 Grouting]

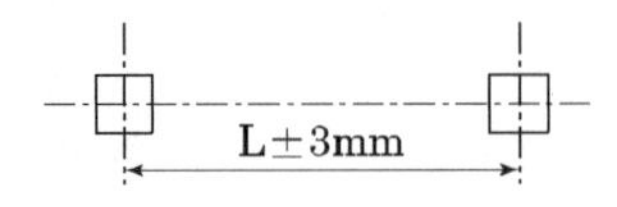

• 구조용 앵커볼트를 사용하는 경우

[전면 Grouting]

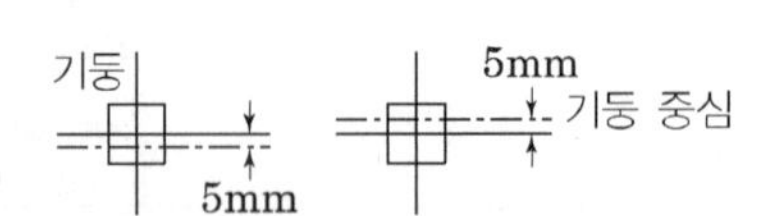

• 세우기용 앵커볼트를 사용하는 경우

세우기

[기둥 세우기]

[기둥자립 보강]

[거더/빔 설치]

[거더/빔 이음부 가조립]

[Plumbing]

블록별 세우기
⇩
뒤틀림 계측
⇩
계측값 기입
⇩
와이어긴장
⇩
세우기 수정 후 계측 확인
⇩
본접합 실시
⇩
계측·정밀도 확인

[세우기 수정작업 순서]

3. 부재별 세우기

3-1. 세우기 시 풍속확인

① 풍속 10m/sec 이상일 때는 작업을 중지

② 풍속의 측정은 가설사무소 지붕에 풍속계를 설치하여 매일 작업 개시 전 확인

③ Beaufort 풍력 등급을 이용해 간이로 풍속을 측정

3-2. 기둥부재 세우기

① 기둥 제작 시 전 길이에 웨브와 플랜지의 양방향 4개소에 Center Marking 실시

② 기 설치된 하부절 기둥의 Center Line과 일치되게 조정한 후 1m 수평기로 기둥 수직도를 확인한 다음 Splice Plate의 볼트조임 실시

3-3. 거더/빔 설치

① 들어올리기용 Piece 또는 매다는 Jig사용

② 인양 와이어로프의 매달기 각도는 양변 60° 를 기준으로 2열로 매달고 와이어 체결지점은 수평부재의 1/3지점을 기준하여야 한다.

3-4. 가볼트 조립 및 접합별 가볼트 조임개수

① 풍하중, 지진하중 및 시공하중에 대하여 접합부 안전성 검토 후 시행

② 하나의 가볼트군에 대하여 일정 수 이상을 균형 있게 조임.

③ 고력 볼트 접합 : 1개의 군에 대하여 1/3 또는 2개 이상

④ 혼용접합 및 병용접합 : 1/2 또는 2개 이상

⑤ 용접이음을 위한 Erection Piece : 전부

3-5. Spanning & Plumbing

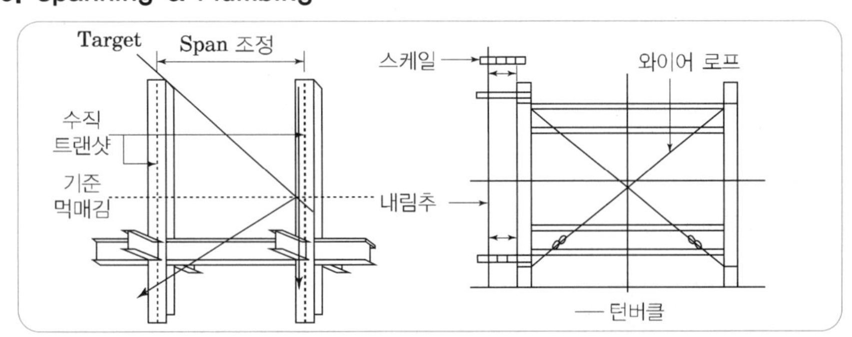

1) Spanning

각 절의 Column과 Girder 설치 완료 후 Bolt는 조임상태에서 Column 간 수평치수를 실측하여 Spanning실시

2) Plumbing

① 4개의 기둥을 순차적으로 다림추와 트렌싯으로 수직측량을 하여 턴버클과 와이어를 이용하여 수정을 하며, 수정이 완료되면 각 코너의 기둥 Center점에 피아노선을 설치한다.

② 피아노선을 기준으로 Center의 벗어난 치수를 확인하고 수정한다.

접합

3 접합

접합의 원리

Key Point

□ Lay Out
- 세우기 시공계획
- 장비선정 · 조립순서
- 수직도 기준 · 유의사항

□ 기본용어
- TS Bolt
- Groove Welding
- Stud Bolt
- Lamellar Tearing
- End Tab
- 철골공사의 비파괴 시험

Torque Coefficient

- 고력 볼트의 체결 토크값을 볼트의 공칭 축경(軸徑)과 도입 축력으로 나눈 값. 볼트로의 안정한 축력 도입을 위한 관리에 사용한다.
- 계산식: T=k×d×B
  T:토크값
  k:토크계수
  d:볼트직경(mm)
  B:볼트축력(ton)

호칭	길이(mm)
M16	30
M20	35
M22	40
M24	45
M27	50
M30	55

[조임길이에 더하는 길이]

1. Bolting

1-1. 반입검사

외관, 종류, 등급, 지름, 길이, 로트 번호 등에 대하여 확인

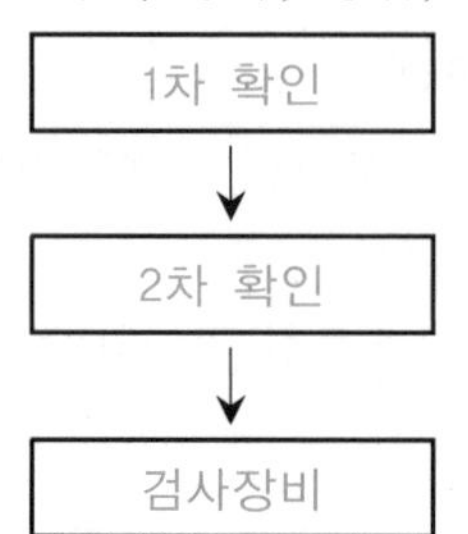

- 1Lot마다 5Set씩 임의로 선정
- 토크의 평균과 편차를 조사→ 5% 이상 다를 때 재검사
- 1차 확인 결과 규정값에서 벗어날 경우 동일 Lot에서 다시 10개를 취하여 평균값 산정, 이상이면 합격
- 축력계는 정밀도 ±3% 오차범위 내, 검교정된 상태

1-2. T/S형 고력볼트

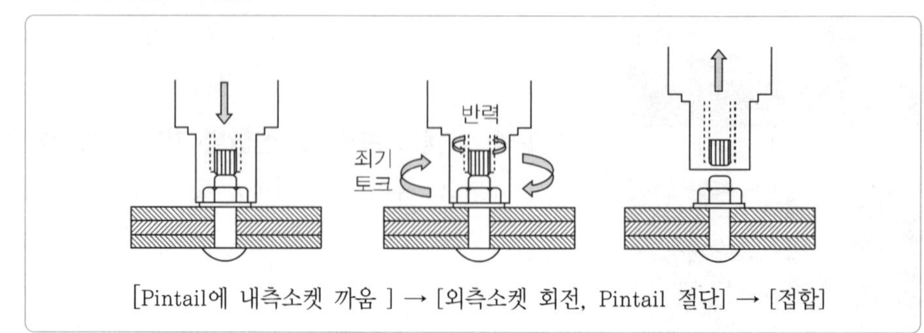

[Pintail에 내측소켓 까움] → [외측소켓 회전, Pintail 절단] → [접합]

1-3. 접합의 원리

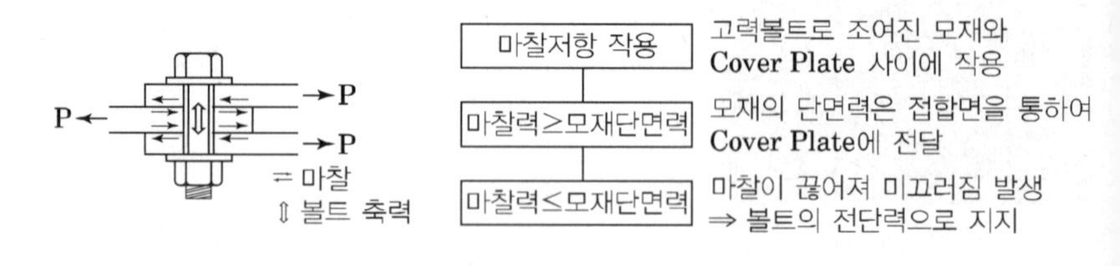

① 접합부의 마찰 : 접합부의 마찰이 끊어지기까지는 높은 강성을 나타낸다.
② 허용내력: 고력볼트 마찰접합의 허용내력은 마찰 저항력에 의해 결정된다.
③ 마찰계수: 마찰 저항력은 고력볼트에 도입된 축력과 접합면 사이의 마찰계수로 결정된다.
④ 마찰계수: 0.45 이상으로 한다.

용융아연도금 고장력 볼트 재료 세트는 KS B 1010(마찰 접합용 고장력 6각 볼트, 6각 너트, 평 와셔의 세트)의 제1종 (F8T) A에 따른다. 마찰이음으로 체결할 경우 너트회전법으로 볼트를 조임한다.

접합

Shot Blasting

- 연마제 등의 숏을 공기압 또는 원심력(2000rpm 정도)에서 강재, 주물 등에 분사하여 스케일이나 주물사(鑄物砂) 등을 제거하는 방법을 말한다. 모래를 분사할 때에는 샌드 블라스팅(Sand Blasting)이라고 한다.

높이차이	처리방법
1mm 이하	별도처리 불필요
1mm 초과	끼움재 사용

[틈새처리]

1-4. 접합부 처리방법

① 구멍을 중심으로 지름의 2배 이상 범위의 녹, 흑피 등을 숏 블라스트(Shot Blast) 또는 샌드 블라스트(Sand Blast)로 제거

② 품질관리 구분 '라'에서 볼트접합이 이루어지기 전 현장에서의 노출로 인한 마찰면이 부식될 우려가 있어서 도장하는 것을 전제로 미끄럼계수 0.45를 적용하여 설계한 경우에는 미끄럼계수가 0.45 이상 확보되도록 무기질 아연말 프라이머 도장 처리한다.

1-5. 고력볼트 조임방법

1) 1차조임 – 순서 및 조임토크 값

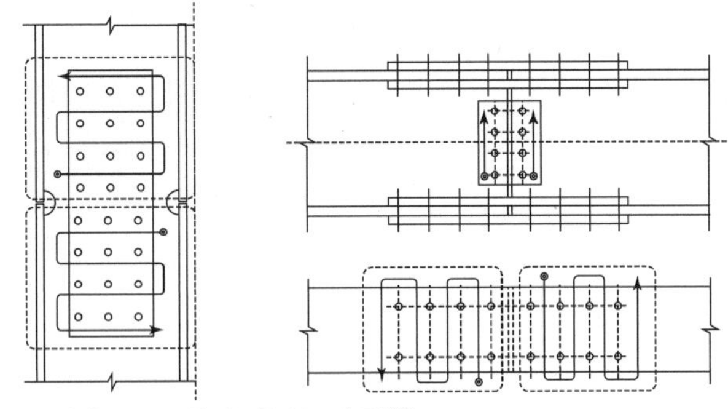

(주) ① ⁝⁝⁝⁝ 조임 시공용 볼트의 군(群)
② ⟶ 조이는 순서
③ 볼트 군마다 이음의 중앙부에서 판 단쪽으로 조여간다.

(단위 : N·m)

고장력볼트의 호칭	1차조임 토크	
	1차조임 토크	품질관리 구분 "라"
M16	100	표준볼트장력의 60%
M20, M22	150	
M24	200	
M27	300	
M30	400	

□금매김
- 1차조임 후 모든 볼트에 대해 고장력볼트, 너트, 와셔 및 부재를 지나는 금매김을 한다.

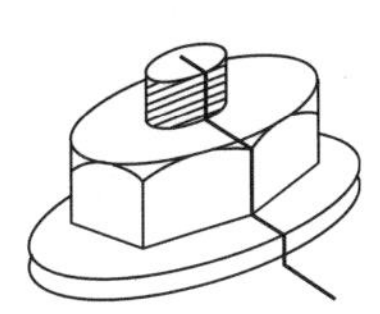

2) 금매김

T/S Bolt의 표준장력 (단위 : kN·m)

볼트등급	볼트 호칭	공칭단면적 (mm^2)	설계볼트장력[1] (kN)	표준장력	볼트장력의 범위(kN)
F10T	M16	201	106	117	98.7~134.0
	M20	314	165	182	154.2~209.3
	M22	380	200	220	191.4~259.4
	M24	452	237	261	222.1~301.4
	M27	572	310	330	289.0~392.3
	M30	708	375	408	353.6~479.9

3) 본조임

- 토크관리법: 표준볼트 장력을 얻을 수 있는 토크로 조인다.
- 너트회전법: 1차조임 완료 후를 기준으로 너트를 120° 회전

접합

1-6. 조임검사

1) 토크관리법

- 조임완료 후 각 볼트군의 10%의 볼트 갯수를 표준으로 하여 토크렌치에 의하여 조임 검사 실시
- 평균 토크의 ±10% 이내의 것을 합격으로 한다.

2) 너트회전법

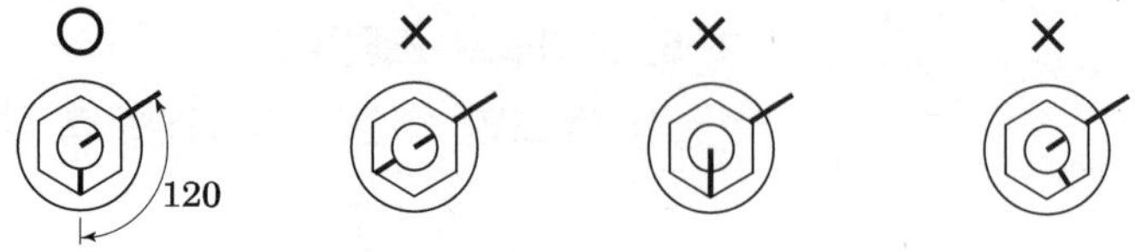

O × × ×

120

[회전과다] [너트, 볼트 함께 회전] [회전과소]

- 1차조임 후에 너트회전량이 120° ±30° 의 범위에 있는 것을 합격
- 볼트 여장은 너트면에서 돌출된 나사산이 1~6개의 범위면 합격

Memo

핵심메모 (핵심 포스트 잇)

접합

2. Welding

2-1. 이음형식에 따른 분류

1) Groove Welding

개선면에 용입된 용접부에 의해 일체화, 모재끼리 직접 연결 및 기둥 플렌지에 보 플랜지를 접합하는 경우에 사용

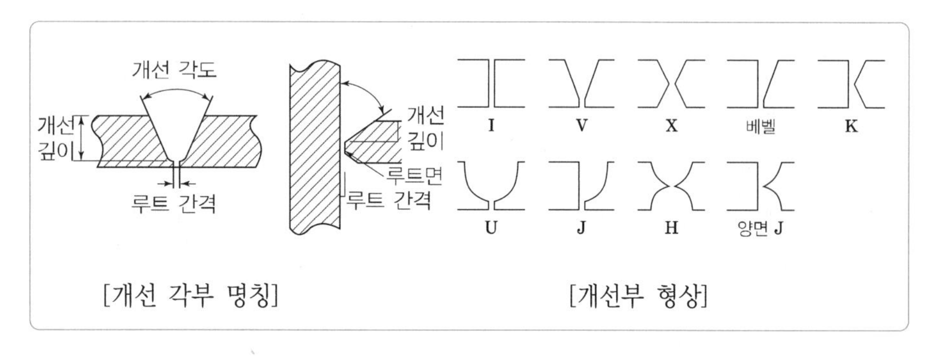

[개선 각부 명칭] [개선부 형상]

2) Fillet Welding

접합하고자 하는 두 부재의 면과 목두께가 45° 의 각을 이루는 용접

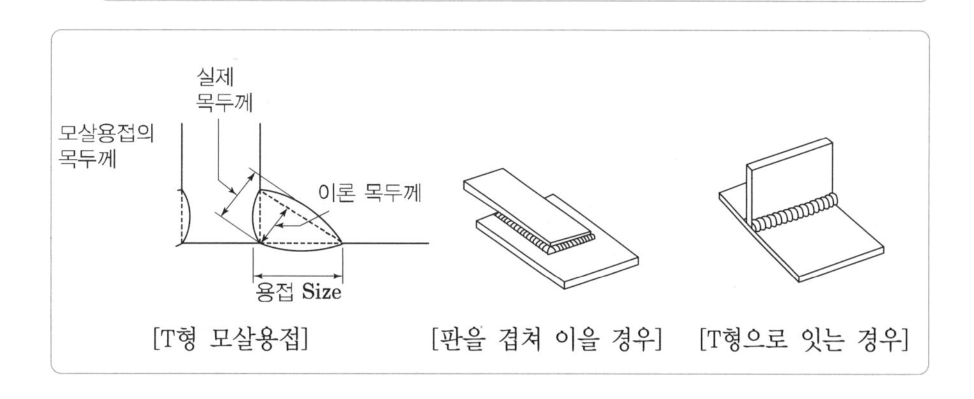

[T형 모살용접] [판을 겹쳐 이을 경우] [T형으로 잇는 경우]

2-2. 용접방법에 따른 분류

1) Arc 용접

용접방법(재료)	Torch(운봉)	봉내밀기	Flux(Shield)
수동(피복Arc W′)	사람	사람	피복
반자동(CO_2 Arc W′)	사람	기계(Coil)	CO_2가스
자동(Sumerged Arc W′)	기계(Rail)	기계(Coil)	분말

2-3. 용접시공

재료+사람+기계+전기+기상

Arc용접의 Shield형식구분

□ 수동용접(피복아크 용접)
- 용접봉의 송급과 아크의 이동을 수동으로 하는 것(용접봉의 피복재로 차폐)

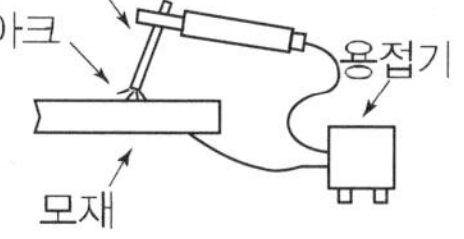

□ 반자동용접(CO_2아크 용접)
- 용접봉의 송급만 자동(실드에 탄산가스를 사용)

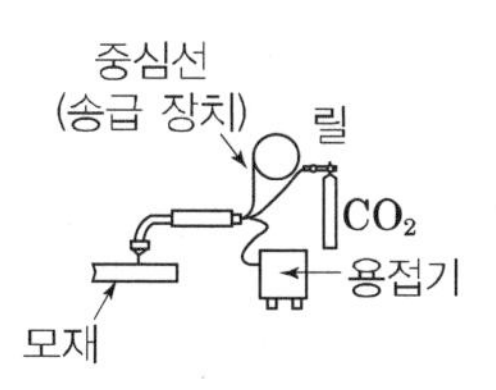

□ 자동용접(SAW 용접)
- 용접봉의 송급과 아크의 이동 모두 자동으로 사용(분말모양의 Flux를 북돋아 심선을 그 속에 가라앉혀 보호)

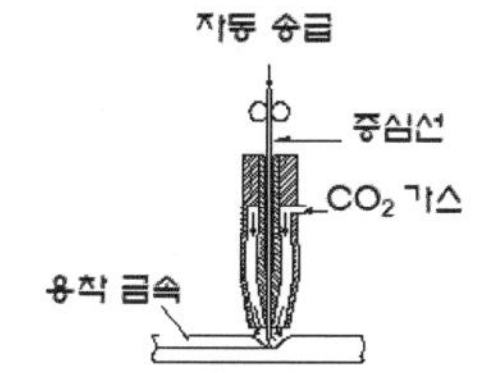

접합

mind map

- 트구모자를 쓰고 용접봉을 운전하는데 외 저리도 비참하냐~ 는데 맞는다~ 방초자침

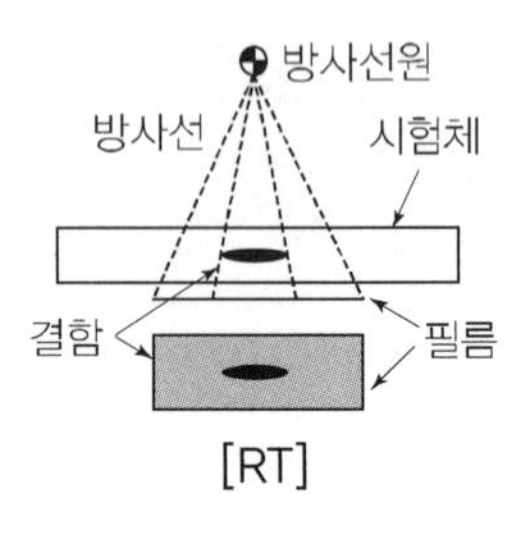

[RT]

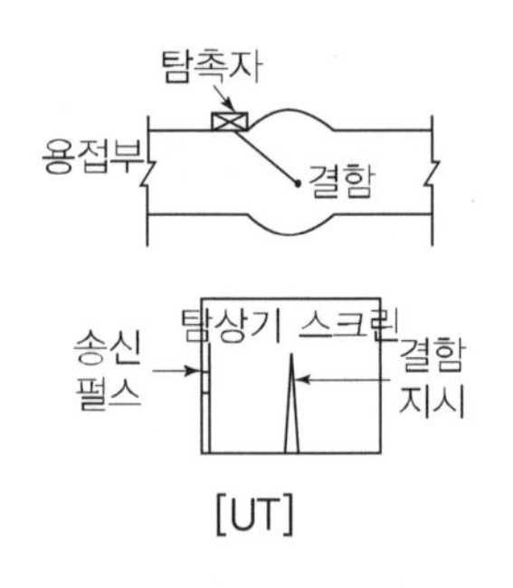

[UT]

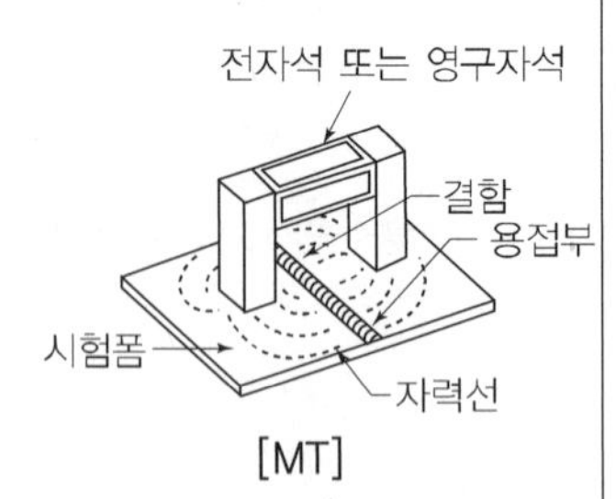

[MT]

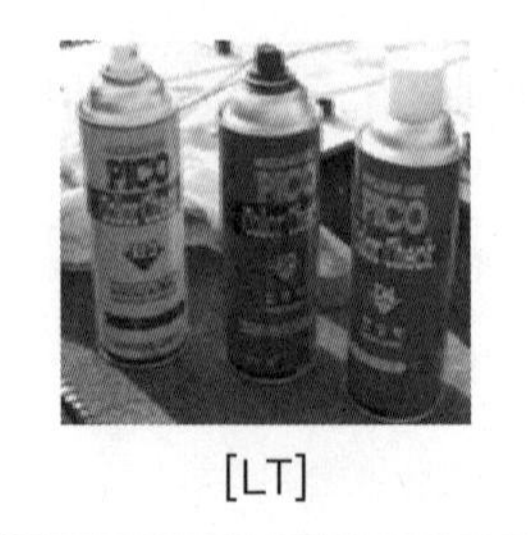

[LT]

mind map

- 표면에 PC CF를 찍으니 내부가 불싸들고 형상이 언더 오버용하네~

2-4. 용접검사

1) 검사시기

검사 시기	품질검사 항목	세부내용
용접 전	트임새 모양 구속법 모아대기법 자세의 적부	용접환경 재료보관 End tab
용접 중	용접봉 운봉 전류	예열, 전류 전압, 속도 순서, 자세
용접 후	외관검사 절단검사 비파괴 검사	결함 육안검사 비파괴검사

2) 비파괴 검사의 종류

종류	세부내용
방사선 투과법 RT (Radiographic Test)	시험체에 X-선, 감마선을 검사체에 투과시켜 필름상에 생성하여 시험체내의 결함유무를 판단하는 방식
초음파탐상법 UT (Ultrasonic Test)	시험체에 초음파를 전달하여 내부에 존재하는 결함부로부터 반사한 초음파의 신호를 분석하여 내부결함 검출
자기분말 탐상법 MT (Magnetic Particle Test)	강자성체에 자력선을 투과시켜 용접결함부의 자력이 누설 휘어지거나 덩어리가 되는 것을 이용하여 결함검출방식
침투탐상법LT (Liquid Penetration Test)	표면개구부로 침투액이 모세관현상(Capillary Action)에 의하여 침투하여 결함부를 검출하는 방식

2-5. 용접결함의 종류 및 원인

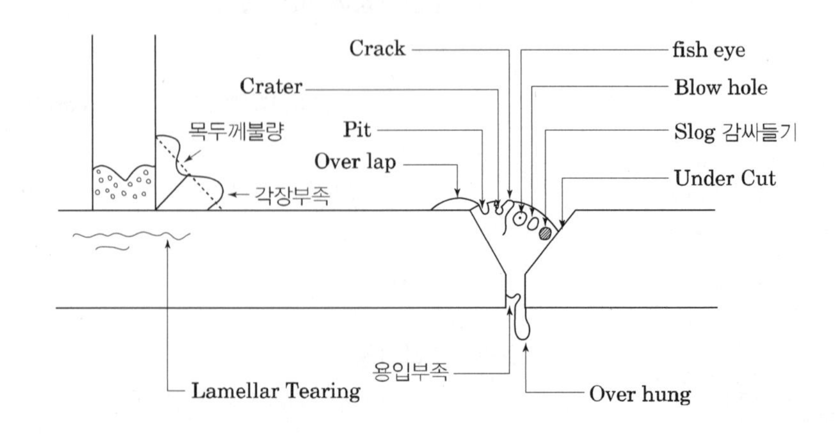

접합

mind map

- 예순에 개속 건전한 운잔돌리기 앤드~

mind map

- 각종 회비가 종횡으로 좌굴되고 있다~
- 억역 냉가피
- 대후비교

2-6. 시공 시 유의사항

- 예열
- 용접순서
- 개선 정밀도 유지
- 용접속도
- 용접봉 건조
- 적정전류
- 숙련도
- 잔류응력
- 돌림용접
- 기온
- End Tab

2-7. 용접변형

1) 변형형태

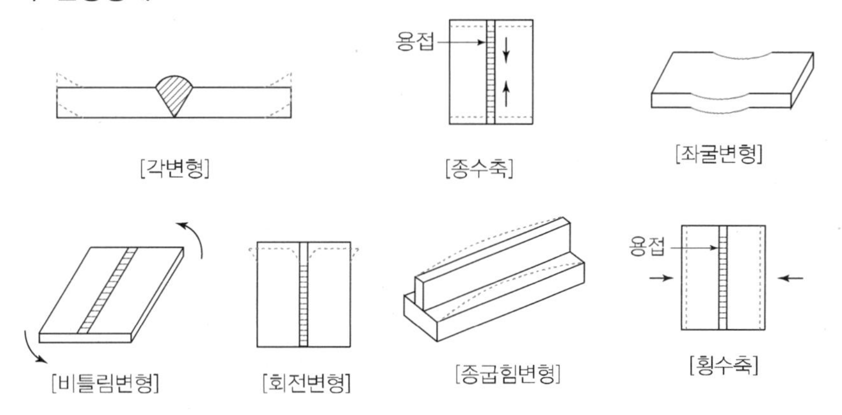

2) 방지법

① 억제법: 응력발생 예상부위에 보강재 부착
② 역변형법: 미리 예측하여 변형을 주어 제작
③ 냉각법 용접 시 냉각으로 온도를 낮추어 방지
④ 가열법: 용접부재 전체를 가열하여 용접 시 변형을 흡수
⑤ 피닝법: 용접부위를 두들겨 잔류응력을 분산

3) 용접순서

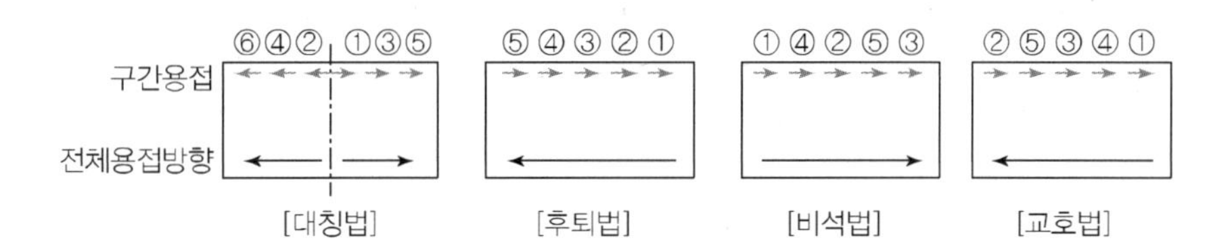

부재 · 내화피복

4 부재 및 내화피복

보호

Key Point

☐ Lay Out
- 공법선정
- 내화성능 · 시공순서
- 유의사항

☐ 기본용어
- 뿜칠공법

1. 부재

1-1. 기둥

1) Built Up Column

여러 작은 부재들을 조합하여 큰 힘을 받도록 주문생산 및 제작

2) Box Column

2개의 U형 형강을 길이 방향으로 조립한 Box 형태의 Column이나 4개의 극후판(Ultra Thick Plate)을 Box 형태로 조립한 Column

1-2. 보-Built Up Girder

- 플레이트 거더
- 커버 플레이트 보
- 사다리보
- 격자보
- 상자형보
- Hybrid Beam

1-3. Slab

1) Deck Plate의 분류

① 합성 Deck Plate: 콘크리트와 일체로 되어 구조체 형성

② 철근배근 거푸집(철근 트러스형) Deck Plate: 주근+거푸집 Deck Plate

③ 구조 Deck Plate: Deck Plate만으로 구조체 형성

④ Cellular Deck Plate: 배관, 배선 System을 포함.

2) Ferro Deck 상세도

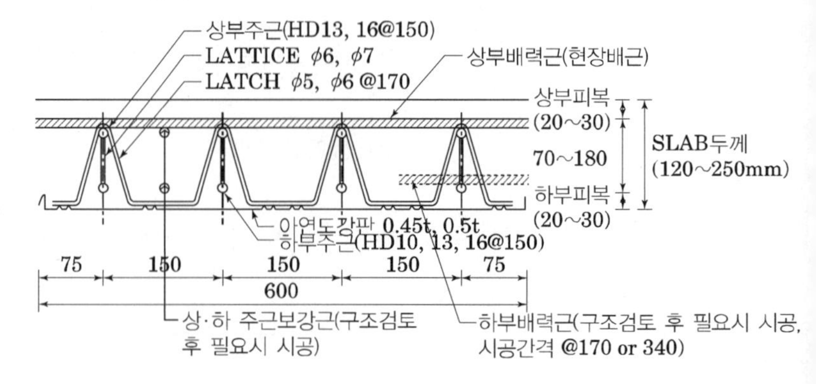

부재 · 내화피복

2. 도장 및 내화피복

2-1. 방청도장

① 연마재의 입경은 쇼트 볼(Shot Ball)에서 0.5~1.2mm를 사용
② 분사거리는 연강판의 경우에는 150~200mm, 강판의 경우에는 300mm 정도로 유지
③ 연마재의 분사각도는 피도물에 대하여 50~60° 정도로 유지
④ 대기온도가 5℃ 이상, 상대습도 85% 이하인 조건에서 작업해

방청도장 고려사항

- 뿜칠의 경우 내화피복의 부착력 저하로 인해 적응성 체크
- 도장하지 않을 경우, 철골 세우기부터 내화피복까지의 기간이 길면 들뜬녹이 발생하므로 피복 전 제거
- 도장시공금지구간(현장 용접부, 고력볼트 접합부의 마찰면, 콘크리트에 매입되거나 접하는 부분)
- 해변가, 공사중에 장기간 노출되는 철구조물이나 건축물의 외주부에 적용 내 · 외부 구분 사용

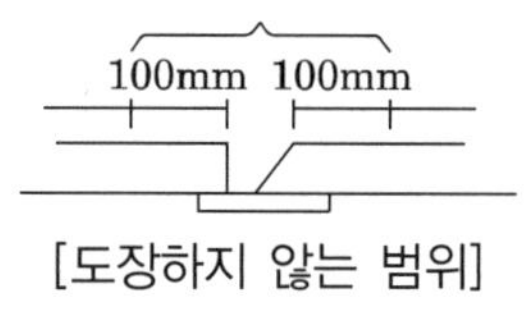

[도장하지 않는 범위]

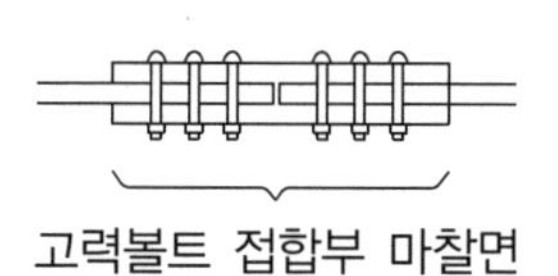

고력볼트 접합부 마찰면

2-2. 내화피복

1) 부위별 내화구조의 성능기준

용도 구분 (용도 \ 구성부재)	층수/최고높이(m)		내력벽	비내력벽	보/기둥	바닥
일반시설	12/50	초과	3	2	3	2
		이하	2	1.5	2	2
	4/20	이하	1	1	1	1
주거시설	12/50	초과	2	2	3	2
		이하	2	1	2	2
	4/20	이하	1	1	1	1
산업시설	12/50	초과	2	1.5	3	2
		이하	2	1	2	2
	4/20	이하	1	1	1	1

2) 내화피복 공법 및 재료의 종류

구분	공법	재 료
도장공법	내화도료공법	팽창성 내화도료
습식공법	타설공법	콘크리트, 경량 콘크리트
	조적공법	콘크리트 블록, 경량 콘크리트, 블록, 돌, 벽돌
	미장공법	철망 모르타르, 철망 파라이트,
	뿜칠공법	뿜칠 암면, 습식 뿜칠 암면, 뿜칠 모르타르, 뿜칠 플라스터 실리카, 알루미나 계열 모르타르
건식공법	성형판 붙임공법	무기섬유혼입 규산칼슘판, ALC 판, 무기섬유강화 석고보드, 석면 시멘트판, 조립식 패널, 경량콘크리트 패널, 프리캐스트 콘크리트판
	휘감기공법	
	세라믹울 피복공법	세라믹 섬유 Blanket
합성공법	합성공법	프리캐스트 콘크리트판, ALC 판

내화페인트 선정 시 고려

- 화재 시 유해가스 배출유무 파악
- 뛰어난 발포성으로 내화성능의 우수성
- 제품 시공성 및 내균열성이 우수한 제품 및 도장 후 미관 고려

부재 · 내화피복

내화페인트 유의사항

- 외기온도 5℃ 이상에서 작업
- 시공두께 오차 1mm 미만 유지
- 프라이머: 방청도료 24시간 건조, 건조도막 두께 0.05mm 이상
- 주재(재벌): 내화페인트 12시간 건조, 재벌도료는 재도장 간격을 12시간 이상 유지하면서 건조 후 도막의 두께가 재벌도장 단독으로는 0.75mm 이상, 초벌도장 포함 0.8mm 이상
- 정벌도장: 0.05mm 이상 도장, 총 도막두께가 0.85mm 이상
- 충분한 건조(4~6일)
- 총 건조 도막두께는 업체별 인증 두께 이상, 850~1,000㎛ 정도
- 재벌 3회 도장을 원칙으로 하되 기상 여건에 따라 1회 추가 도장하여 건조 후 재벌 도막두께확보

□ 두께체크

1회 뿜칠 두께는 30mm 이하

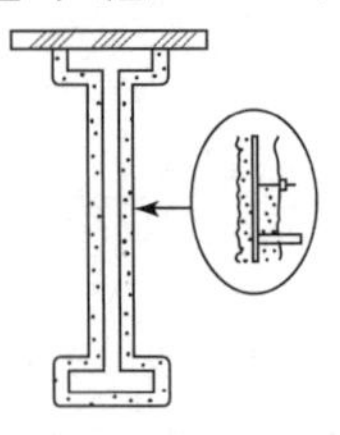

□ 밀도체크

35mm×35mm 견본뿜칠 후 양끝을 잘라내고, 10cm각의 시료를 만들고 9개를 잘라서 비중체크

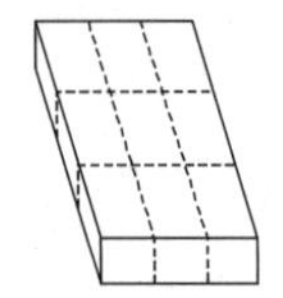
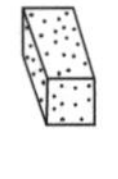

3) 시공 시 유의사항

① 시공계획 수립
② 가설
③ 바탕처리
④ 마감공사와의 관계검토
⑤ 설비공사와의 관계검토
⑥ 빗물유입의 방지
⑦ 비산방지
⑧ 외관: 육안으로 색깔, 표면상태, 균열, 박리 등을 검사한다.
⑨ 두께: 부위·성능별로 측정개소는 매 층마다 좌우 5m 간격으로 하여 10개소 이상을 측정한다.
⑩ 밀도: 부위·성능별로 측정개소는 매 층마다 1개소 이상을 측정한다.
⑪ 부착강도: 부위·성능별로 측정개소는 매 층마다 1개소 이상에 중간검사 시 일정부위에 시험편을 부착하여 완료검사 시에 검사한다.

Memo

CHAPTER

07

초고층 및 대공간 공사

Professional Engineer

설계 · 구조

1 설계 및 구조

요소계획 이해

Key Point

☐ Lay Out
- 요소계획 · 영향요소
- 시공계획 · 부위별
- 구간별 · 유의사항

☐ 기본용어
- Phased Occupancy
- Column Shortening
- Stack Effect
- Shear Wall Structure
- C.F.T

1. 설계

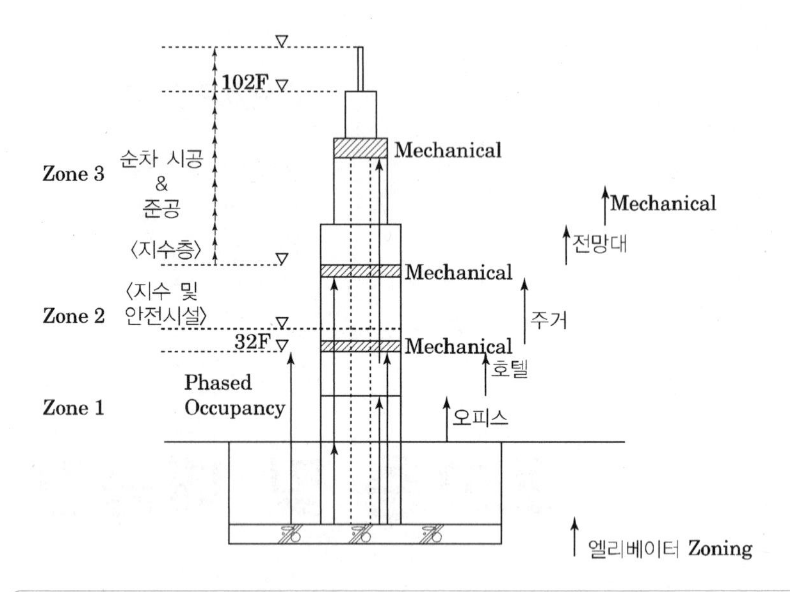

- Design(구조, 경관, 기능)
- 배치계획(거주, 일사, 채광, 방향)
- 동선계획(내부, 외부, 교통, 피난)
- 설비(방재, E/V, 기계실, I.B)
- 제도, 법규

Phased Occupancy

- 초고층건축물의 상부공사를 수행하면서 하부에 공사가 완료된 부분을 임시사용승인(Temporary Occupancy Permit, T.O.P)을 얻어 조기에 사업비를 회수하는 제도로서, 미국 Trump International Tower in Chicago, Commerce Center in Hongkong에서 적용되었다.

- 사례 1: 미국 Trump International Tower in Chicago (415m/92F)
- 사례 2: International Commerce Center in Hongkong (484m/118F)

2. 구조

2-1. 영향요소

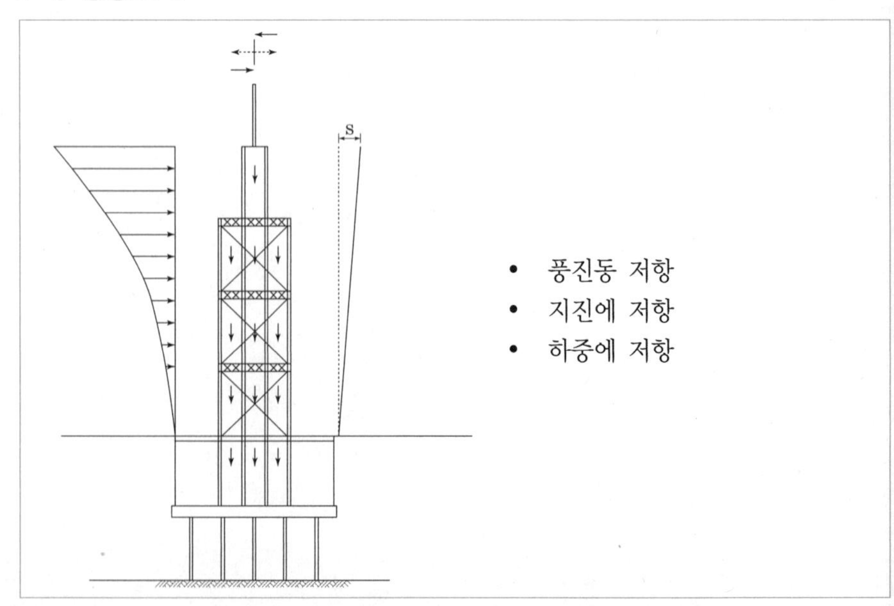

- 풍진동 저항
- 지진에 저항
- 하중에 저항

설계 · 구조

2-2. 검토사항

- 구조재료의 결정
- 하중의 산정(바람, 지진, 하중)
- 토질 및 기초
- 수직 및 수평력 저항구조 방식 결정
- 기둥 축소량 예측 및 보정
- 연돌효과(Stack effect)
- 구조해석 및 부재설계
- 접합부 설계

발생원인

□ 겨울
- 난방 시 실내공기가 외기보다 온도가 높고 밀도가 적기 때문에 부력이 발생하여 건물위쪽에서는 밖으로 아래쪽에서는 안쪽을 향하여 압력이 발생

□ 여름
- 냉방 시 실내공기가 외기보다 온도가 낮고 밀도가 크기 때문에 발생하며, 겨울철 난방시와 역방향의 압력 발생

□ 공통 발생원인
- 외기의 기밀성능 저하
- 소내부 공조시스템에 의한 온도차 발생
- 저층부 공용공간과 고층부 로비의 연결로에서 외기 유입

2-3. 연돌효과

건축물 내 · 외부의 온도차 및 빌딩고(Building Height)에 의해 발생되는 압력차이로 실내공기가 수직 유동경로를 따라 최하층에서 최상층으로 향하는 강한 기류의 형성이다.

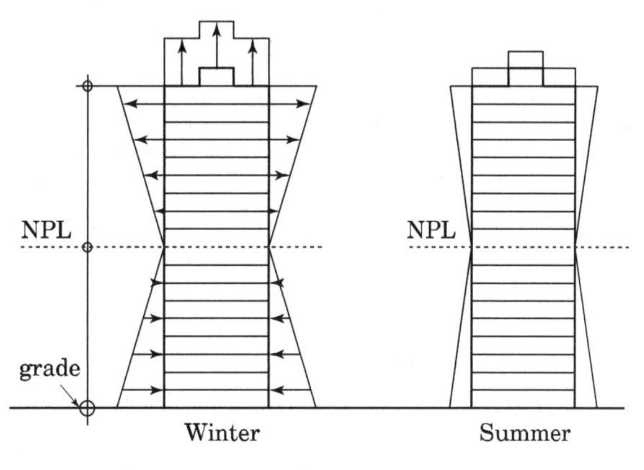

[Stack effect] [Reverse Stack effect]

2-4. 구조형식

구분	내용
Frame Structure	부재의 접합을 강접합으로 처리하여 보와 기둥으로 수평력 분담
Shear Wall Structure	수평력을 전단벽과 골조가 동시에 저항
Out Rigger and Beam System(Belt Truss)	Outrigger는 수직 전단력을 Core로부터 외부기둥에 전달
Mega Column System	큰 단면을 가진 기둥을 Outrigger 위치 또는 건물의 모서리 부분에 설치하여 기둥에 전달
Tube Structure	수평력에 대하여 건물 전체가 캔틸레버 보와 같은 거동
Dia-grid Structure	철골조 대형 건축물을 구성하는 대각선 방향으로 지지하는 보(기둥) 형태의 반복적인 삼각형구조
CFT(Concrete Filled Tube)	원형이나 각형강관 내부에 콘크리트를 충전한 구조

시공계획

2 시공계획

부위별 구간별

Key Point

□ Lay Out
- 요소계획 · 영향요소
- 시공계획 · 부위별
- 구간별 · 유의사항

□ 기본용어
- Column Shortening
- Core 선행
- Link Beam

□ Up to
- 슬래브 타설 전 발생한 축소량은 슬래브 타설할 시점에서 수직부재에 미리 발생하는 수축량
- 하부에 작용하는 탄성축소량과 그 시간까지의 비탄성 축소량을 합한 값
- 수평부재에 부가하중을 유발하지 않으며 시공 시 슬래브 레벨을 맞추는 과정에서 자연스럽게 보정이 된다.

□ Sub to
- 슬래브 타설 후 축소량
- 슬래브 설치이후의 상부 시공에 의한 추가하중과 콘크리트의 비탄성 축소에 의하여 발생
- 구조설계 시 이에 대한 영향을 미리 반영해야 하며 미리 예측하여 수평부재 설치시 반영하지 않으면 보정할 수 없다.

1. 공사관리

- 가설계획(가설구대, 지수층, 동절기 보양)
- 측량계획(GPS측량, Column Shortening)
- 굴착 및 기초공사
- 양중계획(Hoist, T/C)
- 철근(Prefab)
- 거푸집(SCF)
- 철골(세우기 방법)
- 콘크리트(고강도, Pumping System, VH분리타설)
- Curtain Wall
- 설비(E/V, 공조, 조명)

1-1. Column Shortening

1-1-1. 개념

1) 절대 축소량 및 부등 축소량

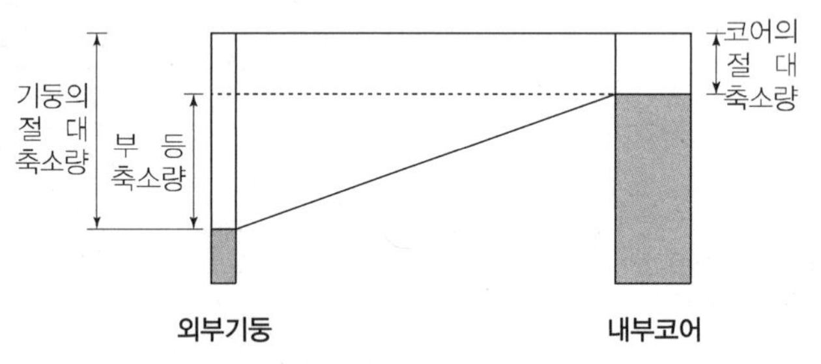

① 절대 축소량: 부재의 고유한 축소량
② 부등 축소량: 인접 부재와의 상대적인 축소량

2) Up to & Sub to Slab Casting

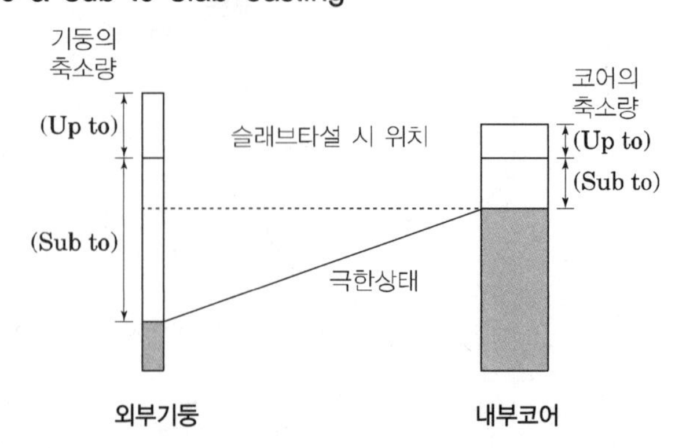

- Up To: 해당층 슬래브 타설할 때까지 하부층 누적된 축소량
- Sub To: 해당층 슬래브 타설후 780일 또는 10,000일까지 축소량

3) 발생형태

- 탄성 Shortening
  - 기둥부재의 재질이 상이
  - 기둥부재의 단면적 및 높이 상이
  - 구조물의 상부에서 작용하는 하중의 차이
- 비탄성 Shortening
  - 방위에 따른 건조수축에 의한 차이
  - 콘크리트 장기하중에 따른 응력차이
  - 철근비, 체적, 부재크기 등에 의한 차이

1-1-2. 설계 시 검토사항 및 보정개념

1) 설계 시 검토사항

- 설계: 균등한 응력배분, 구조부재의 충분한 여력검토, Outrigger에 부등 축소량을 흡수할 수 있게 접합부 적용
- 시공: 층고 조정, 수직Duct, 배관, 커튼월 허용오차 확인

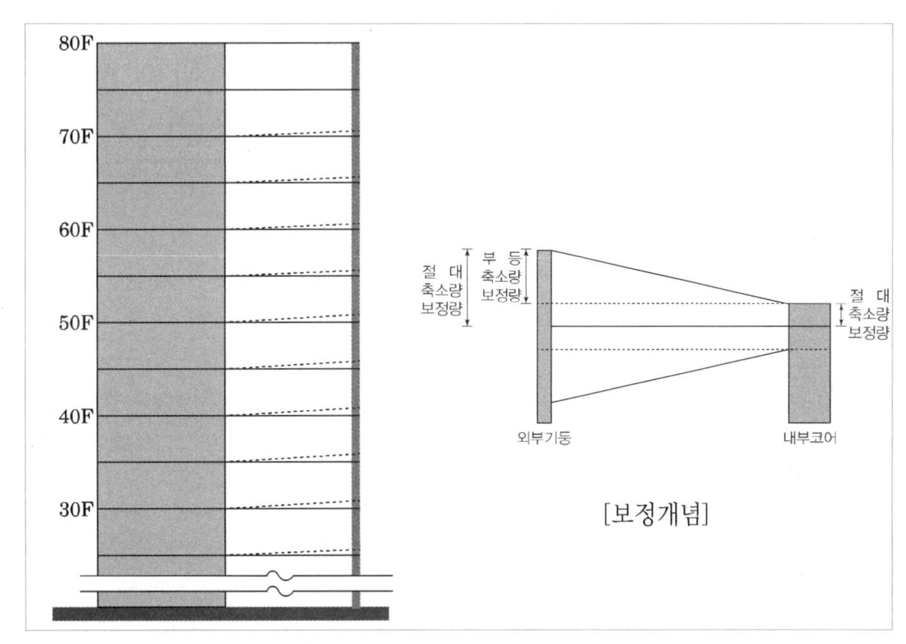

[보정개념]

1-1-3. 상대 보정법

1) RC기둥 보정방법

① 기둥하부 보정법(동시치기): 거푸집 고정용 각재의 높이 조절

② 기둥상부 보정(동시치기): 각재, 철재를 기둥 거푸집 상부에 덧댐

③ Slab 상부보정(동시치기)

- 타설 시 보정: 보정 값을 고려하여 높게 타설
- 타설 후 보정: 보정 높이만큼 올려 콘크리트를 타설한 후 모르타르로 조정

④ 슬래브 상부보정(분리치기): 수직부재 콘크리트 타설 완료 후 수평레벨 값에 따라 보정값 만큼 높게 슬래브를 설치하는 공법

시공계획

기둥축소량 보정법

□ 상대 보정법
- 기둥 및 벽체에 계산된 보정 설계값을 일정하게 적용하는 방법으로 위치별 수직부재 축소량 보정값 만큼 수직부재를 높게 시공

□ 절대 보정법
- 부재의 제작단계에서 보정값 만큼 정확하게 예측하여 제작하여 설계레벨에 맞추어 일정하게 적용하는 보정법

보정 및 검토절차

① 시공계획 수립
② 수직부재 축소량 해석
③ 보정방안 해석/ 방법 결정
④ 시공 및 측량
⑤ 계측자료 분석
- 현장 계측값 계산
- 해석 프로그램 계산
- 비교분석

⑥ 보정값 산정
⑦ 위치별 보정

비구조재 보정

□ Curtain Wall의 보정
- Stack Joint 부위에서 여유치수 조절

□ 설비배관 보정
- Sill, Door, Head, 연결 Channel 및 Bracket의 수직이동
- 회전이 가능한 입상관, 연결부위 Coupling시공으로 변위 흡수

시공계획

2) 철골 및 복합구조물 보정법

① 절대 보정법

제작단계에서 각 절 기둥의 위치별 보정 값과 제작 오차 값을 측정하여 이를 반영하여 제작

② Shim Plate 설치

부재의 반입 시 수직부재에 얇은 철판을 이용하여 보정

③ 수치정보 Feed-Back형 보정법

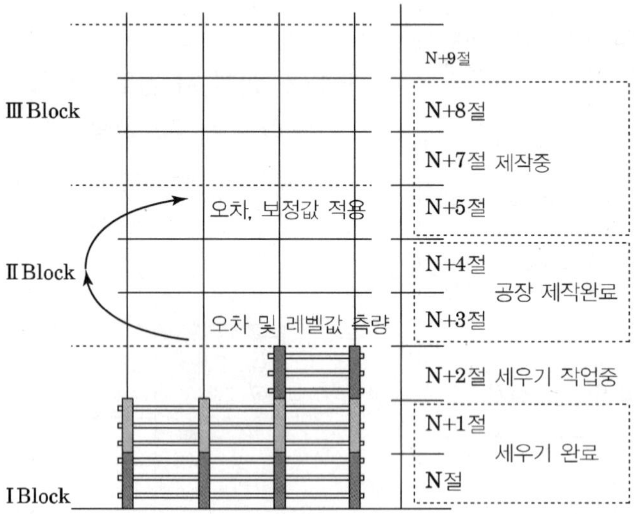

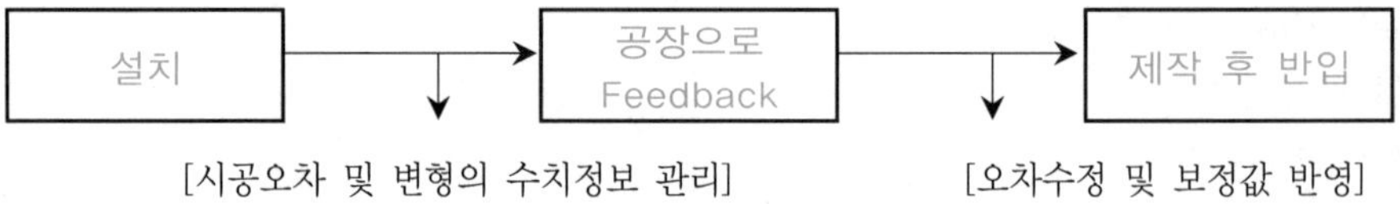

설치 → 공장으로 Feedback → 제작 후 반입

[시공오차 및 변형의 수치정보 관리] [오차수정 및 보정값 반영]

Memo

핵심메모 (핵심 포스트 잇)

시공계획

2. Core 요소기술

2-1. 코어선행 공법

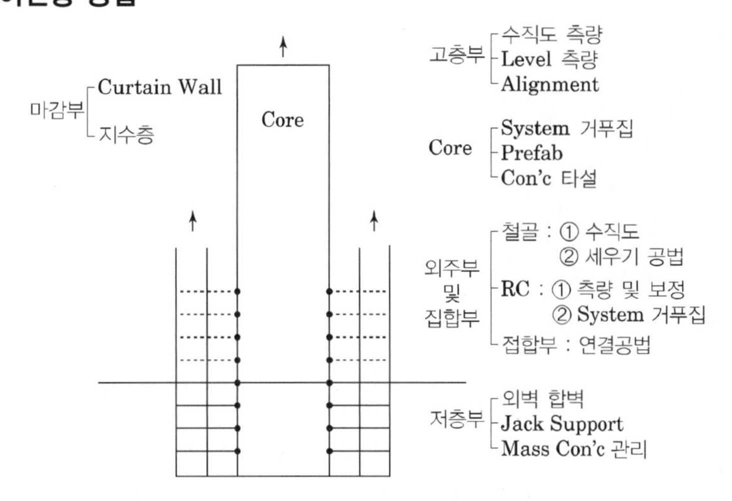

[SRC 코어선행]

[RC 코어선행]

2-2. 코어부 거푸집

1) 종류

S.C.F, Slip form, AL form

2) 배치

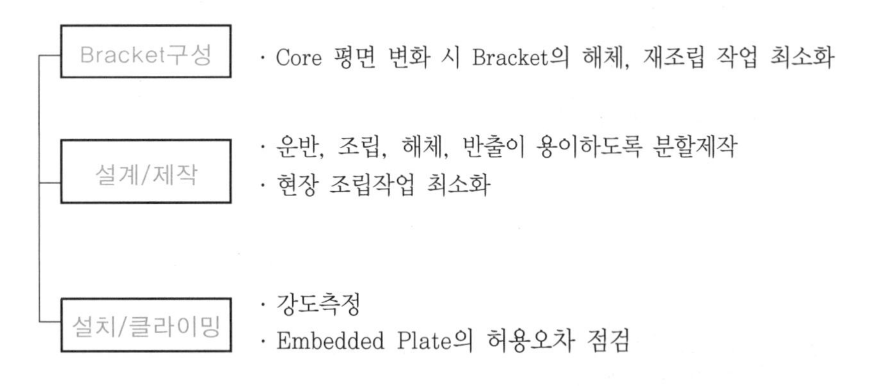

핵심메모 (핵심 포스트 잇)

2-3. 철근

① 2개층의 철근을 Prefab화하여 공장가공

② Slab철근의 Unit화

2-4. 콘크리트

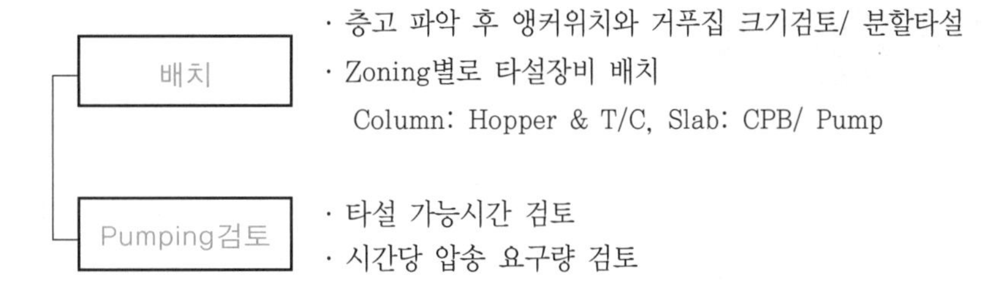

시공계획

[Embeded Plate 연결]

[Coupler 연결]

[Dowel Bar]

[Dowel Bar]

2-5. 접합부 관리

1) Embeded plate

구분	상세
철골보 연결	Embedded Plate / Plate / 철근 / Stud / Steel Girder / Bolt 접합 (Slot Hole)
	각 층 철골보를 코어벽체에 연결하기위해 매입(SRC에 해당) - 콘크리트 타설 시 유동이 없도록 고정 - Embeded Plate의 시공오차를 고려하여 규격검토

2) Coupler 연결

구분	상세
RC 거더 & 빔	벽체철근 / 연결철근 / 기계이음
- 커플러 연결부위가 콘크리트 면과 수직으로 일치하도록 철근에 정착	

3) Dowel Bar

구분	상세
Halfen box	벽체철근 / 연결철근 / 매립형 연결 박스
	- 슬래브의 두께 및 철근 규격을 고려하여 Level 설정 - 구부러진 철근의 손상을 방지하기위해 철근의 내면 반지름을 감안하여 제작

대공간 구조

3 대공간 구조

구조이해

Key Point

□ Lay Out
- 구조원리
- 중점관리 · 특징
- 유의사항

□ 기본용어
- PEB공법
- Space Frame
- Lift up

[PEB]

1. 구조형식

1-1. PEB(Pre - Engineered Building): Taper Steel Frame(경강구조)

구조부재에 발생하는 Moment 분포상태에 따라 Computer Program을 이용하여 H자형상의 단면두께와 폭에서 불필요한 부분을 가늘게 하여 건물의 물리적치수와 하중조건에 필요한 응력에 대응하도록 설계 제작된 철골 건축 System

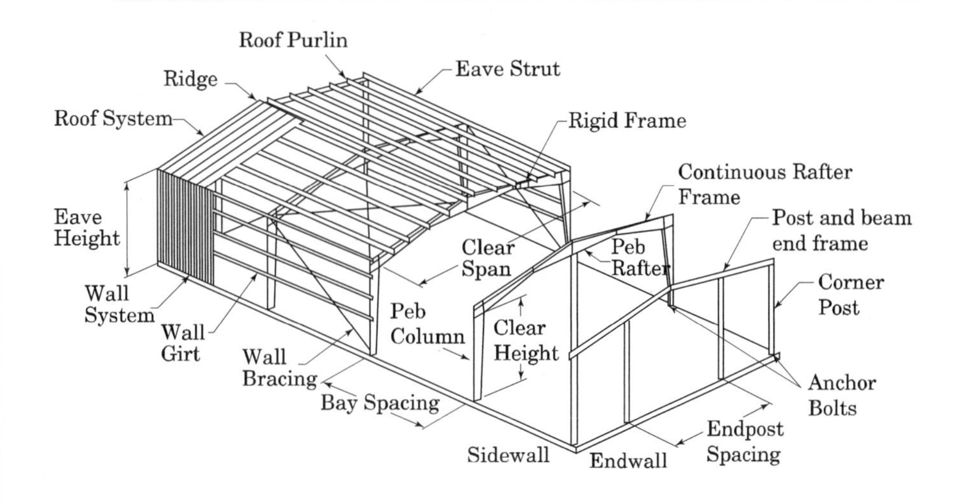

1-2. 공간 Truss 구조, 입체 Truss구조(MERO System; SPace Frame)

선형의 부재들을 결합한 것으로, 힘의 흐름을 3차원적으로 전달시킬 수 있도록 구성된 구조 System

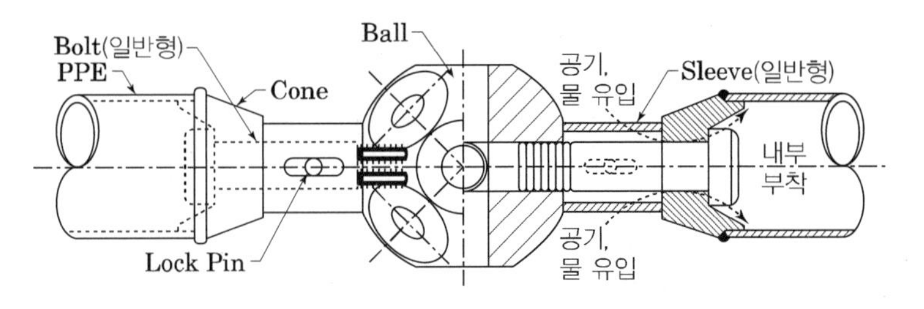

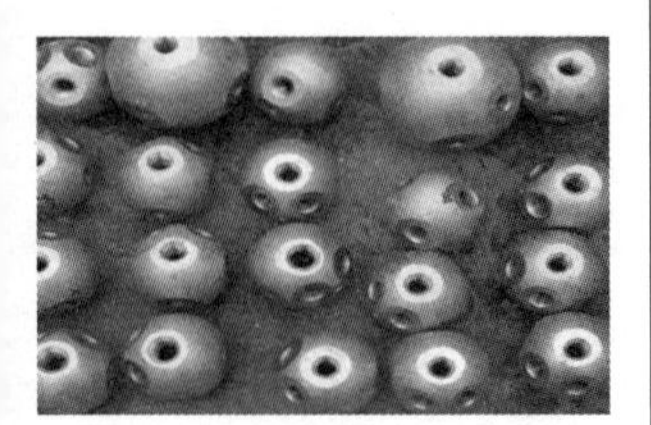

[Ball]

1-3. 곡면식 구조 - 인장구조

Dome: Arch에서 발전된 반구형 건물구조체로서 원형·육각·팔각 등의 다각형 평면위에 만들어진 둥근 곡면의 천장이나 지붕

Shell: 두께방향의 치수가 곡률반경이나 경간 등의 크기에 비해 매우 작은 곡면판구조

[Pipe 연결부위]

대공간 구조

1-4. Cable Dome(Suspension Structure) - 인장구조

구조물의 주요한 부분을 지점(支點)에서 Cable 등의 장력재를 사용하여 막곡면 자체를 기둥·Arch·Cantilever 등의 지지부에 매단 상태의 구조

1-5. 막구조(Membrane Structure) - 인장구조

막구조는 외부하중에 대하여 막응력(Membrane Stress) 즉 막면 내의 인장·압축 및 전단력으로 평형하고 있는 구조이다.

2. Lift Up

1) 정의

바닥, 지붕 등을 지상에서 제작, 조립, 완성 또는 반완성하여 미리 시공한 본기둥 및 가설기둥을 반력기둥으로 하여 소정의 위치까지 유압 Jack와 Rod를 이용하여 들어 올리면서 설치하는 공법

Lift Up장치 형식

□ Jack고정식(Pull up)
- 기둥상부에 Jack을 고정하고 Rod를 이용하여 지붕을 올리는 방식

□ Jack이동(ush up)
- 기둥의 상부로 부터 Rod를 달아 내리고 지붕에 설치한 Jack이 Rod를 타고 상승하면서 지붕을 올리는 방식

2) 시공개념

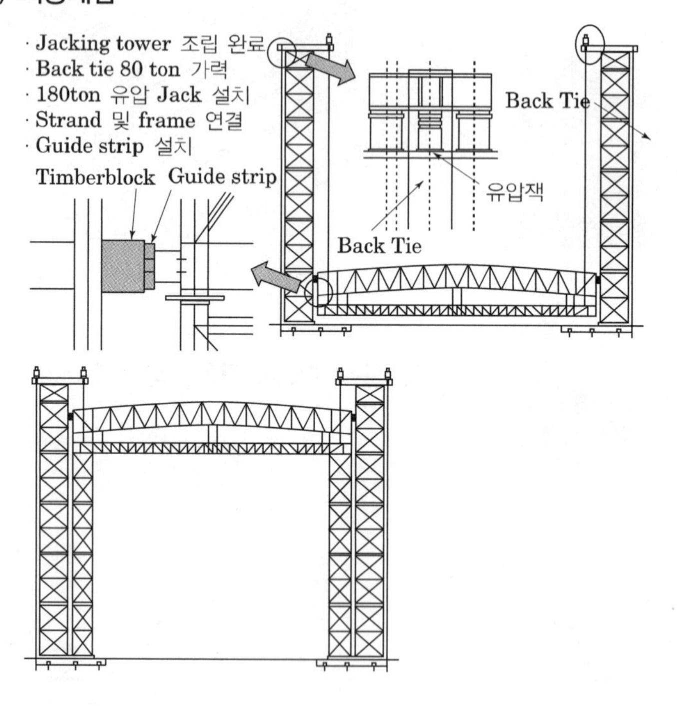

3) 반력기둥 형식에 의한 공법

① 본기둥 방식
선시공한 본설 기둥이 반력을 받고 Lift Up 후 본체와 연결

② 가설기둥 방식
가설 기둥이 반력을 받고 Lift Up 후 본설기둥을 시공

③ 본기둥+가설기둥 병용 방식
본설기둥에 가설기둥을 보강하여 반력을 받고 Lift Up 후에 본설기둥을 완성

공정관리

계획 및 단축 이해

Key Point

□ Lay Out
- 공정계획
- 운영방식 · 공정관리 기법
- 공기에 미치는 영향요인
- 공기단축 · 관리방안

□ 기본용어
- LOB
- Fast Track Method

mind map

- 병단이는 연속으로 고속버스를 탄다~

핵심메모 (핵심 포스트 잇)

4 공정관리

1. 공정계획 방법 - 운영방식

1-1. LSM(Linear Scheduling Method, 병행시공방식)

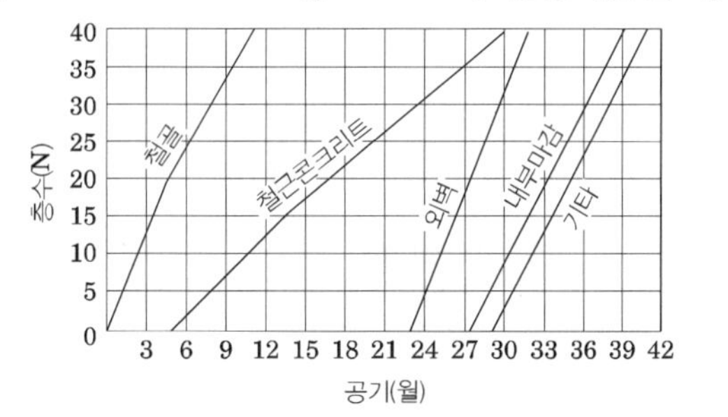

선행작업(하층→상층진행) → 후속작업 가능시점에서 병행

1-2. PSM(Phased Scheduling Method, 단별시공방식)

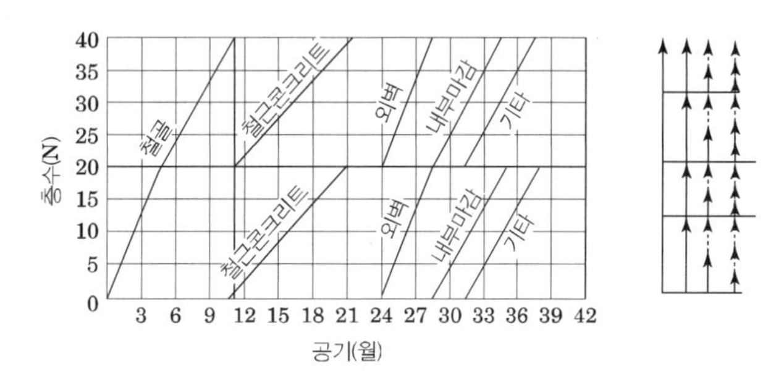

선행작업 철골완료→층개념으로 단을 나누어 후속작업 진행

1-3. LOB(Line Of Balance, 연속반복방식)

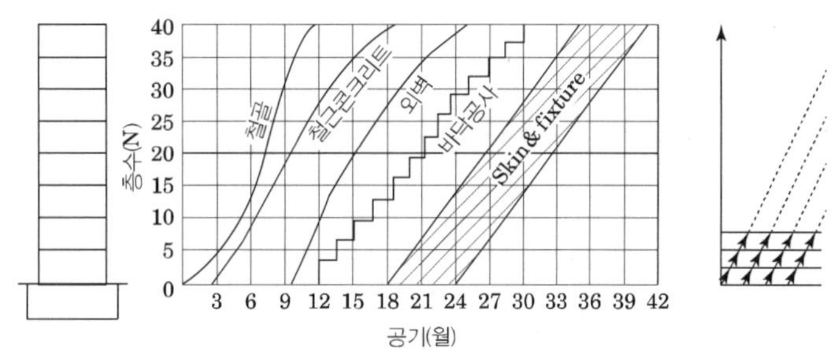

기준층의 기본공정 구성→(하층→상층진행)균형유지, 연속반복

1-4. Fast Track(고속궤도 방식)

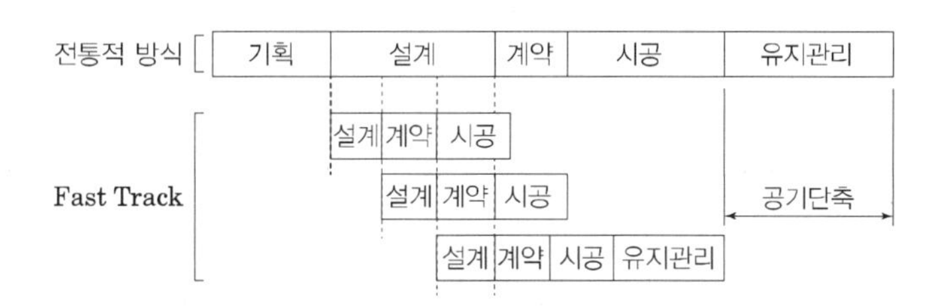

공정관리

2. 공기단축

2-1. 공기에 미치는 영향요인

① 도심지 주변환경
② 행정관련
③ 금융
④ Design
⑤ 기상

2-2. 공기단축 방안

1) 설계

① BIM
② MC화
③ 시공물량, 안전, 시공성을 고려한 구조설계
④ 수직 및 수평동선을 고려한 배치
⑤ 시공성을 고려한 Design

2) 시공기술

① 가설공사: (지수층, 가설구대, 동절기 보양), 측량, 양중계획
② 지하공사: 터파기 계획 및 기초공법선정
③ 구체공사: 철근 선조립, System거푸집, 펌핑기술, 고강도, 철골건립 공법, 코어선행, VH분리타설
④ 외벽공사: CW의 제작 및 시공방법

3) 관리

① 착공시기
② Typical Cycle 준수
③ Phased Occupancy(순차준공)

핵심메모 (핵심 포스트 잇)

Memo

CHAPTER

08

Curtain Wall 공사

일반사항

요구성능 이해

Key Point

□ Lay Out
- 시험시기 · 원리 · 기준
- 시험방법 · 순서 · 항목
- 유의사항 · 판정기준 · 조치

□ 기본용어
- Wind Tunnel Test
- Mock Up Test
- Field Test
- Side Sway

층간변위 흡수설계

- 알루미늄의 열팽창계수는 철의 약 2배정도 되므로 부재의 변형을 고려하여 Stack Joint에서 최소 12mm 이상으로 변위에 대응하도록 설계가 되어야 한다.

mind map

• 풍수기차는 단층에서 안내한다~

□ 요구성능
- 내풍압성
- 수밀성
- 기밀성
- 차음성
- 단열성
- 층간변위 추종성
- 안전성
- 내구성

1 일반사항

1. 설계

1-1. 풍하중 산정

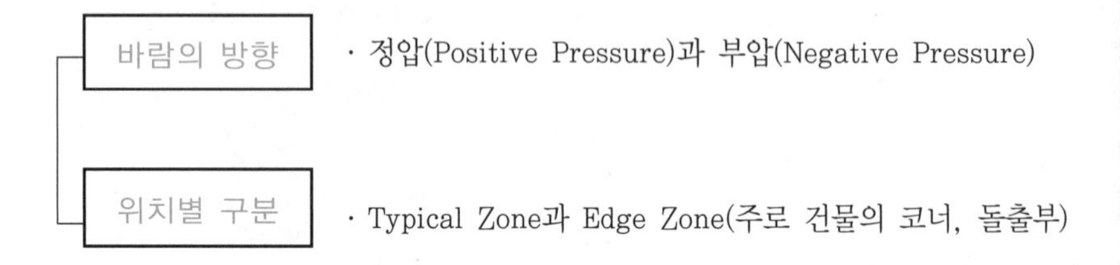

1-2. Glass의 구조검토

유리의 구조검토를 위한 Bending Moment 및 Deflection 값은 단순보와 같이 계산

1-3. Bar의 구조검토

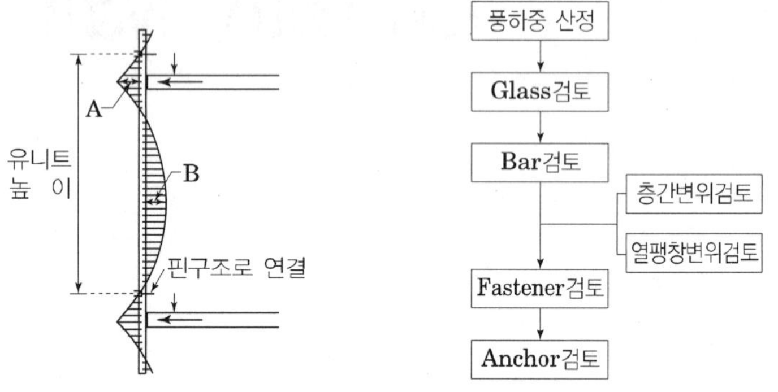

Negative Moment (A)와 Positive Moment (B)의 최대크기가 비슷한 지점에 연결되도록 설계

- 처짐: 단변길이 L/60 이하
- 층간변위: 열팽창계수($23.4 \times 10^{-6}/°C$), 구조체의 움직임에 의한 층간 변위량은 L/400(L=층고)로 정한다.

1-4. Fastener 및 Anchor의 구조검토

① 구조체와 커튼월의 고정 및 연결에 대해서는 1.5배의 안전율을 고려한다.

② Embed Plate를 이용하여 고정할 경우는 현장여건에 따라 구조검토가 필요하며, Set Anchor로 고정할 경우는 인발시험을 층당 3개소 이상 실시한다.

▣ 커튼월 부재의 설계를 위한 사전 검토사항

- 건물의 위치 및 높이
- 건물의 층고
- 입면상의 모듈
- 수평재의 간격
- 부재의 이음과 Anchor
- 내부마감 형식

일반사항

[풍동실험]

mind map

• 예비군은 기밀하게 정동구층에서 시험한다~

[기밀시험]

[정압수밀 시험]

[동압수밀 시험]

2. 시험

2-1. 풍동실험(Wind Tunnel Test) - 설계 시

모형제작 → 360° 회전 및 송풍 → Data분석 및 측정

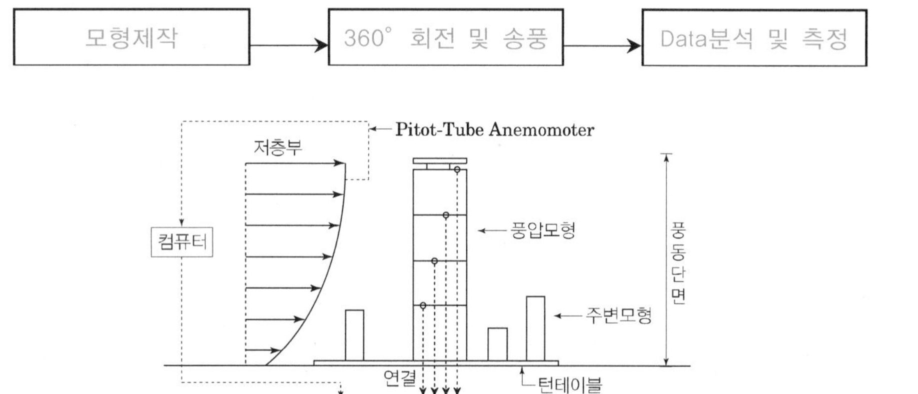

2-2. 실물대 시험(Mock Up Test) - 시공 전

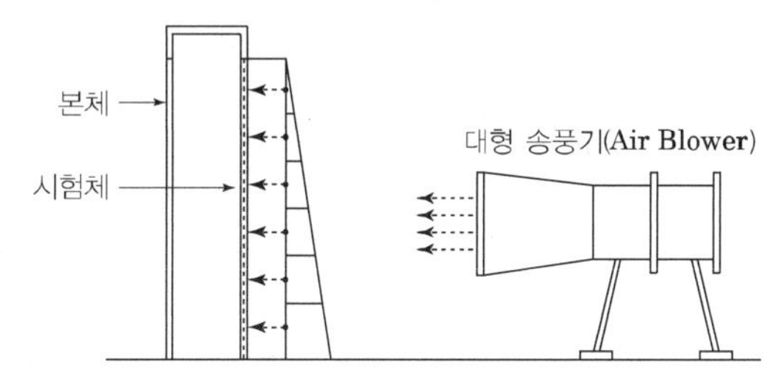

- 시험체 크기
  - · 3 Span 2 Story로 시험소에 실물을 설치
- 시험대상 선정
  - · 일반적으로 대상건물의 대표적 부분을 선정(기준층)
  - · 풍압력이 가장 크게 작용하는 부분(모서리 부분)
  - · 구조적으로 취약한 부분(모서리 부분)
- 시험항목 선정
  - · 기본 성능시험과 복합성능 시험으로 구분되며, 건물의 규모, 커튼월방식에 따라 성능시험 항목을 선정한다

시험항목	항목별 내용
기밀시험	시속40km, 7.6kgf/m² 압력차
정압수밀시험	분사노즐을 통하여 15분간 1분당 3.4ℓ /min 물 분사
동압수밀시험	정압하에 제트엔진 프로펠러를 가동, 15분간 1분당 3.4ℓ /min 물 분사
구조성능시험	1m² 당 견디는 풍압, 가압 후 10초유지, 설계풍압의 ±100%
층간변위시험	정압(靜壓)을 가하여 지진이나 풍하중에 의해 층간변위 발생 확인

2-3. 현장시험(Field Test) - 시공 중

현장에 설치된 Exterior Wall에 대해 기밀성과 수밀성을 확인하는 것으로, 시공된 Curtain Wall이 요구성능을 만족하는지를 확인하는 시험

공법분류

2 공법분류

1. 외관형태

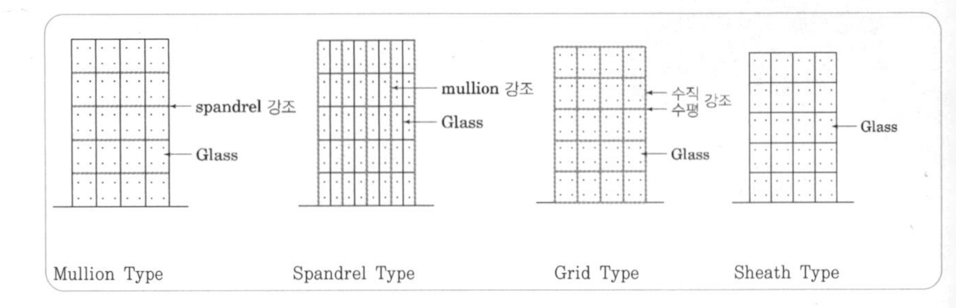

2. 재료별

- PC: GPC, TPC, Concrete
- Metal: AL, Steel, Stainless Steel

3. 구조형식

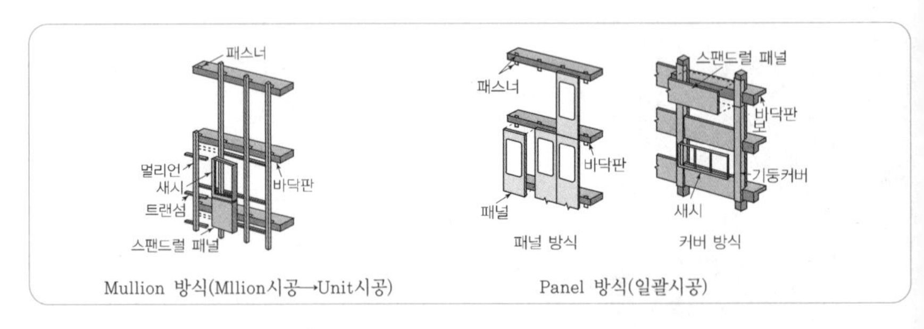

[Unit Wall System]

[Unit Panel]

[Stick Wall System]

4. 조립방식

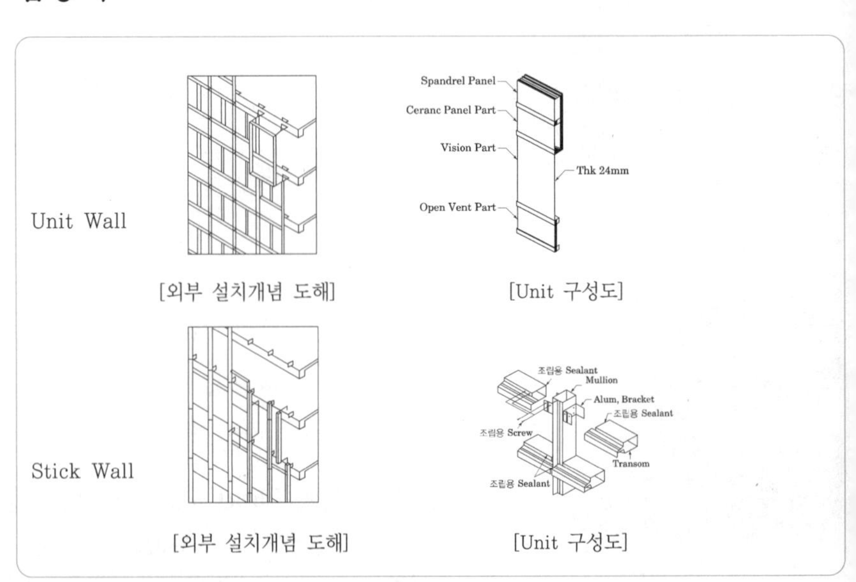

시공

요구성능 이해

Key Point

□ Lay Out
- 부재구조 · 기능 · 성능
- 제작 · 양중 · 고정 · 조립
- Process · 방법 · 유의사항
- 적용 시 고려사항

□ 기본용어
- Side Sway
- Embeded System
- Splice Joint
- Stick Wall System
- Open Joint System
- Weep Hole
- 표면장력
- 모세관 현상
- Air Pocket
- 등압공간

□ 피아노선
● 수직 피아노선
- 외부의 수평거리 및 좌 · 우 수직도를 결정

● 수평 피아노선
- Unit의 위치와 구조체와의 이격거리, 층간거리, Floor의 높이, Mullion의 취부 높이를 결정

[Cast In Channel]

[타설 전 매립]

3 시공

1. 먹매김

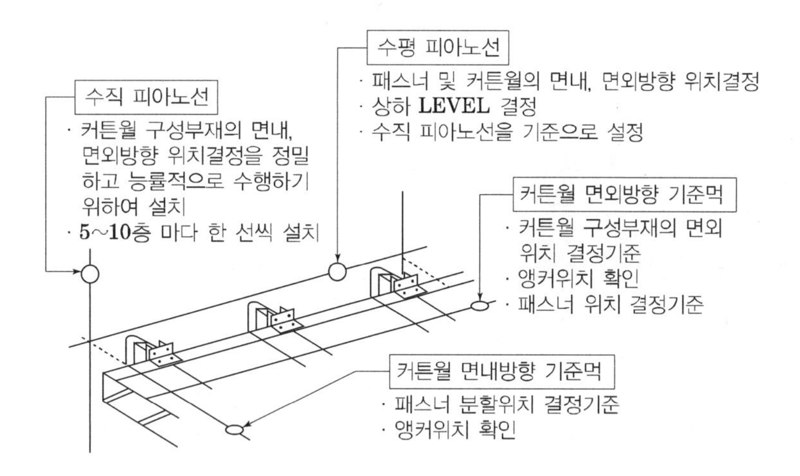
수평 피아노선
· 패스너 및 커튼월의 면내, 면외방향 위치결정
· 상하 LEVEL 결정
· 수직 피아노선을 기준으로 설정
수직 피아노선
· 커튼월 구성부재의 면내, 면외방향 위치결정을 정밀하고 능률적으로 수행하기 위하여 설치
· 5~10층 마다 한 선씩 설치
커튼월 면외방향 기준먹
· 커튼월 구성부재의 면외 위치 결정기준
· 앵커위치 확인
· 패스너 위치 결정기준
커튼월 면내방향 기준먹
· 패스너 분할위치 결정기준
· 앵커위치 확인

2. Anchor

2-1. Set Anchor System

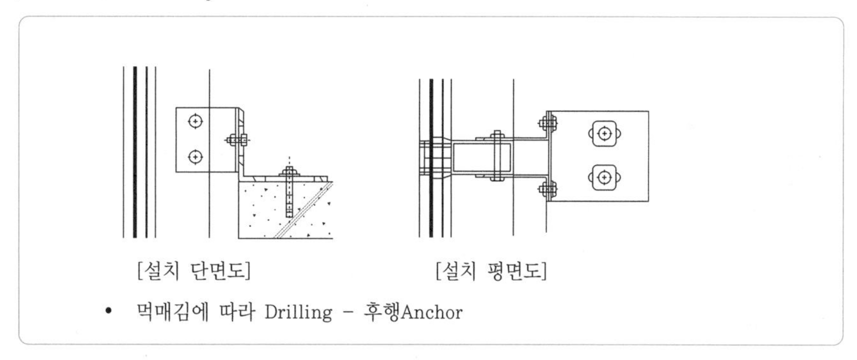

[설치 단면도] [설치 평면도]

- 먹매김에 따라 Drilling – 후행Anchor

2-2. Embeded System or Embeded Anchor

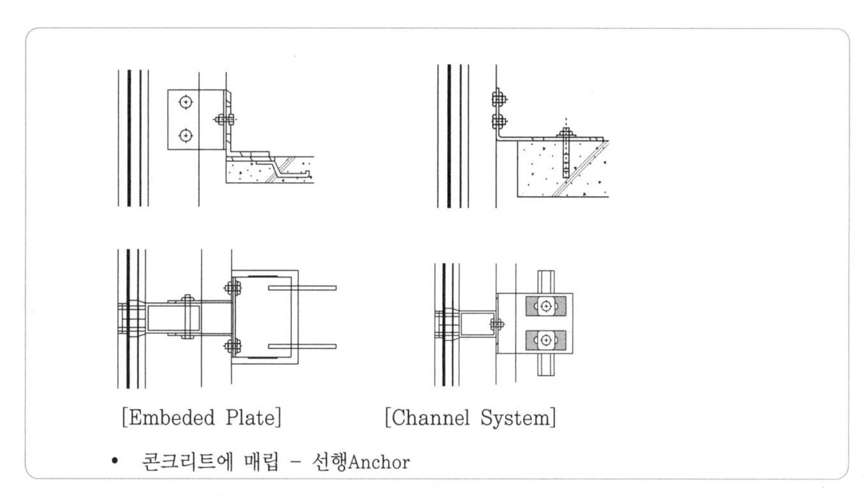

[Embeded Plate] [Channel System]

- 콘크리트에 매립 – 선행Anchor

시공

3. Fastener

3-1. Fastener의 기능

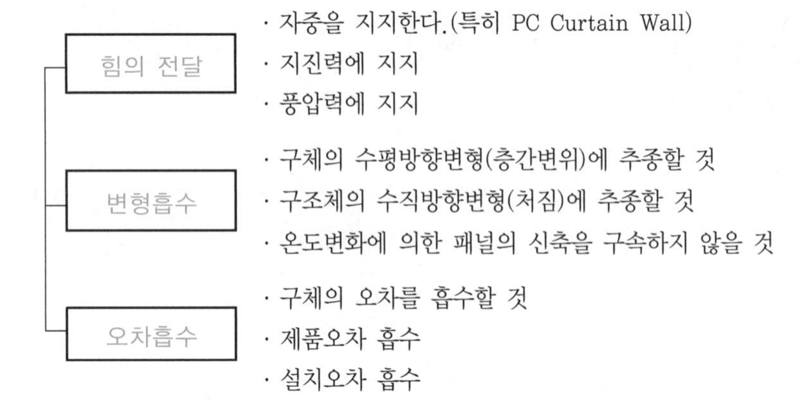

힘의 전달
· 자중을 지지한다.(특히 PC Curtain Wall)
· 지진력에 지지
· 풍압력에 지지
변형흡수
· 구체의 수평방향변형(층간변위)에 추종할 것
· 구조체의 수직방향변형(처짐)에 추종할 것
· 온도변화에 의한 패널의 신축을 구속하지 않을 것
오차흡수
· 구체의 오차를 흡수할 것
· 제품오차 흡수
· 설치오차 흡수

[Fastener]

3-2. 형식별 지지방법

1) Sliding(수평이동 방식)Type – Panel Type에서 적용

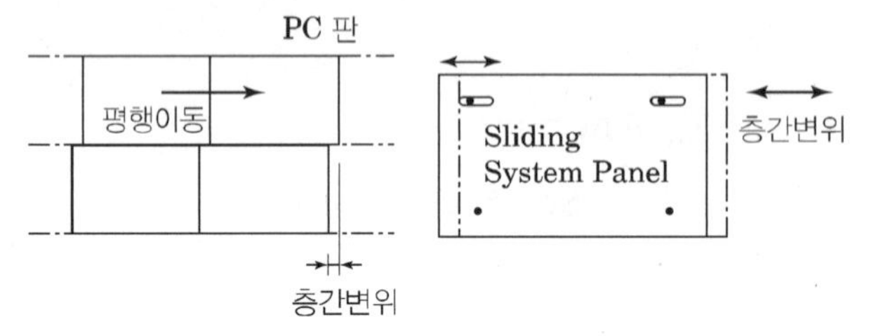

· Curtain Wall 부재가 횡으로 긴 Panel System에 좌·우 수평으로 변위추종

[Unit Wall Type 고정방식]

2) Locking(회전 방식)Type – Panel Type에서 적용

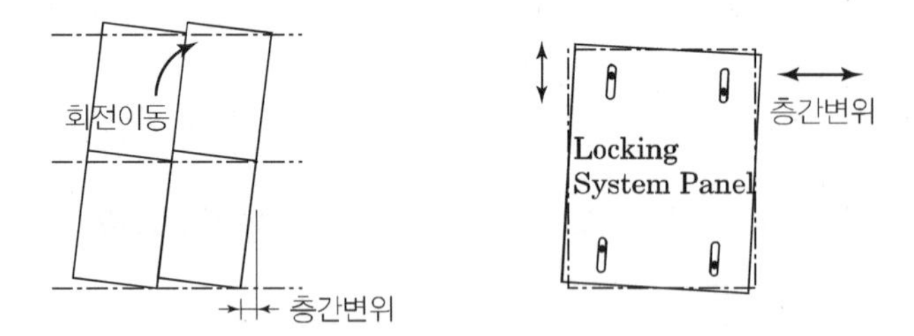

· Curtain Wall 부재가 종으로 긴 Panel System에 회전하면서 변위추종

[Stick Wall Type 고정방식]

3) Fixed(고정 방식)Type – AL커튼월에 적용

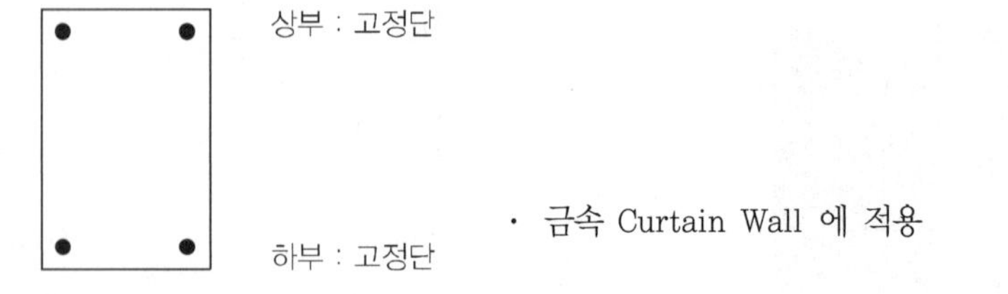

□ 참고사항
고정 Fastener는 변형흡수 기능이 없으므로 조정 후 모두 변형이 일어나지 않도록 사각 와셔 용접 등으로 고정하여야 한다.

시공

[Winch wire체결 후 양중]

[설치장소 이동 조립]

[Unit System Stack Joint]

Stack Joint

- Unit이 서로 연결되는 이부위에서 처짐 및 수축팽창의 변위를 고려한 예상치수를 확보하여 변위에 대응할 수 있는 기능을 한다.

Splice Joint

- Stick System의 Mullion의 연결부위에서 변위에 대응하기 위해 덧대는 Sleeve나 Sealant로 마감하는 Joint

4. Unit설치

4-1. 조립방식

1) Unit Wall System

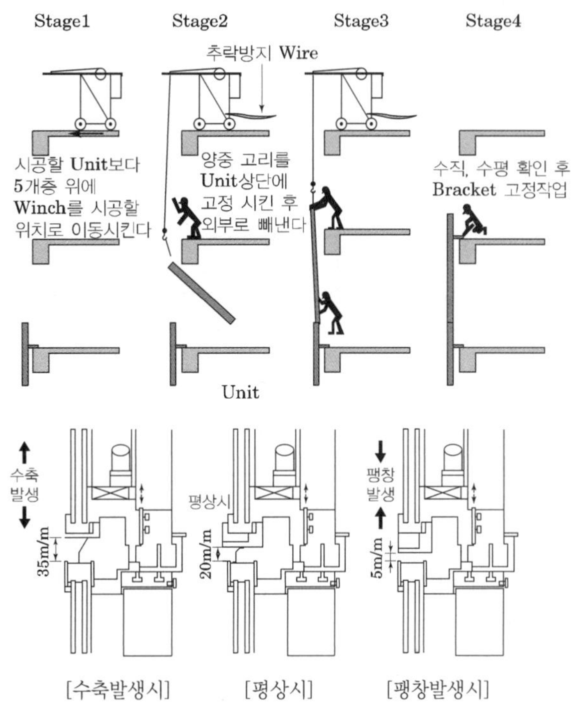

2) Stick Wall System

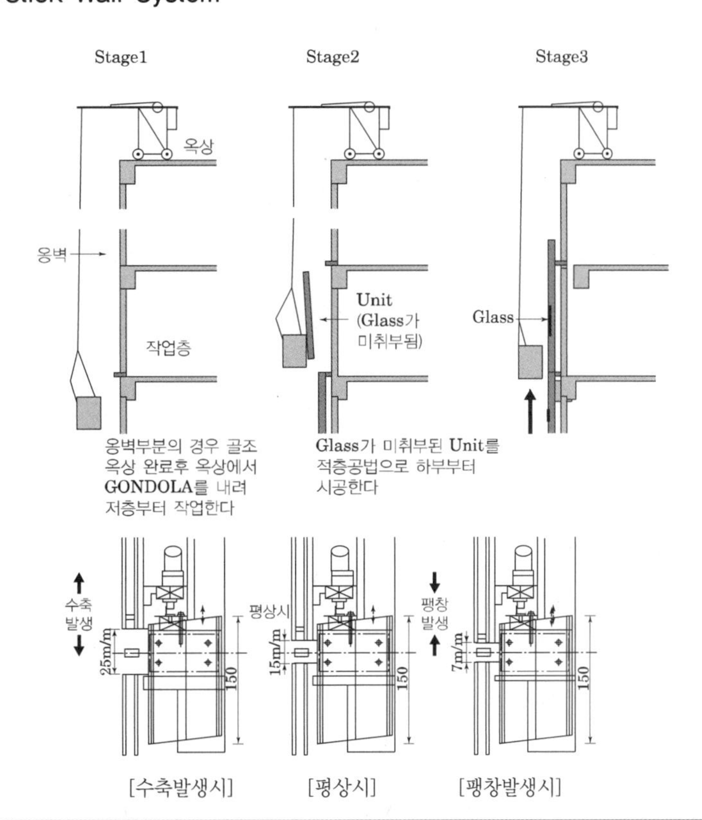

4-2. 수처리 방식

1) Closed Joint방식

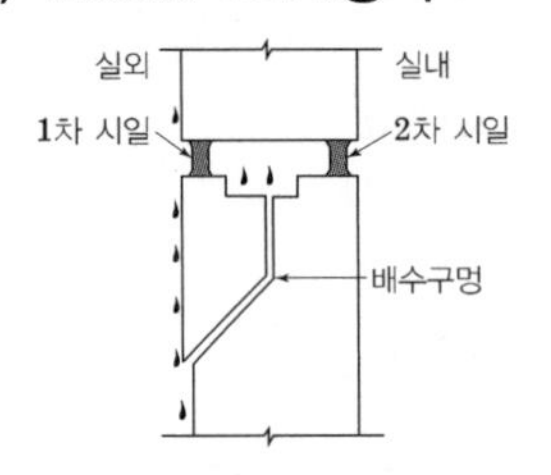

[PC 이중 Seal방식 개념도]

- 시간이 경과함에 따라 열화현상으로 1차 Sealing이 파손되더라도 침투된 물이 2차 Sealing에 도달하기 전에 배수처리 되는 System이 있어야 한다.

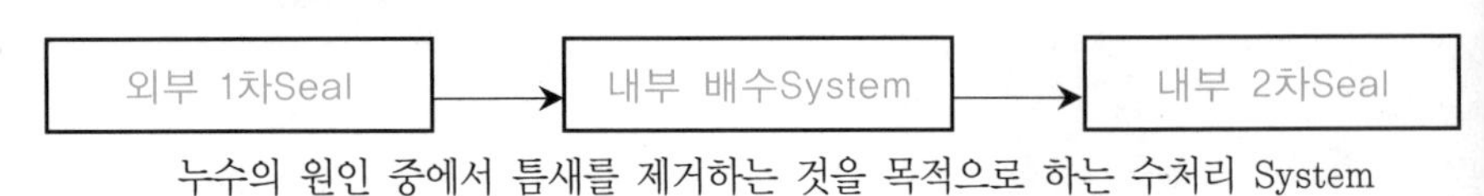

누수의 원인 중에서 틈새를 제거하는 것을 목적으로 하는 수처리 System

2) Open Joint방식

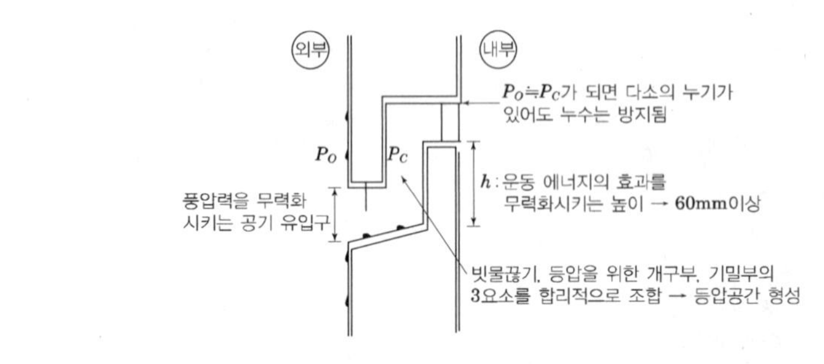

누수의 원인 중에서 틈을 통해 물을 이동시키는 기압차를 없애는 수처리 System

3) 빗물침입의 원인 및 접합부 구조개선

구분	우수유입 원인	구조 개선
중력		상향조정, 물턱
표면장력		물 끊기
모세관 현상		에어포켓, 틈새를 넓게
운동 에너지		미로
기압차		감압공간

시공

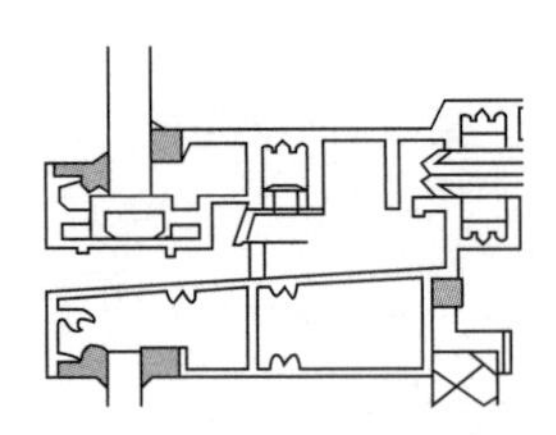

[AL Unit System Bar]

□ 참고사항

- $P = P_o - P_c$

P: 누수한계압력

P_o: 외부압력

P_c: 등압

□ Open Joint 설계상 Point

- Rain Screen은 중력, 운동에너지, 표면장력, 모세관현상, 기류 등에 의해 침입된 물을 외부에 배출시키는 기능을 구비해야 하며, 고무 등으로 만든 Flashing을 삽입하거나, Air Pocket, 미로 등을 배치하여 효율적으로 물을 차단하도록 Bar의 구조를 설계하는 것이 중요하다.

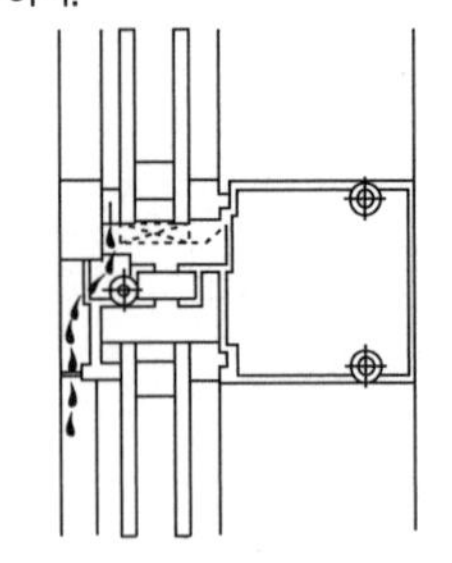

[Stick System Transom]

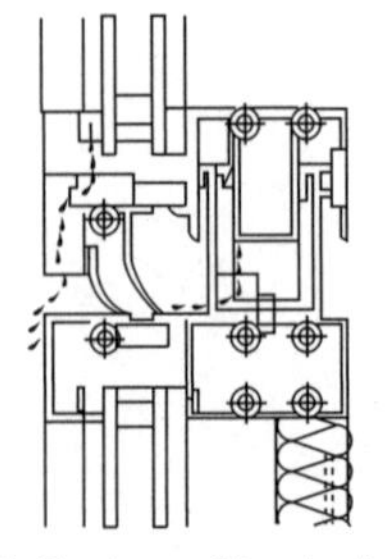

[Unit System Stack Joint]

시공

4-3. 단열 Bar

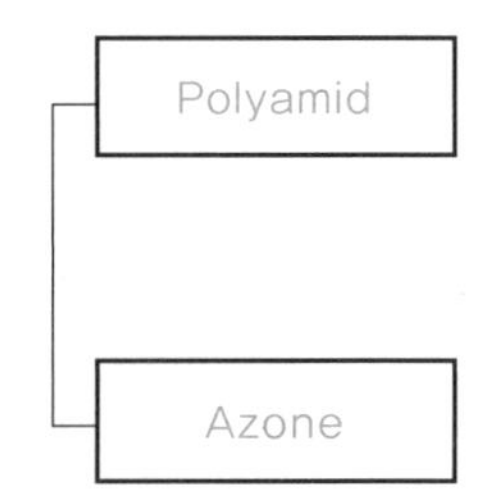

- 유리섬유를 함유한 고체상태의 폴리아미드를 삽입 압착
- 액체상태의 고강도 Polyurethane을 충전

[Azone Bar]

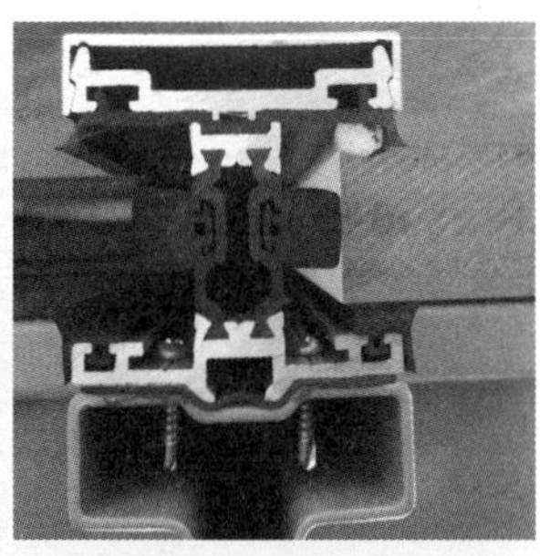

[Polyamide Bar]

1) 단열 Bar(Thermal Breaker)의 구조

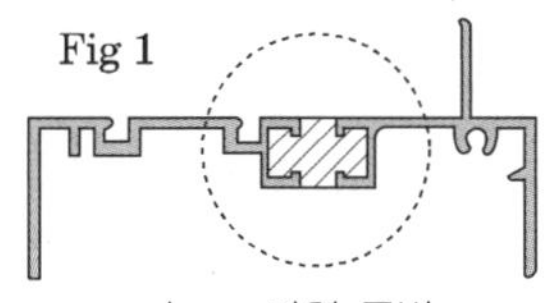

Azon 단열 공법

[Azon System]

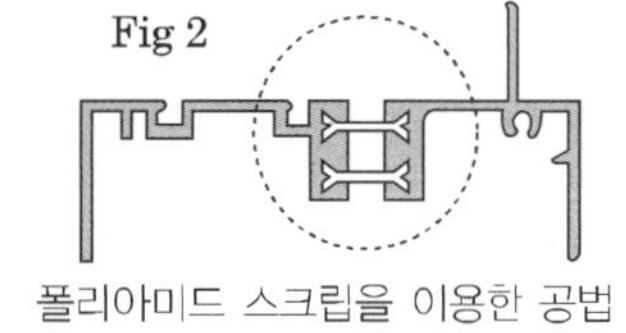

폴리아미드 스크립을 이용한 공법

[Polyamid System]

2) 성능 및 특성비교

구분	Azon System	Polyamid System
Profile 구성	• Channel Type Section 구성으로 구조적으로 불안정함 • Single Bridge Section으로 구성되므로 Debridging 후 굴절, 뒤틀림 현상발생	• 정사각형 단면구성(Square Type Section 구성으로 구조적으로 매우 안정됨) • Double Bridge Section으로 구성되므로 굴절 및 뒤틀림 현상 없음
단열재 성분	• Polyurethane	• Polyamid
표면처리	• 취부 후 도장불가	• 내열도가 높아 취부 후에도 도장가능
구조성	• Polyamid에 비해 단위 길이당 두께가 두터워 미세진동에 약함	• A-Zon에 비해 강도가 높으며 단위 길이당 두께가 작아 미세진동이 지속되는 커튼월에 안정적
평활도	• 경화과정에서 뒤틀림 발생가능	• 매우우수
Design	• 단일 Profile을 충진/조합 후 분리 Cutting하는 형태로 제약이 많다	• 알루미늄 Profile의 설계를 자유롭게 할 수 있다.
방식	• 미국식	• 독일식

하자

mind map

• 누구차 시트가 변형되는지 발로 결단을 짓자~

핵심메모 (핵심 포스트 잇)

4 하자

1. 하자유형 및 대책

누수, 차음, Sealing재 오염, 변형, 발음, 결로, 단열

1-1. Anchor

① 설치오차: 콘크리트 타설시 Level불량으로 슬래브 위로 1차 Fastener가 돌출되면서 Slab와 틈발생 방지
② 먹매김오차 조정 및 Slab와 밀착이 되도록 Shim Plate로 조정 후 용접처리

1-2. Fastener

① 조립방식 및 구조형식에 맞는 방식선정
② 설치오차 준수
③ 용접부는 면처리 후 방청도료 도장
④ 너트풀림 방지

1-3. Unit

① 단열Bar설계
② 수처리방식 및 Bar 내부 구조개선
③ Joint 접합부 설계 및 시공 기능도
④ 단열유리 및 간봉
④ Sealing 선정 및 시공 기능도

2. 누수 및 결로 대책

1) 설계
- Weep hole, Bar의 Joint 설계

2) 재료
- Bar 및 유리단열 성능, 유리공간, 재질, 실링재

3) 시공
- 접합부 시공 기능도

4) 환경
- 실내환기 및 통풍(설비 시스템), 내외부온도차

5) 관리
- 생활습관, 주기적인 점검

CHAPTER

09

마감 및 기타공사

Professional Engineer

9-1장

쌓기공법

조적

힘의 전달

Key Point

☐ Lay Out
- 재료의 성능평가
- 쌓기기준 · 보강
- 유의사항

☐ 기본용어
- 공간쌓기
- 부축벽
- Bond beam
- Wall girder
- Lintel

시험빈도: 10만매당

☐ 겉모양치수
- 1조 10매 현장시험

☐ 압축강도, 흡수율
- 1조 3매 현장시험

mind map

- 영화가 불미스러우니 길 마구리 옆공에 주차해라~

1 조적공사

1. 재료

1-1. 콘크리트 벽돌

구분		압축강도(MPa)	흡수율(%)
1종(낮은 흡수율, 내력구조) 외부		13 이상	7 이하
2종(아파트내부 칸막이, 비내력벽)옥내		8 이상	13 이하
겉모양 치수(mm)	길이 190	높이 57	두께 90
	허용오차 ±2.0		
	균일하고 비틀림, 균열, 흠이 없어야 한다.		

※ 흡수율이 크면 벽돌이 쌓기 Mortar의 수분을 흡수하여 벽체강도 저하

1-2. 쌓기 Mortar

- Mortar 배합비: 시멘트: 모래=1:3을 표준으로 함
- 조적벽체 강도: 벽돌의 강도와 Mortar의 강도 중 낮은 강도 기준

※ 쌓기 전 물축임하고 내부 습윤, 표면 건조 상태에서 시공

2. 쌓기방식

- 영식쌓기: 1켜길이+1켜마구리+(이오토목1/4 or 반절)
- 화란씩쌓기: 1켜길이+1켜마구리+(칠오토막3/4)
- 불식쌓기: 매켜마다(길이+마구리)
- 미식쌓기: 뒷면영식+표면 치장(5켜길이+1켜마구리)
- 길이쌓기: 길이면
- 마구리쌓기: 마구리면
- 옆세워쌓기: 마구리를 세워쌓기

공간쌓기(Cavity Wall, Hollow Wall)

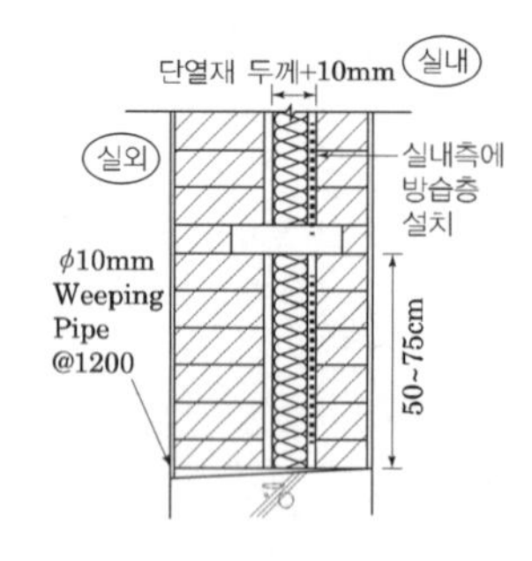

- 주벽체: 바깥쪽을 주벽체로 시공
- 안벽체: 주벽체 시공 후 최소 3일 경과 후 시공
- 연결철물: 수평거리 90cm 이하, 수직거리 40cm 이하

조적

균열유형

□ 수직형 균열
- 비내력벽/ 강도부족

□ 수평형 균열
- 개구부 주위/ 진동

□ 경사형 균열
- 모서리에서 중앙방향으로, 편심 하중

□ 계단형 균열
- 부동침하

[기성 경량 인방재]

실리콘 발수제

- 발수제 선정 시 도포용이, 흡수저항성 우수, 내수성 및 내알칼리성, 변색小, 통기성이 우수한 제품을 선정할 것

□ 유성 실리콘
- 신속하고 발수성이 우수하며, 건축물 표면이나 주위 환경에 영향을 작게 받음

□ 수성 실리콘
- 액상 발수제로서 물에 희석하여 사용하므로 화재의 위험이 없으나 처리 후 경과 시간이 길다.

3. 하자 발생원인

- **재료**
  강도, 흡수율, 철물부식
- **시공**
  쌓기기준
- **환경**
  열팽창, 습윤팽창, 건조수축, 탄성변형, Creep, 철물부식, 동결팽창
- **거동**
  하중, 충격, 부동침하

4. 하자 방지대책

1) 재료

① 성능확보: 벽돌의 강도 및 흡수율
② 연결철물의 재질 및 강도확보

2) 시공(전 중 후)

① 공법선정 및 Sample시공
② 먹매김
③ 배합비 - 시멘트: 모래=1:3
④ 구조체 자체의 균열 방지줄눈: 10mm를 표준으로 한다.
⑤ 바탕 모르타르: Open Time 2시간 이내 사용
⑥ 하루 쌓기 높이: 1.2m(18켜)를 표준, 최대 1.5m(22켜)이하
⑦ 나중 쌓기: 층단 들여쌓기로 한다.
⑧ 직각으로 오는 벽체 한 편을 나중 쌓을 때: 켜 걸음 들여쌓기(대린벽 물려쌓기)
⑨ 블록벽과 직각으로 만날 때: 연결철물을 만들어 블록 3단마다 보강
⑩ 연결철물: @450
⑪ 인방보: 양 끝을 블록에 200mm 이상 걸친다.
⑫ 치장줄눈: 줄눈 모르타르가 굳기 전에 줄눈파기를 하고 깊이는 6mm 이하로 한다.
⑬ 한중기: 기온이 4℃ 이상, 40℃ 이하가 되도록 모래나 물을 데운다.

3) 양생

보양, 동해방지

▣ 백화 발생 Mechanism

$$CaO + H_2O \rightarrow Ca(OH)_2$$
$$Ca(OH)_2 + CO_2 \rightarrow CaCO_3 + H_2O$$
자체보유수(H_2O) → 가용성염류 → 백화

수분에 의해 모르타르성분이 표면에 유출될 때 공기 중의 탄산가스와 결합하여 발생

9-2장

붙임공법

타일

[1] 타일공사

부착강도

Key Point

□ Lay Out
- 재료의 성능기준
- 붙임기준 · 접착강도
- 유의사항

□ 기본용어
- 떠붙임공법
- 압착공법
- 줄눈나누기
- 타일치장줄눈
- Open Time
- 타일접착 검사법

□ 뒷굽 형태
- 평판형
- 플렛형
- 프레스형
- 압출형

Open Time

타일 바탕면에 접착제를 바른 후 타일을 붙이기에 적합한 상태가 유지 가능한 최대 한계시간이다.

(가용시간, 가사시간)

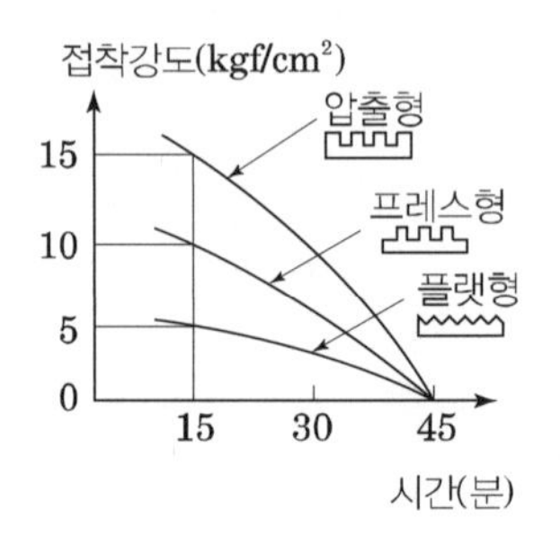

1. 재료

1-1. 타일

구분	유약 유무	원료	흡수율 한도
자기질	시유 무유	점토, 규석, 장석, 도석	3% 이하
석기질	시유 무유	유색점토, 규석, 장석, 도석	5% 이하
도기질	시유	점토, 규석, 석회석, 도석	18% 이하

1-2. 붙임Mortar

떠붙임 공법	압착공법	개량 압착공법
Mortar 배합 후 60분 이내에 시공 바른 후 5분 이내 접착	Mortar 배합 후 15분 이내에 시공 바른 후 30분 이내 접착	Mortar 배합 후 30분 이내 시공 바른 후 5분 이내 접착
건비빔한 후 3시간 이내에 사용, 물을 부어 반죽한 후 1시간 이내 사용		

1-3. 붙임모르타르타일용 접착제

1) 본드 접착제의 용도

① Type Ⅰ: 젖어있는 바탕에 부착하여 장기간 물의 영향을 받는 곳에 사용

② Type Ⅱ: 건조된 바탕에 부착하여 간헐적으로 물의 영향을 받는 곳에 사용

③ Type Ⅲ: 건조된 바탕에 부착하여 물의 영향을 받지 않은 곳에 사용

2) 시공 시 유의사항

① 1차 도포면적: 2㎡ 이하

② 보통 15분 이내

③ 타일 및 접착제 Maker, 계절, 바람에 따라 Open Time 조정

1-4. 줄눈재료

- 줄눈용 타일시멘트 · 타일시멘트+세골재+혼화제
- 내약품성 줄눈재 · 시멘트+수지 라텍스 또는 고무 에멀젼 (폴리머 시멘트)
- 수지 줄눈재 · 탄성이 있는 아크릴계, 에폭시계

타일

mind map

- 또(떠) 압에 접선하려면 모자이크처리해라~

□ 1일 시공량
- 400~500매/인
- 시공높이: 1.2m/일

□ 바탕면 정밀도
±3mm/2m

□ 1회 붙임면적
1.2㎡ 이하

□ 바탕면 정밀도
±2mm/2m

□ 1회 바름면적
2㎡ 이하

□ 바탕면 정밀도
±1mm/ 2m

□ 1회 바름면적
2㎡ 이하

□ 줄눈 고치기
타일을 붙인 후 15분 이내

2. 공법종류

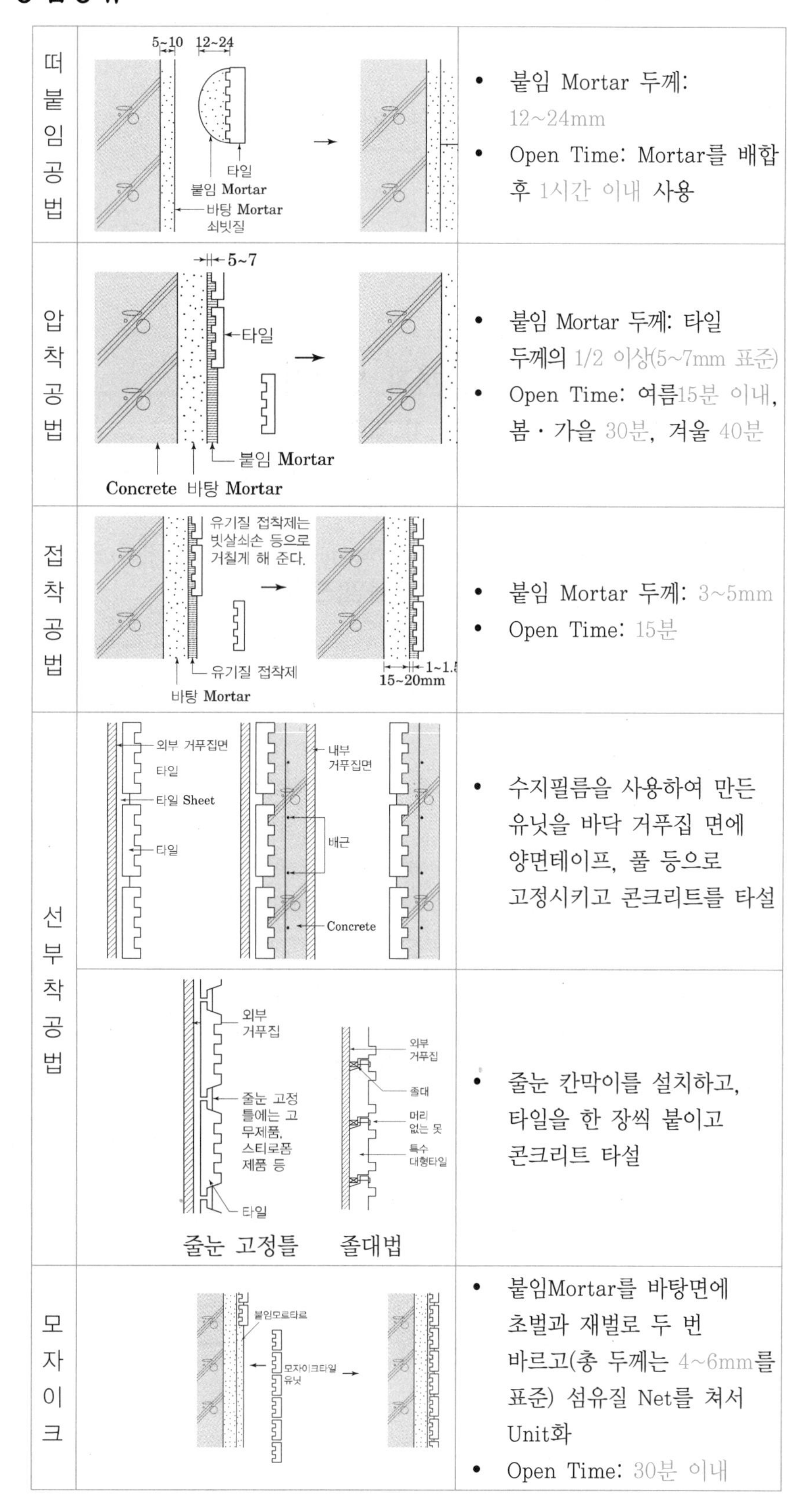

떠붙임공법	• 붙임 Mortar 두께: 12~24mm • Open Time: Mortar를 배합 후 1시간 이내 사용
압착공법	• 붙임 Mortar 두께: 타일 두께의 1/2 이상(5~7mm 표준) • Open Time: 여름15분 이내, 봄·가을 30분, 겨울 40분
접착공법	• 붙임 Mortar 두께: 3~5mm • Open Time: 15분
선부착공법	• 수지필름을 사용하여 만든 유닛을 바닥 거푸집 면에 양면테이프, 풀 등으로 고정시키고 콘크리트를 타설
선부착공법	• 줄눈 칸막이를 설치하고, 타일을 한 장씩 붙이고 콘크리트 타설
모자이크	• 붙임Mortar를 바탕면에 초벌과 재벌로 두 번 바르고(총 두께는 4~6mm를 표준) 섬유질 Net를 쳐서 Unit화 • Open Time: 30분 이내

타일

3. 하자 발생원인

- **재료**
  강도, 흡수율, 철물부식
- **시공**
  쌓기기준
- **환경**
  열팽창, 습윤팽창, 건조수축, 탄성변형, Creep, 철물부식, 동결팽창
- **거동**
  하중, 충격, 부동침하

4. 하자 방지대책

1) 재료

타일 뒷굽, 흡수율, 강도, 뒷면 충전

2) 준비

Sample시공: 뒷면 밀착률 확인 및 줄눈나누기

3) 붙임(전 중 후)

① 바탕 Mortar: 바름두께, 면처리
② 붙임 Mortar: 바름두께, Open Time, 배합비
③ 타일 시공: 두들김 횟수, 뒷면 충전, 숙련도
④ 줄눈: 타일을 붙이고, 3시간 경과한 후 줄눈파기 실시
⑤ 신축줄눈: 간격, 줄눈폭, 위치, 마감방법
⑥ 부위별: 코너부위, 교차부위 타일 간격 조정

□ 줄눈 깊이 및 시공시기
- 타일 두께의 1/2 이하
- 타일 시공 후 48시간 이후 시공

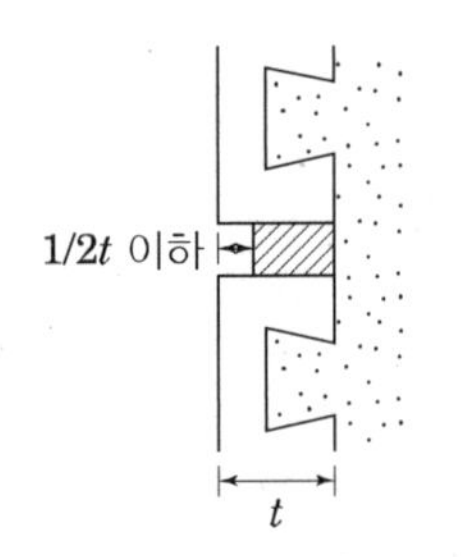

4) 양생

계절에 따른 양생, 진동 및 충격 금지

5) 검사

① 시험 수량: 600㎡당 한 장씩 시험
② 시험 시기: 타일 시공 후 4주 이상일 때 시행

□ 두들김 검사
- 줄눈 시공 후 2주 이후 시행

□ 접착력 시험결과 판정
- 타일 인장 부착강도가 0.39MPa 이상

▣ 신축줄눈

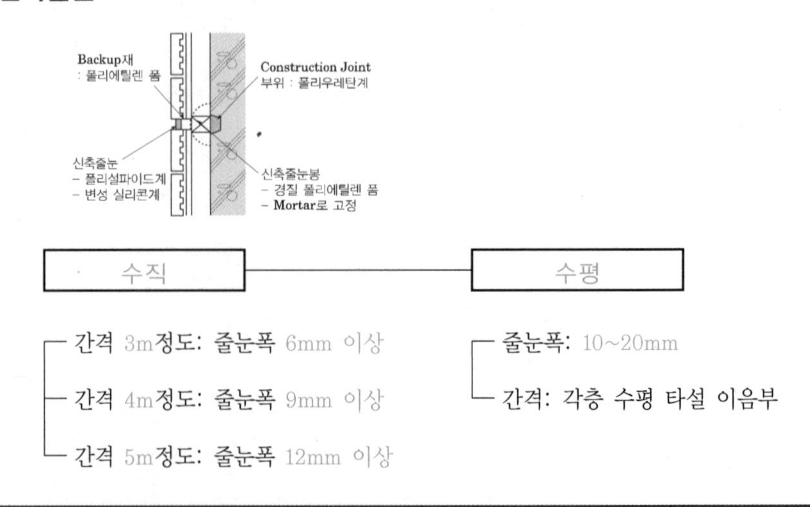

석

부착강도

Key Point

☐ Lay Out
- 재료의 성능기준
- 붙임기준 · 접착강도
- 유의사항

☐ 기본용어
- Anchor긴결공법
- Metal Truss System
- Steel Back Frame
- 석재의 Open Joint

☐ 처짐 값
- 구조계산에 의하여 최소 처짐을 ℓ/180 또는 60mm 이내

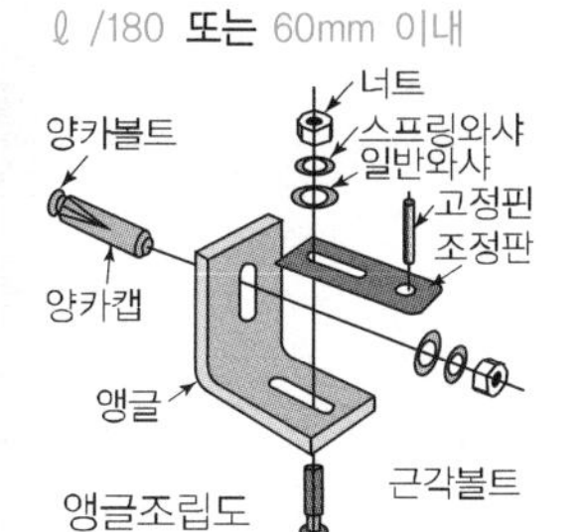

[연결철물의 구성]

[FZP Anchor]
독일 Fischer 社

[AL Extrusion System]
홈지지 공법

2 석공사

1. 재료

1-1. 석재 물성기준

구분		흡수율 (최대%)	비중 (최대%)	압축강도 (N/㎟)	철분 함량 (%)
화성암(화강암, 안산암)		0.5	2.6	130	4
변성암 (대리석, 사문암)	방해석	0.8	2.65	60	2
	백운석	0.8	2.9		
	사문석	0.8	2.7		
수성암 (점판암, 사암)	저밀도	13	1.8	20	5
	중밀도	8	2.2	30	5
	고밀도	4	2.6	60	4
	보통	21	2.3	20	5
	규질	4	2.5	80	4
	규암	2	2.6	120	4

1-2. 표면마감

혹두기, 정다듬, 도드락다듬, 잔다듬, 물갈기

1-3. 연결철물

모든 재료는 STS 304 제품을 사용한다.

1-4. 실링재

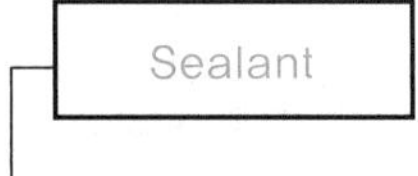

· 신축허용률 ±10% 이상 제품
(실리콘계, 변성 실리콘계, 폴리설파이드계, 폴리우레탄계)

Cauking

· 신축허용률 ±10% 미만 제품
(오일계, 부틸계)

1-5. 부자재

① Primer: Sealant의 접착력 향상과 접착면적의 증가, 실리콘 오일의 석재이동 방지

② Back Up재: 발포 폴리에틸렌 재질로 이루어져 있으며 3면 접착방지, 줄눈 폭보다 2~3mm 정도 큰 것을 사용한다.

석

주요 구성요소

□ Rain Screen
- 두께 1.0mm 아연도 강판을 사용하고 이음부위는 Sealant로 연결한 다음 두께 1.0mm의 일면 AL 호일 자착식 부틸 Sheet를 부착하여 기밀성 확보

□ Air Chamber
- 외부로 열린 공기방

□ Vapour Barrier
- 공기와 습기의 흐름을 차단할 수 있고 풍압을 견딜 수 있는 내부 방습 및 기밀막

□ GPC용 Shear Connector

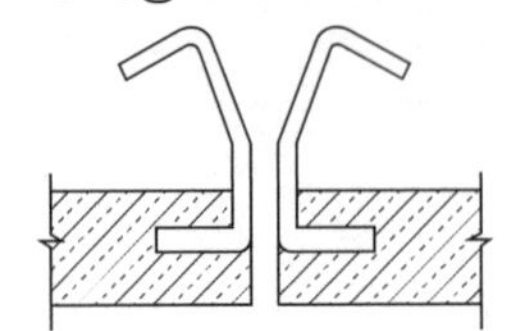

[꺽쇠형]

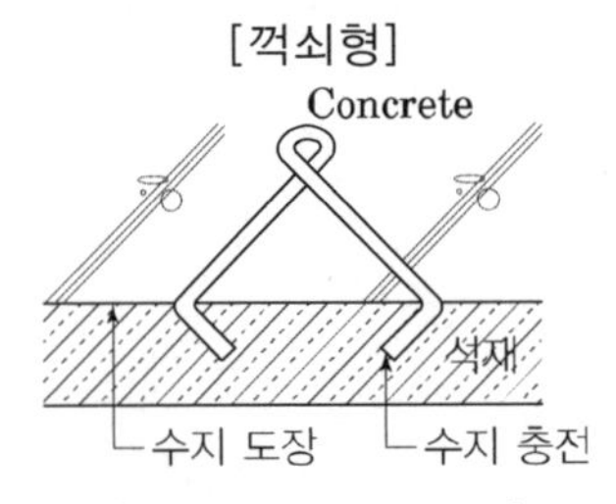

[Shear Connector]

□ 배면처리
- 도포량은 500g/㎡ 이상
- 도포 후 옥내에서 2일 이상 건조

[Steel Back Frame]

[Metal Truss System]

2. 공법종류

2-1. 습식

- 벽체: 온통사춤, 간이사춤
- 바닥: 깔기 Mortar 공법(40~70mm 정도 깔아놓고 Cement Paste를 뿌린 후 고무망치로 두들겨 시공)

2-2. 건식

구분	공법	적용 System	고정 Anchor
고정방식	앵벽 Anchor긴결	앵벽에 직접고정	• Pin Hole
	Truss Anchor긴결 & Back Frame System	Steel Back Frame System • Back Frame • Stick System	• Pin Hole • AL Extrusion System • Back Anchor
		Metal Truss System • Back Frame • Unit System	• AL Extrusion System • Back Anchor
줄눈형태	Open Joint	• Back Frame O.J • 앵벽 O.J	• AL Extrusion System • Back Anchor
PC	GPC	(Unit System)	

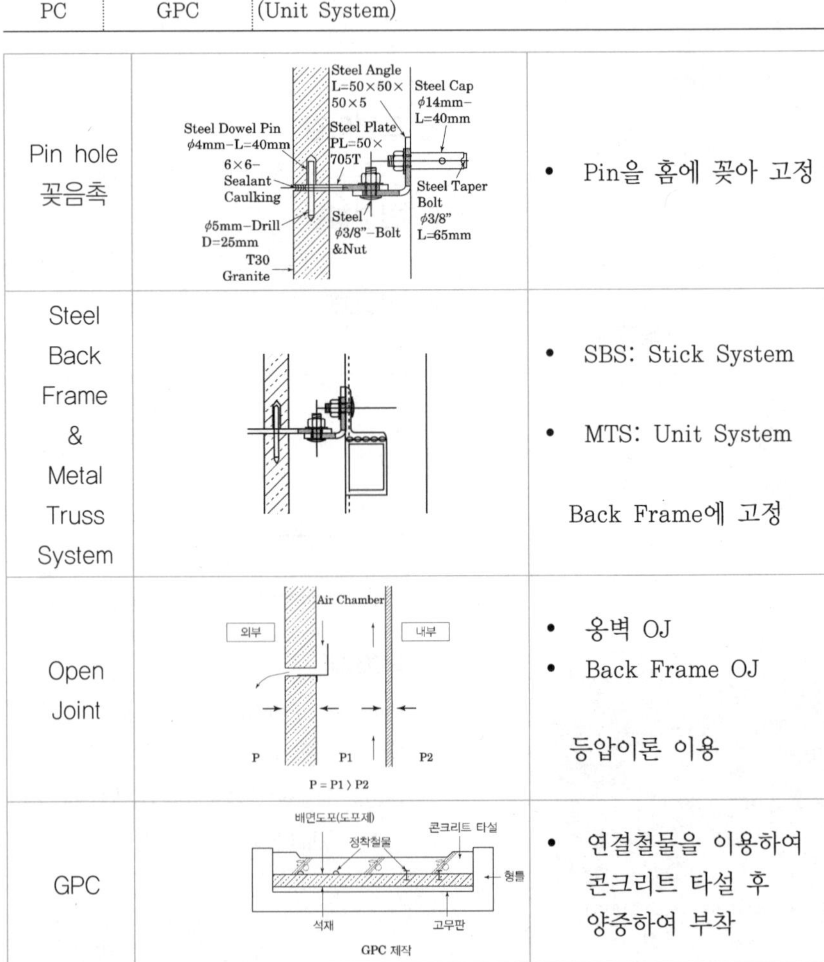

Pin hole 꽂음촉		• Pin을 홈에 꽂아 고정
Steel Back Frame & Metal Truss System		• SBS: Stick System • MTS: Unit System Back Frame에 고정
Open Joint		• 앵벽 OJ • Back Frame OJ 등압이론 이용
GPC		• 연결철물을 이용하여 콘크리트 타설 후 양중하여 부착

석

핵심메모 (핵심 포스트 잇)

3. 하자 발생원인

- **재료**
  선정 및 가공
- **시공**
  운반, 보관, 골조 바탕면 간격 및 수직수평
- **환경**
  양생 및 보양, 동절기, 우기
- **거동**
  부동침하 및 진동에 의한 거동, 바탕면 균열

4. 하자 방지대책

1) 재료

① Anchor의 구조검토
② Stone의 재질 및 규격, 가공상태
③ Sealing의 선정

2) 준비

① 바탕면에 따른 공법선정
② Sample시공: 줄눈나누기, 시공성 판단

3) 붙임(전 중 후)

① 바탕면의 수직 수평 상태
② 연결철물의 간격 및 고정
③ Stone의 연결부위 가공상태 및 위치
④ 부위별 시공: 코너부위/ 이음부위/ 하단부
⑤ 신축줄눈
⑥ Sealing재 간격 및 깊이, 시공시기

4) 보양

파손방지
· 바닥: 청소 후 비닐 보양, 보양포 3일간 깔기
· 벽: 0.1mm 이상 비닐 및 모서리 완충재 시공

오염방지
· 바닥 및 내벽: 청소 후 즉시 보양
· 외벽: 녹 발생요소 제거, 고압수로 물세척

Memo

9-3장

바름공법

미장

부착강도

Key Point

□ Lay Out
- 재료의 성능기준
- 바름 기준 · 접착강도
- 유의사항

□ 기본용어
- 미장 접착 증강제
- 수지미장
- 단열모르타르
- 방바닥 온돌미장
- Control Joint

접착 증강제 사용방법

□ 도포
- 일반적으로 물에 3배 희석해서 사용
- 모르타르 비빔 후 30분 이내에 사용

□ Paste에 혼합

$$\frac{P(\text{폴리머중량})}{C(\text{시멘트중량})} = \frac{0.135}{1}$$

□ Mortar에 혼합

$$\frac{P(\text{폴리머중량})}{C(\text{시멘트중량})} = \frac{0.075}{1}$$

□ 바탕면 오차조정
- 바탕면의 상태에 따라 ±10%의 오차를 둘 수 있다.

1 미장공사

1. 재료

1-1. 모래의 입도

- 초 · 재벌용: 5mm체 통과분 100%
- 정벌용: 2.5mm체 통과분 100%

바름 두께에 지장이 없는 한 큰 것으로 하되 바름 두께의 1/2 이하

1-2. 혼화재료

보수제
- 메틸 셀룰로스를 주로사용
- 모르타르 경화에 필요한 수분증발(Dry out)방지
- 시멘트 중량의 0.1~0.2% 혼합

혼화재료
- 실리카계 광물질 미분말
- 작업성향상, 장기강도 증진
- 체적비 20~40% 혼합

접착 증강제
- 에틸렌 초산비닐계, 스틸렌 부타디엔 러버계
- 접착력 증강효과

2. 기준

1) 부위별 배합비

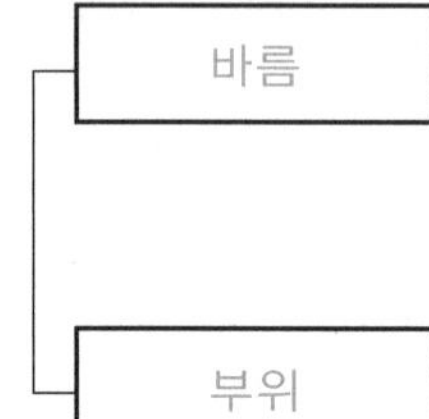

바름
- 초벌바름 – 부배합 (바탕면 부착력 확보)
- 정벌바름 – 빈배합 (마감면 시공성 확보)

부위
- 내벽 – 초벌, 라스먹임, 고름질, 재벌, 정벌(1:3)
- 일반 외벽 – 초벌 및 라스먹임, 정벌(1:2)

2) 부위별 배합비

바탕	구분	바름두께(단위:mm)				
		초벌	라스먹임	재벌	정벌	합계
콘크리트, 및 벽돌면	바닥	–	–	–	24	24
	벽	7	7	7	4	18
	천장/차양	6	6	6	3	15
	바깥벽/기타	9	9	9	6	24

미장

3. 공법종류

1) 시멘트 모르타르 바름

시멘트 + 모래 + 혼화재 + 물

2) 수지미장

석회석·대리석 분말(75%) 및 규사를 주재료로 하고 아크릴 폴리(15%)를 첨가하여 Ready Mixed Mortar를 현장에서 물과 혼합하여 1~3mm 두께로 얇게 미장

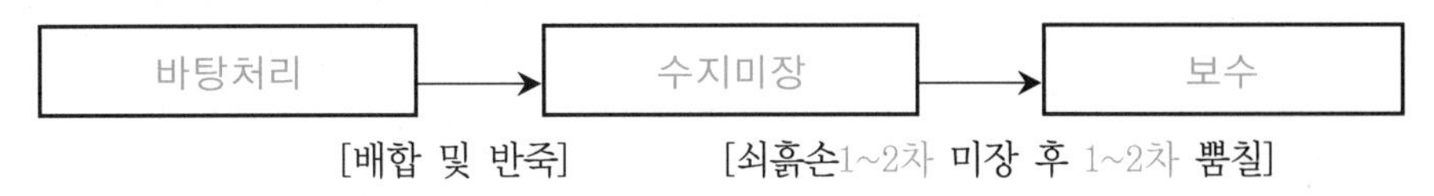

3) 경량기포 콘크리트

구분	경량 기포 콘크리트	경량 폴 콘크리트	경량기포 폴 콘크리트
배합구성	시멘트+물+기포제	시멘트+물+모래+폴	시멘트+물+기포제+폴
배합비	시멘트: 8.5포/m³	시멘트: 4포/m³ 모래: 0.38m³/m³ 폴: 0.84m³/m³	시멘트: 8포/m³ 폴: 0.35m³/m³

4) 온돌바닥 미장

구분	내용
배합비	1m³당 시멘트400~440kg, 모래1400~1560kg, W/C=65~72%
품질관리	① 조립률: 2.7~3.2 ② 압축강도: 모르타르의 28일 압축강도 ≥ 210kgf/cm² ③ 동절기: 외기와 모르타르의 온도차가 20℃ 이하가 되도록 할 것

5) Self Leveling

구분		내용
재료	석고계	석고+모래+경화지연제+유동화제
	시멘트계	포틀랜드 시멘트+모래+분산제+유동화제
품질관리		① 바름두께 10mm 이하인 경우 모래를 혼합하지 않는다. ② 10~20mm인 경우 30~100% 혼입

6) 단열 모르타르 바름

구분		내용
재료	유기질계	EPS+시멘트+성능 개선재
	무기질계	질석 또는 펄라이트+시멘트+성능개선재
품질관리		기성 모르타르에 물만 넣어 사용 균열방지를 위해 1회 바름두께는 10mm 이하로 한다.

핵심메모 (핵심 포스트 잇)

미장

4. 하자 방지대책

4-1. 벽체

- **재료**
  요구조건 및 보강재료
- **시공**
  ① 바름 전
  - 기준점, 바탕처리 및 물축임
  - 배합비 준수 및 Open time
  - 이질재 접합부위 줄눈처리
  - 창호주위 사춤 및 마감깊이 확인
  - Metal Lath보강

  ② 바름 중
  - 바름두께 및 횟수준수
  - 배합비 준수 및 Open Time
  - 부위별(인코너, 아웃코너, 이질재 접합부)
  - 접착력 확보: 작업시간 내 마감
- **보양, 양생, 검사**
  평활도. 수직수평. 들뜸 부 확인

4-2. 바닥

- **재료**
  요구조건 및 보강재료
- **시공**
  ① 시공 전
  - 기포콘크리트 건조상태에 따른 살수 여부 확인
  - 기포콘크리트 타설 후 소요재료 및 강도확인
  - Level 표시
  - 난방파이프 설치 고정상태, 수압검사 실시여부
  - Metal Lath보강

  ② 시공 중
  - 두께, 구배, Level
  - 고름질(자막대 수평고름)
  - 1차 미장(블리딩 수 제거)
  - 2~4차 미장(마무리 미장)
- **보양, 양생, 검사**
  타설 후 2일째부터 7일까지 습윤양생, 출입통제

핵심메모 (핵심 포스트 잇)

Memo

도장

표면처리/ 광택 · 점도

Key Point

□ Lay Out
- 도료의 구성요소
- 광택 · 점도 · 두께 · 횟수
- 표면처리 · 바탕 만들기
- 건조시간
- 유의사항

□ 기본용어
- 내화도료
- 방청도료
- 뿜칠도장(Spray)
- 친환경 페인트(Paint)

□ 전색제(Vehicle)
- 수지, 용제를 총칭하여 전색제라고 한다.
- 전색제는 원래 물감 등의 안료를 희석하는 아마인유(Linseed Oil), 물 등의 용액을 의미하는 단어

□ 참고사항
- 도료의 구성에 있어 안료를 포함하지 않는 도료를 클리어(Clear, 투명)도료, 착색안료를 포함하는 도료를 에나멜(Enamel, 착색)도료라 한다.
- 도료에서는 경화반응을 이용하지 않고 용제증발 등의 물리적 건조만으로 막을 형성하는 열가소성 수지 도료와 경화반응에 의해 3차원 그물눈을 형성하여 막을 형성하는 열경화성 수지도료가 있다.

2 도장공사

1. 재료

1-1. 도료의 구성요소

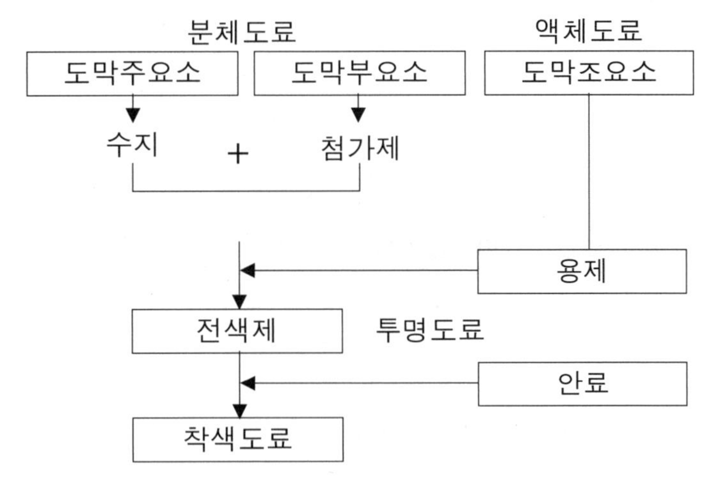

1-2. 성분과 기능

수지(Resin)	· 성분: 유지, 천연수지, 열가소성 합성수지, 열경화성 합성수지. 아크릴 수지 · 기능: 용융 및 가연성이 있고 도막을 형성하는 주재료
첨가제(Assitive)	· 성분: 분산제, 침전방지제, 증점제, 광안정제, 조제, 소광제, 방부제, 동결방지제, 소포제 등 · 기능: 도료의 제조, 저장, 도막형성을 위한 기능발휘
안료(Pigment)	· 성분: 체질안료, 방청안료, 착색안료 등 · 기능: 도장의 색상을 나타내며, 바탕면을 정리하고 햇빛으로 부터 결합제의 손상을 보호
용제(Solvent)	· 성분: 진용제, 조용제, 희석제 등 · 기능: 도료의 점도조절, 작업성, 도막건조

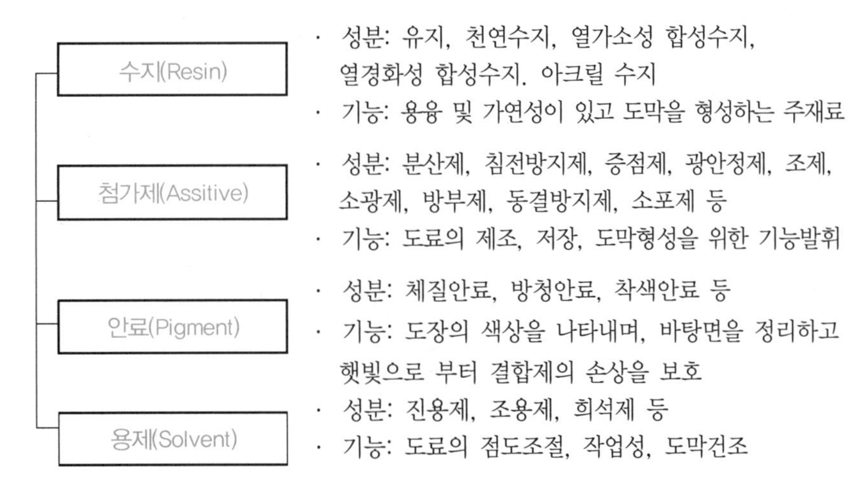

2. 시공 공통사항

1) 퍼티먹임

① 표면이 평탄하게 될 때까지 1~3회 되풀이하여 빈틈을 채우고 평활하게 될 때까지 갈아낸다.

② 퍼티가 완전히 건조하기 전에 연마지 갈기를 해서는 안된다.

2) 흡수방지제

① 바탕재가 소나무, 삼송 등과 같이 흡수성이 고르지 못한 바탕재에 색올림을 할 때에는 흡수방지 도장을 한다.

② 흡수방지는 방지제를 붓으로 고르게 도장하거나 스프레이건으로 고르게 1~2회 스프레이 도장한다.

도장

□ 붓도장
- 평행하고 균등하게 하고 붓자국이 생기지 않도록 평활하게 한다.

□ 롤러도장
- 도장속도가 빠르므로 도막두께를 일정하게 유지하도록 한다.

□ 스프레이 도장
- 표준 공기압을 유지하고 도장면에서 300mm를 표준으로 한다.
- 운행의 한 줄마다 스프레이 너비의 1/3 정도를 겹쳐 뿜는다.
- 각 회의 스프레이 방향은 전회의 방향에 직각으로 한다.

핵심메모 (핵심 포스트 잇)

3) 착색

① 붓도장으로 하고, 건조되면 붓과 부드러운 헝겊으로 여분의 착색제를 닦아내고 색깔 얼룩을 없앤다.

② 건조 후, 도장한 면을 검사하여 심한 색깔의 얼룩이 있을 때에는 다시 색깔 고름질을 한다.

4) 눈먹임

① 눈먹임제는 빳빳한 털붓 또는 쇠주걱 등으로 잘 문질러 나뭇결의 잔구멍에 압입시키고, 여분의 눈먹임제는 닦아낸다.

② 잠깐 동안 방치한 후 반건조하여 끈기가 남아 있을 때에 면방사 헝겊이나 삼베 헝겊 등으로 나뭇결에 직각으로 문질러 놓고 다시 부드러운 헝겊으로 닦아낸다.

5) 갈기(연마)

① 나뭇결 또는 일직선, 타원형으로 바탕면 갈기 작업을 한다.

② 갈기는 나뭇결에 평행으로 충분히 평탄하게 하고 광택이 없어질 때까지 간다.

3. 하자 방지대책

1) 재료

① 요구성능 및 물성파악

② 색견본(Sample시공: 품질기준 확립)

2) 준비단계

① 바탕면 함수율 8~10% 이하

② 습도 85% 이하

③ 작업온도 5℃ 이상

④ 불순물 제거 및 균열보수

3) 시공단계

① 바탕처리

② 하도

③ 퍼티

④ 연마

⑤ 중도

⑥ 연마

⑦ 상도

4) 보양

적정 건조시간: 24시간~48시간

9-4장

보호공법

방수

1 방수공사

방수층 형성원리

Key Point

□ Lay Out
- 재료의 요구성능
- 바탕의 요구조건
- 공법 선정 시 고려
- 건조확인 · 누수시험
- 순서별 부위별 유의사항

□ 기본용어
- 지수판
- 방수 시공 후 누수시험
- 요구성능

방수공사의 적정 환경

□ 강우 시
- 함수율 8% 이하

□ 고온 시
- 바탕이 복사열을 받아 온도가 상승하여 내부의 물이 기화 · 팽창하므로 부풀림 우려

□ 저온 시
- 5℃ 이하에서는 시공금지
- 접착제 건조 지연에 따른 접착불량
- 도막의 경화시간 지연에 따른 피막형성 불량

1. 설계 및 공법선정

1-1. 요구조건

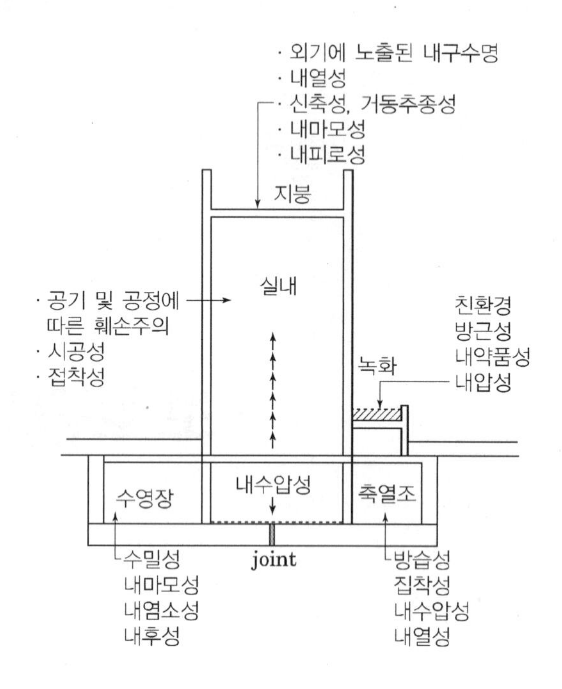

2. 바탕관리

1-1. 요구조건

- 바탕면 함수율 8% 이하
- 물구배: (비노출 방수: 1/100~1/50, 노출방수: 1/50~ 1/20 범위)
- 평활도: 평활도(7mm/3m)를 유지

1-2. 바탕처리

- 균열보수
- 돌출물 제거
- 코너 면처리

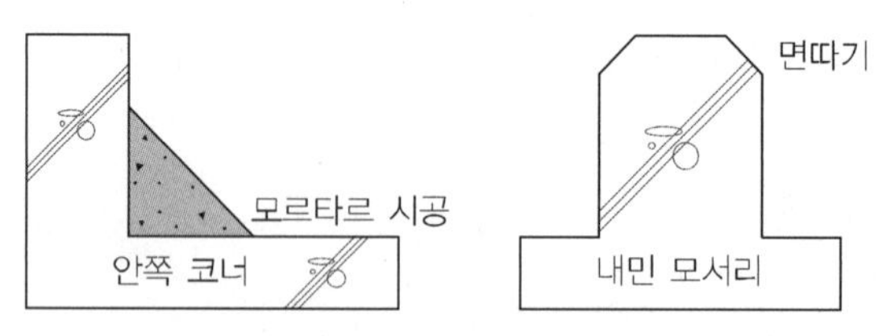

In Corner: 삼각형 모접기를 둔다.

Out Corner: Round 또는 삼각형 면접기를 둔다.

방수

[Roller, 3구경 Torch]

[담수 Test]

[보호 콘크리트 타설]

3. 공법종류

- 아스팔트방수
  (액체상의 Asphalt+A.Roofing+A.felt 도포 또는 밀착)
- 시트방수(밀착 또는 토치로 가열)
- 도막방수(주제와 경화제를 교반혼합)
- 액체방수(시멘트+모래+물+(방수제 또는 폴리머액)
- 침투방수(시멘트혼합 규산질계 미세분말 또는 실리콘 수지)
- 금속판방수(금속판을 고정철물을 이용하여 용접 또는 접어서)
- 복합방수(시트+도막재)
- 벤토나이트 시트방수(팽윤성을 지닌 가소성 높은 광물)
- 발수방수(필름코팅막을 형성하여 물을 밀어내는 성질 부여)

바탕처리 → 프라이머 → 방수시공 → 신축줄눈 → 누름Con'c

4. 지하방수

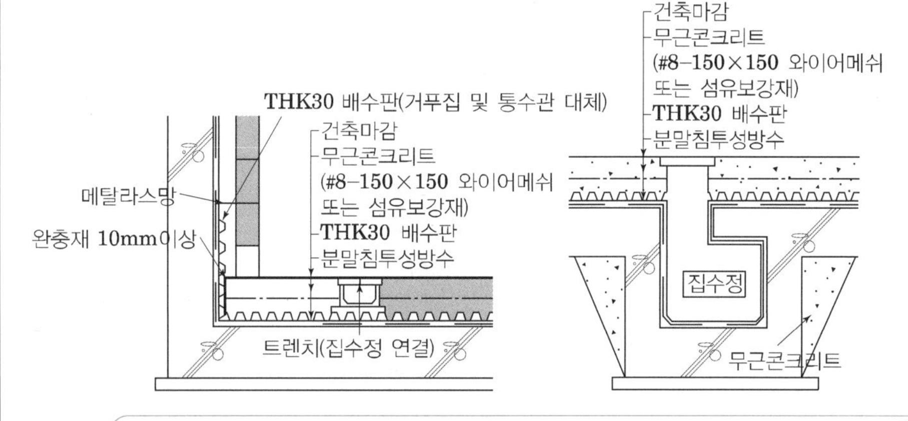

- **바탕**
  - 콘크리트 타설관리(구조체)
  - Joint 처리(지수판, 지수재)
- **사용 방수 재료별 관리**
  - 시트 방수 공법의 조인트 접합 및 바탕접착 관리
  - 도막방수공사의 두께 확보 및 바탕접착 관리
  - 복합방수의 재료별 접착 관리
  - Joint 처리(지수판, 지수재)
- **작업환경**
  - 외기온도
  - 지하수 관리
- **시공**
  - Sample 시공
- **보양 및 양생**
  - 되메우기 전 누수여부 확인

방수

핵심메모 (핵심 포스트 잇)

5. 지붕방수

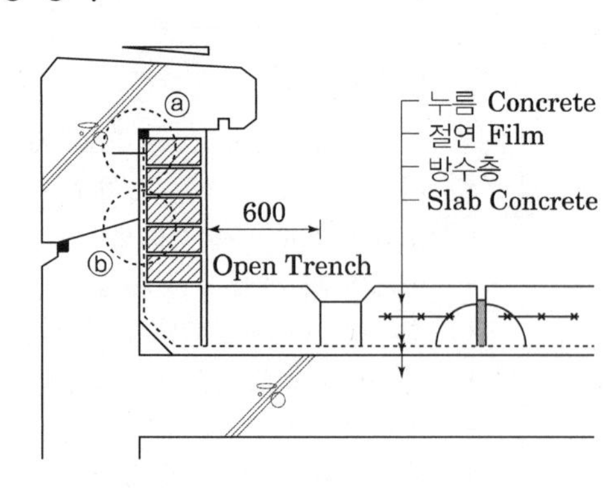

ⓐ부위: Stainless재질의 고정철물로 고정 後 Caulking

ⓑ부위: 벽돌 누름층은 뒷면에 모르타르를 밀실하게 충전

누름 콘크리트는 쇠흙손 제물치장 마감으로 시공

- 바탕
  - 구배: 비노출 1/100~1/50, 노출 1/50~1/20
  - 함수율: 8~10% 이내
  - 균열보수 및 누수 보수공사
- Drain
  - 구배 및 위치: 벽체마감에서 Drain중심부까지 300mm 이상 이격
  - 슬래브보다 30mm 낮게 시공
- 모서리
  - 방수층 접착을 위해 L=50~70mm 코너 면잡기
- Parpet
  - 방수면 보다 100mm 높게 이어치기 및 물끊기 시공
- 누름층
  - 신축줄눈의 두께: 60mm 이상
  - 신축줄눈의 폭: 20~50mm
  - 신축줄눈의 간격: 3m 이내
  - 외곽부 줄눈 이격: 파라펫 방수 보호층에서 600mm 이내

6. 옥상녹화 방수

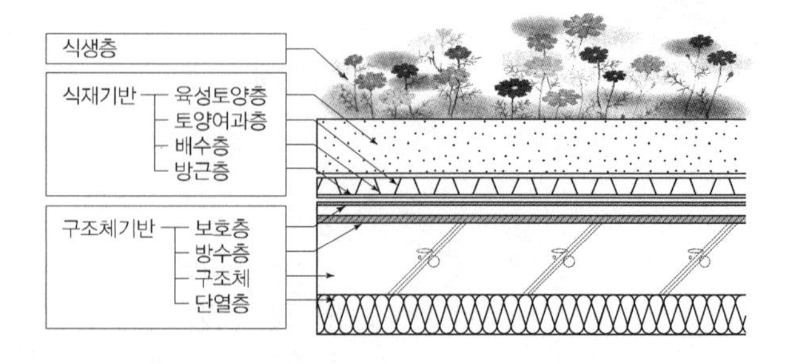

9-5장

설치공사

목공사

성질

Key Point

□ Lay Out
- 목재의 조직과 성질
- 가공 · 함수율
- 유의사항

□ 기본용어
- 목재의 함수율과 흡수율
- 섬유포화점
- 목재건조의 목적 및 방법
- 목재의 방부처리
- 목재의 내화공법

mind map

• 인천에서 특수하게 건조시키면 습진마~

□ 건조종류
- 인공건조
- 천연건조
- 특수건조(제습, 진공, 마이크로파)

mind map

• 가상침도 표면에서 처리~

• 표난대이~

1 목공사

1. 품질관리

1-1. 방부처리

1) 방부제의 종류

구분	종류	특징	용도
유성	Creosote Oil	갈색/ 가격 저렴	구조재, 철도침목, 전주
수용성	페놀류, 무기 플루오르화계 목재방부제(PF)	도장가능/ 청록색	토대의 부패방지
	펜타클로르 페놀구리의 암모니아액	도장가능/무색	방부, 방충처리목재
	크롬, 구리, 비소화합물계 목재 방부제(CCA)	도장가능/녹색	발코니 담장, 옥외 조경물
유용성	펜타클로르페놀(PCP)	도장가능/무색	방부, 방충처리목재, 산업용

2) 방부제 처리법

방 법	내 용
가압 주입법	• 목재를 밀폐된 압력용기에 넣고 감압과 가압을 조합하여 모재의 내부 깊숙이 강제로 주입
상압 주입법	• 방부제 용액에 목재를 침지하는 방법으로 80~100℃ Creosote Oil 속에 3~6시간 침지하여 15mm 정도 침투
침지법	• 상온에서 목재를 Creosote Oil 속에 몇 시간 침지하는 것으로 액을 가열하면 더욱 깊이 침투함. 15mm 정도 침투
도포법	• 목재를 충분히 건조시킨 후 균열이나 이음부 등에 붓이나 솔 등으로 방부제를 도포하는 방법. 5~6mm 침투
표면 탄화법	• 목재의 표면을 약 3 ~ 12mm정도 태워서 탄화시키는 방법

1-2. 내화처리

방 법	내 용
표면처리	• 목재 표면에 모르타르 · 금속판 · 플라스틱으로 피복한다. • 방화 페인트를 도포한다.
난연처리	• 인산암모늄 10%액 또는 인산암모늄과 붕산 5%의 혼합액을 주입한다. 화재 시 방화약제가 열분해 되어 불연성 가스를 발생하므로 방화효과를 가진다.
대단면화	• 목재의 대단면은 화재 시 온도상승하기 어렵다. • 착화 시 표면으로부터 1~2cm의 정도 탄화층이 형성되어 차열효과를 낸다.

유리 · 실링

2 유리 및 실링공사

요구성능

Key Point

□ Lay Out
- 요구성능
- 특성 · 제조방법
- 유의사항

□ 기본용어
- Pair Glass (복층유리)
- 강화유리
- 열선 반사유리
- Low-E유리
- DPG
- 열파손 현상

1. 유리공사

1-1. 재료

1) 판유리(Sheet Glass)

가시광선의 투과율이 크고 자외선 영역을 강하게 흡수하는 성질이 있어 채광투시용 창문에 많이 사용

2) 복층유리(Pair Glass)

두장 이상의 판유리를 Spacer로 일정한 간격을 유지시켜주고 그 사이에 건조 공기를 채워 넣은 후 그 주변을 유기질계 재료로 밀봉·접착하여 제작

3) 강화유리(Tempered Glass)

판유리를 특수 열처리하여 내부 인장응력에 견디는 압축 응력층을 유리 표면에 만들어 파괴강도를 증가시킨 유리

4) 열선반사유리(Solar Reflective Glass)

판유리의 표면에 금속산화물의 얇은 막을 코팅하여 반사막을 입힌 유리

5) 열선흡수유리(Heat Absorbing Glass

판유리에 소량의 산화철, 니켈, 코발트 등을 첨가하면 가시광선은 투과하지만 열선인 적외선이 투과되지 않는 성질을 갖는다.

6) 로이유리(Low Emissivity Glass)

판유리를 사용하여 Ion Sputtering Process으로 한쪽 면에 얇은 은막을 코팅하여 에너지를 절약할 수 있도록 개발된 것이다.

구 분	Soft Low-E 유리	Hard Low-E 유리
Coating 방 법	• Sputtering Process • 기 재단된 판유리에 금속을 다층 박막으로 Coating	• Pyrolytic Process • 유리 제조 공정 시 금속용액 혹은 분말을 유리 표면 위에 분사하여 열적으로 Coating
장 점	• Coating면 전체에 걸쳐 막 두께가 일정하여 색상이 균일하다. • 다중 Coating이 가능하고 색상, 투과율, 반사율 조절이 가능	• Coating면의 내마모성이 우수하여 후 처리가공이 용이 • 단판으로도 사용 가능 • Out-Line System으로 생산
단 점	• 공기 및 유해가스 접촉 시 Coating막의 금속이 산화되어 기능이 상실되므로 반드시 복층유리로만 사용 • 곡 가공이 힘듬	• Coating막이 두껍게 형성되므로 반사율이 높음 • 제조공정 특성상 Pin Hole, Scratch 등 제품 결함 우려 • 생산 Lot마다 색상의 재현이 힘듬

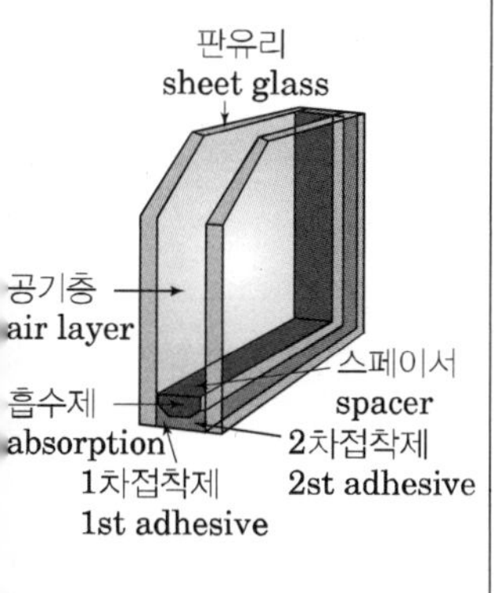

[복층유리]

□ 연화점(Softening Point)
- 유리가 유동성을 가질 수 있는 온도를 의미하며, 일반 소다석회 유리의 경우 약 650℃~700℃

□ Heat Shock Test실시
- 강화유리를 Oven에 넣고 280~290℃ 온도로 8시간 가열하여 파손 가능성이 높은 강화유리를 미리 파손시킴

유리 · 실링

1-2. 시공

1) SSG 공법(Structural Sealant Glazing System)

유리를 구조용 실런트(Structural Sealant)를 사용해서 실내측 지지틀에 접착시켜 고정하는 방법이다.

- 2변지지: 2변은 새시로지지, 다른 2변을 실링재로 지지
- 4변지지: 판유리의 4변을 모두 실링재로 금속 멀리온에 지지

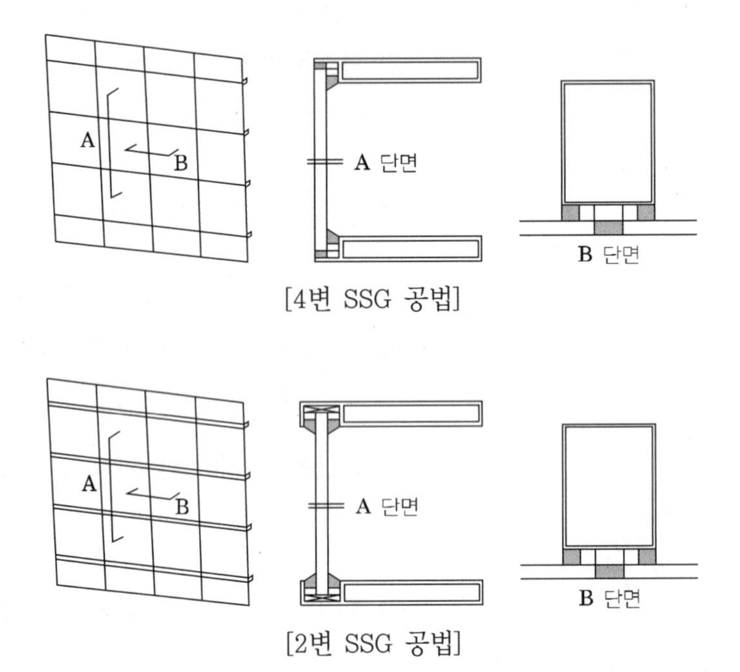

[4변 SSG 공법]

[2변 SSG 공법]

유리의 열파손

- 열에 의해 유리에 발생되는 인장 및 압축응력에 대한 유리의 내력이 부족한 경우 균열이 발생하며 깨지는 현상

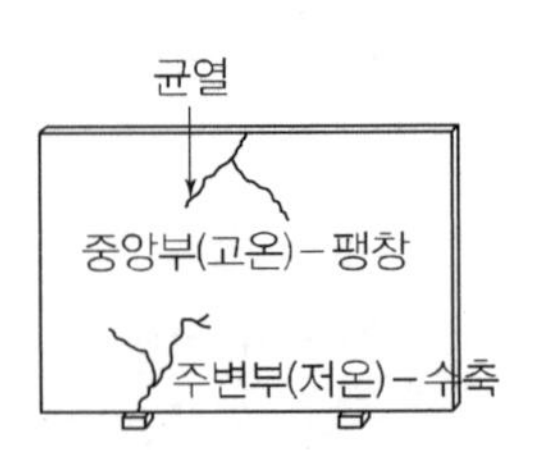

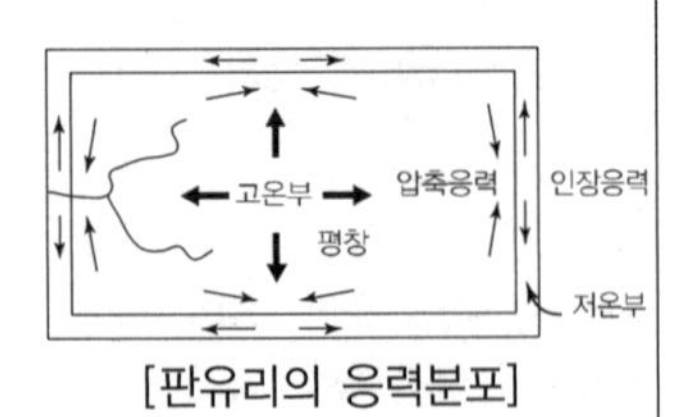

[판유리의 응력분포]

2) DPG 공법(Dot Point Glazing System), SPG

특수 가공한 볼트를 접시머리 모양으로 가공된 홀에 결합시킨 판유리를 서로 접합

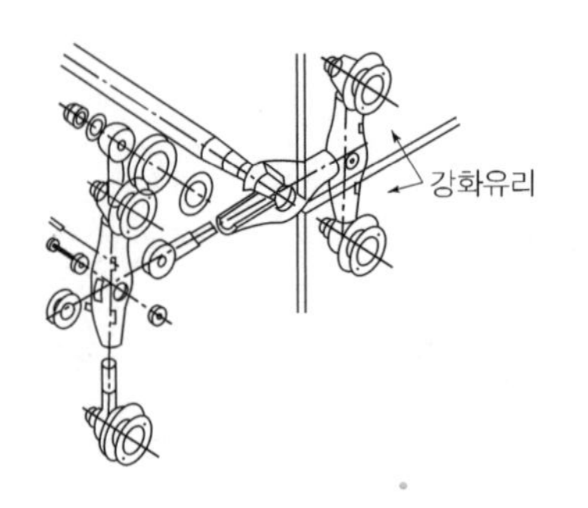

유리 · 실링

2. 실링공사

접착력

Key Point
□ Lay Out - 요구성능 - 특성 · 기준 - 유의사항 □ 기본용어 - Bond Breaker

□ 작업조건
- 온도: 피착체의 표면온도가 50℃ 이상
- 기온: 5℃ 이하 또는 30℃ 이상
- 습도: 85% 이상
- 풍속: 10m/sec

□ E: 자재의 열 수축팽창
길이(mm)=최대 거동+자재의 열팽창계수×자재길이×예상최대 온도변화

□ M: 실링재의 거동 허용률(%)

□ T: Joint 허용오차
- 콘크리트: 4mm
- 금속: 3mm

줄눈폭 (W)	일반줄눈	Glazing 줄눈
W≥15	1/2~2/3	1/2~2/3
15>W≥10	2/3~1	2/3~1
10>W≥6	-	3/4~4/3
최소 6mm 이상, 최대 20mm 이내		

일반적으로 1/2≤W≤1의 범위
[줄눈의 깊이(D)]

1) Back Up재

① Joint 폭보다 3~4mm 큰 것으로 설치
② 실링재의 두께를 일정하게 유지하도록 일정한 깊이에 설치

2) 마스킹 테이프

① 줄눈면의 선 마무리
② 프라이머 도포 전, 정해진 위치에 곧게 설치

3) 프라이머 도포

① 함수율 7% 이하
② 사용시간: 5~20℃에서 30분, 8시간 내에 작업 완료
20~60℃에서 20분, 5시간 내에 작업완료

4) 실링재의 접착 방법 - 2면접착 시공

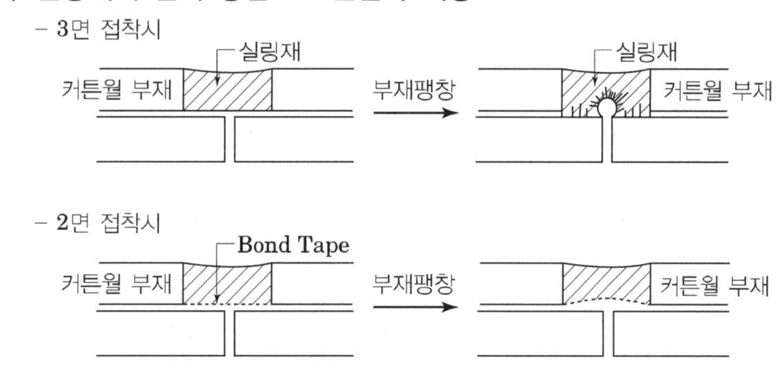

5) 줄눈폭(W)의 산정식

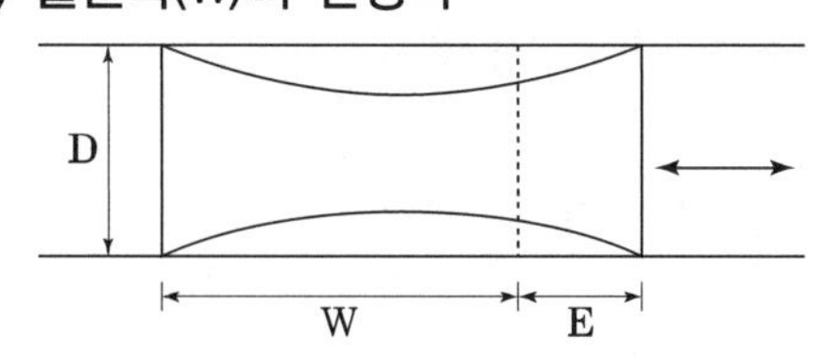

$$W = \frac{E}{M} \times 100 + T$$

(단, $W > 2 \times E$ 를 만족할 것)

6) 시공순서

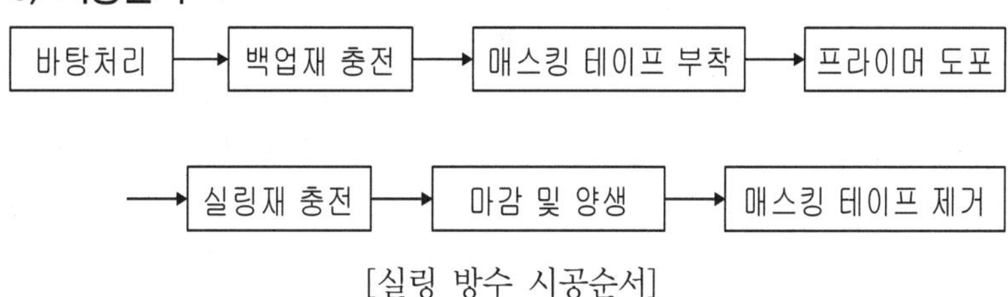

[실링 방수 시공순서]

창호공사

3 창호 공사

1. 요구성능

- **내풍압**
  건축물의 높이, 형상, 입지조건
- **수밀성**
  Sash 틈새에서 빗물이 실내측으로 누수 되지 않는 최대 압력차
- **기밀성**
  Sash내.외 압력차가 10~100N/㎡(해당풍속 4~13m/s)일 때 공기가 새어나온 양(㎥/h㎡)
- **차음성**
  기밀이 필요한곳
- **단열성**
  열관류저항으로 일정기준 이상이어야 한다.
- **방화성**
  방화, 준방화 지역에서 연소의 우려가 있는 부위의 창

2. 하자 발생유형

① 주변과의 마감불량
② Door 휨
③ Door Closer 흔들림, Door Lock 작동불량, Door Stopper 흔들림
④ 단열, 누수, 결로
⑤ 흠집 및 오염

3. 하자 방지대책

- **설계 및 계획**
  ① 하드웨어 설치보강
  ② 표면재질 검토
  ③ 도어의 크기검토
  ④ 표면마감 검토
- **재료**
  ① 하드웨어 종류
  ② 문틀재질
- **시공**
  ① 보강재시공
  ② 고정방법 및 위치
  ③ 수직수평

수장공사

마감기준

Key Point

□ Lay Out
- 요구성능
- 제작 · 설치기준
- 유의사항

□ 기본용어
- 드라이월 칸막이
- 시스템 천장
- Access Floor

□ Extrusion Lightweight (압출성형 경량콘크리트패널)
- 시멘트, 규산질 원료, 골재, 광물섬유 등을 사용하여 진공 압출성형한 제품으로, 주로 외벽에 사용되는 베이스 패널
- 흡수율 18% 이하
- 휨강도 14Mpa 이상

4 수장 공사

1. 경량철골 벽체

1-1. 성능기준

1) 내화구조의 성능기준

건축물의 용도별 높이 층수에 따라 부위별로 화재 시 피난. 방화구조 등의 기준에 적합한 구조성능 발휘

2) 차음구조

구분	경계벽 두께	칸막이벽 두께
RC 또는 SRC	15cm 이상(미장두께 포함)	10cm 이상
무근 콘크리트조, 석조	20cm 이상(미장두께 포함)	10cm 이상(미장두께 포함)
조적조	20cm 이상(미장두께 포함)	19cm 이상
경량벽체	차음성능 인정구조	

1-2. 설치기준

1) Stud 및 Runner 설치기준

① 수평개구부 보강: C-60×30×10×2.3, 폭1,800 초과 시 Double Runner
② 수직개구부 보강: Slab바닥에서 상층 Slab면 또는 보 밑까지 연결
③ 보강 Channel: 높이3m 이상인 경우 @1,200
④ 하부 Runner: @450~600 간격으로 고정

2) 석고보드 및 기타

① 보드의 가장자리 부위에서 안쪽으로 10mm정도 선을 따라 고정
② 보드의 중앙부분 부터 고정시킨 후 점차 가장자리 부위를 고정
③ Control Joint는 9~12m 이내로 설치하고 문 상부는 천장 +100mm 까지 설치
④ Zig-Zag로 설치
⑤ 중량물 부착부위 보강, 기타 기계. 전기부착물 시공부위 및 연결부위 시공

수장공사

2. 경량철골 천장

- M-bar설치
  ① 간격: 300mm 전후
  ② Board의 Joint부에는 Double Bar를 사용
- 보강공사
  Shop Drawing을 그려 보강위치 및 방법을 사전에 검토
- 마감재 붙이기
  ① 석고보드의 긴쪽 가장자리가 M-Bar와 직각이 되도록 부착
  ② 보드와 보드의 이음매는 Double Bar의 가운데 위치하게하며, 주변 보드의 이음매와 엇갈리게 부착
  ③ 나사못 간격은 보드 중앙부는 300mm 간격, 이음매 부위에서는 보드 가장자리 안쪽 10mm 정도 선을 따라 200mm 간격으로 시공

3. 도배공사

- 기본원칙
  ① 이음부는 맞댄이음을 하여 이음선이 나타나지 않게 한다.
  ② 상하 좌우의 무늬 및 색상이 동일하고, 바탕선 처리 필수
- 벽체도배(봉투바름 시공법)
  ① 바탕처리: 정배지의 Texture를 감안해서 결정
  ② 부직포 시공 및 도배지 폭에 맞춰 초배지 봉투바름
  ③ 정배지 시공: 도배지 4면 주위만 풀칠하고 중앙부는 물칠
- 천장도배
  ① 나사못이 돌출되지 않고 석고보드의 단이지지 않도록 시공
  ② 석고보드 이음부 초배지 시공

4. 바닥재 공사

Roll형 PVC바닥, 마루판, Access Floor

9-6장

기타 및 특수재료

지붕공사

[1] 지붕공사

요구성능

Key Point

☐ Lay Out
- 요구성능
- 가공 · 이음 · 고정
- 유의사항

☐ 기본용어
- 요구성능
- 금속기와

1. 금속기와

1-1. 시공 시 유의사항

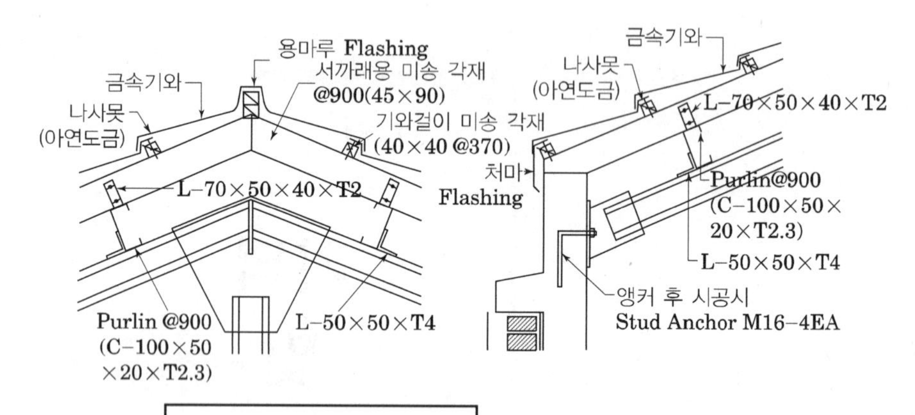

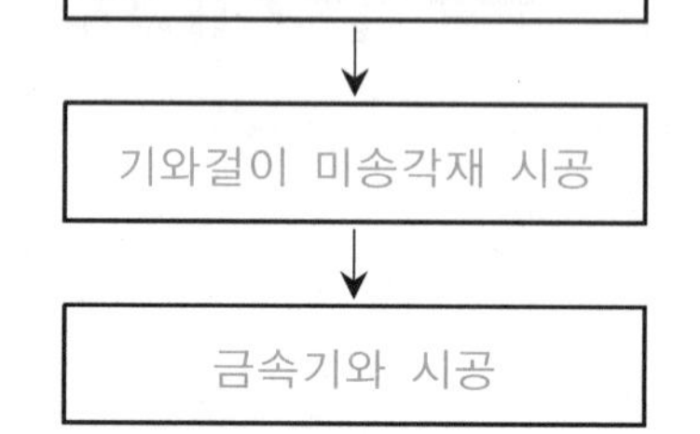

- 경량철골 설치 후 @900mm 간격으로 설치
- 이음 시 엇갈린 위치로 서까래 위에서 맞댄이음 처리
- 처마 끝에서 상부 방향으로 시공

금속기와의 고정은 금속기와 고정못으로 정면이 하향으로 꺾인 부분에 못을 수평으로 박아 그 아래에 있는 기와걸이 각재에 못이 박혀 고정

2. 아스팔트 싱글

1-1. 시공 시 유의사항

① 바탕면 건조 후 시공
② 시공하루 전 프라이머 도포
③ 작업순서는 처마에서 용마루방향으로 시공
④ 찢어진 곳 상부 30mm 위치 못 고정
⑤ 첫단 및 동판 Flashing 부위 등의 싱글 끝 부분은 반대방향으로 시공
⑥ 싱글 시공 후 동판, 싱글 접합부위는 실링처리

지붕재의 요구성능

- 내화성
- 내풍압성
- 내수성
- 방수성
- 내열성
- 보수의 용이성

금속공사

2 금속공사

1. 부식과 방식

1-1. 부식

1-1-1. 개요

- 부식(Corrosion)이란 금속재료가 접촉환경과 반응하여 변질 및 산화, 파괴되는 현상
- 부식은 부식환경에 따라서 습식부식(Wet Corrosion)과 건식 부식(Dry Corrosion)으로 대별되며, 다시 전면 부식과 국부 부식으로 분류된다.

1-1-2. 부식의 종류

1) 전면 부식

금속 전체 표면에 거의 균일하게 일어나는 부식으로 금속자체 및 환경이 균일한 조건일 때 발생한다.

2) 공식(孔蝕 ; Pitting)

스테인리스강 및 티타늄과 같이 표면에 생성 부동태막에 의해 내식성이 유지되는 금속 및 합금의 경우 표면의 일부가 파괴되어 새로운 표면이 노출되면 일부가 용해되어 국부적으로 부식이 진행된 형태

3) 틈부식(Crevice Corrosion)

금속표면에 특정물질의 표면이 접촉되어 있거나 부착되어 있는 경우 그 사이에 형성된 틈에서 발생하는 부식

4) 이종 금속 접촉 부식(Galvanic Corrosion)

이종금속을 서로 접촉시켜 부식환경에 두면 전위가 낮은쪽의 금속이 전자를 방출(Anode)하게 되어 비교적 빠르게 부식되는 현상

동종의 금속을 사용하거나 접합 시 절연체를 삽입

1-2. 방식

1-2-1. 방식 방법

1) 금속의 재질변화

열처리 냉간가공 및 스테인리스사용

2) 부식환경의 변화

산소 및 수분제거

3) 전위의 변화

전위차 방지를 위한 비전도체 설치

4) 금속표면 피복법

가장 일반적으로 사용되는 방법으로 금속피복, 비금속 피복 등으로 분류되며 일반적으로 Paint를 바르는 방법이다.

기타공사

3 기타 공사

1. 층간방화 구획

1-1. 설치기준

기준1 : 층별 구획　　　기준2 : 바닥면적별 구획

1. 바닥면적 200m² 이내마다 구획 (600m²)
2. 내장재가 불연재일 경우 500m² 이내마다 구획 (1,500m²)

층마다 구획　11층　10층　　11층 이상　10층 이하

바닥면적 1,000m² 이내마다 구획 (3,000m²)

※ ( ) : 스프링클러, 자동식 소화설비 설치한 경우

1-2. 시공

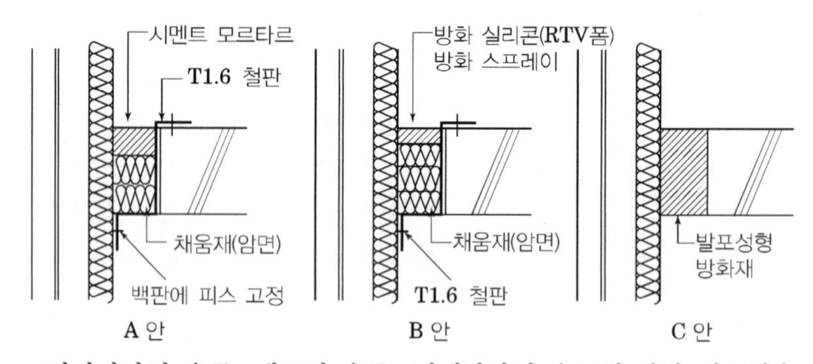

바닥마감의 유무, 팬코일 유무, 벽체마감의 유무에 따라 별도적용

2. Clean Room공사

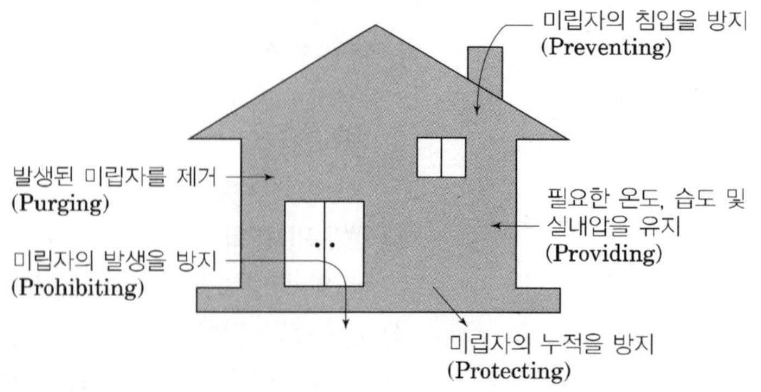

진입장지, 발진방지, 신속하게 배출, 분진퇴적방지, 신청정 유지

□ 방화구획
- 방화구획(fire-fighting partition)은 화염의 확산을 방지하기 위하여 건축물의 특정 부분과 다른 부분을 내화구조로 된 바닥, 벽 또는 갑종 방화문3(자동방화셔터 포함)으로 구획하는 것이다. 주요구조부가 내화구조 또는 불연재료로 된 건축물로서 연면적이 1,000㎡를 넘는 것은 방화구획을 하여야 한다.(「건축법」 제49조 제2항, 동법시행령 제46조 제1항)

□ 방화구획 강화(19.07.30)

◈가연성 외장재 사용금지 확대 : 6층 이상 → 3층 이상, 피난약자 이용 건축물 등

◈ 층간 방화구획 전면 확대 : 3층 이상인 층과 지하층 → 모든 층

◈ 이행강제금 부과기준 상향 조정 : 시가표준액 3/100 → 시가표준액 10/100

9-7장

실내환경

열환경

1 열환경

성능

Key Point

□ Lay Out
- 열이동 및 전달 원리
- 단열재의 종류 · 효과
- 단열공법
- 유의사항

□ 기본용어
- 열전도율
- 열관류율
- 내단열과 외단열
- 결로
- 방습층

□ 열의 대류(Convection)
- 물체중의 물질이 열을 동반하고 이동하는 경우로 기체나 액체에서 발생한다. 즉, 고체의 표면에서 액체나 기체상의 매체에서 또는 유체에서 고체의 표면으로 열이 전달되는 형태

□ 열의 복사(Radiation)
- 고온의 물체표면에서 저온의 물체표면으로 복사에 의해 열이 이동하는 것

□ 열전달률
- 유체와 고체 사이에서의 열이동을 나타낸 것으로, 공기와 벽체 표면의 온도차가 1℃일 때 면적 1㎡를 통해 1시간 동안 전달되는 열량

창의 단열성능 영향요소

- 유리 공기층 두께
- 유리간 공기층의 수량
- 로이코팅 유리
- 비활성가스(아르곤) 충전
- 열교차단재(폴리아미드, 아존)
- 창틀의 종류

1. 단열(Thermal Insulation)

1-1. 단열재의 요구조건

① 열전도율, 흡수율, 수증기 투과율이 낮을 것
② 경량이며, 강도가 우수할 것
③ 내구성, 내열성, 내식성이 우수하고 냄새가 없을 것
④ 경제적이고 시공이 용이할 것

1-2. 단열재의 종류

- 저항형: 다공질 또는 섬유질의 기포성 재료
- 반사형: 알루미늄 박판
- 용량형: 중량 구조체

1-3. 종류

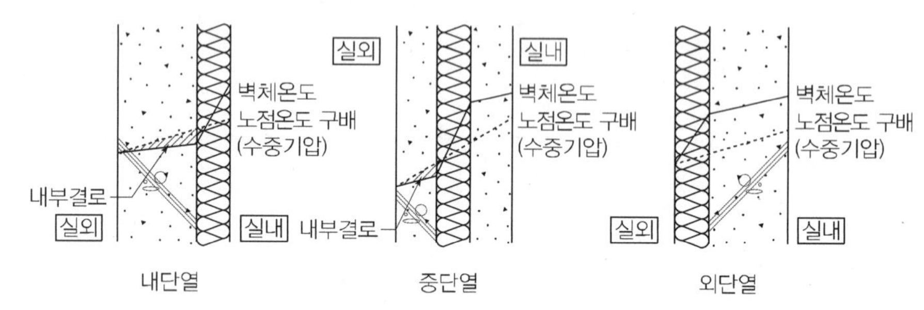

구 분	내단열	외단열
실온 변경	실온 변동과 난방 정지 시 실온 강하가 외단열에 비해 크다.	건물 구조체가 축열제의 역할을 함으로 실내의 급격한 온도 변화가 거의 없다.
열교 발생	구조체의 접합부에서 단열재가 불연속되어 열교가 발생하기가 쉽다.	열교 발생이 거의 없다.
구체에 대한 영향	지붕이나 구체에 직접 광선을 받으므로 상하온도에 시간적 차이가 발생하는데 낮에는 10℃ 이상 차이가 나므로 큰 열응력을 받아 크랙 등의 원인이 된다.	직사광선에 의한 열을 지붕 슬래브나 구체에 전달하지 않으므로 지붕 슬래브의 상하 온도차는 한여름 낮에도 3℃ 이하이므로 구체가 받는 열응력은 매우 작아 구체를 손상시키지 않는다.
표면 결로	실내 표면의 온도차가 커서 결로 발생 가능성이 크다.	외기 온도의 영향으로부터 급격한 온도 변화가 없어 열적으로 안전하여 결로 발생이 거의 없다.
난방 방식과의 관계	사용 시간이 짧아 단시간 난방이 필요한 건물에 유리하다.	구조체 축열에 시간이 소요되어 단시간 난방이 필요한 건물에는 불리하다.

열환경

세부 용어

□ 습공기 선도
- 습공기의 상태를 결정할 수 있는 표

□ 절대습도
- 공기 중에 포함되어 있는 수증기의 중량으로 습도를 표시하는 것으로 건조공기 1kg을 포함한 습공기 중의 수증기량으로 표시

□ 수증기 분압
- 수증기 분자는 분자끼리 구속이 없으며 밀폐된 형태의 건물 내에 존재하면 분자가 주위의 벽에 빠른 속도로 충돌한 뒤 튕겨 나오게 되는데 이러한 현상을 말함

□ 포화수증기압
- 공기 중에 포함되는 수증기의 양은 한도가 있는데 이것은 습도나 압력에 따라 다르며 이 한도까지 수증기량을 포함한 상태의 공기를 포화 공기라 하며, 이때의 수증기압을 말함

□ 상대습도
- 습공기의 수증기 분압과 그 온도에 의한 포화공기의 수증기 분압과의 비를 백분율로 나타낸 것

□ 노점온도(이슬점 온도)
- 습공기의 온도를 내리면 어떤 온도에서 포화상태에 달하고, 온도가 더 내려가게 되면 수증기의 일부가 응축하여 물방울이 맺히게 되는 현상

2. 결로(Condensation)

2-1. 결로 발생조건

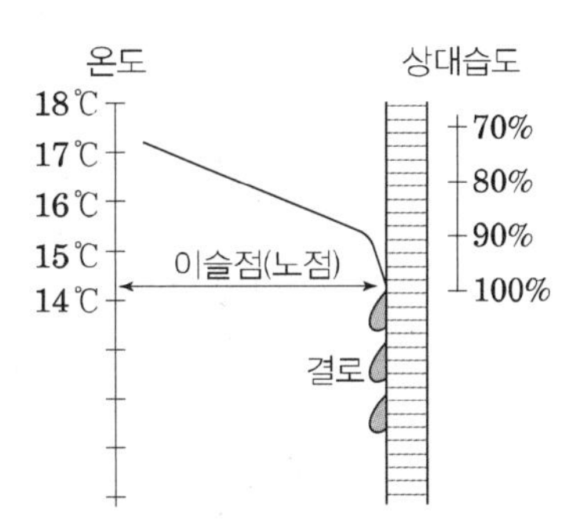

결로 발생원인은 실내온도는 낮고 상대습도가 높은 경우 발생

2-2. 결로 발생 Mechanism - 포화 수증기 곡선

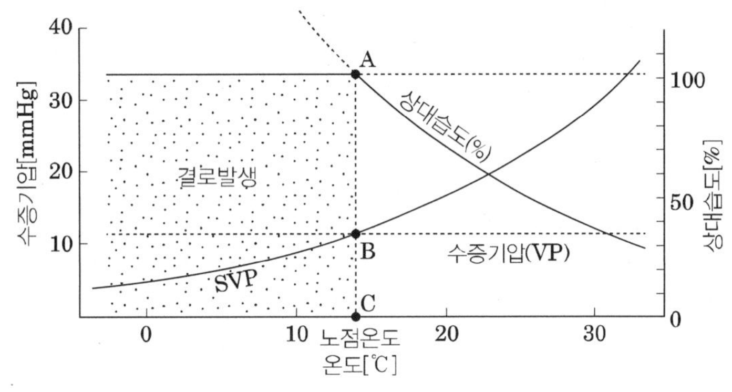

A점과 같이 상대습도가 100%이며, B점과 같이 수증기압과 포화수증기압이 같은 지점에서 결로가 발생

2-3. 결로의 종류

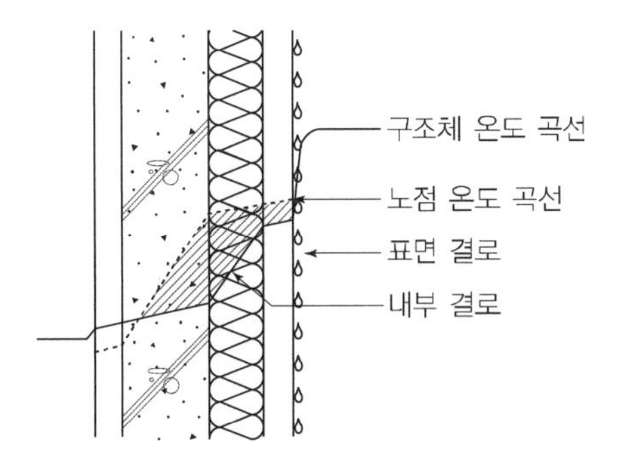

- 표면결로: 건물의 표면온도가 접촉하고 있는 노점온도 보다 낮을 때
- 내부결로: 벽체내의 노점온도 구배가 구조체의 온도구배 보다 높을 때

2-4. 결로 발생원인

① 실내외 온도차
② 생활습관에 의한 환기 부족
③ 시공 불량(부실시공, 하자)
④ 실내 습기의 과다 발생
⑤ 구조재의 열적 특성

2-5. 결로 방지대책

1) 환기(Ventilation)

① 환기는 습한 공기를 제거하여 실내의 결로를 방지한다.
② 습기가 발생하는 곳에 환풍기 설치
③ 부엌이나 욕실의 환기창에 의한 환기는 습기가 다른 실로 전파되는 것을 막기 위해 자동문을 설치하는 것이 좋다.

2) 난방(Heating)

① 난방은 건물 내부의 표면온도를 올리고 실내온도를 노점온도 이상으로 유지시킨다.
② 가열된 공기는 더 많은 습기를 함유할 수가 있고 차가운 표면상에 결로로 인하여 발생한 습기를 포함하고 있다가 환기 시 외부로 배출하면서 결로를 제거한다.
③ 난방 시 낮은 온도에서 오래하는 것이 높은 온도에서 짧게 하는 것보다 좋다.

3) 단열(Insulation)

① 단열은 구조체를 통한 열손실 방지와 보온 역할을 한다.
② 조적벽과 같은 중량구조의 내부에 위치한 단열재는 난방 시 실내 표면온도를 신속히 올릴 수 있다.
③ 중공벽 내부의 실내측에 단열재를 시공한 벽은 외측부분이 온도가 낮기 때문에 이곳에 생기는 내부결로 방지를 위하여 고온측에 방습층의 설치가 필요하다.

열환경

세부 용어

□ Heat/Thermal Bridge
- 벽, 바닥 slab, 지붕 등의 구조체에 단열재 시공이 연속되지 못하고 끊기는 열적취약부위가 있는 경우 실내의 열기가 직접 구조체를 통해 따뜻한 실내에서 차가운 실외로 이동하는 현상이다.

□ Cold Bridge
- 냉교는 벽, 바닥 slab, 지붕 등의 구조체에 단열재 시공이 연속되지 못하고 끊기는 열적취약부위가 있는 경우 실외의 냉기가 직접 구조체를 통해 차가운 실외에서 따뜻한 실내로 이동하는 현상이다.

□ 방습층(Vapor Barrier)
- 구조체에 발생하는 내부결로의 위험은 습한 공기가 구조체 내로 침투하는 것을 방지함으로써 막을 수 있다.
- 방습층(Vapor Barrier)은 수증기 투과를 방지하는 투습저항이 큰 건축재료의 층이다.

Memo

음환경

□ 흡음력

- 흡음은 재료표면에 입사하는 음에너지가 마찰저항, 진동 등에 의해 열에너지로 변하는 현상이다.

□ 판상형

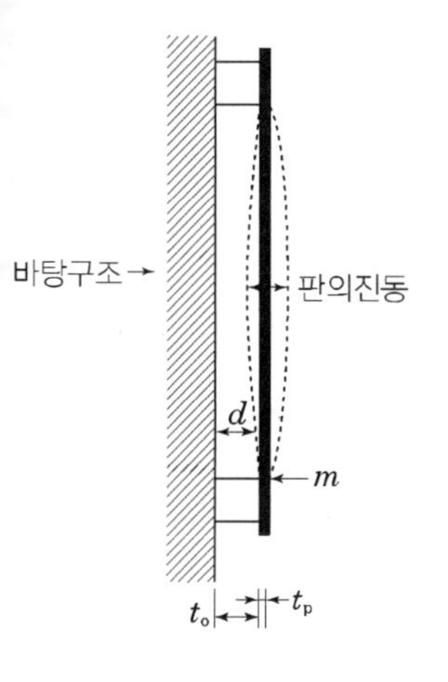

2 음환경

1. 흡음과 차음

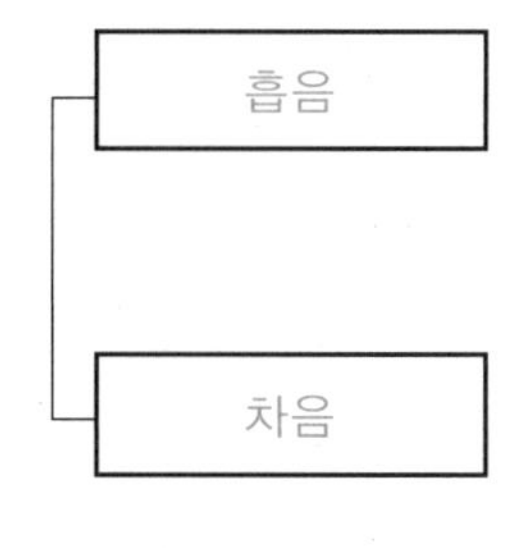

· 음의 Energy가 구조체나 부재의 재료표면 등에 부딪혀서 침입된 소음을 흡음재나 공명기를 이용하여 에너지가 반사하는 것을 감소시시는 것

· 음의 Energy에 진동하거나 진동을 전하지 않는 차음재를 사용하여 음의 에너지를 한 공간에서 다른 공간으로 투과하는 것을 감소시키는 것

1) 흡음재료의 구분

- 다공성 흡음재: Glass Wool
- 공명기형 흡음재: 공동구멍이 있는 재료
- 판상형 흡음재: 합판, 섬유판, 석고보드

2) 시공 시 고려사항

① 흡음률은 시공할 때 배후 공기층 상황에 따라 변화됨으로 시공할 경우와 동일 조건의 흡음률을 이용해야함

② 부착 시 한곳에 치중되지 않게 전체 벽면에 분산부착

③ 모서리나 가장자리부분에 흡음재를 부착시키면 효과적

④ 흡음섬유 등은 전면을 접착재로 부착하는 것보다 못으로 시공하는 것이 효과적

⑤ 다공질 재료는 산란되기 쉬우므로 얇은 천으로 피복해야 흡음률이 증대된다.

⑥ 다공질 재료의 표면을 도장하면 고음역 소음은 흡음률이 저하되므로 개공률 20% 이상으로 해야 한다.

⑦ 다공질 재료는 표면에 벽지 등의 종이를 입히는 것을 피한다.

1-2-2. 차음공사

1) 차음재료의 구분

구 분	종 류
단일벽(일체진동벽)	콘크리트벽, 벽돌벽, 블록벽 등
이중벽(다공질 흡음재료충진)	석면, 슬레이트판, 목모 시멘트판, 베니어판
샌드위치패널	Glass Wool, Rock Wool, 스치로폴, 우레탄, 하니컴, 합판
다중벽(3중벽 이상)	단일벽을 여러겹으로 설비

음환경

성능

Key Point

□ Lay Out
- 소음전달 원리
- 흡음 · 차음
- 소음범위 및 기준
- 유의사항

□ 기본용어
- 층간소음
- 뜬바닥 구조
- 흡음과 차음

세부 용어

□ 바닥 충격음 차단구조
- 바닥충격음 차단구조의 성능등급을 인정하는 기관의 장이 차단구조의 성능[중량충격음(무겁고 부드러운 충격에 의한 바닥충격음을 말한다) 50데시벨 이하, 경량충격음(비교적 가볍고 딱딱한 충격에 의한 바닥충격음을 말한다) 58 데시벨 이하]을 확인하여 인정한 바닥구조를 말한다.

□ 표준바닥 구조
- 중량충격음 및 경량충격음을 차단하기 위하여 콘크리트 슬라브, 완충재, 마감 모르타르, 바닥마감재 등으로 구성된 일체형 바닥구조를 말한다.

2. 층간소음

2-1. 구분

- 직접충격 소음 · 뛰거나 걷는 동작 등으로 인하여 발생하는 소음
- 공기전달 소음 · 텔레비전, 음향기기 등의 사용으로 인하여 발생하는 소음

2-2. 층간소음의 기준 〈환경부령 제559호, 국토교통부령 제97호, 2014.6.3.〉

층간소음의 구분		층간소음의 기준 [단위: dB(A)]	
		주간 (06:00 ~ 22:00)	야간 (22:00 ~ 06:00)
직접충격 소음	1분간 등가소음도 (Leq)	43	38
	최고소음도 (Lmax)	57	52
공기전달 소음	5분간 등가소음도 (Leq)	45	40

① 1개 지점 이상에서 1시간 이상 측정하여야 한다.
② 최고소음도(Lmax)는 1시간에 3회 이상 초과할 경우 그 기준을 초과한 것으로 본다.

2-3. 표준바닥구조

1) 표준바닥 구조-1

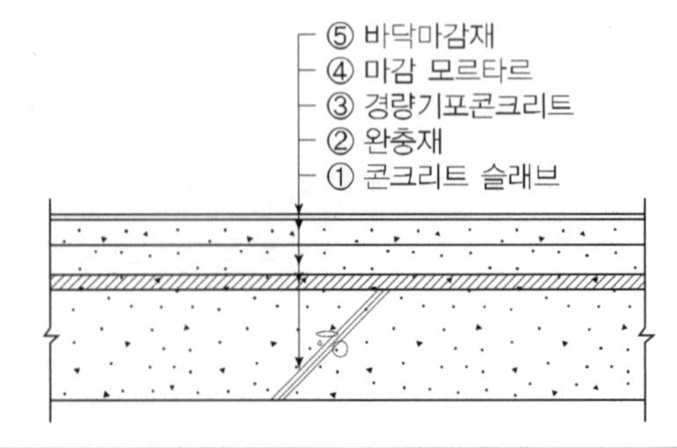

구조	콘크리트 슬래브	완충재	경량기포콘크리트	마감모르타르
벽식 및 혼합구조	210mm	20mm 이상	40mm 이상	40mm 이상
라멘구조	150mm			
무량판구조	180mm			

음환경

2) 바닥충격음 차단성능의 등급기준

① 경량충격음 (단위: dB)

등급	역A특성 가중 규준화 바닥충격음레벨
1급	$L'_{n,AW} \leq 43$
2급	$43 < L'_{n,AW} \leq 48$
3급	$48 < L'_{n,AW} \leq 53$
4급	$53 < L'_{n,AW} \leq 58$

② 중량충격음 (단위: dB)

등급	역A특성 가중 바닥충격음레벨
1급	$L'_{i,Fmax,AW} \leq 40$
2급	$40 < L'_{i,Fmax,AW} \leq 43$
3급	$43 < L'_{i,Fmax,AW} \leq 47$
4급	$47 < L'_{i,Fmax,AW} \leq 50$

측정 기계

□ Tapping Machine
- 비교적 가볍고 딱딱한 소리, 성인이 구두를 신고 보행할 경우 발생

□ Bang Machine
- 국내표준 중량 충격원
- 무겁고 부드러운 소리
- 충격음의 지속시간이 길고 큰 충격력을 가지는 소음을 모사
- 7.3kg의 타이어를 1m 높이에서 떨어뜨리는 것으로 충격량이 420kg수준

□ Impact ball
- 뱅머신의 단점을 보완하여 개발
- 1m 높이에서 자유낙하 하여 충격음 발생
- 2.5kg 고무공을 1.2m 높이에서 떨어뜨리는 방법으로 충격량이 150~250kg 수준

2-5. 층간소음 저감대책

1) 뜬바닥구조(Floating Floor)

바닥 Slab에 충격을 가하였을 때 발생되는 고체 전달음이 구조체를 따라 전달되지 않도록 하기 위해서, 바닥 자체를 구조체의 바닥 Slab와 분리시켜 띄운 바닥구조

2) Slab 조건의 변화

표준바닥구조 적용

3) 이중천장의 설치

공기층을 충분히 하고 천장재의 면밀도를 크게 하여 방진지지 하면 바닥충격음레벨을 감소시킬 수 있다.

4) 층간소음재 밀실시공

층간소음재 부착 시 틈이 없이 밀실시공

5) 설비소음

① 덕트내의 흡음재 시공
② 원형덕트 사용으로 감소
③ 송풍기에 흡음장치 및 소음기 설치
④ 파이프 샤프트의 취치 및 설비 코어의 위치, 급수기구와 위생기구의 부착위치 조정
⑤ 급수압 및 배수량 설정
⑥ 저소음 엘보 및 3중 엘보 사용

실내공기 환경

요구성능

Key Point

□ Lay Out
- 요구성능 · 오염물질
- 실내공기질 · 환기
- 저감방안

□ 기본용어
- 실내공기질 관리
- 건물의 환기
- Bake out

Bake Out 시행기준

□ 정의
- 베이크 아웃은 실내 공기온도를 높여 건축자재나 마감재료에서 나오는 유해물질의 배출을 일시적으로 증가시킨 후 환기시켜 유해물질을 제거하는 것

□ 사전조치
- 모 외기로 통하는 모든 개구부(문, 창문, 환기구 등)을 닫음
- 수납가구의 문, 서랍 등을 모두 열고, 가구에 포장재(종이나 비닐 등)가 씌워진 경우 이를 제거하여야 함

□ 절차
- 1) 실내온도를 33~38℃로 올리고 8시간 유지
- 2) 문과 창문을 모두 열고 2시간 환기
- 1), 2) 순서로 3회 이상 반복실시

- 입주 7일전까지 (문과 창문을 모두 닫고 집안온도를 30℃ 이상 높여 5시간 이상 유지한 후 환기를 수회 반복해 오염물질을 제거하는 방법

3 실내공기 환경

1. 실내공기오염 저감 및 개선방안

1. 의무기준 – 건강친화형 주택 건설기준

- 친환경 건축자재의 적용(실내공기 오염물질 저방출 자재 적용)
- Flush Out 실시
- 효율적인 환기성능 확보(자연, 기계, 하이브리드 환기)
- 건축자재, 접착제 시공관리기준 준수

1) 접착제 시공 관리기준

접착제를 시공할 때에 발생하는 오염물질의 적절한 외부배출 대책을 수립할 것(환기·공조시스템 가동중지 및 급·배기구를 밀폐한 후 자연통풍 실시 또는 배풍기 가동)

2) 도장공사 관리기준

① 오염물질의 적절한 외부배출 대책을 수립할 것(환기·공조시스템 가동중지 및 급·배기구를 밀폐한 후 자연통풍 실시 또는 배풍기 가동)

② 뿜칠 도장공사 시 오일리스 방식 컴프레서, 오일필터 또는 저오염오일 등 오염물질 저방출 장비를 사용할 것

2. 권장기준 – 건강친화형 주택 건설기준

- 흡방습 건축자재는 모든 세대에 친환경에 적합한 건축자재를 거실과 침실 벽체 총면적의 10% 이상을 적용할 것
- 흡착건축자재는 모든 세대에 친환경에 적합한 건축자재를 거실과 침실 벽체 총 면적의 10% 이상을 적용할 것
- 항곰팡이 및 항균 건축자재는 모든 세대에 친환경에 적합한 건축자재를 발코니·화장실·부엌 등과 같이 곰팡이 발생이 우려되는 부위에 총 외피면적의 5% 이상을 적용할 것

3. 기타

- 공기청정기(Air Purifier, Cleaner)
- 실내공기 정화식물

Flush Out 시행기준

□ 정의
- 대형 팬 또는 기계 환기설비 등을 이용하여 신선한 외부공기를 실내로 충분히 유입시켜 실내 오염물질을 외부로 신속하게 배출시키는 것을 의미

□ 시행시기
- 모든 실내 내장마감재 및 붙박이 가구 등을 설치한 이후부터 입주자가 입주하기 전까지의 기간

□ 외기유입량
- 세대별로 실내 바닥면적 1제곱미터당 400세제곱미터 이상의 신선한 외부공기를 지속적으로 공급할 것

□ 적용방법
- 실내온도는 섭씨 16도 이상, 실내 상대습도는 60% 이하로 유지하여 실시하는 것을 권장

CHAPTER

10

건설 사업관리

10-1장

건설산업과 건축생산

건설산업의 이해

1 건설산업의 이해

건설산업 이해

Key Point

□ Lay Out
- 특수성
- 환경변화
- 이슈와 동향
- 부실시공 · 경쟁력 강화
- 생산체계

□ 기본용어
- KISCON
- 건설공사 사후평가제
- 부실과 하자
- 신기술지정 제도

이슈와 동향

- 친환경을 고려한 지속가능한 개발
- Project Financing이 Project 성공의 중요한 요소
- 자재수급은 전자거래를 통해 구매
- 최고가치를 추구하는 방향으로 입낙찰제도가 변하고 있음
- SOC사업의 다양화
- 시설물에 대한 Life Cycle을 고려하여 설계, 시공, 성능의 검토
- 공장제작, 기계화, 자동화
- BIM을 활용한 설계 Process 변화
- 3D 프린팅 기술
- Smart Phone을 활용한 IT기술 확대

1. 건설산업의 주체(Player)

- 발주자
- 설계자
- 시공자
- 감리자
- 기타: CM

2. 대응전략

2-1. 경쟁력 확보방안

1) 제도

① 입찰 및 PQ
② 신기술, 신공법제도 정비
③ 종합조정기구를 통한 건설제도 개편 및 한시적 보완
④ 건설 보증 및 금융여건의 개선

2) 정책

① SOC사업의 확대
② 지역 균형개발 및 지역경제 활성화를 위한 투자확대
③ 인력양성과 교육 활성화
⑤ 선진형 건설 Project 수행기법의 도입·정착

3) 기술 및 관리

① 설계, 생산, 시공, 공정, 품질, 원가관리에서의 IT기술 활용
② 기술 및 관리 인력의 전문화
③ 친환경 기술 정착
④ 에너지 절약기술
⑤ 공장생산의 확대
⑥ 시공의 자동화 및 Robot화

3. 주요 경영혁신 기법

- 전사적 품질경영 Total Quality Management
- 적시생산 방식 Just In Time
- Bench Marking
- Business Process Reengineering
- Six Sigma Management

건축생산체계

2 건축생산체계

mind map

- Pro 기타는 기본을 상세하게 조달하니 시운전을 인도에서 유지해도 된다~

1. 건설 생산 방식

1-1. 건설 생산 System

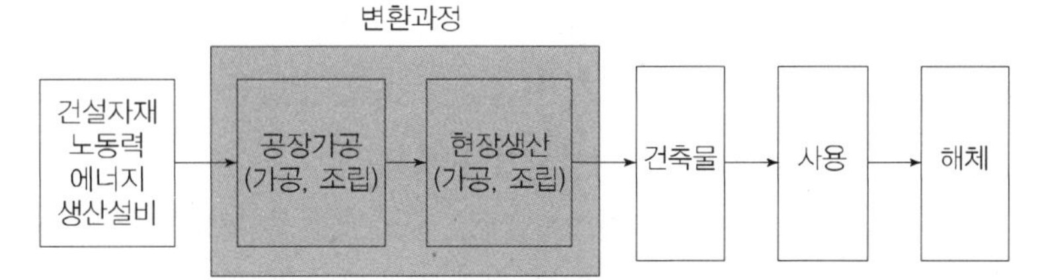

[건축생산 System]

1-2. 건설 생산 체계

Software						Hardware		Software		Hardware
Consulting			Engineering			Construction		O&M등		Construction
Project 개 발	기획	타당성 평 가	기본 설계	상세 설계	자재 조달	시 공	시 운 전	인도	유지 관리	해 체

1-2-1. 기획 및 설계단계

1) 타당성 조사(사업성 분석)

2) 설계 및 엔지니어링

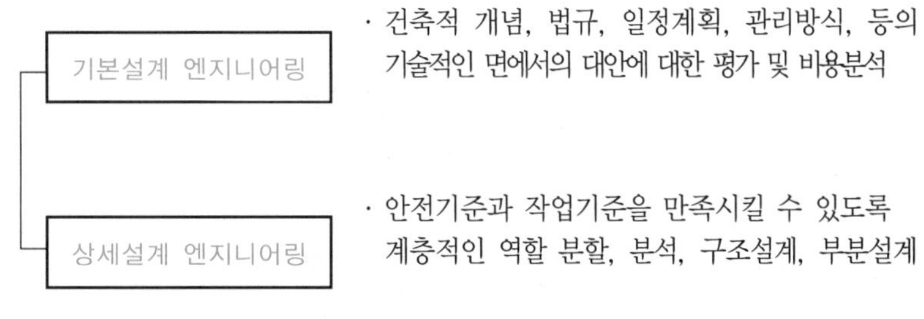

기본설계 엔지니어링
· 건축적 개념, 법규, 일정계획, 관리방식, 등의
기술적인 면에서의 대안에 대한 평가 및 비용분석
상세설계 엔지니어링
· 안전기준과 작업기준을 만족시킬 수 있도록
계층적인 역할 분할, 분석, 구조설계, 부분설계

1-2-2. 조달단계

시방서, 시공계획 등에 따라 소요자재의 품목, 품질, 규격, 작업장으로의 운반, 전용 등을 상세히 검토한 후 가장 경제적인 계획수립

1-2-3. 시공단계

1-2-4. 유지관리 단계

제도와 법규

건축법

(계약, 설계, 건설, 엔지니어링)

- 건축물의 대지·구조. 설비 기준 및 용도 등을 정하여 안전·기능·환경·미관 등을 향상시킬 목적

부실과 하자

□ 부실
설계도·시방서·구조계산서·수량산출서·품질관리계획서인 설계도서에 적합하게 시 공하지 않은 공사 부분

□ 하자
제품 인수시점에 부실 공사 부분 즉 시공자의 설계도서와 달리 시공한 부분이 없는 상태에서 매수자가 확인 후 인수받아 하자를 보수하기로 공급자와 수급자가 약정한 기간에 생활하면서 일어나는 제품에 자연적인 결함. 파손. 변형 등 제품의 문제가 일어나는 것

부실벌점제

□ 부가대상자
- 건설업자, 주택건설 등록업자, 설계 등 용역업자, 감리전문회사

□ 부가방법
- 측정기관의 장은 부실사항에 대하여 당해업체 및 건설기술자 등의 확인을 받아 벌점 부과

3 제도와 법규

1. 건설산업 관련법

1-1. 건설산업 기본법

건설공사의 조사·설계·시공·감리·유지관리·기술관리 등에 관한 기본적인 사항 건설업의 등록, 건설공사의 도급 등에 관하여 필요한 사항을 규정함

1-2. 건설산업 진흥법

건설기술의 연구·개발을 촉진하고, 이를 효율적으로 이용·관리하게 함으로써 건설기술 수준의 향상과 건설공사 시행의 적정을 기하고 건설공사의 품질과 안전을 확보

2. 제도

2-1. 건설공사 사후평가

- 발주청은 총공사비 500억 원 이상인 건설공사가 완료된 때에는 공사내용 및 그 효과를 조사·분석하여 사후평가를 실시하도록 규정
- 사후평가서는 유사한 건설공사의 효율적인 수행을 위한 자료로 활용

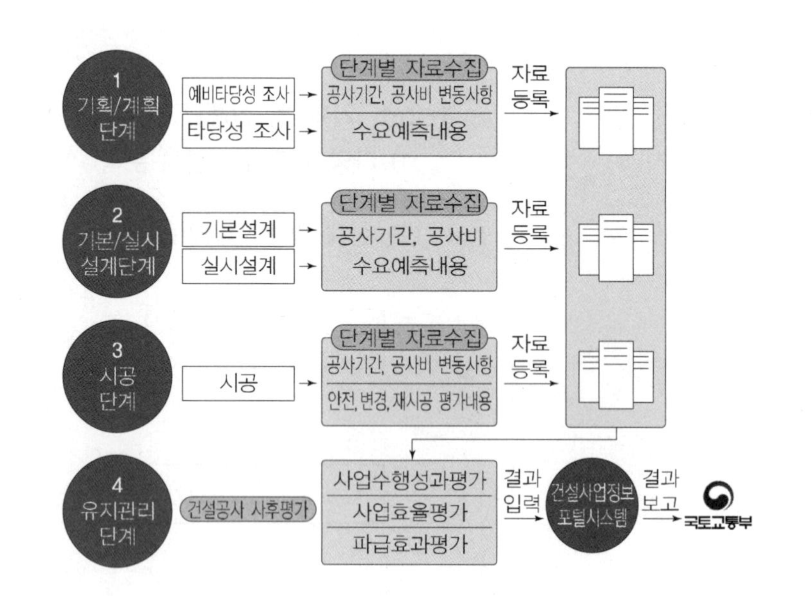

2-2. 신기술 지정제도

- 신기술지정제도 민간회사가 신기술·신공법을 개발한 경우, 그 신기술·신공법을 보호하여 기술개발의욕을 고취시키고 국내 건설기술의 발전 및 국가경쟁력을 확보하기 위한 제도이다.
- 기술개발자의 개발의욕을 고취시킴으로서 국내 건설기술의 발전을 도모하고 국가경쟁력을 제고하기 위한 제도

설계 및 기준

4 설계와 기준

설계도서 해석

설계도서 해석 우선순위
(국토 교통부 고시)

□ 건축물의 설계도서 작성기준
1. 공사시방서
2. 설계도면
3. 전문시방서
4. 표준시방서
5. 산출내역서
6. 승인된 상세시공도면
7. 관계법령의 유권해석
8. 감리자의 지시사항

□ 주택의 설계도서 작성기준
1. 특별시방서
2. 설계도면
3. 일반시방서 · 표준시방서
4. 수량산출서
5. 승인된 시공도면
6. 관계법령의 유권해석
7. 감리자의 지시사항

건설기술진흥법 시행규칙
□ 설계도서의 작성
- 공사시방서는 표준시방서 및 전문시방서를 기본으로 하여 작성하되, 공사의 특수성, 지역여건, 공사방법 등을 고려하여 기본설계 및 실시설계도면에 구체적으로 표시할 수 없는 내용과 공사수행을 위한 시공방법 자재의 성능규격 및 공법, 품질시험 및 검사 등 품질관리, 안전관리, 환경관리 등에 관한 사항을 기술할 것

1. 설계 및 기준

1-1. 시방서

2-2. 신기술 지정제도

- 시방서는 시공방법, 재료의 종류와 등급, 자재 브랜드(Brand, Trade Maker, 상표)나 메이커(Maker, 제조회사)의 지정, 공사현장에서의 주의사항 등 설계도에 표시할 수 없는 것을 기술한 문서이다.

구 분	종 류	특 징	비 고
내 용	기술시방서	공사전반에 걸친 기술적인 사항을 규정한 시방서	
	일반시방서	비 기술적인 사항을 규정한 시방서	
사용목적	표준시방서	모든 공사의 공통적인 사항을 규정한 시방서	일종의 가이드
	특기시방서	공사의 특징에 따라 특기사항 등을 규정한 시방서	시방서
	공사시방서	특정 공사를 위해 작성되는 시방서 계약문서	계약문서
	가이드시방서	공사시방서를 작성하는 데 지침이 되는 시방서	SPEC TEXT, MASTER SPECT 2
	개요시방서	설계자가 사업주에게 설명용으로 작성하는 시방서	
	자재생산업자 시방서	시방서 작성 시 또는 자재 구입 시 자재의 사용 및 시공지식에 대한 정보자료로 활용토록 자재생산업자가 작성하는 시방서	
작성방법	서술시방서	자재의 성능이나 설치방법을 규정하는 시방서	
	성능시방서	제품자체보다는 제품의 성능을 설명하는 시방서	
	참조규격	자재 및 시공방법에 대한 표준규격으로서 시방서 작성 시 활용토록 하는 시방서	KS, ASTM, BS, DIN, JIS 등
명세제한	폐쇄형시방서	재료, 공법 또는 공정에 대해 제한된 몇 가지 항목을 기술한 시방서	경쟁제한
	개방형 시방서	일정한 요구기준을 만족하면 허용하는 시방서	경쟁유도

10-2장

생산의 합리화

P·M/C·M

관리기술

Key Point

□ Lay Out
- 범위설정
- 단계구분
- 전제조건
- 개발방향

□ 기본용어
- P.M(Project Management)
- C.M at Risk
- Risk Management
- Constructability
- WBS
- BIM
- PMIS
- RFID
- Simulation
- SCM
- V.E
- LCC
- 녹색인증제
- BIPV
- 석면지도

공통업무

- 건설 사업관리 과업착수준비 및 업무수행 계획서 작성·운영
- 건설 사업관리 절차서 작성·운영
- 작업분류체계 및 사업번호체계 관리, 사업정보 축적·관리
- 건설사업 정보관리 시스템 운영
- 사업단계별 총사업비 및 생애주기비용 관리
- 클레임 사전분석
- 건설 사업관리 보고

1 P·M/C·M

1. CM의 개념과 특징

1-1. CM 적용의 분류

1) 건설사업관리 제도(CM)

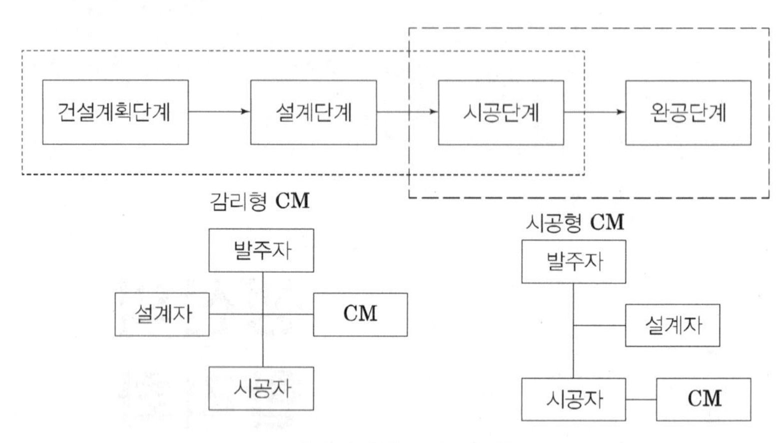

[건설관리제도의 형태]

2) Project Management(PM)

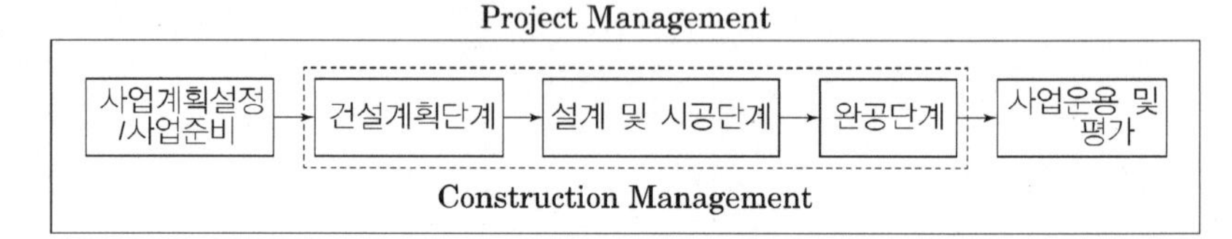

[Project관리의 형태]

3) 프로그램관리(Program Management)

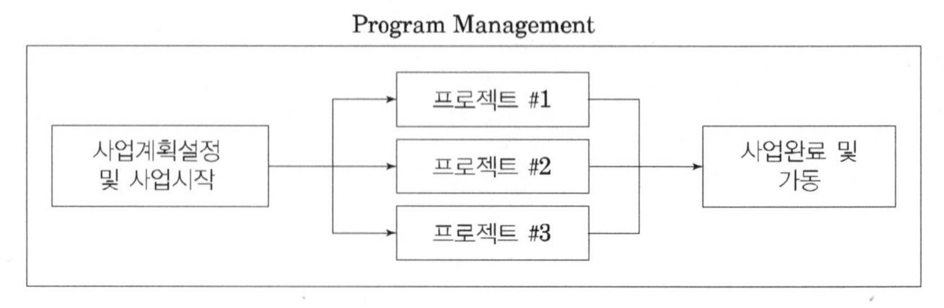

[프로그램관리의 형태]

2-2. CM 계약방식의 유형

- CM For Fee(용역형, 대리인형)의
- CM at Risk(위험 부담형. 시공자형)
- 설계자가 CM의 업무수행 (XCM, Extended Services CM)

Rick Management

2 Risk Management

mind map

• 리스크는 인분을 대관해라~

사업 추진별 Risk

- 기획단계
  투자비 회수
- 계획 · 설계단계
  기술 및 품질
- 계약단계
  입찰 · 가격
- 시공단계
  비용 · 시간 · 품질
- 사용단계
  유지관리비

Risk 분석기법

1) 감도분석
2) 결정계도 분석 / 의사결정나무(Decision Tree Analysis)
3) (Bayesian Analysis)
4) 다속성 가치이론(Multi Attribute Value Theory)
5) 확률분포(Probability Distribution)
6) 확률분석(Probability Analysis)과 시뮬레이션(Simulation)
7) 기대치법(Expected Value Method)
8) 포트폴리오분석(Portfolio Analysis)

1. Risk Management

1-1. Risk 관리 System

1) Risk 관리절차

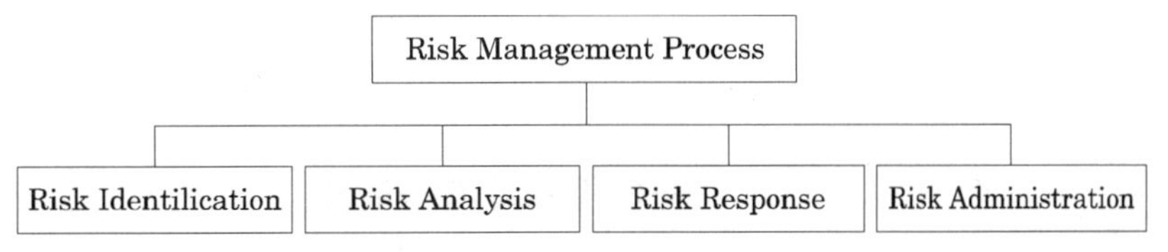

① 리스크 인지, 식별(Risk Identification)
② 리스크 분석 및 평가(Risk Analysis & Evaluation)
③ 리스크 대응(Risk Response)
④ 리스크 관리(Risk Administration)

1-2. Risk 인자의 식별

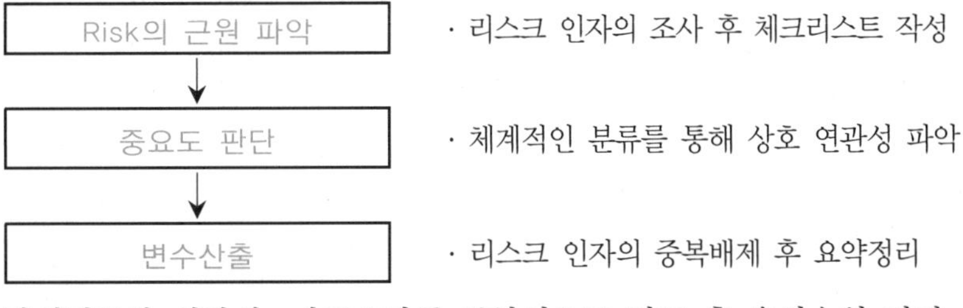

발생빈도와 심각성, 파급효과를 종합적으로 검토 후 우선순위 결정

1-4. Risk 대응

1-4-1. 리스크 대응전략의 개발 및 할당

1) 리스크 대응의 기본방향

- 대응전략의 수립
- 특정 리스크에 대한 대응전략의 할당

2) 리스크 대응전략

- 리스크 회피(Risk Avoidance)
- 리스크 감소(Risk Reduction)
- 리스크 전가(Rick Transfer)
- 리스크 보유(Risk Retention)

Constructability

시공 관련성

- 현장 출입 가능성
- 장기간 사용되는 가시설물
- 접근성
- 현장 외 조립 관련성 및 공장생산 제품 항목
- Crane 활용/ Lifting의 관련성
- 임시 Plant Service
- 기후 대비
- 시공 Package화
- Model 활용: Scale Modeling. Field Sequence Model

작업순서 결정

- 기술적 요인 분석
- 자재의 특성 분석
- 시공성 분석
- 안전관리상 요인 분석
- 장소적인 요인
- 조달요인
- 동절기 관리

핵심메모 (핵심 포스트 잇)

3 Constructability

1. Constructability

1-1. 정의

시공성은 전체적인 Project 목적물을 완성하기 위해 입찰, 행정 및 해석을 위한 계약문서의 명확성, 일관성 및 완성을 바탕으로 하여 해당 Project가 수행될 수 있는 용이성이다.

1-2. 목표와 분석과정

1-2-1. 목표와 분석방법

1) 시공요소를 설계에 통합

① 설계의 단순화
② 설계의 표준화

2) Module화

3) 공장생산 및 현장의 조립화

3) 계획단계

① Constructability Program은 Project 집행 계획의 필수 부분이 되어야 한다.
② Project Planning(Owners Project 계획수립)에는 시공지식과 경험이 반드시 수반하여야 한다.
③ 초기의 시공 관련성은 계약할 당해 전략의 개발 안에 고려되어야 한다.
④ Project 일정은 시공 지향적이어야 한다.
⑤ 기본 설계 접근방법은 중요한 시공방법들을 고려하여야 한다.
⑥ Constructability를 책임지는 Project Team 참여자들은 초기에 확인되어야 한다.
⑦ 향상된 정보 기술은 Project를 통하여 적용되어야 한다.

4) 설계 및 조달단계

① 설계와 조달 일정들은 시공 지향적이어야 한다.
② 설계는 능률적인 시공이 가능하도록 구성되어야 한다.
③ 설계의 기본 원리는 표준화에 맞추어야 한다.
④ 시공능률은 시방서 개발 안에 고려되어야 한다.
⑤ 모듈/사전조사 설계는 제작, 운송, 설치를 용이하게 할 수 있도록 구성되어야 한다.
⑥ 인원, 자재, 장비들의 건설 접근성을 촉진시켜야 한다.
⑦ 불리한 날씨 조건하에서도 시공을 할 수 있도록 하여야 한다.

5) 현장운영 단계

Constructability는 혁신적인 시공방법들이 활용 될 때 향상된다.

정보관리

구현을 위한 기술

- CADD(Computer-Aided Design and Drafting)
- Data Base System
- Communication System
- 전문가 시스템(Expert System)
- 시뮬레이션(Simulation)
- 모델링방법론(Modeling Methodology)
- 로봇(Robots)

빅데이터(Big Data)

- 디지털 환경에서 생성되는 데이터로 그 규모가 방대하고, 생성 주기도 짧고, 형태도 수치 데이터뿐 아니라 문자와 영상 데이터를 포함하는 대규모 데이터를 말한다. 빅데이터 환경은 과거에 비해 데이터의 양이 폭증했다는 점과 함께 데이터의 종류도 다양해져 사람들의 행동은 물론 위치정보와 SNS를 통해 생각과 의견까지 분석하고 예측할 수 있다.

Data Mining Process

1) Sampling(표본추출)
2) Data Cleaning(데이터 정제)
3) Exploration & Transformation (자료탐색 및 변형)
4) Modeling(모형화)
5) Reporting & Visualization (보고 및 가시화)

4 정보관리

1. 정보 분류체계

- UBC(Universal Building Code): 기술정보를 표준화
- WBS: Work Breakdown Structure: 공정별 위계구조를 분류

2. 정보의 통합화

- CALS(Continuous Acquisition and Life Cycle Support)
- 건설 CITIS(Contractor Integrated Technical Information System)
- KISCON
- CIC(Computer Integrated Construction)리자

3. 정보관리 System

- Expert System(지식기반 전문가 시스템): 인공지능 추론
- GIS(Geographic Information System)
- Data Mining: 유용한 정보들을 추출
- PMIS(Project Management Information System)

4. 정보관리 기술

4-1. BIM(Building Information Modelling)

BIM은 각각 다른 이해관계자들에 의한 협업에 지원하기 위해 프로세스에 걸쳐서 건물의 물리적, 기능적 특성과 관련된 정보의 삽입, 추출, 업데이트 혹은 수정사항을 각각의 단계마다 수시로 반영하기 위한 파라메트릭 기반 모델 제공이다.(by NIBS: National Institute Of Building Science)

4-1-1. 기획 및 개념

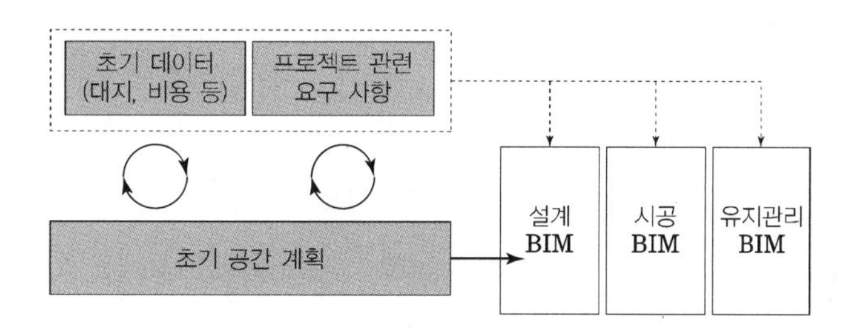

- 기획단계: 물량 및 사업비용의 조기결정
- 설계단계: Design의 시각화, Data구축을 통한 노하우 축적
- 시공단계: 간섭요소 축소, Claim요소 축소

정보관리

BIM 기반 기술

- 3차원 객체기반 모델링 기술
- 파라메트릭 모델링: 객체간 다양한 제약조건들을 정의할 수 있게 되어 치수뿐만 아니라 수식 및 형용사형의 단어를 이용한 서로 다른 객체간의 관계정의를 가능하게 하여 특정부분의 설계가 변경되면 다른 부분들도 자동변경 되거나 변경 전후의 불일치 부분을 자동으로 찾아낼 수 있음
- Simulation
- 동시공학(Concurrent Engineering): 변경되는 정보와 버전을 동시에 관리
- Data Mining: 알고리즘이나 수학적 모델을 이용하여 숨겨진 정보의 패턴을 찾아내는 방법
- 표준화

Level Of Development

- BIM단체인 BIM Form 및 미국institute of building Documentation은 BIM정보의 수준에 따라 5단계의 기준을 제정했다.
- LOD 100: 개념설계 (conceptual design)
- LOD 200: 기본설계 또는 설계안 개발(schematic design or design development)
- LOD 300: 모델 요소를 그래픽, 특정 시스템으로 표현
- LOD 400: 형상, 제조, 조립, 설치정보, 상세한 위치, 수량을 포함한 모델
- LOD 500: LOD400에 설치된 정보, 각종 정보도 포함

4-1-2. 용어

- BIM 컨텐츠: 모델데이터를 입력 및 활용하는 데 공동으로 사용할 수 있는 BIM객체 및 관련 記述데이터를 총칭하여 말한다. BIM컨텐츠는 모델데이터를 입력 및 활용하는 데 공동으로 사용할 수 있는 BIM 실체(형상)및 관련 기술데이터(속성)가 하나의 데이터로 만들어진 것
- 객체(Object/客體):실체(實體)와 동작(動作)을 모두 포함한 개념객체(Object/客體): 실체(實體)와 동작(動作)을 모두 포함한 개념
- BIM 라이브러리: BIM기반 설계작업에서 빈번하게 사용되는 BIM 컨텐츠를 사용하기 용이하도록 체계적으로 분류하여 모아 놓은 것으로 객체
- LMS (Library Management System): 카테고리 기반의 BIM라이브러리 관리 기능을 제공하며 실무에서 라이브러리를 효율적으로 검색해 사용할 수 있도록 도와주는 통합 BIM라이브러리 관리 시스템으로 라이브러리의 형상 미리 보기를 비롯, 다양한 검색방법과 속성정보 확인 등의 기능은 실무자들에게 BIM 라이브러리를 쉽고 빠르게 프로젝트에 적용할 수 있도록 해주며, 또한 통합 카테고리 방식의 관리방법은 전사적으로 일관되고 정확한 BIM 모델링을 가능하도록 도와준다.
- 3D 기본 개념
  1D = 선
  12D = 평면도
  3D = 입체도
- 4D = 3D + 시간(Time)
- 5D= 3D + 시간(Time) + 비용(Cost)
- 6D= 5D + 조달, 구매(Procurement)
- 7D= 6D + 유지보수(O&M,Facility Management)
- Preconstruction: 발주자 · 설계자 · 시공자가 하나의 팀을 구성해 설계부터 건물 완공까지 모든 과정을 가상현실에서 실제와 똑같이 구현하는 선진국형 건설 발주 방식이다. 3차원(3D) 설계도 기법을 통해 시공상의 불확실성이나 설계 변경 리스크를 사전에 제거함으로써 프로젝트 운영을 최적화
- 개방형 BIM 및 IFC(Industrial foundation classes): 개방형 BIM이란 다양한 BIM 소프트웨어 간의 호환성을 보완하기 위한 개념으로, 이 중 IFC(Industry Foundation Classes)는 빌딩스마트에서 개발한 BIM 데이터 교환 표준이다 IFC는 여러 소프트웨어들 사이에서 필요한 자료를 중립적으로 교환하기 위한 목적으로 정의된 자료모델
- Level of Detail: 빌딩 모델의 3D 지오메트리가 다양한 수준의 세분화를 달성 할 수있는 방법이며, 필요한 서비스 수준의 척도로 사용
- 3D Scanning: 기 구축된 시설물을 레이저 스캐너를 이용하여 실제 시설물에 대하여 그대로 재현하는 방법이다
- Building Information Level: BIM기반 설계에서 설계 단계별 설계 정보 표현 수준

4-2. 시뮬레이션(simulation)

Simulation은 시스템의 형상, 상태의 변화, 현상에 관한 특성 등 시스템의 형태를 규명할 것을 목적으로 실제 시스템에 대한 모의표현(Model)을 이용하여 현상을 묘사하는 모의실험의 총칭이다.

4-3. 3D 프린팅 건축

3D 모델링으로 디자인을 만들고 3D Printer로 출력하여 건축물의 모형이나 건축물을 짓는 기술

4-4. RFID(무선인식기술, Radio Frequency Identification)

칩을 내장한 태그, 카드, 라벨 등을 부착하여 여기에 저장된 Data를 무선 주파수를 이용하여 근거리에서 비접촉으로 정보를 읽는 시스템

생산 · 조달

5 생산 · 조달관리

생산성(Productivity)관리

- 생산성(Productivity)은 생산의 효율을 나타내는 지표로서 노동생산성(Labor Productivity), 자본 생산성(Capital Productivity), 원재료 생산성, 부수비용 생산성 등이 있다. 능률성(Efficiency)은 원래 공학에서 처음 정의된 것인데 이것은 투입과 산출의 비를 가리킨다.

린 원리

□ 가치의 구체화(Specify Value)
- 가치 창출 작업과 비가치 창출작업을 확인하고 비가치 창출 작업을 최소화한다.

□ 가치의 흐름확인 (Identify The Value Stream)
- 각 작업단계에서 구체화된 가치를 도식화 하여 개선사항을 명시한다.

□ 흐름생산(Flow Production)
- 각각의 작업들을 일련의 연속된 작업, 즉 흐름으로 관리하는 생산방식

□ 당김생산(Pull-type Production)
- 후속작업의 상황을 고려하여 필요로 하는 양만큼 생산하는 방식이다.

□ 완벽성 추구(Perfection)
- 지속적인 개선을 통한 고객만족을 위하여 완벽성 추구

1. SCM: Supply Chain Management, 공급망 관리

- SCM은 수주에서 납품까지의 공급사슬 전반에 걸친 다양한 사업활동을 통합하여 상품의 공급 및 물류의 흐름을 보다 효과적으로 관리하는 것이다.
- 불확실성이 높은 시장변화에 고객, 소매상, 도매상, 제조업 그리고 부품, 자재 공급업자 등으로 이루어진 Supply Chain 전체를 기민하게 대응시켜 전체 최적화를 도모하는 것이다.

2. JIT(적시생산방식): Just In Time

- JIT는 1970년대 일본의 도요타 자동차회사(Toyota Motor Company)에서 개발한 도요다 생산방식으로서 소롯트 생산을 중심으로 한 생산관리 시스템이다.
- 적시(Right Time), 적소(Right Place)에 적절한 부품(Right Part)을 공급함으로써 생산 활동에서의 모든 낭비적 요소를 제거하도록 추구하는 생산관리 시스템이다.

3. Lean Construction(린건설)

- Lean Construction은 린(Lean)과 건설(Construction)의 합성어로서 낭비(Waste)를 최소화하는 가장 효율적인 건설생산시스템이다.
- Lean이란 '기름기 혹은 군살이 없는' 이라는 뜻의 형용사로써 프로세스의 낭비와 재고를 줄여 지속적인 개선을 이루고자 하는 개념으로 린 건설의 뿌리는 LPS(Lean Production System)이라 할 수 있다.

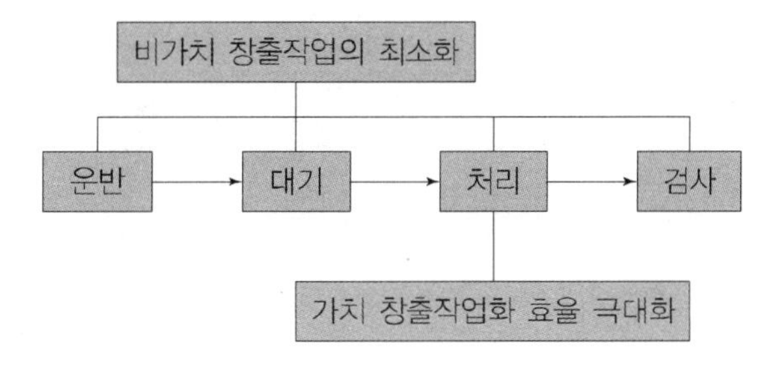

건설 V · E

핵심메모 (핵심 포스트 잇)

6 건설 VE

1. 건설 VE(Value Engineering, 가치 공학)

- VE는 어떤 제품이나 서비스의 기능(Function)을 확인하고 평가함으로써 그것의 가치를 개선하고, 최소비용으로 요구 성능(Performance)을 충족시킬 수 있는 필수 기능을 제공하기 위한 인정된 기술의 체계적인 적용이다.
- VE는 생애주기 원가의 최적화, 시간절감, 이익증대, 품질향상, 시장 점유율 증가, 문제해결 또는 보다 효과적인 자원 이용을 위해 사용되는 창조적인 접근 방법이다.

1-1. VE의 원리

〈4가지 유형의 가치향상의 형태〉

$$가치(V) = \frac{기능(F)}{비용(C)}$$

①	②	③	④	⑤
→	↗	↗	↗	↘
↘	→	↘	↗	↘
VE	Value & Design			Spec,Down

*VE 목적은 가치를 향상시키는 것이다.

① 기능을 일정하게 유지하면서 Cost를 낮춘다.
② 기능을 향상시키면서 Cost는 그대로 유지한다.
③ 기능을 향상시키면서 Cost도 낮춘다.
④ Cost는 추가시키지만 그 이상으로 기능을 향상 시킨다.
⑤ 기능과 Cost를 모두 낮춘다(시방규정을 낮출 경우)

1-2. VE의 적용시기

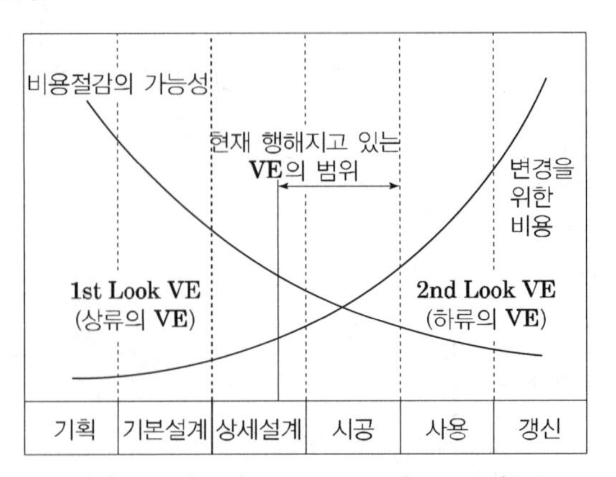

[건설프로젝트의 Life Cycle과 VE효과]

L·C·C

7 Life Cycle Cost

1. Life Cycle Cost

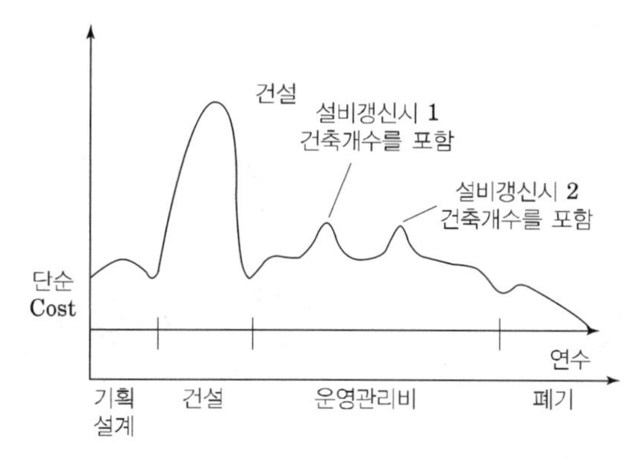

Cost
비경제적
C_1+C_2
LCC
최적
예산
건설비(C_1)
유지 관리비
(C_2)
예산
부족
건물
성능
성능미달
과잉성능
최적 성능

1-1. LCC의 구성비용 항목

구 분	비용항목	내 용
1	건설기획 비용	• 기획용 조사, 규모계획, Management 계획
2	설계비용	• 기본설계, Cost Planning, 실시설계, 적산비용
3	공사비용	• 공사계약 비용(시공업자 선정, 입찰도서 작성, 현장설명)
4	운용관리 비용	• 보존비용, 수선비용, 운용비용, 개선비용, 일반관리비용 (LCC 중 75~85% 차지, 건설비용의 4~5% 정도)
5	폐기처분 비용	• 해체비용과 처분비용

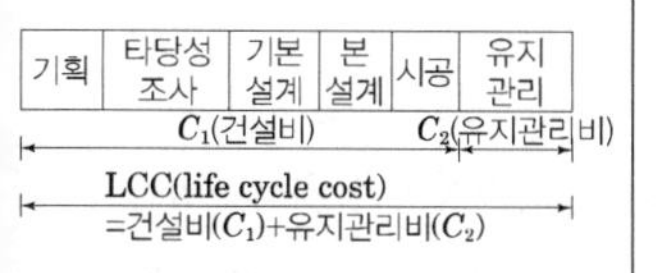

[LCC = 건설비 C_1 + 유지관리비 C_2]

1-3. LCC분석기법

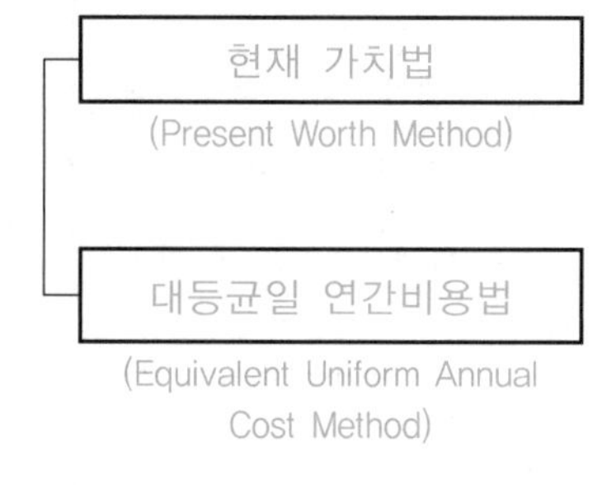

· 시설물의 생애 주기에 발생하는 모든 비용을 일정한 시점으로 환산하는 방법

· 생애 주기에 발생하는 모든 비용이 매년 균일하게 발생할 경우, 이와 대등한 비용은 얼마인가라는 개념을 이용하여 균일한 연간 비용으로 환산하는 방법

1-4. LCC기법의 산정절차

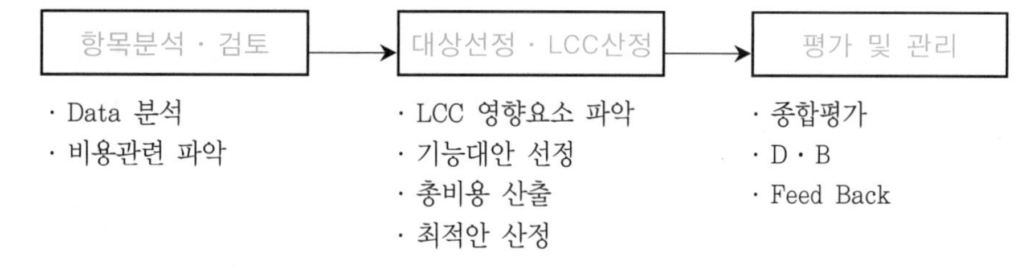

지속가능 건설

8 지속가능 건설

자원절감 노력과 자연에너지 활용을 극대화하여 전체 라이프사이클 상에서의 건설행위를 환경 친화적으로 수행하고자 하는 노력이라고 할 수 있다.

대분류	중분류	소분류
부지/조경	침식 및 호우 대응기술	• 환경 친화적 부지계획 기술
	열섬방지 기술	• 식물을 이용하는 설계
	토지이용률 제고 기술	• 기존 지형 활용설계, 기존생태계 유지설계
에너지	부하저감 기술	• 건축 계획기술, 외피단열 기술, 창호관련 기술, 지하공간 이용 기술
	고효율 설비	• 공조계획 기술, 고효율 HVAC기기, 고효율 열원기기, 축열 시스템, 반송동력 저감 기술, 유지관리 및 보수 기술, 자동제어 기술, 고효율 공조시스템 기술
	자연에너지이용 기술	• 태양열이용 기술, 태양광이용 기술, 지열이용 기술, 풍력이용 기술, 조력이용 기술, 바이오매스이용 기술
	배 · 폐열회수 기술	• 배열회수 기술, 폐열회수 기술, 소각열회수 기술
	실내쾌적성 확보 기술	• 온습도 제어 기술, 공기질 제어 기술, 조명 제어 기술
대기	청정외기도입 기술	• 도입 외기량 제어 기술, 도입 외기질 제어 기술
	실내공기질 개선	• 자연환기 기술, 오염원의 경감 및 제어 기술
	배기가스 공해저감 기술	• 공해저감처리 기술, 열원설비 효율향상, 자동차 배기가스 극소화
	시공중의 공해저감 기술	• 청정재료, 청정 현장관리 기술
소음	건축 계획적 소음방지 기술	• 차음 · 방음재료, 기기장비의 차음 · 방음
	시공중의 소음저감 기술	• 소음저감 현장관리 기술, 차음 · 방음재료
	실내발생소음 최소화 기술	• 건축 계획적 기술, 차음 · 방음재료, 기기발생 소음차단
수질	수질개선 기술	• 처리기기장비, 청정공급 기술, 지표수의 油水 분리기술, 지표수의 침투성 재료개발
	수공급 저감 기술	• 수자원관리 시스템, 절수형 기기 · 장치, 우수활용 기술, 누수통제 기술, Xeriscaping (내건성 조경) 기술
	수자원 재활용 기술	• 재처리기기, 재활용 시스템
재료/자원 재활용/폐기물	환경친화적 재료	• VOC 불포함 재료, 저에너지원단위 재료, 차음 · 방음 · 단열재료
	자원재활용 기술	• 재활용 자재, 재활용 가능자재, 재사용가능 자재
	폐기물처리 기술	• 시공중의 폐기물 저감 기술, 폐기물 분리 · 처리기술, (재실자에 의한), 건설폐기물관리 기술

4대 구성요소

- 사회적 지속가능성
- 경제적 지속가능성
- 생물, 물리적 지속가능성
- 기술적 지속가능성

국제건설협회 7원칙

- 자원절감
- 자원재사용
- 재활용 자재사용
- 자연보호
- 유독물질 제거
- 생애주기 비용 분석
- 품질향상

친환경 · 에너지 제도

1. 친환경 및 에너지 관련제도

1-1. ISO 14000

ISO 14000는 국제표준화기구(ISO: International Organization For Standardization)에서 기업 활동의 전반에 걸친 환경경영체제를 평가하여 객관적인 인증을 부여하는 제도이다.

ISO 14000 핵심요소

- 환경경영시스템(EMS)
- 환경심사(EA)
- 환경성과 평가(EPE)
- Performance Evaluation)
- 전과정 평가(LCA)
- 수명주기 평가
- 환경 라벨링(EL)

1) ISO 14000 시리즈의 규격체계

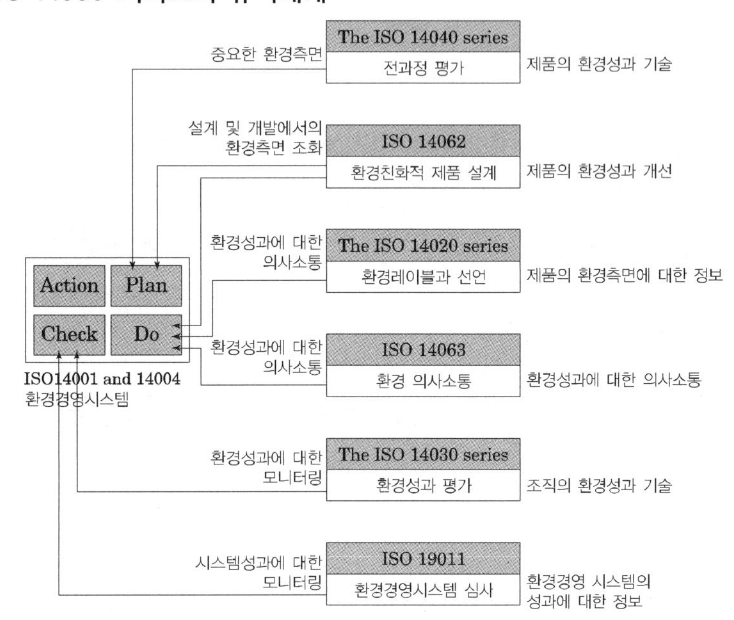

1-2. 환경영향평가(Environmental Impact Assessment)

환경영향평가는 환경영향평가 대상사업의 사업계획을 수립하려고 할 때에 그 사업의 시행이 환경에 미치는 영향(환경영향)을 미리 조사 · 예측 · 평가하여 해로운 환경영향을 피하거나 줄일 수 있는 방안(환경보전방안)을 강구하는 것이다.(by 환경영향평가법)

1-3. 탄소포인트제

핵심메모 (핵심 포스트 잇)

환경부가 주관하고 209개의 지자체가 함께하고 있는 탄소포인트제는 온실가스 감축 및 저탄소 녹색성장에 대한 시민의식과 참여 확대를 위해 도입한 제도입니다. 가정, 상업 등의 전기, 상수도, 도시가스의 사용량 절감에 따라 포인트를 부여하고 이에 상응하는 인센티브를 제공하는 전국민 온실가스 감축 실천 프로그램

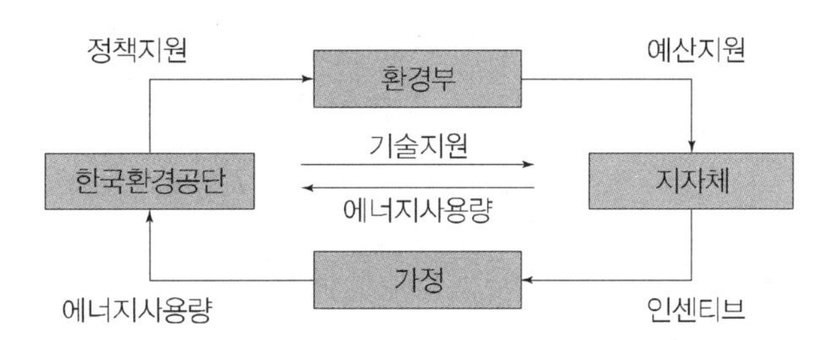

친환경 · 에너지 제도

녹색건축 인증기준

□ 기존제도 명칭 통합개정
「친환경 건축물 인증제」, 「주택성능등급 인정제」를 「녹색건축 인증제」로 조정

□ 인증의무 대상
- 신축 · 사용승인 또는 사용검사를 받은 후 3년 이내의 모든 건축물
- 기존 건물(공동주택, 업무용 건축물)이 인증 대상이 되며 공공기관에서 발주하는 연면적 3,000㎡ 이상

□ 녹색기술 범위
- 신재생에너지, 탄소저감, 첨단수자원, 그린IT, 그린차량, 첨단그린주택도시, 신소재, 청정생산, 친환경 농식품, 환경보호 및 보전

에너지 효율등급 인증

□ 적용대상
- 건축물 에너지효율등급 인증에 관한 규칙 제2조에 따른 단독/공동주택/업무시설/그리고 냉난방 연면적이 500㎡ 이상의 건축물
(2013.05.20 시행)

□ 의무대상
- 공공기관 에너지이용합리화 추진에 관한 규정 제6조에 따른 연면적 3,000㎡ 이상의 공공기관 건축물(1등급이상, 공동주택 2등급 이상)(2013.07.12 시행)

1-4. 녹색건축 인증제 - 2013.06.28. 개정, 16년 7월 21일 개정고시

세제, 금융지원 등을 통해 녹색산업의 민간산업 참여 확대 및 기술시장 산업의 신속한 성장을 유인할 필요성이 대두하여, 녹색성장 목표달성 기반을 조성하고 민간의 적극 참여를 유도하여 녹색성장정책의 실질적 성과를 창출하기 위하여 도입된 제도이다.

1-5. 장수명 주택 인증제(1,000세대 이상 공동주택) 2014.12.24

구조적으로 장수명화가 될 수 있도록 내구성을 높이고 입주자의 필요에 따라 내부구조를 변경할 수 있는 가변성을 향상시키면서 설비나 내장의 노후화, 고장 등에 대비하여 점검 · 보수 · 교체 등의 유지관리가 쉽게 이루어질 수 있도록 수리용이성을 갖추어 우수한 주택을 확보하기위한 인증제도

1-6. 건축물 에너지 효율 등급인증제도(2016.02.19.)부터 시행

에너지성능이 높은 건축물의 건축을 확대하고, 건축물 에너지관리를 효율화하고 합리적인 절약을 위해 건물에서 사용되는 에너지에 대한 정보를 제공

1-7. 건강친화형 주택 건설기준-청정건강주택에서 2015년12월30일 변경

오염물질이 적게 방출되는 건축자재를 사용하고 환기 등을 실시하여 새집증후군 문제를 개선함으로써 거주자에게 건강하고 쾌적한 실내 환경을 제공할 수 있도록 일정수준 이상의 실내 공기질과 환기성능을 확보한 주택으로서 의무기준을 모두 충족하고 권장기준 중 2개 이상의 항목에 적합한 주택을 말한다.

500세대 이상의 주택건설사업을 시행하거나 500세대 이상의 리모델링을 하는 주택에 대하여 적용

1-8. 라돈지도

① 라돈지도 색상구분(농도표시)

자료없음 | 0-74 Bq/m³ | 74-148 Bq/m³ | 148-200 Bq/m³ | 200 이상 Bq/m³

구 분	대상구분
공공건물	• 학교, 면/동사무소
다중이용시설	• 공항여객터미널, 노인전문 요양시설, 대규모 점포, 도서관, 박물관 및 미술관, 보육시설, 산후조리원, 실내 주차장, 의료기관, 자동차 터미널, 장례식장, 지하도상가, 찜질방, 철도역사 대합실, 항만시설 대합실
주택	• 단독주택, 다세대 주택, 연립주택, 아파트

1-9. 지능형 건축물 인증제(IB-intelligent Building) 2016년 07.01일 시행

21세기의 지식정보 사회에 대응하기 위해 건물의 용도와 규모, 기능에 적합한 각종 시스템을 도입하여 쾌적하고 안전하며 친환경적으로 지속 가능한 거주공간을 제공하는 건축물

절약설계

2. 친환경 및 에너지 관련 절약설계

2-1. 건설산업의 제로에미션(Zero Emission)

- 건설산업의 Zero Emission은 건설산업 활동에 있어서 건설폐기물 발생을 최소화하고, 궁극적으로는 폐기물이 발행하지 않도록 하는 순환형 산업 System이다.

- 건설산업 활동과정에서 발생하는 폐기물을 다른 공정에 재사용하거나, 다른 산업체에 유용한 자원으로 바꾸는 것을 추구한다.

- Zero Emission은 폐기물, 방출물을 뜻하는 'Emission' 에서 유래한 것으로 폐기물 배출을 최소화하고 궁극적으로 폐기물을 '0(zero)' 로 만드는 프로세스를 의미한다.

- 건축에서의 'Zero Emission' 이란 폐기물 및 CO_2 배출 '0(zero)' 를 지향하는 새로운 개념의 건축이다. 궁극적으로 'Carbon Zero', 'Carbon Neutral' 을 이루며 실질적인 온실가스의 배출량을 '0' 으로 만드는 것을 목표로 한다.

2-2. 전과정 평가 – LCA: Life Cycle Assessment

- 건설공사 시 자재 생산단계에서 건설단계, 유지관리단계, 해체, 폐기단계까지의 모든 단계에서 발생하는 환경오염물질(대기오염, 수질오염, 고형폐기물 등)의 배출과 사용되는 자원 및 에너지를 정량화하고 이들의 환경영향을 규명하는 기법이다.

- 건설공사가 환경에 미치는 각종 부하와 자원/에너지 소비량을 수행 프로젝트의 전 과정에서 고려, 가능한 정량적으로 분석/평가하는 방법으로 건설공사 시 환경 부하량 평가 및 환경영향지수를 산출하므로 비교안별 검토 시 설계자에게 과학적이고 객관화한 선정 근거를 제시

핵심메모 (핵심 포스트 잇)

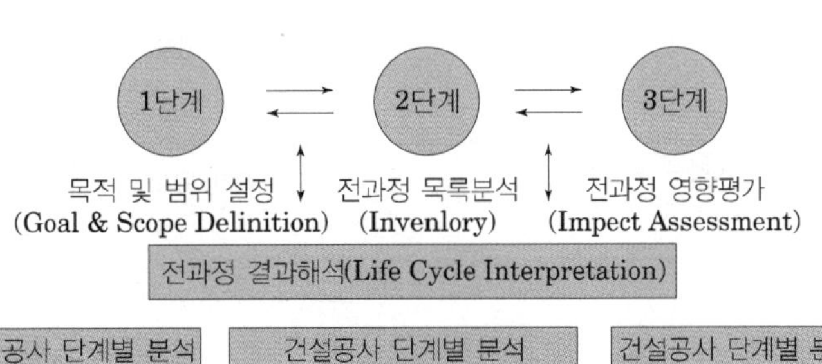

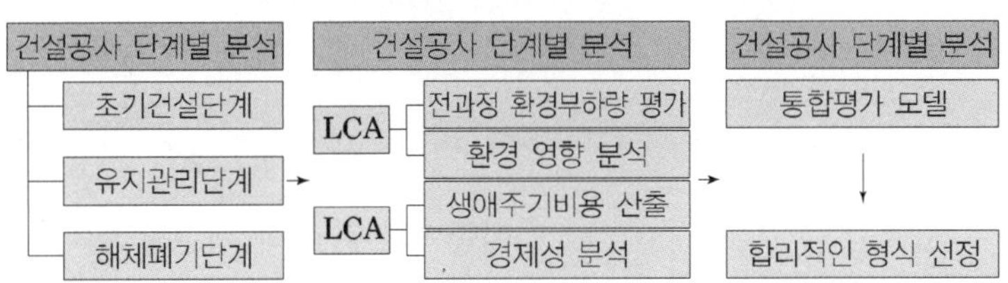

절약기술

3. 친환경 및 에너지 관련 절약기술

3-1. Zero Energy Building(Green Home)

제로 에너지빌딩 조건

- 단열, 자연채광, 바닥 난방, 고효율 전자기기 사용 등을 통해 일상생활에 필요한 난방, 조명 등의 에너지 소비를 최소화하는 것이 가장 기본적인 조건이다. 건물에 자체적인 에너지 생산 설비 구비
- 태양광, 풍력 등 자체적인 신재생에너지 생산 설비를 갖추고 생활에 필요한 에너지를 자체적으로 생산
- 태양광, 풍력 등 신재생에너지는 계절이나 시간, 바람 등 외부 환경에 의해 에너지를 생산할 수 있는 양에 큰 편차가 존재한다.

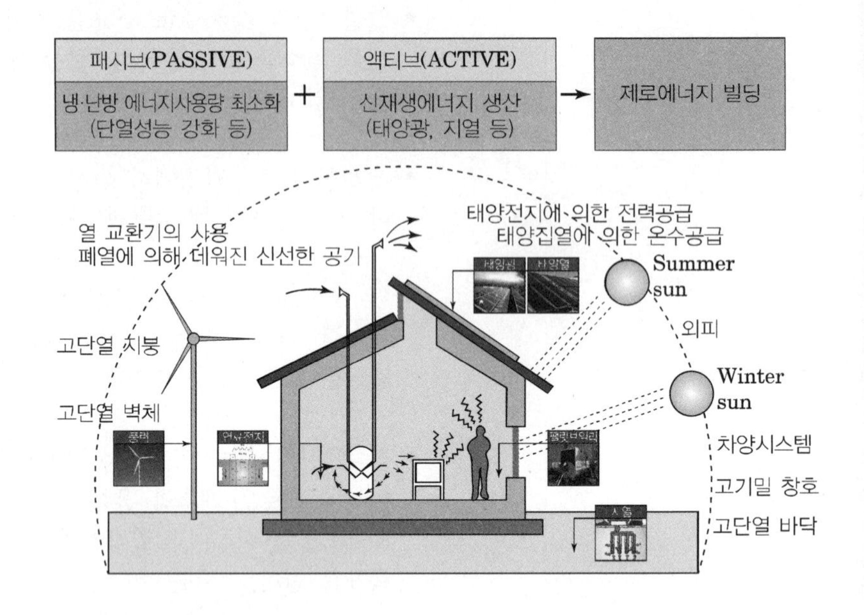

3-2. 이중외피(Double Skin)

- 기존의 외피에 하나의 외피를 추가한 Multi-Layer의 개념을 이용한 시스템으로 유리로 구성된 이중 벽체구조로 실내와 실외 사이의 공간(Cavity)형성을 통한 외부의 소음 및 열손실을 차단하고 단열 및 자연환기가 가능하도록 고안한 에너지 절약형 외피 시스템이다.
- 형태적으로는 외기와 접하는 외측외피와 실내에 접하는 내측외피, 내 · 외피 사이의 전동 수평 Blind가 설치된 중공층으로 구성되어 있다.

기능분석

□ 외피
- 외부 기상영향에서 내부보호 및 외부발생소음 일차적 차단기능
- 개구부를 통한 자연환기

□ 내피
- 개폐가 가능한 구조로 냉.난방 부하 절감

□ 중공층
- 차양장치로 외기의 바람과 태양일사로 인한 내부유입방지
- 내외부 완충공간으로 열손실 방지

1) System의 구성

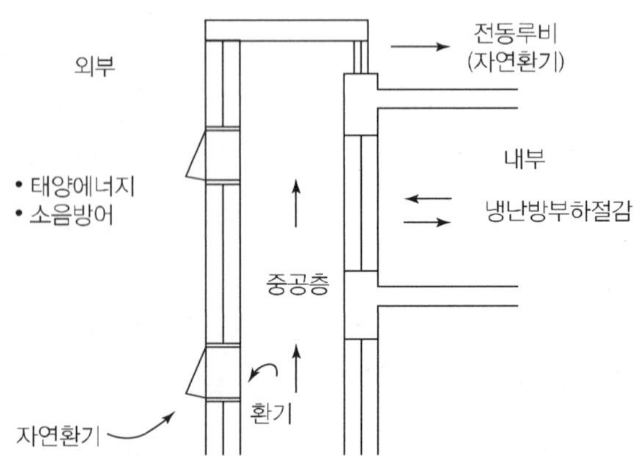

이중벽체에 의해 냉난방 에너지 절감 및 내, 외부 영향인자 조절을 통하여 쾌적한 환경 조성

유지관리

안전점검의 종류

□ 정밀 안전점검
- 정기 안전점검 결과 시설물의 물리적·기능적 결함을 발견하고 그에 대한 신속하고 적절한 조치를 하기 위하여 구조적 안전성과 결함의 원인 등을 조사·측정·평가하여 보수·보강 등의 방법을 제시하는 행위를 말한다.

□ 정기 안전점검

□ 자체 안전점검

□ 초기점검

□ 중단 후 재개 시 안전점검
- 공사 시행 도중 그 공사의 중단으로 1년 이상 방치된 시설물이 있는 경우 그 공사를 재개하기 전에 점검

FMS

□ 시설물 통합 관리 시스템(Facility Management System)
- FMS는 시설물 관리를 위해 시설물이 설치된 환경이나 주변 공간, 설치장비나 설비, 그리고 이를 운영하거나 유지보수하기 위한 인력이 기본적으로 상호 유기적인 조화를 이룰 수 있도록 지원하는 System이다.
- 시설물의 안전과 유지관리에 관련된 정보체계를 구축하기 위하여 안전진단전문기관, 한국시설안전공단과 유지관리업자에 관한 정보를 종합관리 하는 System이다.(by 시설물의 안전관리에 관한 특별법)

9 유지관리

1. 일반사항

1-1. 시설물 안전관리

1) 정기 안전점검 시행시기 및 횟수

건설공사 종류		점검 차수별 점검시기		
		1차	2차	3차
건축물	건축물	기초공사 시공 시 (콘크리트 타설 전)	구조체 공사 초·중기단계 시공 시	구조체 공사 말기단계 시공 시
건축물	리모델링 또는 해체공사	총 공정 초·중기 단계 시공 시	총 공정의 말기단계 시공 시	-
10m 이상 굴착하는 건설공사		가시설 공사 및 기초공사 시공 시 (콘크리트 타설 전)	되메우기 완료 후	-
폭발물을 사용하는 건설공사		총 공정의 초·중기 단계 시공 시	총 공정의 말기단계 시공 시	-

1-2. 재개발과 재건축

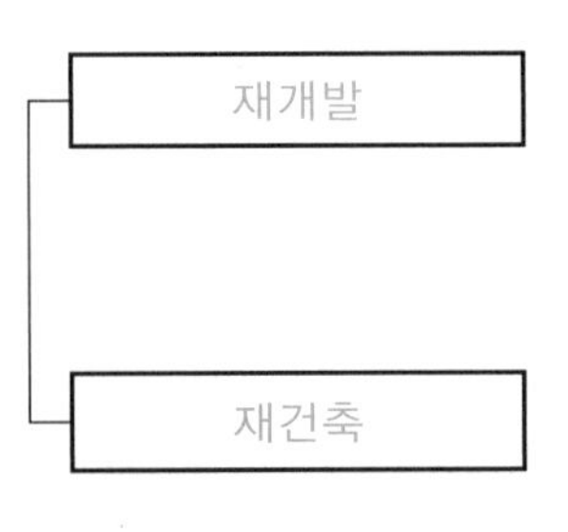

· 정비기반시설이 열악하고 노후·불량건축물이 밀집한 지역에서 주거환경을 개선하기 위하여 시행하는 사업(국가 및 지자체 보조)

· 정비기반시설은 양호하나 노후·불량건축물이 밀집한 지역에서 주거환경을 개선하기 위하여 시행하는 사업(재건축 조합 자율적 추진)

1-3. BEMS: Building Energy Management System

컴퓨터를 사용하여 건물 관리자가 합리적인 에너지 이용이 가능하게 하고 쾌적하고 기능적인 업무 환경을 효율적으로 유지·보전하기 위한 제어·관리·경영 시스템

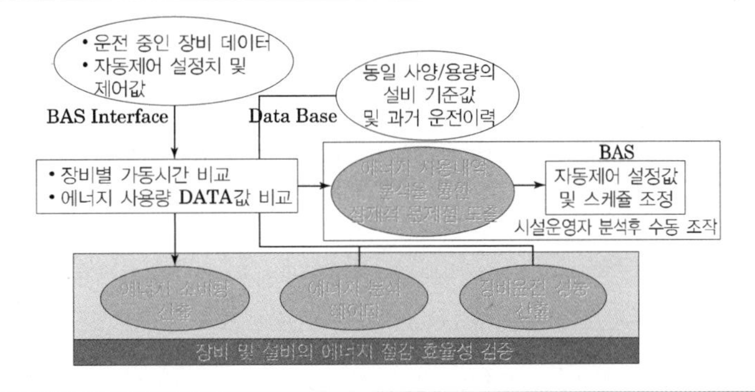

유지관리

2. 유지관리 기술

2-1. 리모델링

Remodeling은 유지관리의 연장선상에서 이루어지는 행위로서 건축물 또는 외부공간의 성능 및 기능의 노화나 진부화에 대응하여 보수, 수선, 개수, 부분증축 및 개축, 제거, 새로운 기능추가 및 용도 변경 등을 하는 건축활동이다.

1) 리모델링의 개념

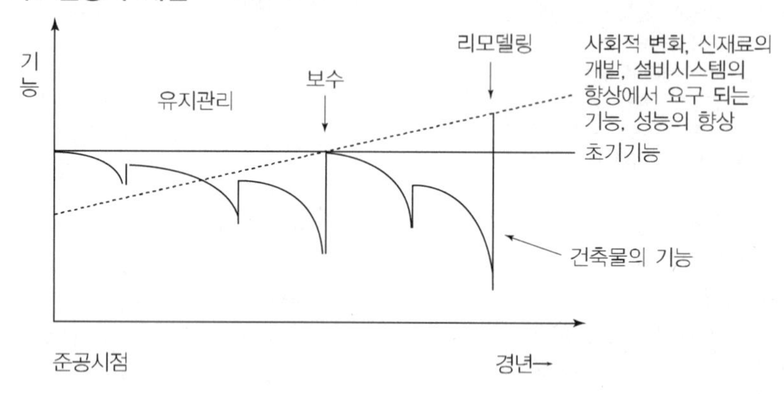

2) 리모델링 Process

신규건축 PROJECT

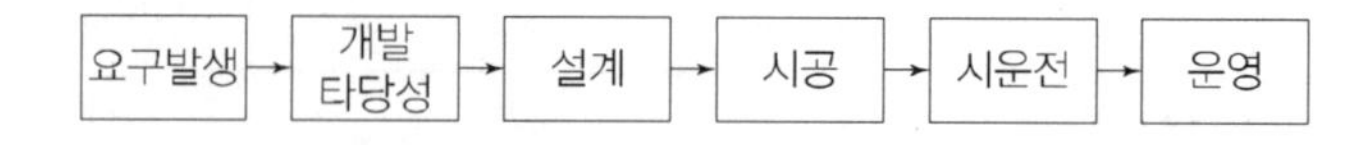

리모델링 PROJECT

2-2. 보수 · 보강

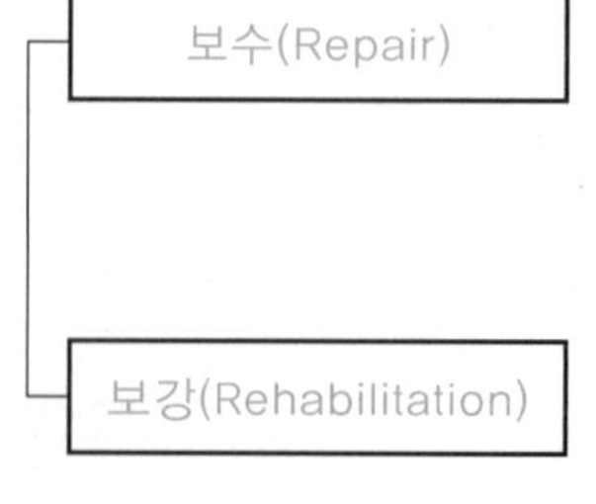

· 손상된 콘크리트 구조물의 방수성, 내구성, 미관 등 내하력 이외의 기능과 구조적 안전성 등 부재의 기능을 원상회복 이상으로 개량 수선하는 조치

· 손상에 의해 저하된 콘크리트 구조물의 내력을 회복 또는 강화시키기 위하여 보강재료나 부재를 사용하여 설계 당시의 내력 이상으로 향상시키는 조치

그린 리모델링

- 에너지성능향상 및 효율개선이 필요한 기존 건축물의 성능을 개선하는 환경 친화적 건축물 리모델링이며, 저비용 · 고효율 기술을 적용해 건물 냉난방 성능을 20% 이상 향상시켜 에너지 사용량을 줄이는 공사

수직증축 리모델링

- 기존 아파트 꼭대기 층 위로 최대 3개층을 더 올려 기존 가구 수의 15%까지 새집을 더 짓는 것을 말한다. 새로 늘어난 집을 팔아 얻은 수익으로 리모델링 공사비를 줄일 수 있으며, 지은 지 15년이 지난 아파트가 추진 대상이다.
- 15층 이상 3개층, 14층 이하 2개층

보수 보강: NCS기준

□ 보수(Repair)
- 열화된 부재나 구조물의 재료적 성능과 기능을 원상 혹은 사용상 지장이 없는 상태까지 회복시키는 것으로 당초의 성능으로 복원 시키는 것

□ 보강(Strengthening)
- 부재나 구조물의 내하력, 강성 등의 역학적 성능저하를 회복 또는 증진 시키고자 하는 것

유지관리

핵심메모 (핵심 포스트 잇)

1) 보수

구분	내 용
표면처리법	피막재, 균열 • 폭 0.2mm 이하의 미세한 균열에 적용 • 진행 균열의 경우 유연성 도료사용
충전법	10mm 정도, 충전재, 균열 (U 형) / 10mm 정도, 충전재, 균열 (V 형) • 폭 0.5mm 이상의 큰 폭의 균열에 적용 • 폭 10mm 정도 U형, V형으로 따내고 유연성 에폭시, 폴리머 시멘트 모르타르를 주입
주입공법	2~5mm, 실링재, 5mm, 20mm, 15mm, 알루미늄 Pipe 3 φ. l=50~100mm • 폭 0.2mm 이상의 균열보수에 적용 • 주입성과 접착성 우수, 습기가 있는 곳에서 적용안됨

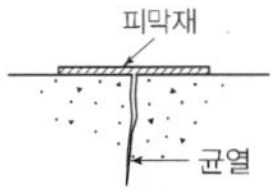

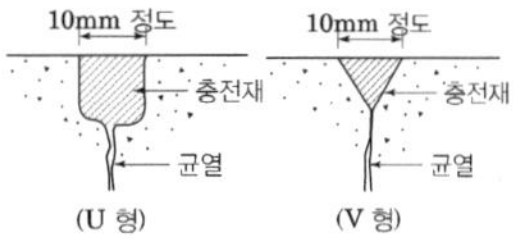

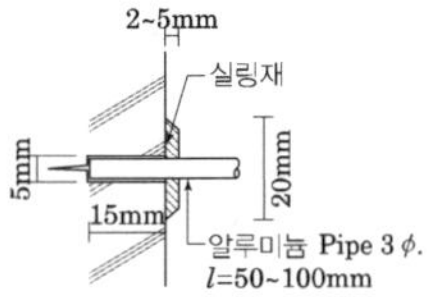

2) 보강

구분		사 진
강재보강 공법	보강보설치	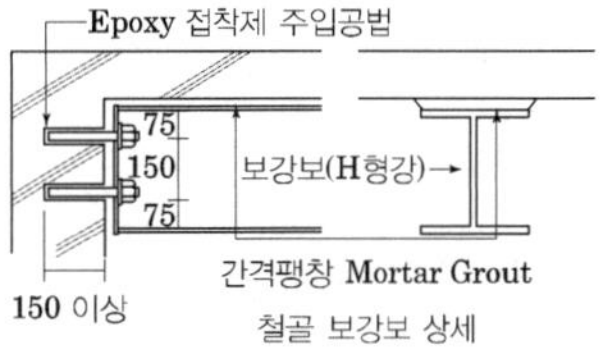 Epoxy 접착제 주입공법, 75, 150, 75, 보강보(H형강), 150 이상, 간격팽창 Mortar Grout, 철골 보강보 상세
	강판부착	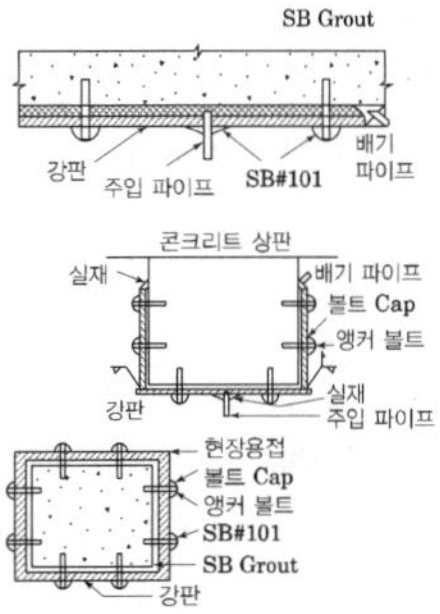 SB Grout, 강판, 주입 파이프, SB#101, 배기 파이프, 콘크리트 상판, 실재, 배기 파이프, 볼트 Cap, 앵커 볼트, 강판, 실재, 주입 파이프, 현장용접, 볼트 Cap, 앵커 볼트, SB#101, SB Grout, 강판
단면증대		앵커 근, 덧침 콘크리트, 기존 콘크리트, 보강철근 • 기존 구조물에 철근 콘크리트를 타설하여 단면증대
탄소섬유시트 보강공법		• 재료의 비중은 강재의 1/4~1/5 정도로 경량 • 인장강도는 강재의 10배 정도
복합재료 보강		• 보강재(탄소섬유)+결합재(에폭시)

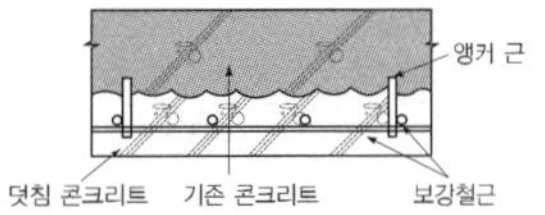

2-3. 해체

2-3-1 해체공법의 종류

- 강구타격: Steel Ball을 Crane 선단에 매달아 수직낙하
- Bracker: 유압장치에 의해 Bracker의 충격력
- 연삭식: 고속회전력에 의한 Cutter나 Diamond Saw를 작동
- 유압식: Back Hoe나 Jack으로 Concrete 부재를 눌러 파쇄
- 비폭성 파쇄재: 비연소성 고압 탄산Gas의 팽창력을 이용
- 전도해체: 전도모멘트를 이용하여 끌어당김

2-3-2. 분별해체

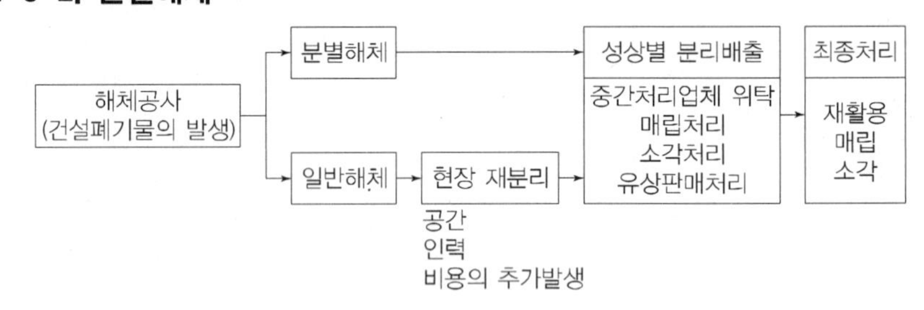

① 재활용이 가능한 폐기물 분류
② 폐기물의 성분에 따른 분류
③ 발생형태 및 특성에 따른 분류
④ 구조물의 종류에 따른 해체방법
⑤ 해체공법의 종류에 따른 해체 방법
⑥ 구조체, 마감재별 해체방법

2-4. 석면해체

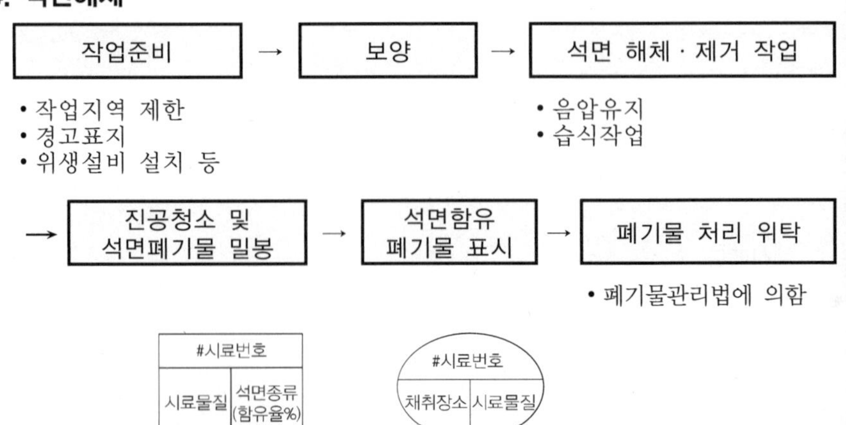

시료물질	그림	시료물질	그림	시료물질	그림	시료물질	그림
천장재		파이프 보온재		분무재 (뿜칠재)		기타물질	
바닥재		단열재		내화피복제		미결정물질	✕
벽재		개스킷	○	지붕재		불검출지역	

유지관리

□ 발파[Blasting, 發破]
- 계획된 부수기: 시간차를 두고 순차적으로 진행

□ 폭파
- 계획된 부수기: 한번에 진행

석면 조사대상

□ 건축
- 일반건축물: 연면적의 합계가 50㎡ 이상
- 주택 및 그 부속건축물: 연면적의 합계가 200㎡ 이상

□ 설비
- 단열재, 보온재, 분무재, 내화피복재, 개스킷, 패킹, 실링제, 그 밖의 유사용도의 물질이나 자재 면적의 합이 15㎡ 또는 부피의 합이 1㎥ 이상
- 파이프 보온재: 길이의 합이 80m 이상(파이프의 지름과 무관하게 적용)

석면 유해성 평가

□ 물리적 평가
- 현재 상태에서 석면의 비산정도를 예상하는 물리적 평가는 3 가지 항목(손상 상태, 비산성, 석면 함유량)으로 세분하여 평가

□ 진동, 기류 및 누수에 의한 잠재적 손상 가능성 평가
- 진동에 의한 손상 가능성
- 기류에 의한 손상 가능
- 누수에 의한 손상 가능성

□ 건축물 유지 보수에 따른 손상 가능성 평가
- 유지 보수 형태
- 유지 보수 빈도

□ 인체 노출 가능성 평가
- 사용인원 수
- 구역의 사용 빈도
- 구역의 1일 평균 사용 시간

10-3장

건설 공사계약

계약일반

1 계약일반

계약조건

Key Point

□ Lay Out
- 계약서류
- 계약방식
- 계약변경
- 입 · 낙찰
- 관련제도

□ 기본용어
- 주계약자형 공동도급
- Turn-key Base
- SOC 사업
- Fast Track Method
- 건설공사비 지수
- 순수내역입찰
- Best Value
- 건설 Claim

1. 계약방식

- **공사의 실시방식에 따른 유형**
  1) 직영공사(Direct Management Works)
  2) 도급공사(Contract System)
     ① 일식도급(General Contract)
     ② 분할도급(Partial Contract)
     ③ 공동도급(Joint Venture Contract)
     ④ 조기착공계약(Fast Track Contract)
     ⑤ 개산계약(Force Account Contract)
- **공사대금 지급방식에 따른 유형**
  ① 단가계약(Unit Price Contract)
  ② 정액 또는 총액계약(Lump Sum Contract)
  ③ 실비정산 보수가산 계약(Cost Plus Contract)
- **공사의 업무범위에 따른 유형**
  ① Construction Management Contract
  ② Project Management Contract
  ③ 설계 · 시공일괄계약(Design-Build Contract)
  ④ 성능발주방식(Performance Appointed Order)
  ⑤ SOC(Social Overhead Capital)사업방식
  ⑥ Partnering방식
- **계약기간 및 예산에 따른 유형**
  ① 단년도 계약(One-Year Contract)
  ② 장기계속계약(Long-Term Continuing Contract)
  ③ 계속비 계약(Continuing Expenditure Contract)
- **대가보상에 따른 유형**
  ① Cost Plus Time 계약(A+B plus I/D 계약)
  ② Lane Rental

Memo

계약방식

mind map

• 주공에서 분담해라~

주계약자형 공동도급

- 발주자는 공동수급업체 중 공사비율이 가장 큰 업체를 주계약자로 선정하고 주계약자(Leading Company)는 자신의 분담공사 이외에, 전체 project의 계획 · 관리 · 조정업무를 담당하며, 전체 Project의 계약 이행 책임에 대해서도 연대책임을 지게 되는 이행방식이다.
- 자사(自社)의 분담공사 외에, 다른 공동수급체구성원의 실적시 공급액의 50%를 실적산정에 추가로 인정받는다.

Project Financing

- PF는 Project를 수행할 특수목적회사(S.P.C)를 별도로 설립하여 공공기간, 민간기업 등에서 출자를 받아 사업을 시행하는 부동산 개발사업이다.
- 특정한 프로젝트로 부터 미래에 발생하는 현금흐름을 담보로 하여 당해 프로젝트를 수행하는 데 필요한 자금을 조달하는 금융기법을 총칭하는 개념이다.

1-1. 공동도급

1) 운영방식

- 주계약자형 방식: 주계약자가 전체 프로젝트 관리 및 조정
- 공동이행방식: 연대책임
- 분담이행방식: 공구별 · 공정별 · 공종별로 분할하여 Project를 진행

2) 주계약자형 공동도급

ex)총 공사금액 200억일 때, A100억+(B50억+C50억)/2=150억 실적인정

1-2. 사회간접 자본(Social Overhead Capital, SOC)방식

1) BOO(Build-Own-Operate)

설계 · 시공(Build) → 소유권 획득(Own) → 운영(Operate)

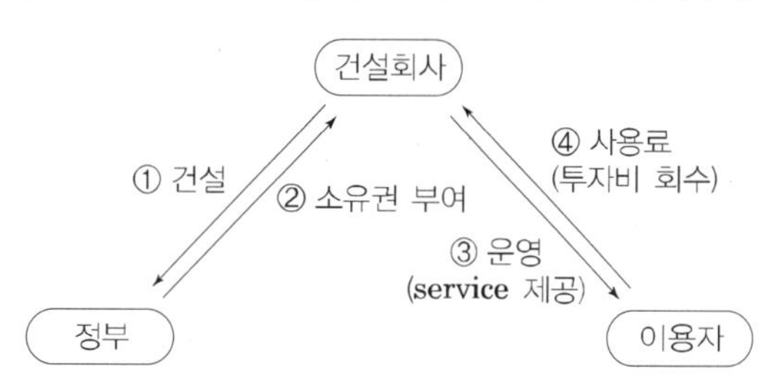

2) BOT(Build-Operate-Transfer)

설계 · 시공(Build) → 운영(Operate) → 소유권 이전(Transfer)

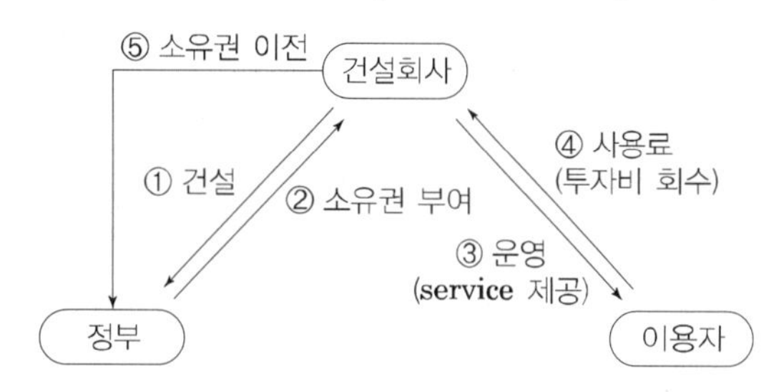

3) BTO(Build-Transfer-Operate)

설계 · 시공(Build) → 소유권 이전(Transfer) → 운영(Operate)

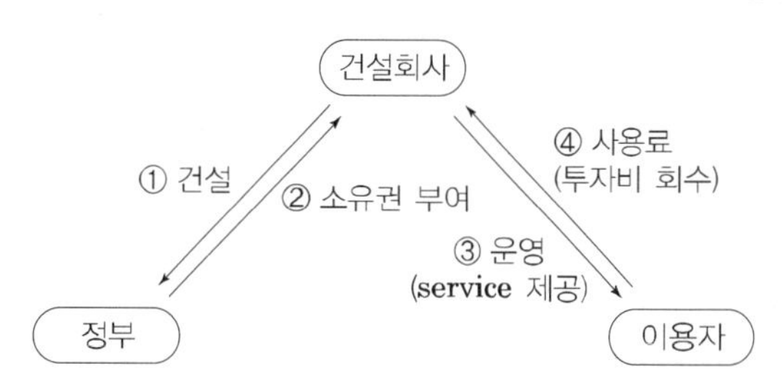

계약방식

건설공사비 지수

- 건설공사비 지수는 Project의 각 시기별 공사비를 일정기준시점의 공사비로 환산하여 공사물량의 확인과 공사관리의 목적상 물가변동에 따른 공사비 변동추이의 확인을 위해 재료비, 노무비, 경비의 가격 변화와 연동하여 산출하는 지수

핵심메모 (핵심 포스트 잇)

4) BTL(Build-Transfer-Lease)

설계 · 시공(Build) → 소유권 이전(Transfer) → 임대(Lease)

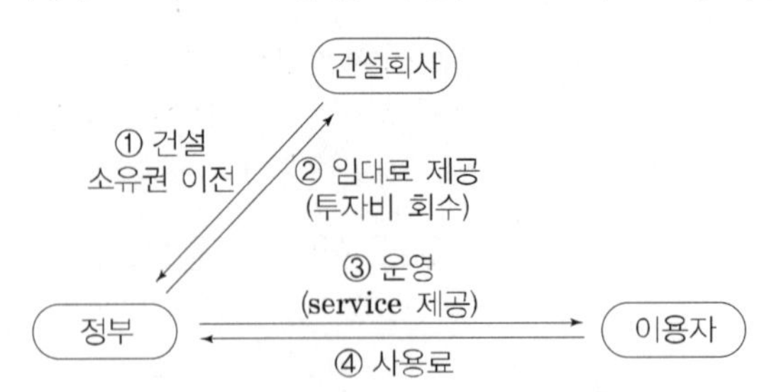

5) BOA, BTO-a(Build Operate Adjust)손익 공유형 민자사업

민간사업자가 시설물을 지어 운영하면서 손실이 나면 일정 부분을 정부가 보전해주고, 초과수익이 나면 정부와 나누는 제도

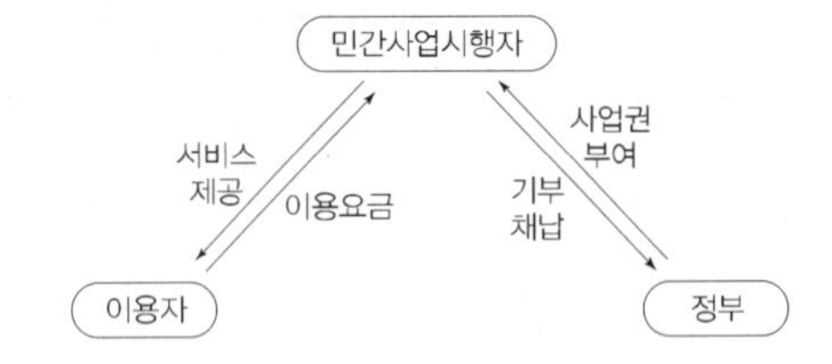

Memo

입찰 · 낙찰

2 입찰 · 낙찰

제안요청서

- 제안요청서(Request For Proposal)는 프로젝트 입찰에 응찰하는 제안서를 요청하는 제안요청서를 말한다. RFP에서는 주로 프로젝트 전체의 대략적이고 전체적인 내용과 입찰규정 및 낙찰자 선정기준 등이 명시되어 있다. RFP는 발주 기업이 구축업체를 선정하기 위해 선별한 업체에게만 보낸다.

계약의향서

- 계약의향서(Letter Of Intent)는 공개경쟁입찰에 있어서 입찰 참여 의사 표시를 개략적으로 작성한 문서이다. 계약이전의 단계로 아무런 법적 구속력이 없고 입찰과정을 거쳐 정식계약을 체결해야 하며 계약은 계약담당자와 계약상대자가 계약서에 기명 · 날인 혹은 서명함으로써 계약이 확정된다.

PQ: 추정가격 100억 이상

- P.Q는 발주자가 입찰 전에 입찰참가자의 계약이행능력(경영상태, 시공경험, 기술능력, 신인도)을 사전에 심사하여 경쟁입찰에 참가할 수 있는 입찰적격자를 선정하기위해 입찰참가자격을 부여하는 제도이다. 적격심사제도는 입찰에 참가한 업체를 대상으로 심사하여 판단하지만, P.Q 제도는 사전에 자격을 심사하여 입찰에 참가시키는 점이 다르다.

1. 입찰

1-1. 입찰관리 절차

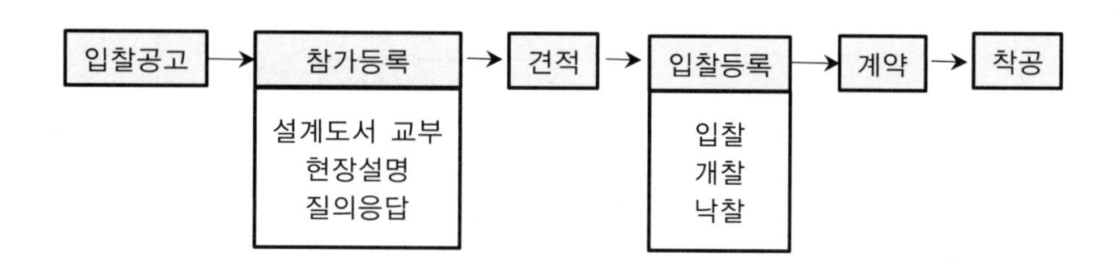

1) 입찰 참가자격 심사제도(P.Q; Pre-Qualification) 2016.03.30

평가 부문	심사 항목	내용
경영상태 부문	신용평가등급	G2B시스템을 통해 조회된 최근 평가일의 신용등급 평가
기술적 공사이행능력 부문	시공경험평가	최근 10년간의 실적 평가
	기술능력평가	최근년도 건설부문 매출액에 대한 건설부문 기술개발 투자비율 및 보호기간 내에 있는 신기술 개발 · 활용실적을 대상으로 평가하며, 활용실적은 보호기간 내에 있는 신기술의 활용된 총 누계금액으로 평가한다.
	시공평가결과	동일 또는 유사 시공실적에 대한 「건설기술진흥법」 제50조에 따른 시공평가 결과를 기준으로 평가
	지역업체 참여도	지역업체의 참여 지분율과 해당 지역 소재기간 가중치를 곱하여 산정한 비율로 평가한다.
	신인도	평균 환산재해율의 가중평균 대비 환산재해율의 가중평균

※ 2016년 3월30일부터 시행

① 대상공사: 추정가격 100억 이상 공사 중 교량, 댐 등 22개 공종

② 적격자 선정방법: 시공경험, 기술능력 및 경영상태별로 각각 배점 한도액의 50% 이상을 득하고, 신인도를 합한 종합 평점이 60점 이상인 자를 모두 입찰적격자로 선정

입찰 · 낙찰

핵심메모 (핵심 포스트 잇)

1-2. 입찰방식

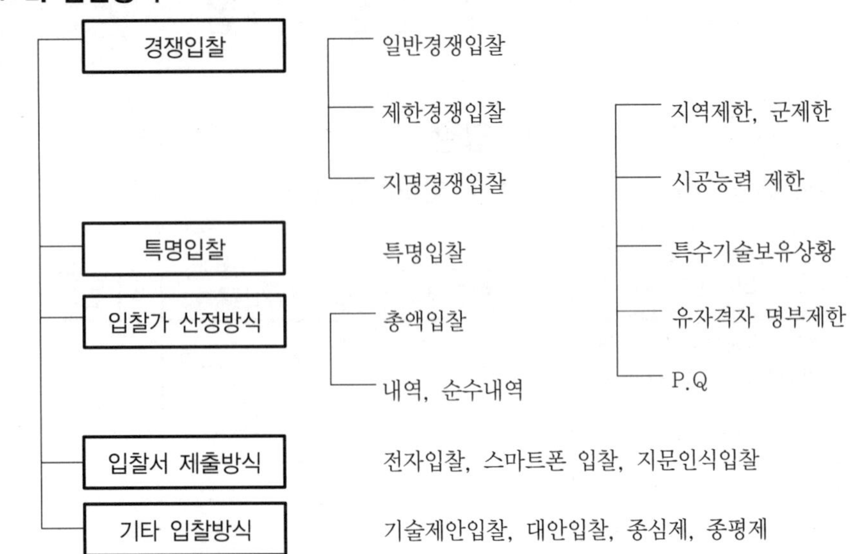

<table>
<tr><th>종 류</th><th colspan="2">특 성</th></tr>
<tr><td>일반 경쟁입찰</td><td colspan="2">입찰에 참가하고자 하는 모든 자격자가 입찰서를 제출하여 시공업자에게 낙찰, 도급시키는 입찰이다.</td></tr>
<tr><td>제한 경쟁입찰</td><td colspan="2">해당 Project 수행에 필요한 자격요건을 제한하여 소수의 입찰자를 대상으로 실시하는 입찰이다</td></tr>
<tr><td>지명 경쟁입찰</td><td colspan="2">도급자의 자산 · 신용 · 시공경험 · 기술능력 등을 조사하여 소수의 입찰자를 지명하여 실시하는 입찰이다</td></tr>
<tr><td>특명입찰</td><td colspan="2">도급자의 능력을 종합적으로 고려(평가)하여, 특정의 단일 도급자를 지명하여 실시하는 입찰이다.</td></tr>
<tr><td>순수내역입찰</td><td colspan="2">발주자가 제시한 설계서 및 입찰자의 기술제안내용(신기술 · 공법 등)에 따라 입찰자가 직접 산출한 물량과 단가를 기재한 입찰금액 산출 내역서를 제출하는 입찰이다.</td></tr>
<tr><td>물량내역수정입찰</td><td colspan="2">300억원 이상 모든 공사에 대해 발주자가 물량내역서를 교부하되, 입찰자가 소요 물량의 적정성과 장비 조합 등을 검토·수정하여 공사비를 산출하는 입찰이다.</td></tr>
<tr><td>전자입찰
(컴퓨터, 지문인식,
스마트폰)</td><td colspan="2">전자입찰은 입찰에 참여하는 업체가 입찰시행기관에 직접 가지 않고 사무실 등에서 인터넷을 통해 전자로 입찰참여 업무를 수행하는 입찰이다.</td></tr>
<tr><td>기술제안입찰
(실시설계는
완료되었으나 내역서가
작성되지 않은상태)</td><td colspan="2">발주기관이 교부한 실시설계도서와 입찰안내서에 따라 입찰자가 설계도서를 검토한 후 시공계획, 공사비 절감방안 및 공기단축 등을 제안하고 이를 심사하여 낙찰자를 결정하는 입찰이다.</td></tr>
<tr><td>대안입찰(실시설계와
내역서 산출이 완료된
시점에서 입찰을 실시)</td><td colspan="2">발주자가 제시하는 원안과 기본설계를 바탕으로 기본방침의 변경 없이 원안과 동등이상의 기능과 효과를 가진 신공법 · 신기술의 적용으로 공사비 절감 · 공기단축 등을 내용으로 하는 대안을 입찰자가 제시하는 입찰이다.</td></tr>
<tr><td rowspan="2">입찰가 또는 입찰서
제출방식</td><td>총액입찰</td><td>내역입찰</td></tr>
<tr><td>입찰서를 총액으로 작성</td><td>단가를 기재하여 제출한 산출 내역서를 첨부</td></tr>
</table>

입찰 · 낙찰

낙찰

- 낙찰자 선정은 미리 정해둔 선정기준에 결격사유가 없는 자로서 유효한 입찰서의 입찰금액과 예정가격을 대조하여 낙찰자선정기준에 적합한 자를 낙찰자로 선정한다.
- 단순한 가격위주의 낙찰제도에서 기술력 중심의 낙찰제도의 영향력(비중)이 점점 커가고 있는 추세이다.

종평제

- 고난이도(Ⅰ유형): 시공능력 평가액×(0.7배~2배 이내)으로 입찰참가자격제한, 종심제와 일관성유지를 위하여 추정가격의 0.7배 원칙
- 실적제한공종(Ⅱ유형): 해당공종 실적보유자로 입찰참가자격 제한하되 경쟁성이 부족할 경우 일반공종으로 발주하고 등급 또는 시평액으로 참가자 제한
- 일반공종(Ⅲ유형): 공사규모(추정금액)에 따른 등급제한(종심제 일반공종의 계약방법과 일관성 유지), 등급제한으로 경쟁성 확보가 어려울 경우에 시평액을 0.7배 원칙, 2배 이내로 제한

2. 낙찰

2-1. 낙찰의 분류

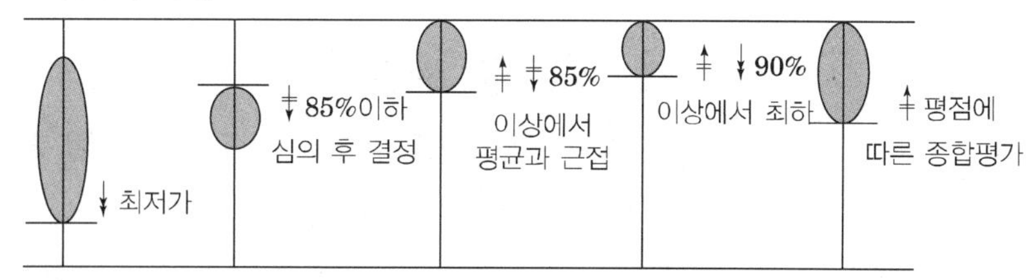

1) 종합평가 낙찰제(종평제, 적격낙찰 · 심사제도) - 16년06월 09일

적격 낙찰 · 심사제도는 최저가입찰자에 대하여 입찰가격과 공사수행능력을 종합적으로 심사하여 기준평점 이상일 때 낙찰자로 선정하는 제도이다.

평가부문	심사항목	평가기준	비 고
1.수행능력평가	시공경험	분야별 세부평점을 적용	적격심사 대상공사 및 심사기준은 추정가격과 입찰방식에 따라 적격통과기준이 수시로 변경됨
	기술능력		
	시공평가결과		
	경영상태(신용평가)		
	신인도		
2.입찰가격평가	입찰가격점수	입찰가격/예정가격	
3.자재 및 인력조달 가격의 적정성 평가	평가산식, 노무비, 제경비	등급별, 규모별 세부평가기준	
4.하도급관리계획의 적정성 평가	하도급관리계획서		

※ 종평제는 수요기관이 계약심의위원회에서 입찰참가자격 결정

2) 최고가치 낙찰제(Best Value)

L.C.C(Life Cycle Cost)의 최소화로 투자 효율성(Value For Money)의 극대화를 위해 입찰가격과 기술능력 등을 종합적으로 평가하여 발주자에게 최고가치를 줄 수 있는 입찰자(응찰자)를 낙찰자로 선정

3) 종합심사제(종심제) - 2016년 01.01

300억 원 이상 공공 공사에서 공사수행 능력과 가격, 사회적 책임 등을 따져 낙찰 업체를 선정하는 제도로 2016년부터 시행.
입찰가격이 가장 낮은 업체를 낙찰자로 선정해온 최저가낙찰제의 품질저하와 입찰담합 등의 문제를 해결하기 위한 것이다.

심사분야	배점	세 부 평 가 항 목
입찰금액	50~60	가격점수, 가격 적정성(감점)
공사수행능력	40~50	시공실적, 시공평가결과, 배치기술자, 매출액비중, 규모별 시공역량 등
사회적책임	가점(1)	① 고용 ② 건설안전 ③ 공정거래 ④ 지역경제 기여도

관련제도

핵심메모 (핵심 포스트 잇)

3 관련제도

1. 하도급 관련

1-1. 건설근로자 노무비 구분관리 및 지급확인제도 -2012.01.01.

수급인(원도급) 및 하수급인은 매월 직접노무비를 구분하여 청구하고, 발주자는 수급인에게 또는 수급인이 하수급인에게 직접노무비를 매월 지급하고 건설근로자에게 임금이 지급되었는지를 발주자, 수급인이 확인하고 문자로 통보하는 제도

1-2. 하도급 대금 지급보증제도 -2016.08.04.

(원칙) 수급인은 하도급 계약을 할 때 하수급인에게 하도급 대금의 지급을 보증하는 보증서를 주어야 한다.

(예외) 발주자의 하도급대금 직불에 발주자와 수급인 하수급인이 합의한 경우와 1건 하도급 공사의 하도급 금액이 1천만 원 이하인 경우

1-3. NSC(Nominated-Contractor)방식

발주자가 당해 사업을 추진함에 있어 주 시공업자 선정전에 특정업체를 지명하여 입찰서에 명기를 하고 주 시공업자와 함께 공사를 추진하는 방식이다.

2. 발주의 단순화 및 통합화

2-1. 직할시공제

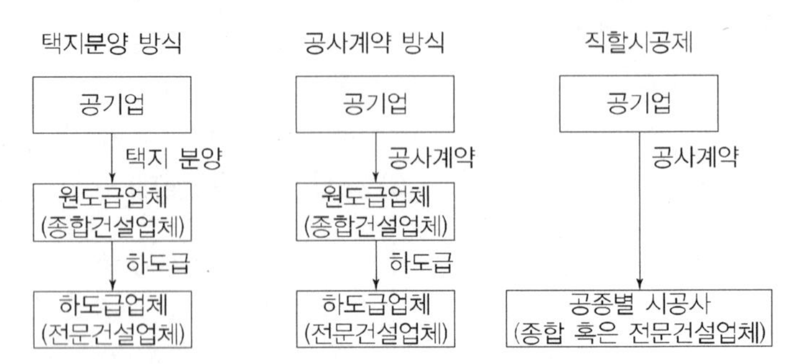

2-2. IPD(Integrated Project Delivery)

- Project 통합발주는 프로젝트의 수행과 참여자의 구성, 프로젝트 운영을 처음부터 통합하여 관리하는 방식으로 성과의 최적화 및 발주자의 가치를 증대시키고 설계와 시공과정의 효율성 극대화를 기대할 수 있다.
- BIM을 활용하여 초기단계부터 업무진행시 소통 및 간섭의 최소화.

관련제도

3. 기술관련

3-1. 시공능력 평가제도

- 시공능력평가제도는 정부가 건설회사의 건설공사실적, 자본금, 건설공사의 안전·환경 및 품질관리 수준 등에 따라 시공능력을 평가하여 공시하는 제도이다.
- 발주자가 적정한 건설업자를 선정할 수 있도록 하기 위하여 실시한다.

3-2. 직접시공 의무제도

- 무자격 부실업체들의 난립과 "입찰브로커"화를 방지하기 위하여 직접시공제도를 도입. 도급금액이 30억 미만인 공사를 도급받은 건설업자는 30% 이상에 상당하는 공사를 직접 시공해야 함
- 직접시공 : 해당 공종에 자기 인력, 자재(구매 포함), 장비(임대 포함) 등을 투입하여 공사를 시공하는 것을 말함(직영시공) 다만, 발주자가 공사의 품질 등을 위하여 서면으로 승낙한 경우에는 직접시공하지 아니할 수 있음

※ 직접시공계획을 도급계약체결일로부터 30일 이내 발주자에게 제출(직접 시공할 공사량 · 공사단가 및 공사금액이 명시된 공사내역서와 예정공정표 제출)

4. 기타

4-1. 준공공(準公共) 임대주택

- 세제 혜택 등을 받는 대신 정부로부터 임대료 규제를 받는 민간 임대주택. 정부에서 주거안정화를 위한 부동산 대책의 하나로 제안한 것으로 2013년 12월 5일부터 시행되고 있다. 민간 임대사업자가 임대료와 임대보증금을 주변 시세보다 낮게 하고 10년간 임대료 인상률을 연 5% 이하로 제한하는 조건을 받아들이면 정부는 세금 감면과 주택자금지원 등 각종 인센티브를 부여한다.

핵심메모 (핵심 포스트 잇)

Memo

건설 Claim

핵심메모 (핵심 포스트 잇)

4 건설 Claim

1. 건설 Claim

1-1. 클레임의 유형

- 계약문서로 인한 클레임
- 현장조건 상이조건 클레임
- 변경에 의한 클레임
- 공사지연 클레임
- 공사 가속화에 의한 클레임
- 설계 및 엔지니어링 해석에 의한 클레임

1-2. Claim 해결을 위한 단계별 추진절차

사전평가단계→근거자료 확보단계→자료분석 단계→Claim 문서작성단계 →청구금액 산출단계→문서 제출→Claim 접수→협의→

1-3. Claim의 발생원인

구 분	내 용
엔지니어링	부정확한 도면, 불완전한 도면, 지연된 엔지니어링
장 비	장비 고장, 장비 조달 지연, 부적절한 장비, 장비 부족
외부적요인	환경 문제, 계획된 개시일 보다 늦은 개시, 관련 법규 변경, 허가 승인 지연
노 무	노무인력 부족, 노동 생산성, 노무자 파업, 재작업
관 리	공법, 계획보다 많은 작업, 품질 보증/품질 관리, 지나치게 낙관적인 일정, 주공정선의 작업 미수행
자 재	손상된 자재, 부적절한 작업도구, 자재 조달 지연, 자재 품질
발 주 자	계획 변경 명령, 설계 수정, 부정확한 견적, 발주자의 간섭
하도급업자	파산, 하도급업자의 지연, 하도급업자의 간섭
기 상	결빙, 고온/고습, 강우, 강설

1-4. 분쟁처리절차 및 해결방법

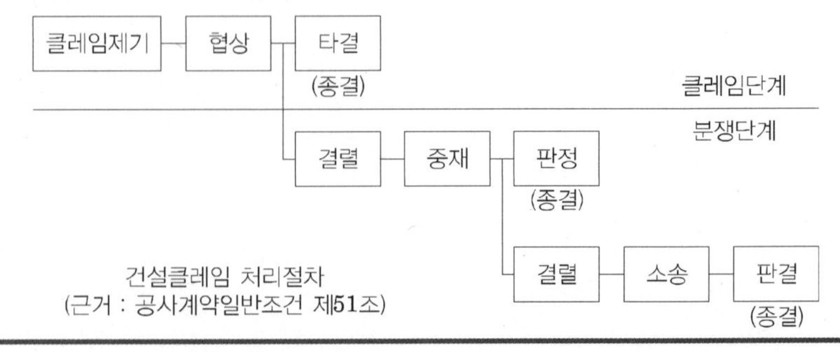

10-4장

건설 공사관리

공사관리 일반

1 공사관리 일반

공사관리

Key Point

□ Lay Out
- 계획
- 설계
- 현장관리
- 외주관리 · 자재관리
- 공정관리
- 품질관리
- 원가관리
- 안전관리
- 환경관리

□ 기본용어
- 시공계획서
- 공사가동률
- Line Of Balance
- Tact공정관리
- Milestone
- MCX
- PDCA
- 원가구성

1. 시공계획

1-1. 사전조사

조사 항목		조사 내용
설계도서		설계도면, 시방서, 구조계산서, 내역서 검토
계약조건		공사기간, 기성 청구 방법 및 시기
입지 조건	측량	대지측량, 경계측량, 현황측량, TBM, 기준점(Bench Mark)
	대지	인접대지, 도로 경계선, 대지의 고저(高低)
	매설물	잔존 구조물의 기초 · 지하실의 위치, 매설물의 위치 · 치수
	교통상황	현장 진입로(도로폭), 주변 도로 상황
지반 조사	지반	토질 단면상태
	지하수	지하수위, 지하수량, 피압수의 유무
공해		소음, 진동, 분진 등에 관한 환경기준 및 규제사항, 민원
기상조건		강우량 · 풍속 · 적설량 · 기온 · 습도 · 혹서기, 혹한기
관계법규		소음, 진동, 환경에 관한 법규

1-2. 착공 및 준공업무

1-2-1. 착공 시 검토항목

① 착공 신고서 ② 현장기술자 지정신고서
③ 경력증명서 및 자격증 사본 ④ 건설공사 공정예정표
⑤ 내역서 ⑥ 자재 조달계획서
⑦ 현장요원 신고서 ⑧ 착공 전 사진
⑨ 안전관리 기본계획서 ⑩ 하도급 시행계획서
⑪ 경계측량 ⑫ 비산먼지 발생 신고
⑬ 특정공사 사전신고(소음/진동) ⑭ 폐기물 배출자 신고
⑮ 가설동력 수용신고 ⑯ 유해위험 방지 계획서
⑰ 지하수 개발 이용신고/허가 ⑱ 품질관리 계획서
⑲ 위험물 임시저장 취급승인 ⑳ 도로점용 허가 신청

1-2-2. 준공 시 검토항목

① 준공 정산서 ② 준공부분 총괄내역
③ 하자보증서 ④ 준공사진 및 도면
⑤ 대지조성 사업 사용검사 신청 ⑥ 사용승인 신청
⑦ 폐기물 처리 실적보고 ⑧ 지하수처리시설 폐쇄 신고
⑨ 폐기물 처리 시설 폐쇄 신고 ⑩ 환경영향평가 준공 통보

공사관리 일반

설계도서 해석

설계도서 해석 우선순위
(국토 교통부 고시)

□ 건축물의 설계도서 작성기준
1. 공사시방서
2. 설계도면
3. 전문시방서
4. 표준시방서
5. 산출내역서
6. 승인된 상세시공도면
7. 관계법령의 유권해석
8. 감리자의 지시사항

□ 주택의 설계도서 작성기준
1. 특별시방서
2. 설계도면
3. 일반시방서· 표준시방서
4. 수량산출서
5. 승인된 시공도면
6. 관계법령의 유권해석
7. 감리자의 지시사항

건설기술진흥법 시행규칙
□ 설계도서의 작성
- 공사시방서는 표준시방서 및 전문시방서를 기본으로 하여 작성하되, 공사의 특수성, 지역여건, 공사방법 등을 고려하여 기본설계 및 실시설계도면에 구체적으로 표시할 수 없는 내용과 공사수행을 위한 시공방법 자재의 성능규격 및 공법, 품질시험 및 검사 등 품질관리, 안전관리, 환경관리 등에 관한 사항을 기술할 것

1-3. 시공계획

구 분	내 용
예비조사	• 설계도서 파악 및 기타 계약조건의 검토 • 현장의 물리적 조건 등 실지조사 • 민원요소 파악
시공기술 계획	• 공법선정 • 공사의 순서와 시공법의 기본방침 결정 • 공기와 작업량 및 공사비의 검토 • 공정계획(예정공정표의 작성) • 작업량과 작업조건에 적합한 장비의 선정과 조합의 검토 • 가설 및 양중계획 • 품질관리의 계획
조달 및 외주관리 계획	• 하도급발주계획 • 노무계획(직종, 인원수와 사용기간) • 장비계획(기종, 수량과 사용기간) • 자재계획(종류, 수량과 소요시기) • 수송계획(수송방법과 시기)
공사관리 계획	• 현장관리조직의 편성 • 하도급 관리 • 공정관리: 공기단축 • 원가관리: 실행예산서의 작성 , 자금계획 • 안전관리계획 • 환경관리: 폐기물 및 소음, 진동, 공해요소 • 제 계획표의 작성과 보고

① 사전조사를 통해 계약조건이나 현장의 조건을 확인한다.
② 시공의 순서나 시공방법에 대해서 기술적 검토를 하고, 시공방법의 기본방침을 결정한다.
③ 공사관리, 안전관리 조직을 편성하여 해당 관청에 신고를 한다.
④ 기본방침에 따라서 공사용 장비의 선정 · 인원배치 · 일정안배 · 작업순서 등의 상세한 계획을 세운다.
⑤ 실행예산의 편성
⑥ 협력업체 및 사용자재를 선정한다.
⑦ 실행예산 및 공기에 따른 기성고 검토

공사관리 일반

2. 현장관리

2-1. 동절기 시 현장 공사관리

2-1-1. 공종별 품질관리 계획

1) 토공사

① 터파기 작업 시 물이 고이지 않도록 배수에 유의하고, 마무리 횡단 경사는 4% 이상을 유지

② 성토작업 시 성토 재료는 과다한 함수상태, 결빙으로 인한 덩어리, 빙설이 포함된 재료가 혼입되지 않도록 관리

2) 기초공사

① 지면이 얼지 않도록 사전 보양처리

② 시멘트 페이스트 또는 콘크리트 부어넣을 때의 온도는 10~20℃로 유지하고 부어넣기 후 보온덮개와 열원 설치하여 12℃에서 24시간 이상 가열보온

3) 한중 콘크리트공사

① 재료: 냉각되지 않도록 보관

② 배관: AE콘크리트를 사용, 물시멘트비는 60% 이하 결정

③ 운반: 운반 장비는 사전에 보온하고 타설 온도를 확보할 수 있도록 레미콘 공장 선정

④ 타설: 철근 및 거푸집에 부착된 빙설을 제거하고 타설시 콘크리트 온도는 10~20℃ 유지

⑤ 양생관리: 콘크리트 온도는 5℃ 이상, 양생막 내부온도는 10~25℃ 유지하고 가열양생을 할 경우 표면이 건조되지 않도록 하고 국부적인 가열이 되지 않도록 유의

4) 마감공사

① 시공재료는 결빙되지 않도록 보양 또는 급열

② 작업 전 급열장치를 가동하여 시공 바탕면의 온도를 0℃ 이상 확보

③ 콘크리트 바탕면의 온도확보가 어려울 경우 탈락, 균열 등의 하자 우려가 있으므로 바탕면 온도관리에 유의

④ 동절기 공사 전 창호 유리설치 선시행하도록 유도하고 유리설치가 어려운 경우 천막 등으로 개구부 밀폐

2-1-2. 안전관리 계획

① 하중에 취약한 가시설 및 가설구조물 위의 눈은 즉시 제거

② 낙하물방지망과 방호선반 위에 쌓인 눈은 제거하기가 곤란한 경우 하부에 근로자의 통행금지

③ 강설량에 따라 작업 중지

④ 흙막이 주변지반 및 지보공 이음부위 점검

⑤ 화재예방: 인화성 물질은 통풍이 잘되는 곳에 보관

⑥ 작업장 관리: 표면수 제거, 눈과 서리는 즉시 처리

핵심메모 (핵심 포스트 잇)

공사관리 일반

2-2. 우기 시 현장관리

2-2-1 사전 수방대책 수립

1) 방재체제 정비

① 비상연락망 정비

② 현장직원 및 본사, 유관기관, 현장 기능공 비상연락망 정비

③ 방재대책 업무 숙지

④ 재해방지 대책 자체 교육 실시

2) 작업장 주변 조사 및 특별관리

① 재해위험 장소 조사 지정(수해 예상지점, 지하매설물 파손예상지점)

② 하수 시설물을 점검하여 사전준설 실시(우수처리 시설 등 경미한 시설물은 현장 자체 준설)

③ 유도수로 설치(마대 쌓기)와 양수기 배치

④ 안전점검 및 현장순찰 강화

⑤ 장비 현장 상주(B/H, 크레인)

3) 방재물자 확보

응급 복구장비 및 자재확보

4) 안전시공관리 계획 수립

① 주요공종별 안전시공 계획수립

- 경험이 풍부한 근로자 확보
- 현장 여건에 적절한 재료 확보
- 공종별 공사 착공 전 사전 점검
- 작업장내 정리정돈 실시 및 보호대책 수립

② 공사현장의 안전관리

- 현장 점검 전담반 구성 운영 및 근로자의 안전교육 강화
- 교통정리원의 기능강화

2-2-2. 각 분야별 점검사항

1) 단지조성 공사장

① 침수에 대한 비상대책수립 여부 확인

② 단지 및 주변지역의 수계파악

③ 토질 및 표층의 상태

④ 굴착깊이 및 구배의 적정성 확인

⑤ 배수구, 집수구 등의 우수에 필요한 시설 설치 및 배수능력

⑥ 정전에 대비한 야간작업 대비 기구

2) 단지 및 기타 공사장

① 흙파기한 곳의 법면보양

② 계측관리 확인

③ 장비의 고정상태

④ 가설울타리 및 가설건물의 고정상태

⑤ 부력에 의한 구조물의 부상

핵심메모 (핵심 포스트 잇)

공사관리 일반

3. 외주관리

3-1. 하도급관리

1) 하도급자 선정 시 고려사항

① 하도급경영자의 인격, 신용, 경영능력
② 실제 현장감독자의 관리능력
③ 노동력의 실태
④ 보유 공사량 등 현황
⑤ 당해 공사에 대한 적합성

2) 관리항목

① 작업원의 동원(투입)실적 파악
② 공사 진척도(기성고) 파악
③ 생산성의 평가
④ 기술지도
⑤ 품질관리(Q.C)
⑥ 안전관리(S.C)

3-2. 부도업체 처리

1) 부도발생 보고절차

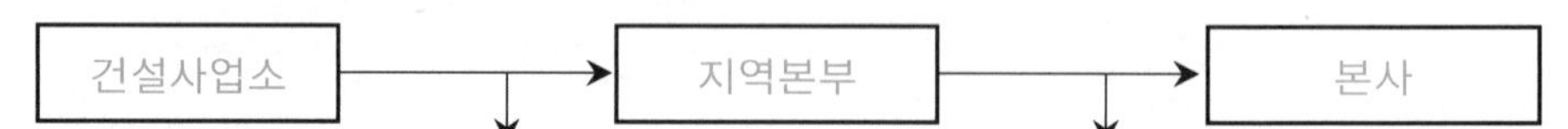

부도발생 사실을 즉시 유선으로 보고한 후, 수급인 및 주거래 은행 등에 자세한 사항을 확인하고 근로자 등 현장관련자의 동향 등을 파악하여 서면보고

2) 부도업체 처리 Process

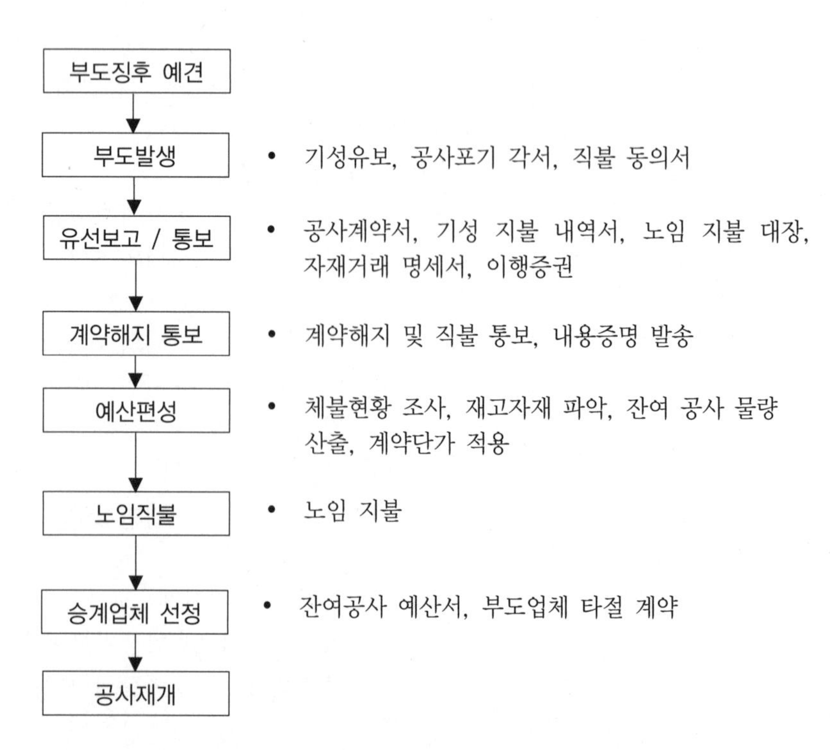

핵심메모 (핵심 포스트 잇)

공정관리

표준공기

- 해당 건설 Project의 시작부터 완료까지의 일정계획으로 주요관리공사 (CP: Critical Path)를 연결하여 산정한 공기이다.

공정관리 절차서

- Project의 공정관리에 대한 전반적인 계획과 절차를 기록한 것

Last Planner System

- Process Mapping 작업을 통해 각 협력업체들의 작업량과 작업 소요시간을 파악하고 업체 간 선후행관계도를 작성하여 공정회의(Team Workshop)를 통해 실제작업내용과 예비 작업내용 (Listing a Workable Backlog)의 일치성을 확인하고 문서화
- 제반요건(Constrains Analysis) 및 작업 성취율(Percent Of Plan Completed)을 분석하여 작업의 실패원인 (Failure Analysis)을 찾아 Process를 개선

□ LPS 관리 4단계
- Mast Schedule(전공정)
- Phase Plan(단계별)
- Look Ahead Plan (사전작업)
- Weekly Work Plan (주간작업)

2 공정관리

1. 공정계획

1-1. 공정관리의 기본 구성

1) 공기와 사업비 곡선 - 최적 시공속도

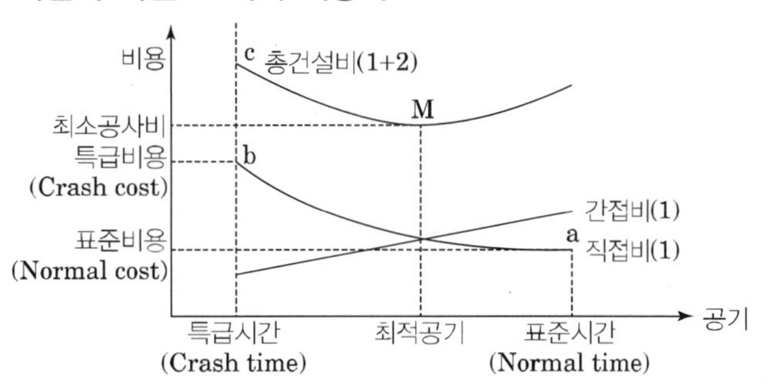

- 표준비용: 직접비가 각각 최소가 되는 전공사의 총 직접비
- 표준시간: 표준비용이 될 때 필요한 공기
- 특급시간: 직접비의 증가에도 불구하고 어느 한도 이상으로 단축되지 않는 시간
- 최적공기: 총공사비(Total Cost)가 최소가 되는 가장 경제적인 공사기간

2) 공정표 작성 순서

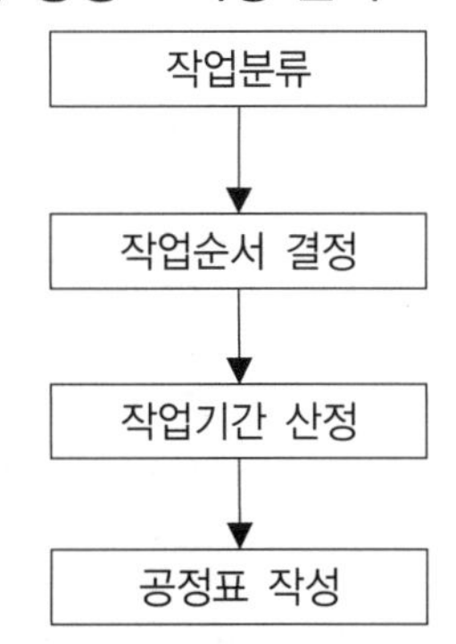

WBS(작업의 범위와 종류를 정의하고 공정별 위계구조 분할)

기술, 자재특성, 안전, 동절기 및 하절기 관리, 장소, 조달 등의 요인

작업량을 기본으로 작업조의 구성, 장비의 선택, 공법 등에 따라 산정

1-2. 공사가동률

① 건축공사의 각 작업활동에 영향을 미치는 정량적인 요인과 정성적인 요인을 조사하여 1년에 실제 작업가능일수를 계산하여 공정계획을 수립할 목적으로 이용된다.(공정계획 및 설계변경 시 자료 활용)

② 공사가동률= $\frac{\text{공사가능일}}{365} \times 100\%$

① 공종별 불가능 기상조건 및 대상선정 후 가동률 산정
② 지역별 불가능 기상조건 및 대상선정 후 가동률 산정
③ 계절별 불가능 기상조건 및 대상선정 후 가동률 산정
④ 월별 불가능 기상조건 및 대상선정 후 가동률 산정

공정관리

Cycle Time

- 공정 및 장비에서 1회의 작업을 완료하는데 소요되는 시간
- HT(Hand Time) + MT(Machine Time)

Follow Up(진도관리), Updating(공정갱신)

① 진도 측정일을 기준으로 완료 작업량과 잔여작업량을 조사
② 예정공정률과 실시공정률을 비교
③ 실시공정률로 수정한 다음 지연되고 있는 경로를 확인
④ 지연된 경로상의 작업에 대하여 LFT를 계산하여 일정 재검토
⑤ 예정공기 내에 완료가 힘든 경우 잔여작업에 대해 최소의 비용으로 단축

2. 공정관리 기법

2-1. 관리기법

2-1-1. Bar Chart

세로축에 작업 항목, 가로축에 시간(혹은 날짜)을 취하여 각 작업의 개시부터 종료까지를 막대 모양으로 표현한 공정표이다.

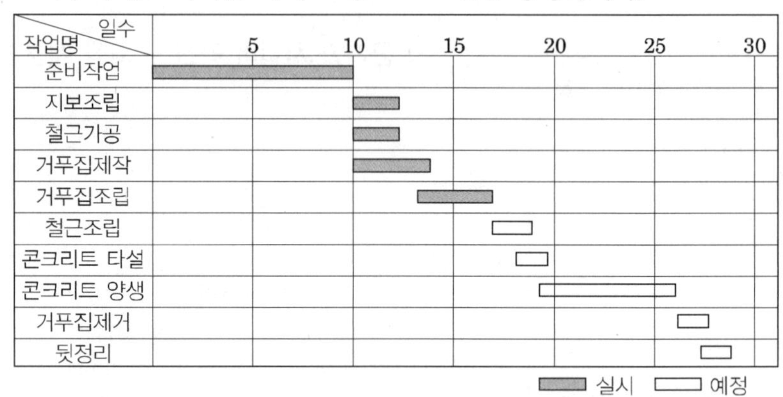

2-1-2. 진도관리 곡선(Banana Curve, S-Curve)

공사일정의 예정과 실시상태를 그래프에 대비하여 공정의 진도 파악

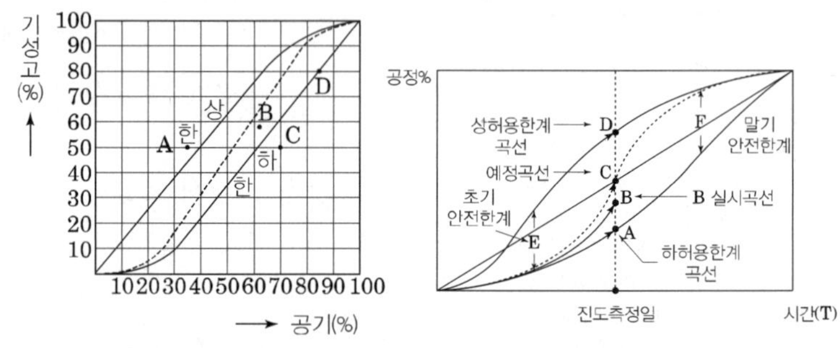

2-1-3. Pert(Program Evaluation and Review Technique)

1) 개념

① 작업이 완료되는 시점에 중점을 두는 점에서 Event중심의 공정관리 기법이다. 따라서 작업의 완료상황을 노드에 표시한다.

② Pert 도표에서 작업의 착수와 완료시점을 대표하는 연결점들은 번호와 기호로 규정되며, 작업공기는 확률분포를 갖는 것으로 추정한다. 이때 작업공기의 확률분포는 예상 작업시간으로 계산하는데 가장 가능성이 높은 공기(Most Likely, m), 가장 낙관적인 공기(Optimistic, a), 가장 비관적인 공기(Pessimistic, b)이다.

2) Pert 네트워크 표현방식

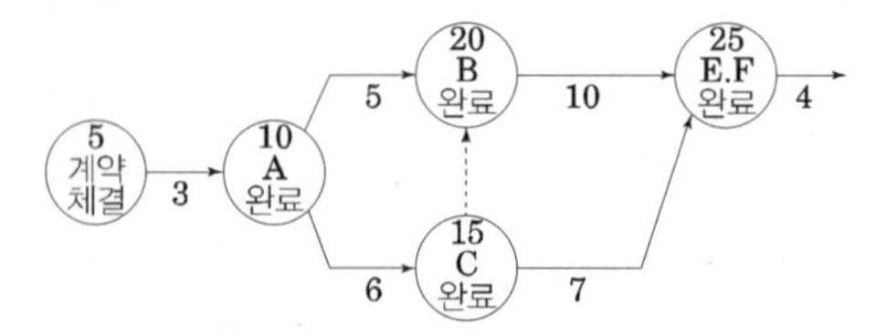

공정관리

2-1-4. CPM(Critical Path Method)

1) 화살표 표기방식(ADM:Arrow Diagram Method, Activity On Arrow)

화살선은 작업(Activity)을 나타내고 작업과 작업이 결합되는 점이나 공사의 개시점 또는 종료점은 ○표로 표기되며 이를 결합점 또는 이벤트(Node, Event) 라 한다.

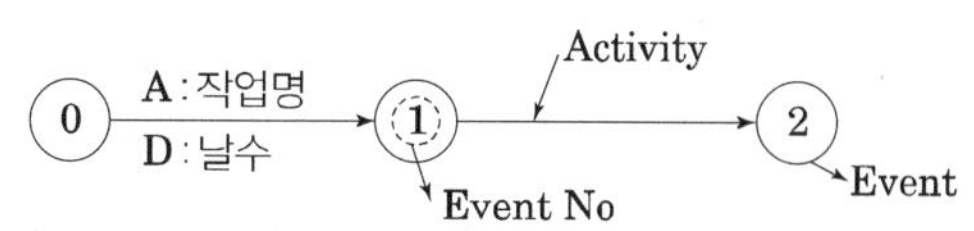

2) 마디도표 표기방식(PDM: Precedence Diagram Method)

각 작업은 □, ○로 표시하고 작업간의 연결선은 시간적 개념을 갖지 않고 선후관계의 연결만을 의미하며, 작업간의 중복표시가 가능하다.

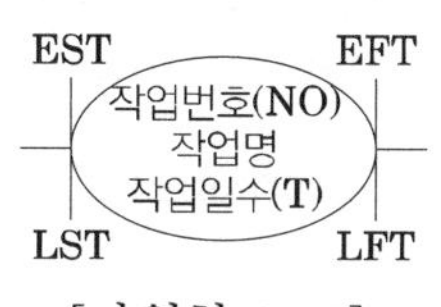

[타원형 노드]

EST	작업번호		EFT
	작업명		
LST	작업일수	책임자 (Resp)	LFT

[네모형 노드]

2-1-5. LOB(Line Of Balance, 연속반복방식) Line 특성

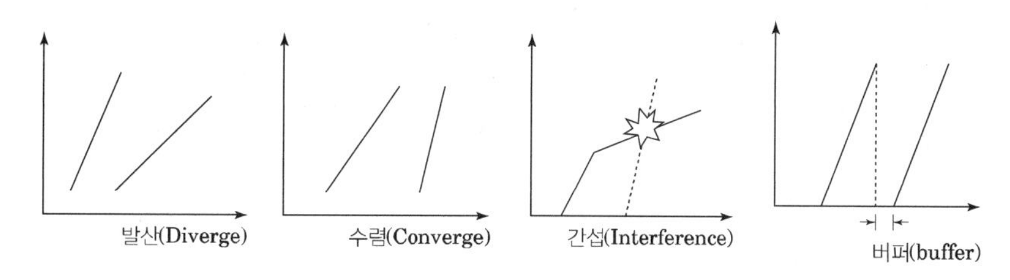

2-1-6. Tact 공정(Hi-Tact(Horizontally Integrated Tact)다공구 분할)

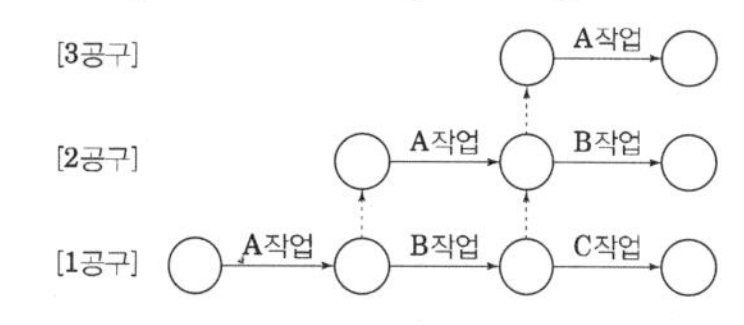

2-2. NetWork 구성

2-2-1. 네트워크 구성요소 및 일정계산

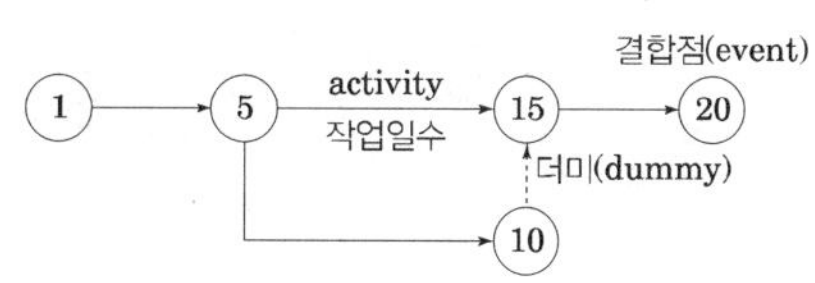

1) Mile Stone

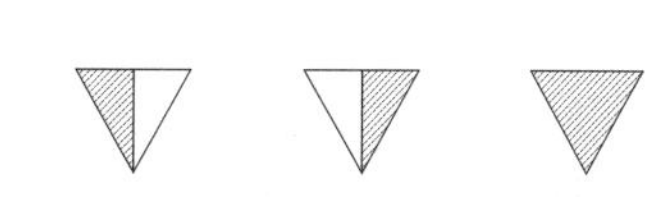

[한계착수일] [한계완료일] [절대완료일]

① 한계착수일: 지정된 날짜보다 일찍 착수할 수 없는 날짜

② 한계완료일: 지정된 날짜보다 늦게 완료되어서는 안되는 날짜

③ 절대완료일: 지정된 날짜에 무조건 완료되어야 하는 날짜

Tact의 개념

□ Tact

- Tact는 사전적 의미로 음악에 사용되는 박자란 뜻의 영어 단어로써, 오케스트라의 지휘자처럼 작업의 흐름을 Rhythmical 하게 연속시킴으로써, 건축 생산을 효율적으로 하는 것이다.

□ DOC(One Day One Cycle System) 다공구 동기화

- DOC는 건설현장에서 생산 시스템의 시간모듈을 하루로 한 공구분할을 실시하는 다공구 동기화 방법이다.

□ 다공구 수평 · 수직 분할

- 1개층당 며칠이라는 사이클 일수를 갖는 택트공정을 수평과 수직방향으로 연계시켜 나선식으로 공정을 행한다. 1개층을 다공구로 분할하여 각 공구의 1 직종을 할당하고, 작업흐름을 유기적으로 구성하여 진행

공정관리

3. 공기조정

3-1. 단축기법

3-1-1. 단축방법

1) 계산공기(지정공기)가 계약공기 보다 긴 경우
   ① 비용구배(Cost Slope)가 있는 경우
   MCX(Minimum Cost Expediting)에 의한 공기단축
   ② 비용구배(Cost Slope)가 없는 경우: 지정공기에 의한 공기단축

2) 공사진행 중 공기가 지연된 경우
   ① 진도관리(Follow Up)에 의한 공기단축
   ② 바 차트(Bar Chart)에 의한 방법
   ③ 바나나 곡선(Banana/S-Curve)에 의한 방법
   ④ 네트워크(Network) 기법에 의한 방법

MCX

□ Cost Slope
- 공기 1일을 단축하는데 추가되는 비용으로 단축일수와 비례하여 비용은 증가하며, 정상점과 급속점을 연결한 기울기

□ 특급공기(급속점)
- 특급공사비와 특급공기가 만나는 포인트로 더 이상 소요공기를 단축할 수 없는 한계시간

□ 특급비용
- 공기를 최대한 단축할 때의 비용

□ 정상공기(정상점)
- 정상적인 소요시간

□ 정상비용
- 정상적인 소요일수에 대한 비용

3-1-2. MCX: Minimum Cost Expediting(최소비용 촉진기법)

- MCX는 각 요소작업의 공기 대 비용의 관계를 조사하여 최소의 비용으로 공기를 단축하기 위한 기법

$$Cost\ Slope = \frac{급속비용 - 정상비용}{정상공기 - 급속공기} = \frac{\Delta Cost}{\Delta Time}$$

- 단축가능일수= 표준공기-급속공기
- Extra Cost =각 작업일수 × Cost Slope

공정표작성 → CP를 대상으로 단축 → 작업별 여유시간을 구한 후 비용구배 계산 → Cost Slope 가장 낮은 것부터 공기단축 범위 내 단계별 단축 → Extra Cost(추가공사비) 산출

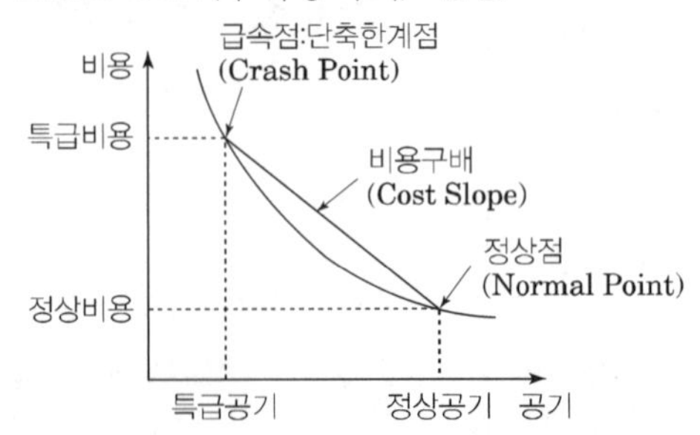

작업명	정상계획		급속계획	
	공기(일)	비용(₩)	공기(일)	비용(₩)
A	6	60,000	4	90,000
B	10	150,000	5	200,000

- A작업 $Cost\ Slope = \frac{90{,}000원 - 60{,}000원}{6일 - 4일} = 15{,}000원/일$

  1일 단축 시 15,000원의 비용이 발생

- B작업 $Cost\ Slope = \frac{200{,}000원 - 150{,}000원}{10일 - 5일} = 10{,}000원/일$

  1일 단축 시 10,000원의 비용이 발생

Schedule Updating)

① 여유공정에서 발생된 경우: 여유공정 일정을 수정 및 조치
② 주공정에서 발생된 경우: 추가적인 자원투입이나 여유공정에서 주공정으로 자원을 이동하거나 수정조치
③ 예정공정표에 지연된 작업을 표시하고 작업의 지연으로 인한 전체공기의 지연기간 산정
④ 작업순서의 조정 및 시간견적 내용 검토
⑤ 작업순서 및 작업기간 반영하여 공정갱신

공정관리

자원배당 특징

□ EST에 의한 자원배당
- 프로젝트 전반부에 많은 자원 투입으로 초기 투자비용이 과다하게 들어갈 수 있지만 여유가 많아 예정공기 준수에 유리

□ LST에 의한 자원배당
- 모든 작업들이 초기에 여유시간을 소비하고 주공정선처럼 작업을 시행하는 방법
- 작업의 하나라도 지연이 생기면 전체작업에 지연초래
- 초기투자비용은 적지만 후기에 자원을 동원하기 때문에 공기지연 위험

□ 조합에 의한 자원배당
- 합리적인 자원배당 가능
- 가능한 범위 내에서 여유시간을 최대한 활용하여 자원을 배당

3-2. 공기지연

- 수용가능 지연: 보상가능, 보상불가능(예측불가 및 불가항력)
- 수용불가능 지연: 시공자, 하도급자에 의해 발생
- 동시발생 지연: 최종 완공일에 영향을 줄 수 있는 두 가지 이상의 지연이 동일시점에서 발생

4. 자원계획과 통합관리

4-1. 자원배당(Resource Allocation), 자원평준화(Resource Levelling)

4-1-1. 자원배당 및 평준화 순서

① 초기공정표 일정계산
② EST에 의한 부하도 작성: EST로 시작하여 소요일수 만큼 우측으로 작성
③ LST에 의한 부하도 작성: 우측에서부터 EST부하도와 반대로 일수만큼 좌측으로 작성
④ 균배도 작성: 인력부하(Labor Load)가 걸리는 작업들을 공정표상의 여유시간(Flot Time)을 이용하여 인력을 균등배분

4-1-2. 자원배당의 형태

1) 공기 제한형(지정공기 준수 목적)

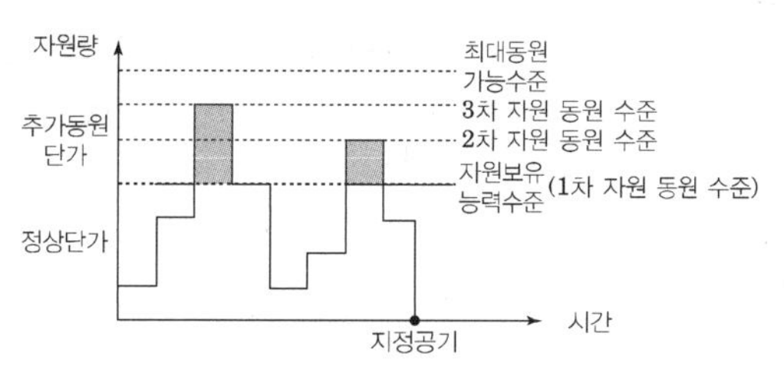

① 동원 가능한 자원수준 이내에서 일정별 자원 변동량 최소화
② 발주자의 공기가 지정되어 있는 경우 실시
③ EST와 LST에 의한 초기 인력자원 배당 실시 후 우선순위 정함
④ TF의 범위 내에서 1일 단위로 하여 (TF+1)만큼의 경우수를 이동하면서 작업을 고정

2) 자원 제한형(공기단축목적)

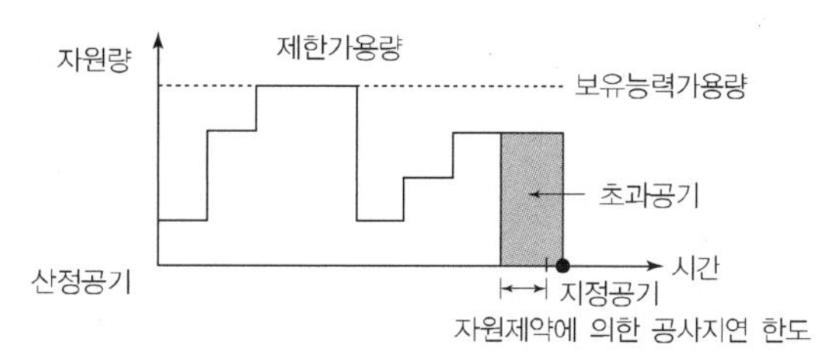

① 자원제약을 주고 여기에 다른 공기를 조정
② 동원가능한 자원수의 제약이 있을 때 실시
③ 한단계의 배당이 끝나면 공정표 조정 후 그 단계에서 계속공사의 자원량을 감안하여 해당 작업의 자원 요구량의 합계가 자원제한 한계에 들도록 배당

공정관리

성과측정 지표

□ BCWS(계획공사비)
- 계약단가×실행물량

□ BCWP(달성공사비)
- 계약단가×기성물량

□ ACWP(실투입 비용)
- 실투입단가×기성물량

EVM 적용 Process

WBS 설정
↓
공사비 배분
↓
일정계획 수립
↓
관리기준선 확정
↓
실적데이터 파악
↓
성과측정
↓
경영분석
↓
변경사항 관리

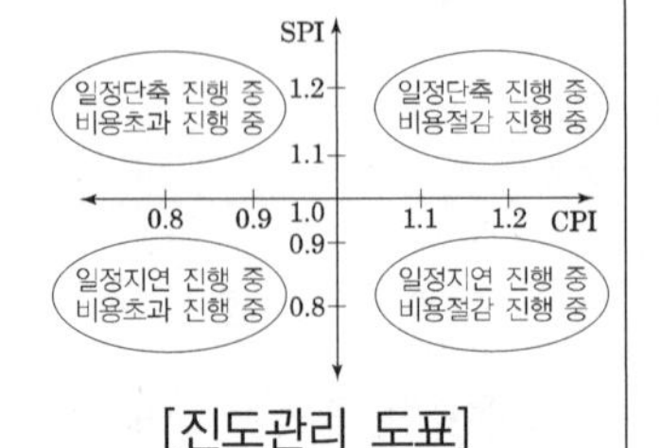

[진도관리 도표]

4-2. EVMS: Earned Value Management System, 일정 · 비용통합관리

비용과 일정계획 대비 성과를 미리 예측하여 현재공사수행의 문제분석과 대책을 수립할 수 있는 예측 System이다

4-2-1. EVMS 관리곡선 - 측정요소분석

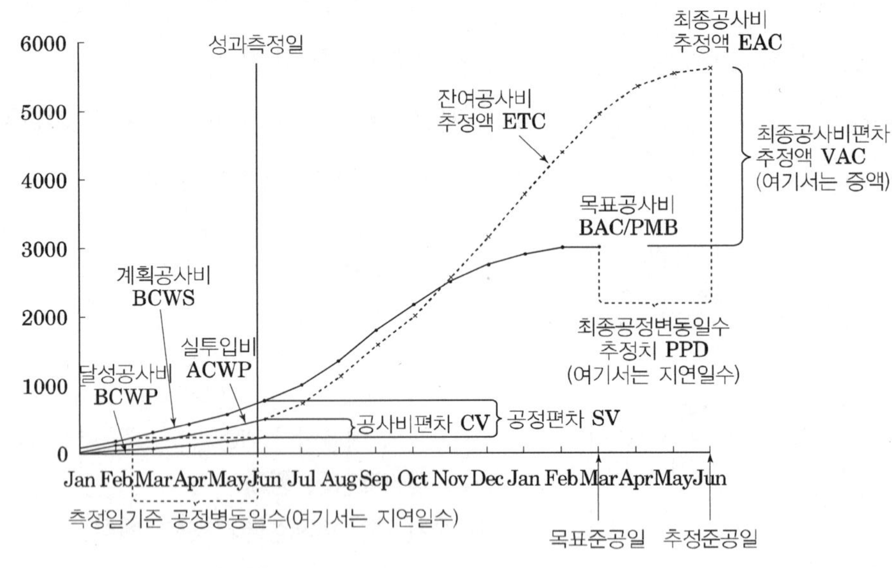

4-2-4. EVMS 분석요소

1) CPI(원가진도지수, Cost Performance Index)

$$CPI=\frac{BCWP}{ACWP}$$

CPI < 1.0: 원가초과

CPI = 1.0: 계획일치

CPI > 1.0: 원가미달

CPI는 현재시점의 완료 공정률에 대한 투입공사비의 효율성을 나타내며, BCWP와 ACWP는 모두 현재시점의 실제작업물량을 기준으로 하는 계획단가와 실행단가의 차이이므로, CPI는 실제작업물량에 대한 실제투입 공사비 대비 계획공사비의 비율을 의미한다.

2) SPI(공기진도지수, Schedule Performance Index)

$$SPI=\frac{BCWP}{BCWS}$$

SPI < 1.0: 공기지연

SPI=1.0: 계획일치

SPI > 1.0: 계획초과

SPI는 현재시점의 완료공정률에 대한 공정관리의 효율성을 나타내며, BCWP와 BCWS는 모두 공종별 계획단가에 대한 실제실행물량과 계획실행물량의 차이이므로, SPI는 현재시점의 계획 대비 공정진도율 차이를 의미한다.

품질관리

품질비용

- 품질을 구현하기 위해 품질을 관리하는데 소요되는 비용과 품질관리 실패로 인해 추가적으로 발생하는 비용의 합계로서 이상적으로 일체의 낭비요소 없이 품질구현에 소요된 비용과 현실비용과의 차이이다.

Sampling

- Sampling 검사는 롯트(Lot)로부터 시료를 추출하여 검사하고 그 결과를 미리 정해 둔 판정기준과 비교하여 롯트(Lot)의 합격 혹은 불합격을 판정하는 절차이다.

MC: Modular Coordination

- 기준치수(Module)를 사용해서 건축물의 재료 부품에서 설계 시공에 이르기까지 건축생산 전반에 걸쳐 치수상 유기적인 연계성을 만들기 위함이다. 모듈(Module) 기준치수를 말하며 건축의 생산수단으로서 기준치수의 집성이다.

ISO: International Organization For Standardization

- 인증자격을 갖춘 인증기관이 ISO 규격을 기준으로 인증신청기업 및 조직을 평가하고 해당 규격에 적합함을 보증해 주는 제도

3 품질관리

1. 품질관리

1-1. PDCA(Deming Wheel)Cycle

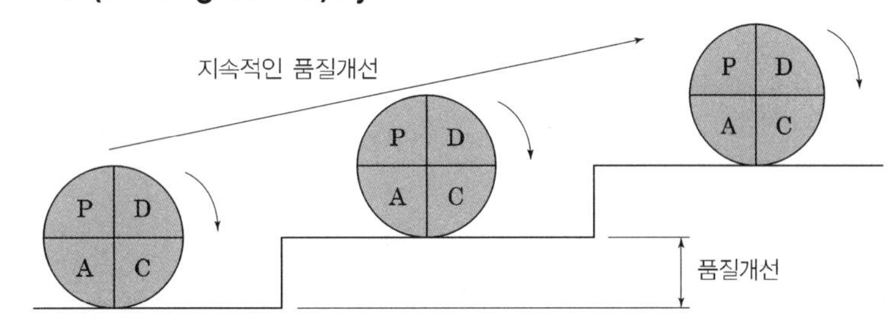

- Plan(계획) 단계:개선을 위한 계획
- Do(실시 · 실행) 단계: 자료수집 후 실행
- Check(검사 · 검토 · 확인) 단계: 자료평가
- Action(조치)단계: 새로운 단계 표준화 또는 새로운방법 제시

2. 품질개선 도구

- Pareto Diagram: 크기순서로 분류, 불량, 손실 파악
- 산점도: 상호 관련된 두 변수에 대한 특성과 요인관계 규명
- 특성요인도: 효과와 그 효과를 만들어내는 원인을 시스템적으로 분석
- Histogram: 계량치의 데이터가 어떠한 분포를 하고 있는지 파악
- 층별: 재료별, 기계별, 시간대별, 작업자별 구분
- Check Sheet: 계수치가 분류항목별로 어디에 있는지 파악
- 관리도: 관리상한 하한선을 설정하여 관리상태 파악

3. 품질경영

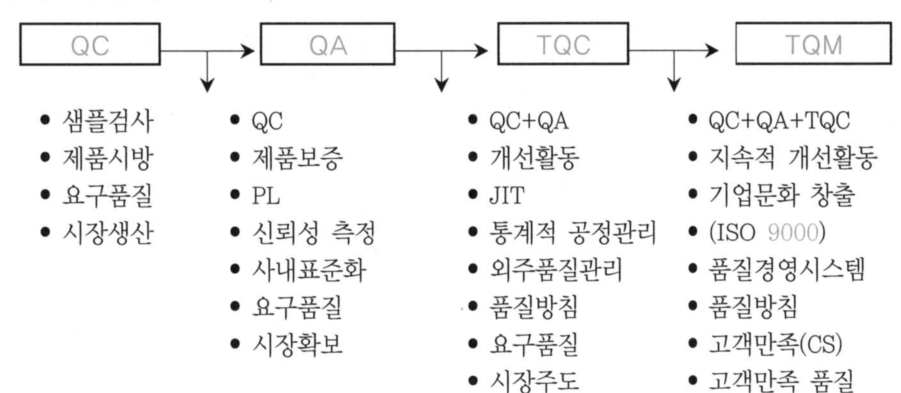

[품질경영의 발전단계]

품질관리

Six-Sigma(6-시그마)

- 고객의 관점에서 품질에 결정적인 요소를 찾고 과학적인 기법을 적용, 100만개 중 3.4개의 결점수준인 무결점 (Zero Defects) 품질을 달성하는 것을 목표로 삼아 제조현장 뿐 아니라 Marketing, Engineering, Service, 계획 책정 등 경영활동 전반에 있어서 업무 Process를 개선하는 체제를 구축하고자 하는 것이다.

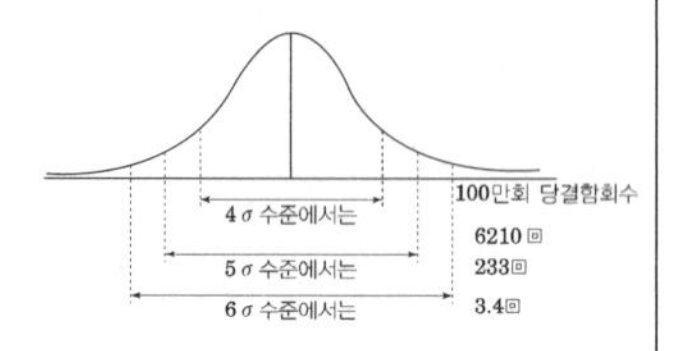

잠정 건설기준제

-(Provisional Standard)
-새로 개발된 공법, 재료 등이 설계·시방기준 등에 반영되지 않음에 따른 입찰 등 프로젝트 적용 걸림돌을 완화한 제도다. 위원회 등 심의를 거쳐 잠정기준으로 채택하면 공사나 구매입찰에 적용하고 주기적으로 심사해 정식기준화나 폐기 여부를 결정하는 방식이다
-잠정기준제는 설계기준이나 표준시방서 등 건설기준의 개정주기가 짧게는 3년, 길게는 10년에 이르는 등 최신 흐름을 따라잡지 못하는 데 따른 신기술·신공법의 활용 기피 등 문제를 완충할 대안이다.

3-1. 표준화

3-1. 건설표준화의 범위

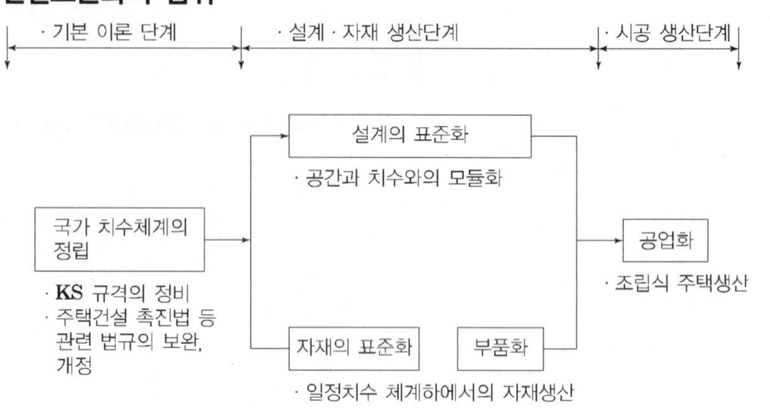

4. 현장 품질관리

1) 품질관리계획의 작성 및 수립기준

① 건설공사 정보
② 현장 품질방침 및 품질목표
③ 책임 및 권한
④ 문서관리
⑤ 기록관리
⑥ 자원관리
⑦ 설계관리
⑧ 건설공사 수행준비
⑨ 계약변경관리
⑩ 교육훈련관리
⑪ 의사소통관리
⑫ 기자재 구매관리
⑬ 지급자재 관리
⑭ 하도급 관리
⑮ 공사관리
⑯ 중점 품질관리
⑰ 식별 및 추적관리
⑱ 기자재 및 공사 목적물의 보존
⑲ 검사, 측정, 시험장비 관리
⑳ 검사, 시험, 모니터링 관리

기타: 부적합공사 관리, 시정조치 및 예방조치 관리, 자체 품질점검 관리, 건설공사 운영성과의 검토 관리

3) 현장 품질관리 계획

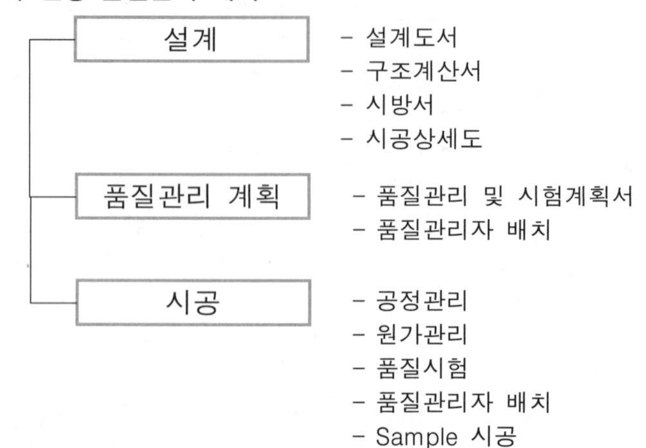

원가관리

4 원가관리

1. 원가구성

1-1. 건설공사 원가의 구성체계

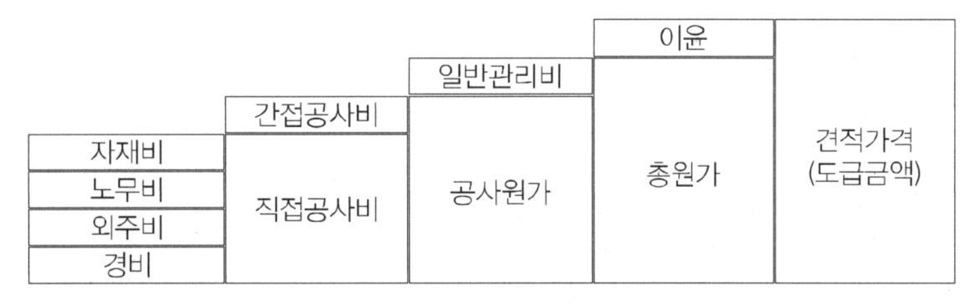

표준 시장단가 제도

□ 2015년 03.01 시행
- 건설공사를 구성하는 세부 공종별로 계약단가, 입찰단가, 시공단가 등을 토대로 시장 및 시공 상황을 반영할 수 있도록 중앙관서의 장이 정하는 예정가격 작성기준
- 실적공사비를 대체하는 제도로써 종전 실적공사비 단가(1,968항목)에서 불합리한 항목(77개 항목)을 우선적으로 현실화
- 2014년 하반기 실적공사비와 비교하여 평균 4.18%(물가상승률 포함 4.71%) 상승하였으며, 거푸집, 흙쌓기, 포장 등의 항목에서 현실화 효과 기대

1-2. 총공사비의 구성

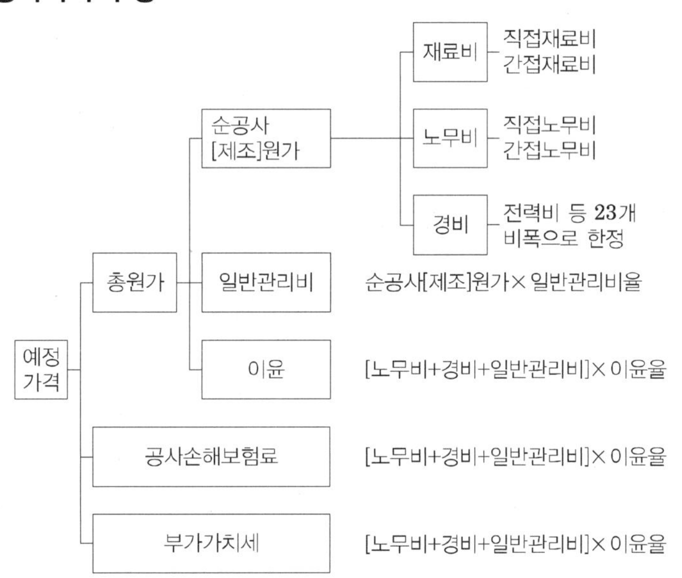

1-3. Cost Planning

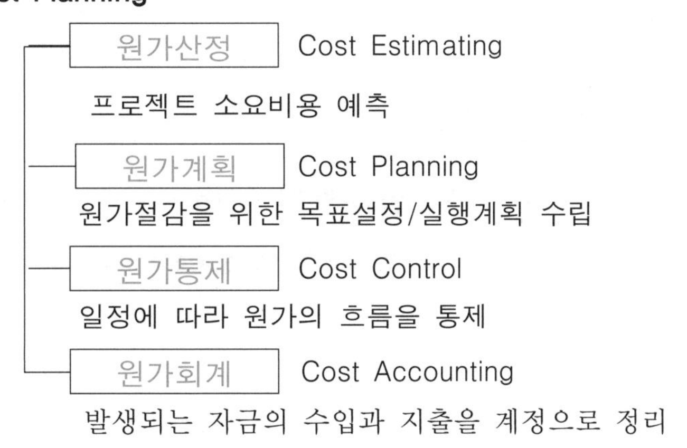

해당 건설 Project 공사 전에 기획, 타당성 조사, 기본설계 및 실시설계 단계에서 예산범위를 초과하지 않는 최적의 기획, 설계, 시공이 되도록 건설의 전 과정에 걸쳐 원가를 적절히 배분

원가관리

1-4. 원가산정 /실행예산 편성(비용견적)

1) 원가산정 원칙

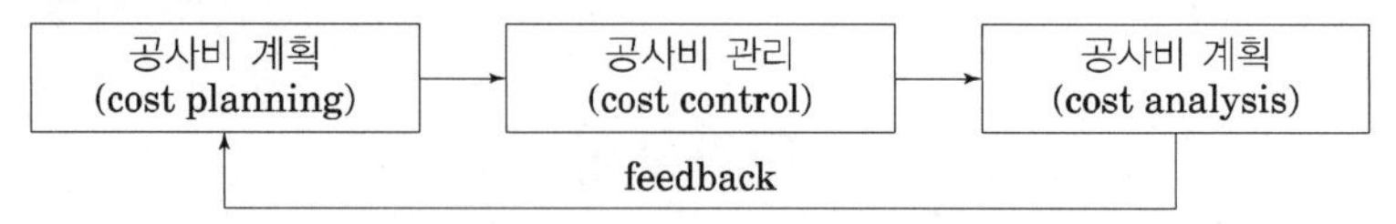

① 실제상황 반영(경험)
② 가변성 있는 서류양식 작성(공식적인 서류)
③ 직접비용과 간접비용 구분
④ 변동비용과 고정비용 구분(설계변경에 대처)

실행예산

- 실행예산은 건설회사가 수주한 공사를 수행하기 위하여 선정된 계획공사비용이다.
- 공사를 진행함에 있어서 직·간접적으로 순수하게 투입되는 비용으로 실행예산의 각 항목은 재료비, 노무비, 외주비, 경비 등으로 구분되는 직접공사비와 현장관리비, 안전관리비, 산재보험료 등 직접공사비 이외의 공사 투입금액을 적용하는 간접공사비로 구성된다.
- 건설 Project 공사현장의 주위여건, 시공상의 조건을 조사하여 종합적으로 검토, 분석한 후 계약내역과는 별도로 작성한 실제 소요 공사비이다.

2. 적산 및 견적

2-1. 견적절차

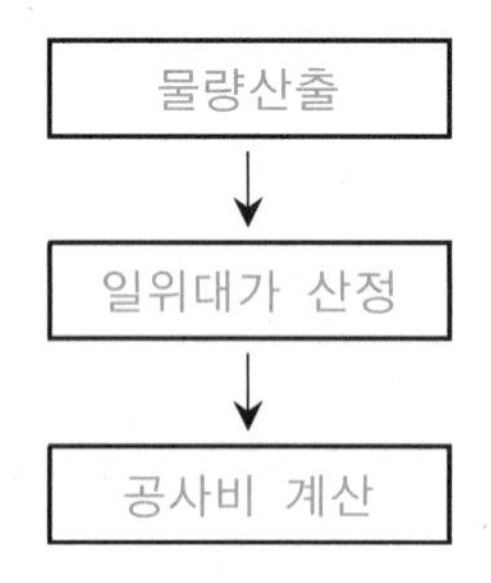

· 각 작업 공종에 대한 재료의 소요량, 노무자의 소요수, 가설재 및 장비의 기간 등 구체적 산출
· 항목별 단가를 산정하는 작업으로 자재와 노무에 대한 단위가격과 품의 수량을 곱하여 산정
· 공사수행에 필요한 모든 금액을 포함하여 산정

2-2. 견적의 종류

- 개산견적: 단위면적당 비용
- 상세견적: 완성된 도면과 시방서에 근거하여 비용결정
- 실적공사비: 이미 수행한 공사의 공종별 계약단가를 기초

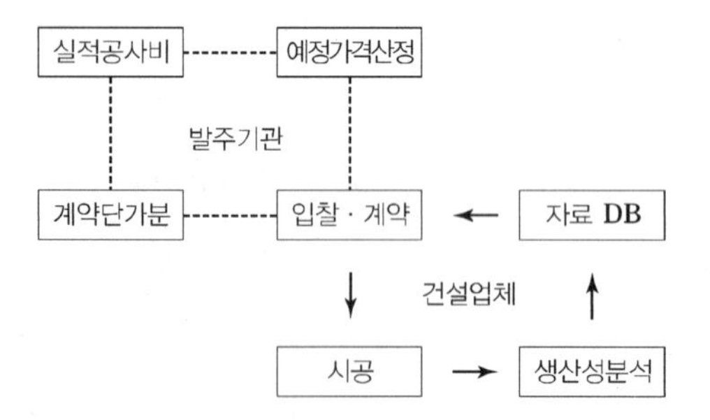

3. 원가관리 기법

3-1. MBO(Management by Objectives), 목표설정 기법

MBO

- 개별 조직구성원에게 기대되는 성과를 사전에 구체적으로 표시하고, 아울러 창의성과 적극성에 의한 자기통제를 중심으로 실현을 꾀하며, 한편으로는 실제적인 성과를 측정·평가한 결과를 각 해당 부문에 Feedback 시켜서 기업과 개인의 성장을 통합시키는 종합적 시스템이다.

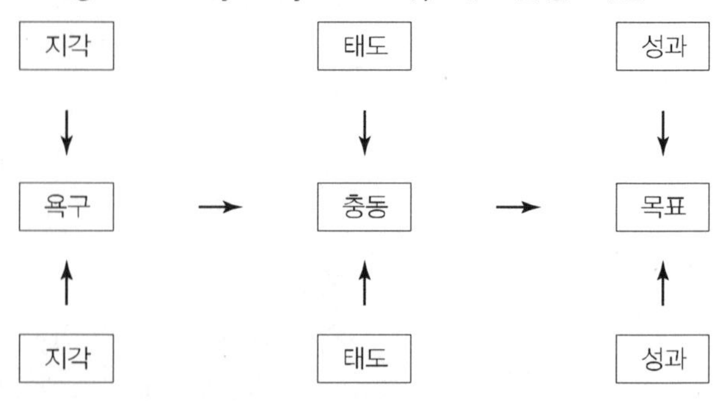

원가관리

3-2. VE와 LCC

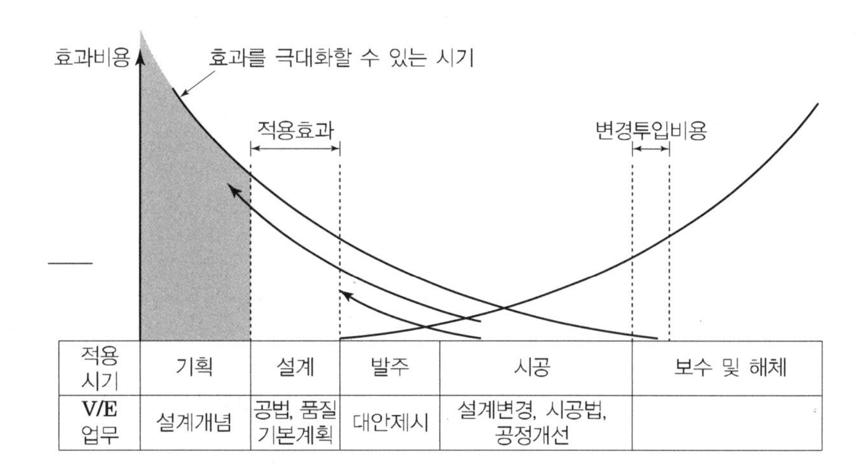

적용 시기	기획	설계	발주	시공	보수 및 해체
V/E 업무	설계개념	공법, 품질 기본계획	대안제시	설계변경, 시공법, 공정개선	

4. 원가관리 방법- 측정 및 절감

4-1. 원가관리 및 절감

- 대상선정
- 원가계획
- 공사원가 배분
- 진도관리

- 공정관리와 연계
- 원가관리의 전산화
- 생산성 향상(신기술, 신공법, 기계화, 린건설)
- VE적용
- 계약제도
- BIM설계
- 유지관리
- 경영차원에서의 접근

핵심메모 (핵심 포스트 잇)

4-2. 기성관리

4-2-1. 산정방법

- 추정 진도 측정 방법: 작업진행 상태 파악 후 진도율 부여
- 실 작업량 측정방법: 예상물량 대비 실제 물량 비율산정
- 달성진도 인정방법: 작업 진행 단계별로 달성진도 값 산정

4-2-2. 기성고 산정 방법

- 확정금 계약 방식: 실적진도율, 계획진도율, Milestone
- 단가 계약 방식: 실적물량, 대표물량

안전관리

5 안전관리

1. 산업안전 보건법

1-1. 일반사항

1-1-1 산업안전 관리비

(단위: 원)

공사종류 \ 대상액	5억원 미만	5억원 이상 50억원 미만		50억원 이상
		비율	기초액	
일반건설공사(갑)	2.93%	1.86%	5,349,000원	1.97%
일반건설공사(을)	3.09%	1.99%	5,499,000원	2.10%
중 건 설 공 사	3.43%	2.35%	5,400,000원	2.44%
철도·궤도신설공사	2.45%	1.57%	4,411,000원	1.66%
특수및기타건설공사	1.85%	1.20%	3,250,000원	1.27%

1-2. 안전인증 및 안전검사제도

안전인증제는 성능검정제도가 안전인증제도로 변경됨에 따라 산업안전보건법 제34조(안전인증) 및 제 35조(자율안전 확인의 신고)에서 정한 가설기자재가 제조자의 기술능력 및 생산체계와 제품의 성능을 종합적으로 심사하여 안전인증기준에 적합한 경우 안전인증마크(KCs)를 사용할 수 있도록 하는 제도.

1-2-1. 안전인증제도

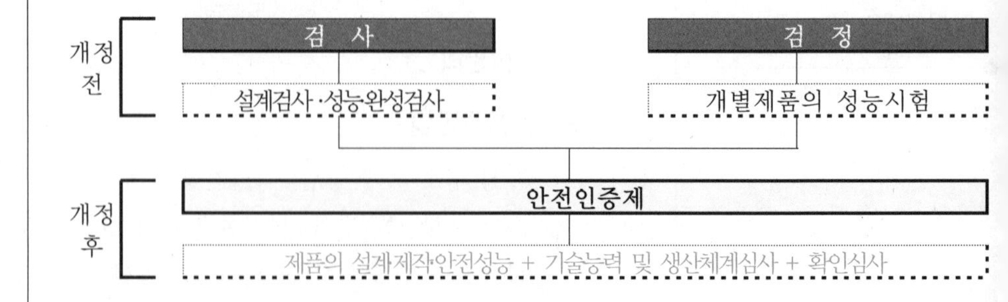

안전관리

안전인증제도

- 검사, 검정제도를 안전인증 제도로 통합
- 2017년 04.17

1) 안전인증 대상

구분	안전인증 대상
기계 · 기구 및 설비(10종)	• 프레스, 전단기 및 절곡기, 크레인, 리프트, 압력용기, 롤러기, 사출성형기, 고소작업대, 곤돌라, 기계톱(이동식만 해당)
방호장치 (8종)	• 프레스 및 전단기 방호장치 • 양중기용 과부하방지장치 • 보일러 압력방출용 안전밸브 • 압력용기 압력방출용 안전밸브 • 압력용기 압력방출용 파열판 • 절연용 방호구 및 활선작업용 기구 • 방폭구조 전기기계 · 기구 및 부품 • 추락 · 낙하 및 붕괴 등의 위험방지 및 보호에 필요한 가설기자재로서 고용노동부장관이 정하여 고시하는 것
보호구 (12종)	• 추락 및 감전위험방지용 안전모, 안전화, 안전장갑, 방진마스크, 방독마스크, 송기마스크, 전동식 호흡보호구, 보호복, 안전대, 차광 및 비산물 위험방지용 보안경, 용접용 보안면, 방음용 귀마개 또는 귀덮개

2) 안전인증절차 – 인증심사 공정 및 심사항목(2단계에서 4단계로 확대)

개별심사	형식심사	비 고
신청서 접수 ↓	신청서 접수	
서면 심사 ↓	서면 심사	- 서면심사 : 도면, 사용설명서 등
제품시험 (성능기준) ↓	제품시험 (성능기준) / 기술능력 및 생산체계 심사	- 제품성능 시험·검사 - 기술능력·생산체계 심사 : 업체방문심사
결과통보	결과통보	
	사후관리(매년)	- 사후관리 : 방문 심사 및 제품시험

1-2-2. 자율안전신고제도

안전인증대상 이외의 기계 · 기구, 방호장치 및 보호구 등으로서 생산기술이 보편화되어 제품의 시험만으로 안전성 확인이 가능한 경우

- 제조자가 제품이 고용노동부장관이 정한 기준에 적합하다는 것을 스스로 확인하여 한국산업안전보건공단에 신고하고 제품 생산

안전관리

1) 자율안전확인신고 절차 및 대상

신고서 작성 및 접수	⇒	제출서류 확인	⇒	신고 증명서 발급
제조자 (수입자)		안전공단		안전공단

구분		개정 전	개정 후
대상	위험기계	신설	○ 자율안전 확인신고 : 3종 - 원심기, 공기압축기, 곤돌라
	방호장치 보호구	신설	○ 자율안전 확인신고 : 11종 - 방호장치(8종), 보호구(3종) : 용접장치용 안전기, 자동전격방지기, 로울러기 급정지장치, 연삭기 덮개, 둥근톱 날접촉 예방장치, 동력식 수동대패 칼날접촉방지장치, 로봇안전매트, 건설용 가설기자재, 안전모, 보안경, 보안면

1-2-3. 안전검사

유해하거나 위험한 기계·기구·설비를 사용하는 사업주가 유해·위험기계 등의 안전에 관한 성능이 안전검사기준에 적합한지 여부에 대하여 안전검사기관으로부터 안전검사를 받도록 함으로써 사용 중 재해를 예방하기 위한 제도

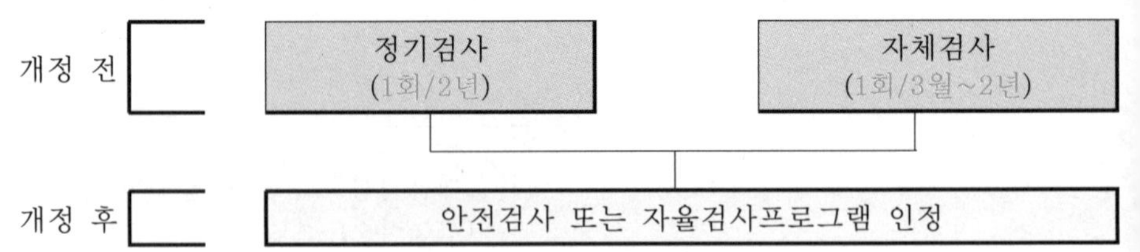

1) 안전검사 및 자율검사프로그램인정 대상

구분	개정 전	개정 후
명칭	정기검사 + 자체검사	안전검사 또는 자율검사프로그램인정
대상	크레인, 압력용기, 프레스, 전단기, 리프트, 로울러기, 원심기, 곤돌라, 국소배기장치, 화학설비, 건조설비, 승강기, 보일러, 아세틸렌용접장치, 가스집합용접장치, 공기압축기 등 16종	크레인, 압력용기, 프레스, 전단기, 리프트, 로울러기, 원심기, 곤돌라, 국소배기장치, 화학설비, 건조설비, 사출성형기 등 12종

2) 자율검사 프로그램 인정제도 도입

① 근로자와 사업주가 협력하여 기계기구 및 설비의 위험도를 자율적으로 평가, 관리하는 제도

- 자율검사프로그램을 시행할 경우 안전검사 면제

핵심메모 (핵심 포스트 잇)

안전관리

안전검사 주기

□ T/C, 리프트, 곤돌라
- 최초로 설치한 날부터 6개월 마다 실시

□ 기타 유해 · 위험기계
- 최초안전검사: 3년 이내
- 정기안전
- 검사: 2년마다
-

MSDS

[Material Safety Data Sheet]

- 화학물질을 안전하게 사용하고 관리하기 위하여 필요한 정보를 기재한 Sheet. 제조자명, 제품명, 성분과 성질, 취급상의 주의, 적용법규, 사고시의 응급처치방법 등이 기입되어 있다. 화학물질 등 안전 Data Sheet 라고도 한다.

자체심사 및 확인업체 지정제도

- 대상 : 시공능력 순위 200위 이내 건설업체 중 직전년도 산업재해발생률이 낮은 우수업체 중 상위 20% 건설업체
- 지정기간 : 매년 08.01 ~ 익년 07.31 (1년)
- 혜택 : 대상 업체는 지정기간 동안 착공되는 건설공사에 대하여 유해위험방지계획서를 작성하여 자체심사하고, 자체심사서를 공단에 제출하면 공사 준공 시 까지 공단의 확인 면제 (단, 고용노동부 조사대상 중대재해 발생현장은 발생시점 이후부터 공단에서 확인 실시)

② 자율검사프로그램을 인정받기 위한 조건
- 검사원(노동부령으로 정하는 자격·교육이수 및 경험을 가진자)을 고용하고 있을 것
- 노동부장관이 고시하는 장비를 갖추고 이를 유지·관리할 수 있을 것
- 안전검사주기의 2분의 1에 해당하는 주기마다 검사를 실시할 것(크레인 중 건설현장 외에서 사용하는 크레인의 경우에는 6개월)
- 자율검사프로그램의 검사기준이 안전검사기준을 충족할 것

③ 자율검사프로그램인정 절차
- 사업장에서 노사협의 하에 자율적으로 검사를 하기 위한 검사인력과 장비를 보유하거나 외부 지정검사기관에 의뢰한 후 자율검사프로그램을 작성하여 자율검사프로그램인정 신청서와 함께 한국산업안전보건공단에 제출하면 공단에서는 심사하여, 적합 시 자율검사프로그램 인정서를 발급하게 되고 인정서를 받은 사업장이 프로그램과 동일하게 자율검사를 실시하면 외부 안전검사기관의 안전검사를 받지 않아도 된다.

1-3. 사업장의 안전보건

1-3-1. 산업재해 발생보고

(기계정지 및 재해자 구출→병원후송→보고 및 현장보존)

1-4. 안전성 평가

1-4-1. 위험성 평가

(Plan실행계획→Do실행→Check점검→Action개선)

1-4-2. 유해위험 방지계획서

1) 제출대상 사업장

① 지상높이가 31m 이상인 건축물 또는 공작물,

② 연면적 30,000m² 이상인 건축물

③ 연면적 5,000m² 이상의 문화 및 집회시설(전시장 및 동물원 · 식물원은 제외한다), 판매시설, 운수시설(고속철도의 역사 및 집배송시설은 제외한다), 종교시설, 의료시설 중 종합병원, 숙박시설 중 관광숙박시설

④ 지하도상가의 건설 · 개조 또는 해체

⑤ 최대지간길이가 50m 이상인 교량 건설 · 개조 또는 해체

⑥ 터널건설 등의 공사

⑦ 다목적댐 · 발전용댐 및 저수용량 20,000,000Ton 이상의 용수 전용, 댐 · 지방상수도 전용댐 건설 등의 공사

⑧ 깊이 10m 이상인 굴착공사

2) 제출서류

① 공사개요

② 안전보건관리계획

③ 추락방지계획

안전관리

① 낙하, 비례 예방계획
② 붕괴방지계획
③ 차량계 건설기계 및 양중기에 관한 안전작업계획
④ 감전재해 예방계획
⑤ 유해, 위험기계기구등에 관한 재해예방계획
⑥ 보건, 위생 시설 및 작업환경 개선계획
⑦ 화재, 폭발에 의한 재해방지 계획
※ 계획서의 항목을 각 현장별로 해당되는 항목에 대하여 제출한다.

2. 건설기술 진흥법

2-1. 일반사항

2-1-1. 안전관리 계획 수립

① 1종 시설물 및 2종 시설물
② 지하 10m 이상 굴착하는 공사
③ 폭발물을 사용(20m안에 시설물이 있거나
④ 100m 안에 사육하는 가축이 있을 때) 4) 10층 이상 16층 미만 건축물
⑤ 10층 이상인 건축물의 리모델링/해체
⑥ 천공기(높이10m 이상), 항타 및 항발기, 타워크레인
⑦ 높이가 31m 이상인 비계
⑧ 터널의 지보공 또는 높이가 2m 이상인 흙막이 지보공

2-1-2. 지하안전영향평가

① 시추정보
② 지질정보
③ 지하수 정보
④ 지하시설물에 관한 정보
⑤ 지하공간통합지도 정보

2-2. 안전관리

2-2-1. DFS

※ 설계의 안전성 검토 [DFS · Design For Safety] – 안전관리 수립 대상공사

설계단계에서 설계자가 시공현장의 지반조건이나 보유인력, 자재, 장비 등을 고려한 안전성 검토를 하여 발주청에게 제출하는 제도

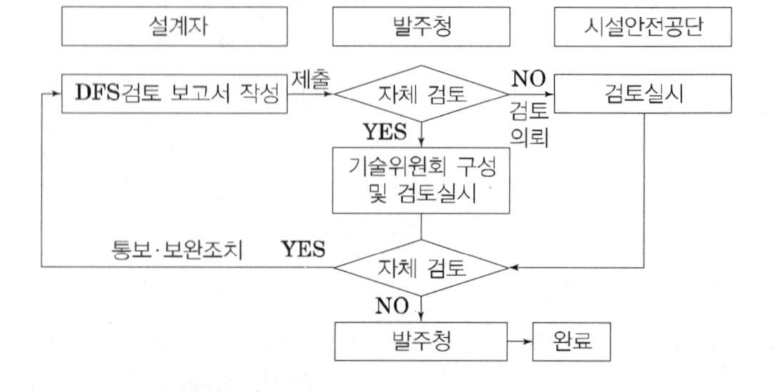

핵심메모 (핵심 포스트 잇)

2-2-2. 건설사고현장 사고조사

(사고발생 → 초기현장조사 → 위원회 구성 필요성 검토 → 위원회 구성 및 사고조사계획 수립 → 정밀현장조사 → 위원회 심의 → 결과보고(국토부)

3. 안전사고

3-1. 사고(재해)의 발생원인

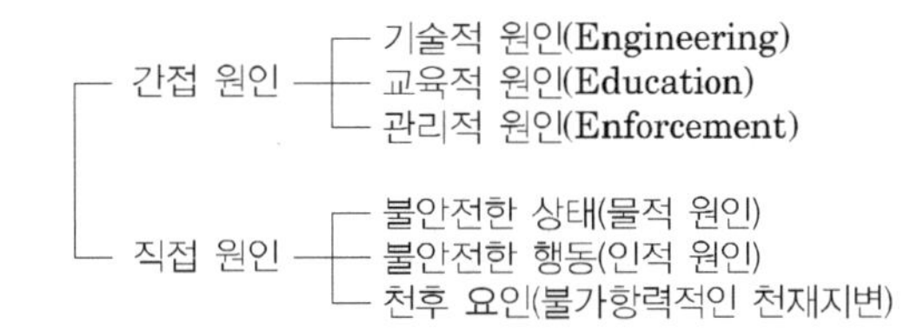

3-2. 안전사고의 발생유형

구 분		분류항목	세부항목
인적사고	사람의 동작에 의한 사고	① 추락 ② 충돌 ③ 협착 ④ 전도 ⑤ 무리한 동작	• 사람이 건축물, 비계, 기계, 사다리, 계단 경사면 등에서 떨어지는 것 • 사람이 정지물에 부딪힌 경우 • 물건에 낀 상태, 말려든 상태 • 사람이 평면상으로 넘어졌을 때, 과속 · 미끄러짐 • 부자연한 자세 혹은 동작의 반동으로 상해를 입는 경우
	물체의 운동에 의한 사고	① 붕괴 · 도괴 ② 낙하 · 비래	• 토공사 시 토사의 붕괴, 적재물 · 비계 · 건축물이 무너진 경우 물체가 주체가 되어 사람이 맞는 경우
	접촉 · 흡수에 의한 사고	① 감전 ② 이상온도 접촉 ③ 유해물 접촉	• 전기접촉, 방전에 의해 사람이 충격을 받을 경우 • 고온 및 저온에 접촉한 경우(동상, 화상) • 유해물 접촉으로 중독, 질식된 경우
물적사고		① 화재 ② 폭발 ③ 파열	• 발화물로 인한 화재의 경우 • 압력의 급격한 발생 · 개방으로 폭음을 수반한 팽창이 일어난 경우 • 용기 혹은 장치가 물리적인 압력에 의해 파열한 경우

※ 재해예방 대책

① 제1단계(조직): 안전관리 조직
② 제2단계(사실의 발견): 현상파악
③ 제3단계(분석): 원인분석
④ 제4단계(시정책의 선정): 대책수립
⑤ 제5단계(시정책의 적용): 대책실시

환경관리

환산 재해율

$$\frac{환산재해자수}{상시근로자수} \times 100(\%)$$

- 재해율 산정방법 중 재해자수의 경우 사망자에 대하여 가중치를 부여하여 재해율을 산정하는 방법이다.
- 재해율 조사(Injury ratio assessment)는 1992년도에 30대 건설사를 대상으로 처음 공표된 후, 부분적인 수정 · 보완을 거듭하여 1994년도에 현재(2009년 기준)의 체계가 확립되었다.

TBM(Tool Box Meeting)

- TBM은 현장에서 작업 시작 전 짧은 시간 동안 동료 근로자들이 공구함 주위에 모여 반장에게서 당일 작업의 범위, 방법 및 안전상의 주의를 주고, 근로자의 요구조건을 들어 작업을 능률적이고 안전하게 추진할 목적으로 시작된 것이다. 실시하는 위험예지활동이다.
- TBM의 사전적 의미는 건설현장에서 작업 전 공구박스(tool box)를 깔고 미팅(meeting)을 한다는 뜻이며, 일반적으로는 작업반 단위로 오전 · 오후 작업을 시작하기 전에 약 5~10분 정도 체조로 몸을 풀고 안전보호구와 복장을 점검함으로써 안전사고를 사전에 예방하는 무재해 활동을 의미한다.

환경관리

6 환경관리

1. 환경관리 업무

환경관리는 건설공사의 비산먼지·악취에 의한 대기오염방지, 수질오염방지, 소음 및 진동방지, 폐기물처리 및 재활용계획, 토양보전, 생태계보전 등의 환경관리를 위한 표준적이고 일반적인 기준에 의거하여 실시한다

2. 건설소음 및 진동공해

2-1. 건설소음 및 진동의 규제기준 - 2016.06.30

1) 생활소음 규제기준

[단위: dB(A)]

대상지역	아침(5~7시) 저녁(18~22시)	주간(07~18시)	야간(22~5시)
주거지역, 녹지지역, 관리지역 중 취락지구 및 관광·휴양개발진흥지구, 자연환경보전지역, 그 밖의 지역에 있는 학교·병원·공공도서관	• 60 이하	• 65 이하	• 50 이하
그 밖의 지역	• 65 이하	• 70 이하	• 50 이하

① 공사장의 소음 규제기준은 주간의 경우 특정공사의 사전신고 대상
② 기계·장비를 사용하는 작업시간이 1일 3시간 이하일 때는 +10dB을, 3시간 초과 6시간 이하일 때는 +5dB을 규제기준치에 보정한다.
③ 발파소음의 경우 주간에만 규제기준치(광산의 경우 사업장 규제기준)에 +10dB을 보정한다.
④ 공사장의 규제기준 중 일부 지역은 공휴일에만 -5dB를 규제기준치에 보정한다.

2) 생활진동 규제기준

[단위: dB(V)]

대상지역	주간(06~22시)	야간(22~6시)
주거지역, 녹지지역, 관리지역 중 취락지구 및 관광·휴양개발진흥지구, 자연환경보전지역, 그 밖의 지역에 있는 학교·병원·공공도서관	• 65 이하	• 60 이하
그 밖의 지역	• 70 이하	• 65 이하

① 공사장의 진동 규제기준은 주간의 경우 특정공사의 사전신고 대상 기계·장비를 사용하는 작업시간이 1일 2시간 이하일 때는 +10dB을, 2시간 초과 4시간 이하일 때는 +5dB을 규제기준치에 보정한다.
② 발파진동의 경우 주간에만 규제기준치에 +10dB을 보정한다.

환경관리

[방음판]

건설공해 종류

- 소음진동 공해
- 일조방해
- 전파장해
- 빌딩풍해
- 조망장해
- 대기환경 공해

특정공사 사전신고대상 장비

1. 항타기·항발기 또는 항타항발기(압입식 항타항발기는 제외한다)
2. 천공기
3. 공기압축기(공기토출량이 분당 2.83세제곱미터 이상의 이동식인 것으로 한정한다)
4. 브레이커(휴대용을 포함한다)
5. 굴삭기
6. 발전기
7. 로더
8. 압쇄기
9. 다짐기계
10. 콘트리트 절단기
11. 콘크리트 펌프

3) 공사장 방음시설 설치기준

① 방음벽시설 전후의 소음도 차이→ 최소 7㏈ 이상
② 높이는 3m 이상

2-2. 건설소음 진동 저감대책

1) 소음원 대책

① 진동의 전반을 차단하도록 하는 기구로 할 것
② 고유동 진동수를 변경하여 공명현상을 제거하거나 개선하도록 할 것
③ 소음 저감장치를 하든가 부분적인 커버나 전체적인 밀폐장치 설치

2) 전파경로 대책

전파거리 및 배치계획

3) 수음점에서의 대책

① 건물 자체의 차음성능을 높임
② 창호의 기밀성이 높은 것을 사용
③ 차음성능이 고려된 장치 사용

3. 대기환경 관리

3-1. 비산먼지 발생 억제를 위한 시설의 설치 및 필요한 조치에 관한 기준

1) 야적(분체상 물질을 야적하는 경우에만 해당한다)

① 야적물질을 1일 이상 보관 → 방진덮개로 덮을 것
② 야적물질의 최고 저장높이의 1/3 이상의 방진벽을 설치
③ 최고저장높이의 1.25배 이상의 방진망(막)을 설치
④ 비산먼지 발생억제를 위하여 물을 부리는 시설을 설치

2) 싣기 및 내리기

① 싣거나 내리는 장소 주위에 고정식 또는 이동식 물을 뿌리는 시설
② 풍속이 평균초속 8m 이상일 경우에는 작업을 중지

3) 수송

적재함 상단으로부터 5cm 이하까지 적재물을 수평으로 적재할 것

4) 이송

① 야외 이송시설은 밀폐화
② 이송시설은 낙하, 출입구 및 국소배기부위에 적합한 집진시설을 설치

5) 채광·채취

① 발파 전후 발파 지역에 대하여 충분한 살수를 실시
② 풍속이 평균 초속 8m 이상인 경우에는 발파작업을 중지할 것

6) 야외절단

① 야외 절단 시 비산먼지 저감을 위해 간이 칸막이 등을 설치
② 야외 절단 시 이동식 집진시설을 설치
③ 풍속이 평균 초속 8m 이상인 경우에는 작업을 중지할 것

환경관리

4. 폐기물 관리

4-1. 폐기물의 분류

1) 폐기물

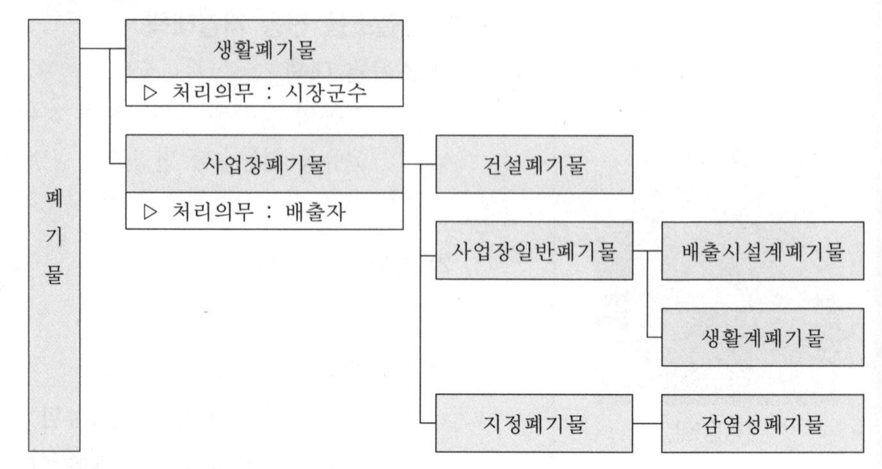

건설폐기물

- 건설공사로 인하여 공사를 착공하는 때부터 완료하는 때까지 건설현장에서 발생되는 5톤 이상의 폐기물로서 대통령령이 정한 폐기물
- 건설폐기물은 건설폐기물재활용촉진에 관한법률을 우선으로 적용

지정폐기물

- 사업장폐기물 중 폐유 · 폐산 등 주변 환경을 오염시킬 수 있거나 감염성폐기물 등 인체에 위해를 줄 수 있는 유해한 물질

4-2. 신축현장의 폐기물 관리

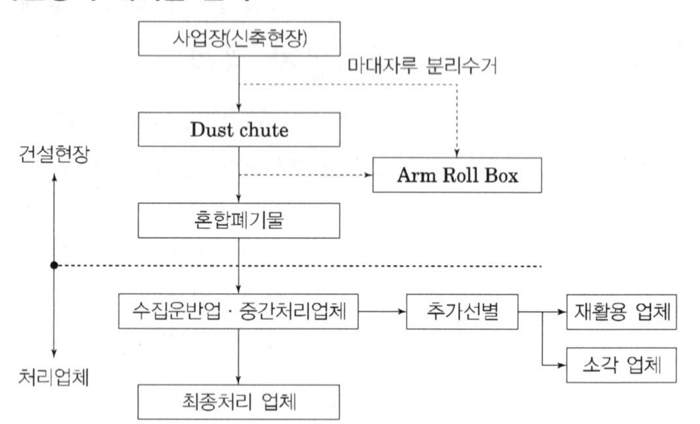

폐기물 처리업

□ 수집·운반업
- 폐기물을 수집하여 운반 장소로 운반하는 영업

□ 중간 처리업
- 건설폐기물을 분리 · 선별 · 파쇄하는 영업

□ 최종 처리업
- 매립 등의 방법에 의하여 최종처리 하는 영업

□ 종합 처리업
- 중간처리+최종처리 하는 영업

4-3. 업무 Process

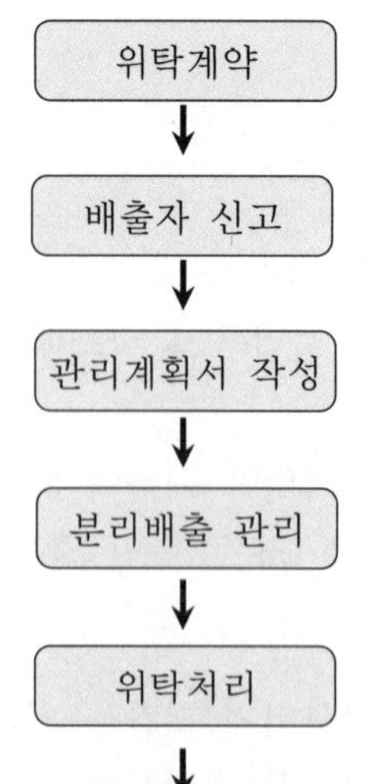

- 분리발주
- 적격심사 및 수탁능력 확인 이행
- 폐기물처리계획서 작성하여 지자체 제출 (발주자가 이행)
- 종류별 분리배출 및 물량관리 방안제출 (수급업체 → 감독원)
- 폐기물 보관 장소 설치
- 종류별 분리배출을 위한 현장관리
- 폐기물 간이인계서 운용, 관리대장 비치
- 물량변경 및 기성처리
- 폐기물처리 및 재활용 실적 지자체 보고

환경관리

분리수거 관리방안

- 폐기물 책임자 지정
- 당일 발생 분리수거
- 발생자 처리 원칙 준수
- 폐기물 수거용기 사용
- 임시 집하장 지정
- 교육 및 안내간판 설치운영

Allbaro System

- 폐기물적법처리시스템의 새로운 브랜드로 폐기물처리의 모든 것(All)' 과 '초일류 수준 폐기물 처리의 기준 · 척도(Barometer)'의 의미를 갖는다. IT기술을 적용하여 폐기물의 발생에서부터 수집 · 운반 · 최종처리까지의 전 과정을 인터넷상에서 실시간 확인할 수 있다. 시스템 운영으로 인해 폐기물 처리과정의 투명성이 제고되어 폐기물 불법투기 등을 예방할 수 있으며, 아울러 폐기물 처리와 관련한 재활용 · 소각 · 매립 등의 정보를 과학적이고 정확하게 얻을 수 있다.

4-4. 재활용 방안

1) 분리배출

건설폐기물을 성상별·종류별로 분리하여 배출하는 행위

2) 재활용 용도

① 도로공사용 순환골재

② 건설공사용 순환골재(콘크리트용, 콘크리트제품제조용, 되메우기 및 뒷채움 용도에 한함)

③ 다음 용도의 순환골재(폐토석 포함)
- 건설공사의 성토용·복토용
- 폐기물처리시설 중 매립시설의 복토용

3) 순환골재

건설폐기물을 물리적 또는 화학적 처리과정 등을 거쳐 순환골재의 품질기준에 적합하게 한 것

4-5. 폐기물 저감방안

1) LCA 평가

공사 진행 단계별 폐기물 발생저감을 위한 평가

2) 설계

모듈화 설계를 통해 Loss축소

3) 시공

① 적정공기 준수

② 시공오류 축소

4) 재료

① 재활용 가능한 자재선정

② 내구성 있는 자재 선정

③ 친환경 자재 선정

5) 재활용

재활용 범위 확대

스크린 PE

건축시공기술사

定價 25,000원

저 자 백 종 엽
발행인 이 종 권

2020年 2月 26日 초 판 발 행
2021年 3月 30日 2차개정발행
2021年 11月 16日 3차개정발행

發行處 (주)한솔아카데미

(우)06775 서울시 서초구 마방로10길 25 트윈타워 A동 2002호
TEL : (02)575-6144/5 FAX : (02)529-1130
〈1998. 2. 19 登錄 第16-1608號〉

※ 본 교재의 내용 중에서 오타, 오류 등은 발견되는 대로 한솔아카데미 인터넷 홈페이지를 통해 공지하여 드리며 보다 완벽한 교재를 위해 끊임없이 최선의 노력을 다하겠습니다.

※ 파본은 구입하신 서점에서 교환해 드립니다.

www.inup.co.kr / www.bestbook.co.kr

ISBN 979-11-6654-088-2 13540

개 정 판

메인 스크린

PE

PROFESSIONAL ENGINEER

건축시공기술사

건축시공기술사 **백 종 엽** 저

건축용어 유형별 단어 구성체계 – made by 백 종 엽 2010.06.21

유형	단어 구성체계 및 대제목 분류			
	Ⅰ	Ⅱ	Ⅲ	Ⅳ
1. 공법(작업, 방법) **※ 핵심원리, 구성원리**	이동, 양중, 고정, 조립, 접합, 부착, 설치, 세우기, 붙임, 쌓기(축조, 구축), 바름, 붙임, 보호, 뿜칠, 굴착, 천공, 삽입, 타설, 양생, 제거, 보강, 파괴, 해체			
	정의	핵심원리 구성원리	시공 Process 요소기술 적용범위 특징, 종류	시공 시 유의사항 중점관리 사항 적용 시 고려사항
2. 시설물(설치, 형식, 기능) **※ 구성요소, 설치방법**	기능, 고정, 이음, 연결, 차단, 보호, 안전			
	정의	설치구조 설치기준 설치방법	설치 Process 규격 · 형식 기능 · 용도	설치 시 유의사항 중점관리 사항
3. 자재(부재, 형태) **※ 구성요소**	설치, 기능, 역할, 구조, 형태, 가공, 이음, 틈, 고정, 부착, 접합, 조립, 두께, 비중, 단열, 변형, 강도, 강성, 경도, 연성, 인성, 취성, 탄성, 소성, 피로			
	정의	제작원리 설치방법 구성요소 접합원리	제작 Process 설치 Process 기능 · 용도 특징	설치 시 유의사항 중점관리 사항
4. 기능(역할) **※ 구성요소, 요구조건**	연결, 차단, 억제, 보호, 유지, 개선, 보완, 전달, 분산, 침투, 형성, 지연, 구속, 막, 분해, 작용			
	정의	구성요소 요구조건 적용조건	기능 · 용도 특징 · 적용성	시공 시 유의사항 개선사항 중점관리 사항
5. 재료(성질, 성분, 형상) **※ 함유량, 요구성능**	성질, 성분, 함유량, 비율, 형상, 크기, 중량, 비중, 농도, 밀도, 점도			
	정의	Mechanism 영향인자 작용원리 요구성능	용도 · 효과 특성, 적용대상 관리기준	선정 시 유의사항 사용 시 유의사항 적용대상
6. 성능(구성, 용량, 향상) **※ 요구성능**	효율, 시간, 속도, 용량, 물리 화학적 안정성, 비중, 유동성, 부착성, 내풍성, 수밀성, 기밀성, 차음성, 단열, 안전성, 내구성, 내진성, 내열성, 내피로성, 내후성			
	정의	Mechanism 영향요소 구성요소 요구성능	용도 · 효과 특성 · 비교 관리기준	고려사항 개선사항 유의사항 중점관리 사항
7. 시험(측정, 검사) **Test, inspection** **※ 검사, 확인, 판정**	지지, 인발, 오차, 기울기, 응력, 누수, 부착, 습기, 소음, 공기, 농도, 비중, 두께, 강도, 압축, 인장, 휨, 전단, 비율, 결함(하자, 손상, 부실)관련			
	정의	시험방법 시험원리 시험기준 측정방법 측정원리 측정기준	시험항목 측정항목 시험 Process 종류, 용도	시험 시 유의사항 검사방법 판정기준 조치사항

용어 WWH 추출법

Why (구조, 기능, 미, 목적, 결과물, 확인, 원인, 파악, 보강, 유지, 선정)
What (설계, 재료, 배합, 운반, 양중, 기후, 대상, 부재, 부위, 상태, 도구, 형식, 장소)
How (상태 · 성질변화, 공법, 시험, 기능, 성능, 공정, 품질, 원가, 안전, Level, 접합, 내구성)

유형	단어 구성체계 및 대제목 분류			
	Ⅰ	Ⅱ	Ⅲ	Ⅳ
8. 현상(힘의 변화) 영향인자, Mechanism ※ 기능저해	중력, 풍력, 수압, 부력, 하중, 측압, 지진, 좌굴, 횡력, 크리프, 처짐, 변형, 응력, 저항, 상승, 쏠림, 파괴, 붕괴, 지연, 흐름, 변화			
	정의	Mechanism 영향인자 영향요소	문제점, 피해 특징 발생원인, 시기 발생과정	방지대책 중점관리 사항 복구대책 처리대책 조치사항
9. 현상(성질, 반응, 변화) 영향인자, Mechanism ※ 성능저해	성질, 반응, 변화, 수축, 팽창, 흡수, 분리, 감소, 건조, 부피, 부착, 증발, 증대, 물리화학적, 경화, 부식, 탄산화, 건조수축, 동해, 발열, 폭렬			
	정의	Mechanism 영향인자 영향요소 작용원리	문제점, 피해 특성, 효과 발생원인, 시기 발생과정	방지대책 중점관리 사항 저감방안 조치사항
10. 결함(하자, 손상, 부실) ※ 형태	표면, 내부, 형상(배부름, 터짐, 공극, 파손, 마모, 크기, 강도, 내구성, 열화, 부식, 수직도, Level, 두께, 비율			
	정의	Mechanism 영향인자 영향요소	문제점, 피해 발생형태 발생원인, 시기 발생과정 종류	방지기준 방지대책 중점관리 사항 복구대책 처리대책 조치사항
11. 시설, 기계, 장비, 기구 (성능, 제원) ※구성요소, System	구조, 기능, 제원, 용도(천공, 굴착, 굴착, 양중, 제거, 해체, 조립, 접합, 운반, 설치			
	정의	구성요소 구비조건 형식, 성능 제원	기능, 용도 특징	설치 시 유의사항 배치 시 유의사항 해체 시 유의사항 운용 시 유의사항
12. 구조(구성요소) ※ 구조원리	종류, 형태, 형식, 하중, 응력, 저항, 대응, 내력, 접합, 연결, 전달, 차단, 억제			
	정의	구조원리 구성요소	형태 형식 기준 종류	선정 시 유의사항 시공 시 유의사항 적용 시 고려사항
13. 기준, 지표, 지수 ※ 구분과 범위	운영, 관리, 정보, 유형, 범위, 영역, 절차, 단계, 평가, 유형, 구축, 도입, 개선, 심사			
	정의	구분, 범위 Process 기준	평가항목 필요성, 문제점 방식, 비교 분류	적용방안 개선방안 발전방향 고려사항
14. 제도(System) ※ 관리사항, 구성체계	운영, 관리, 정보, 유형, 범위, 영역, 절차, 단계, 평가, 유형, 구축, 도입, 개선, 심사, 표준			
	정의	구분, 범위 Process 기준	평가항목 필요성, 문제점 방식, 비교 분류	적용방안 개선방안 발전방향 고려사항
15. 항목(조사, 검사, 계획) ※ 관리사항, 구분 범위	구분, 범위, 절차, 유형, 평가, 구축, 도입, 개선, 심사			
	정의	구분, 범위 계획 Process 처리절차 처리방법	조사항목 필요성 조사/검사방식 분류	검토사항 고려사항 유의사항 개선방안

서술 작성 Bible

❶ 공사관리 활용

1. 사전조사

- 설계도서, 계약조건, 입지조건, 대지, 공해, 기상, 관계법규

2. 공법선정

- 공기, 경제성, 안전성, 시공성, 친환경

3. Management

(1) 공정관리
- 공기단축, 시공속도, C.P관리, 공정Cycle, Mile Stone, 공정마찰

(2) 품질관리
- P.D.C.A, 품질기준, 수직·수평, Level, Size, 두께, 강도, 외관, 내구성

(3) 원가관리
- 실행, 원가절감, 경제성, 기성고, 원가구성, V.E, L.C.C

(4) 안전관리

(5) 환경관리
- 폐기물, 친환경, Zero Emission, Lean Construction

(6) 생산조달
- Just in time,S.C.M

(7) 정보관리: Data Base
- CIC, CACLS, CITIS, WBS, PMIS, RFID, BIM

(8) 통합관리
- C.M, P.M, EC화

(9) 하도급관리

(10) 기술력: 신공법

4. 7M

(1) Man: 노무, 조직, 대관업무, 하도급관리
(2) Material: 구매, 조달, 표준화, 건식화
(3) Money: 원가관리, 실행예산, 기성관리
(4) Machine: 기계화, 양중, 자동화, Robot
(5) Method: 공법선정, 신공법
(6) Memory: 정보, Data base, 기술력
(7) Mind: 경영관리, 운영

서술 WWH 추출법

1. What(기능, 구조, 요인: 유형·구성요소별 Part파악)
   - 재료(Main, Sub)의 상·중·하+바탕의 내·외부+사람(기술, 공법, 기준)+기계(장비, 기구)+힘(중력, 횡력, 토압, 풍압, 수압, 지진)+환경(기후, 온도, 바람, 눈, 비, 서중, 한중)
2. How(방법, 방식, 방안별 Part와 단계파악)
   - 계획+시공(전·중·후)+완료(조사·선정·준비·계획)+(What항목의 전·중·후)+(관리·검사)
   - 공정관리, 품질관리, 원가관리, 안전관리, 환경관리
3. Why(구조, 기능, 미를 고려한 완성품 제시)
   - 구조, 기능, 미
   - 부실과 하자

❷ magic 단어

1. 제도: 부실시공 방지

   기술력, 경쟁력, 기술개발, 부실시공, 기간, 서류, 관리능력

   ※ 간소화, 기준 확립, 전문화, 공기단축, 원가절감, 품질확보

2. 공법/시공

   힘의 저항원리, 접합원리

   ※ 설계, 구조, 계획, 조립, 공기, 품질, 원가, 안전

3. 공통사항

   (1) 구조

   ① 강성, 안정성, 정밀도, 오차, 일체성, 장Span, 대공간, 층고

   ② 하중, 압축, 인장, 휨, 전단, 파괴, 변형

   ※ 저항, 대응

   (2) 설계

   ※ 단순화

   (3) 기능

   ※ System화, 공간활용(Span, 층고)

   (4) 재료 : 요구조건 및 요구성능

   ※ 제작, 성분, 기능, 크기, 두께, 강도

   (5) 시공

   ※ 수직수평, Level, 오차, 품질, 시공성

   (6) 운반

   ※ 제작, 운반, 양중, 야적

4. 관리
   - 공정(단축, 마찰, 갱신)
   - 품질(품질확보)
   - 원가(원가절감, 경제성, 투입비)
   - 환경(환경오염, 폐기물)
   - 통합관리(자동화, 시스템화)

5. magic
   - 강화, 효과, 효율, 활용, 최소화, 최대화, 용이, 확립, 선정, 수립, 철저, 준수, 확보, 필요

가설공사 main-screen

일반사항

사전조사

常數的 요소 — 變數的 요소

- 공사
- Construction

- 관리
- Management

가설계획

- 고프로~설계단지는 설세야 안전한 기상조건~

고려사항

- 설계도서 요구조건 확인
- 단지 내외부 현황
- 설치 및 사용조건
- 세부항목에 대한 고려
- 안전 및 환경
- 기상조건

Process

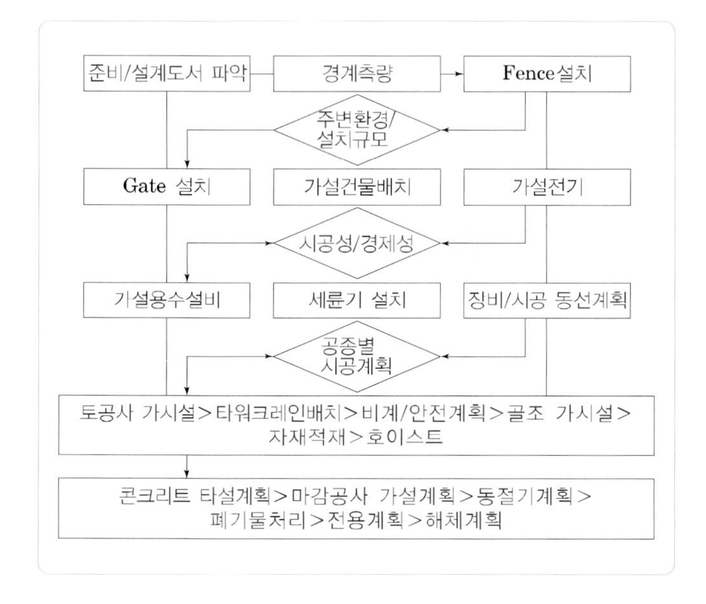

공통가설공사

항목

- 대가시설 환경건물~

- 대지 경계측량
- 가시설물(울타리, Gate)
- 가설설비(심정, 세륜기, 임시전력)
- 환경설비(쓰레기처리 시설)
- 가설건물(식당, 사무실)

평면배치

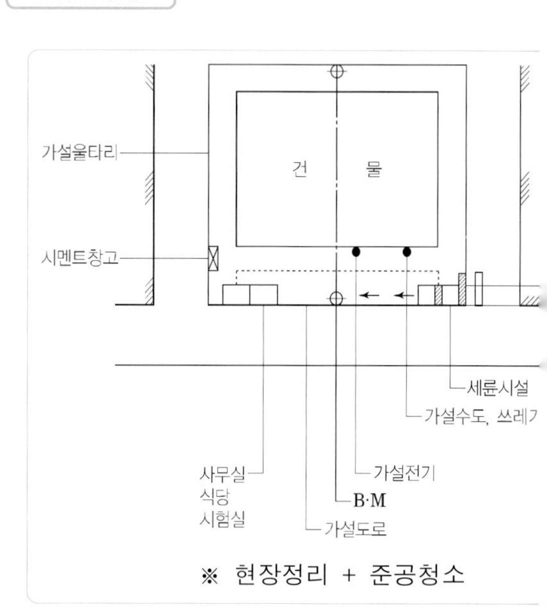

※ 현장정리 + 준공청소

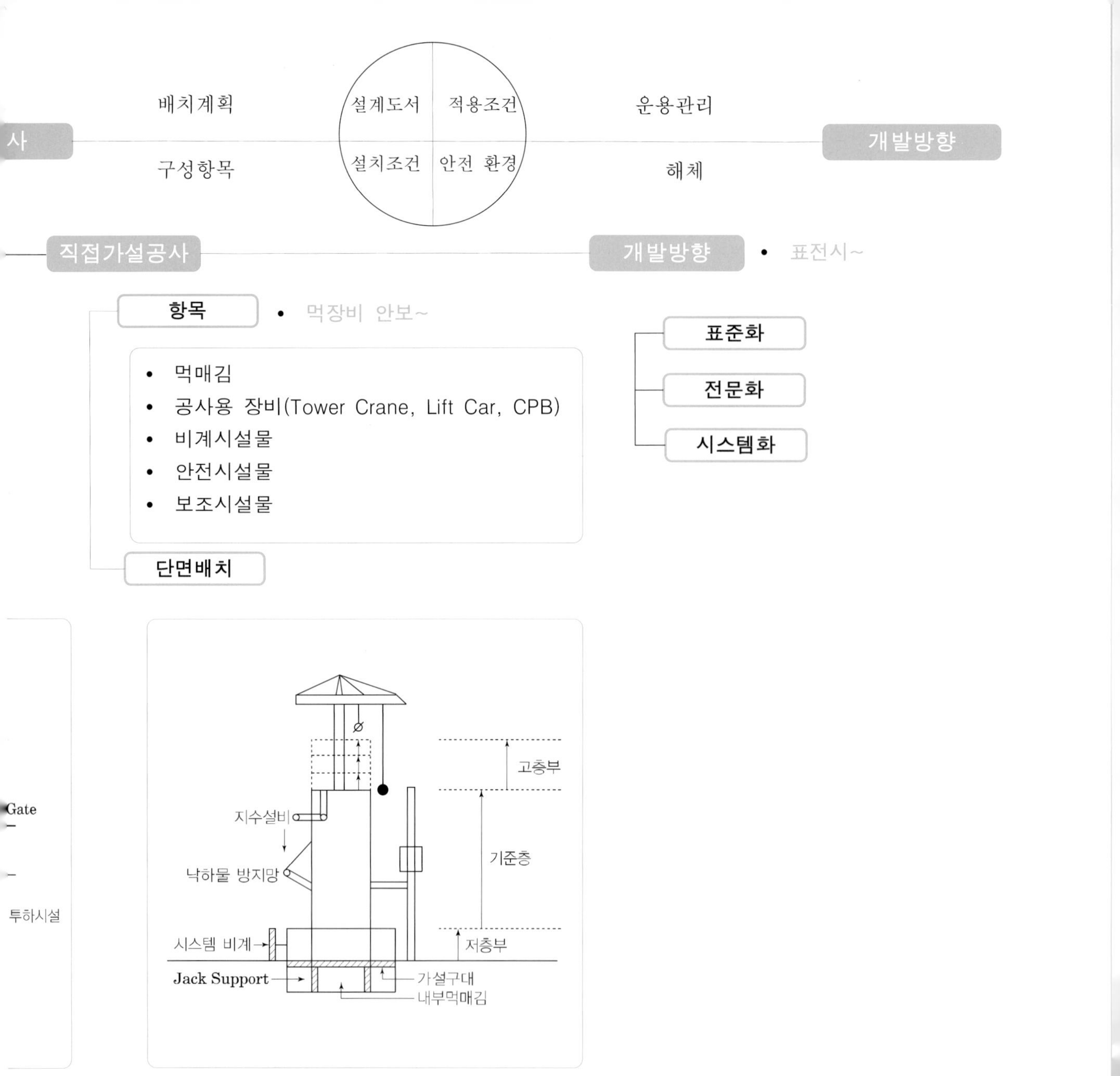
배치계획
구성항목
설계도서
적용조건
설치조건
안전 환경
운용관리
해체
사
개발방향
직접가설공사
개발방향
표전시~
항목
먹장비 안보~
먹매김
공사용 장비(Tower Crane, Lift Car, CPB)
비계시설물
안전시설물
보조시설물
표준화
전문화
시스템화
단면배치
Gate
투하시설
고층부
기준층
저층부
지수설비
낙하물 방지망
시스템 비계
Jack Support
가설구대
내부먹매김

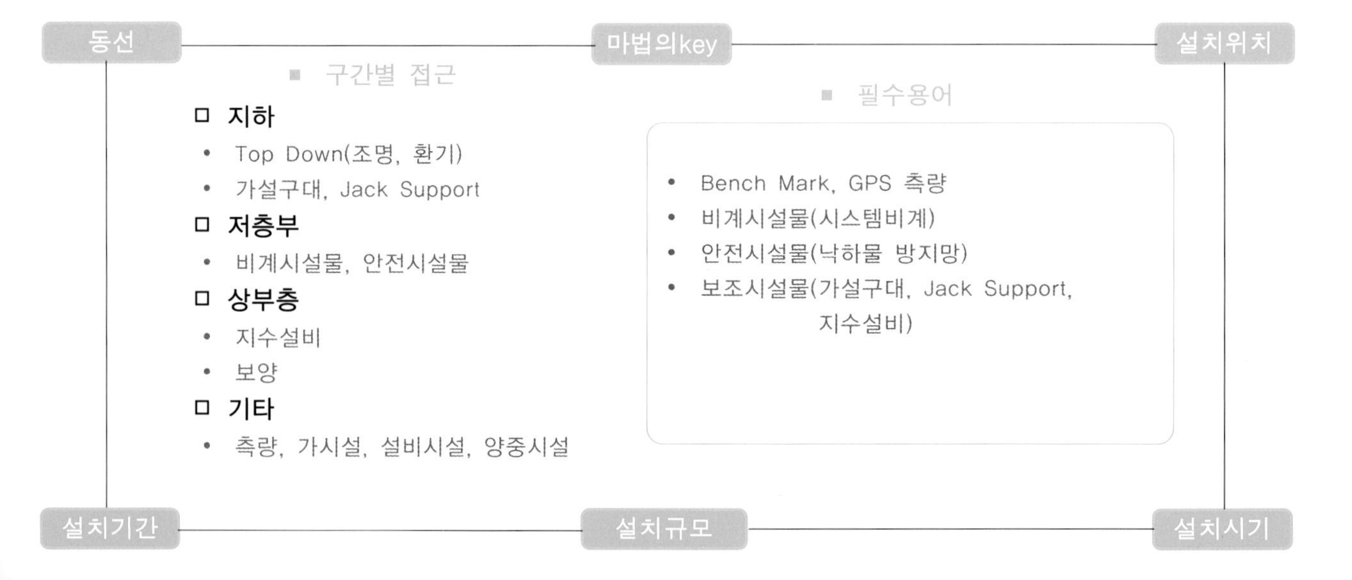
동선
마법의key
설치위치
구간별 접근
필수용어
지하
Top Down(조명, 환기)
가설구대, Jack Support
저층부
비계시설물, 안전시설물
상부층
지수설비
보양
기타
측량, 가시설, 설비시설, 양중시설
Bench Mark, GPS 측량
비계시설물(시스템비계)
안전시설물(낙하물 방지망)
보조시설물(가설구대, Jack Support, 지수설비)
설치기간
설치규모
설치시기

건설기계 main-screen

일반사항

검토요소

- 위대한 배현장 양가에서 건배할 때 반주가동을 공원안에서 검토 한다~

위치선정 — 대수산정

- 배치계획
- 현장여건

- 양중부하계산
- 가동률

- 건물규모
- 배치조건
- 작업반경
- 주행성
- 가동률
- 공정 · 원가 · 안전

양중계획

Process

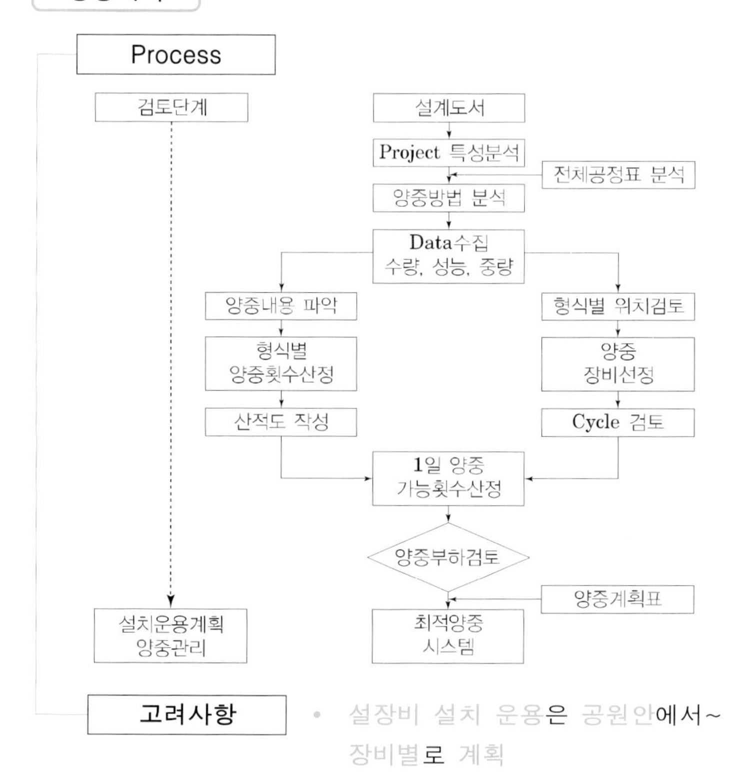

고려사항

- 설장비 설치 운용은 공원안에서~ 장비별로 계획

- 설계도서 검토
- 장비선정(장비선정 내용 전부)
- 설치·운용계획(시기별 양중내용 포함)
- 공정·원가·안전
- 장비별(T/C, Lift Car, Con'c 타설장비)

Tower Crane

선정 · 배치

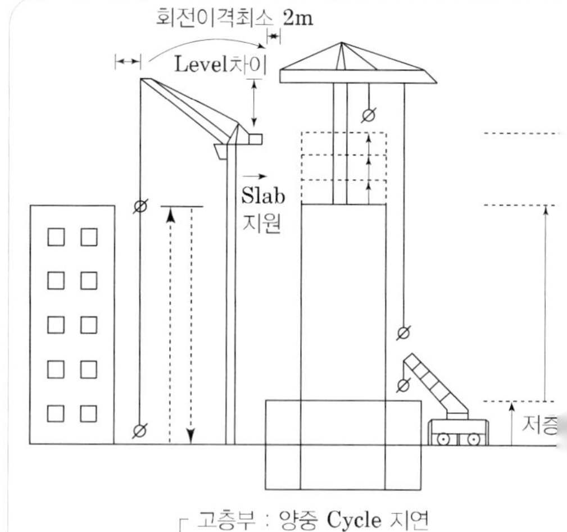

- 고층부 : 양중 Cycle 지연
- 기준층 : 골조공사로 인한 양중부하 증
- 저층부 : Stock yard부족, 이동시간 소

- 용량
- Jib작동방식
- 건축물 높이기준
- 장비사양(인양하중, 작업반경, 비

설치

- 설치높이 검토
- 기초 Level
- 조립순서(Mast, Telescoping, Boom)

운용

- 부하의 우선작업 시기 안전하게 점검해라~

- 양중부하의 평준화
- 우선순위 분배(가동효율 증대)
- 작업범위 설정
- Climbing 일정 조절
- 기상고려
- 안전교육
- 정기점검 및 보수

안전검사

- 자재 입고 시 검사
- 설치 시 검사
- 사용 시 검사

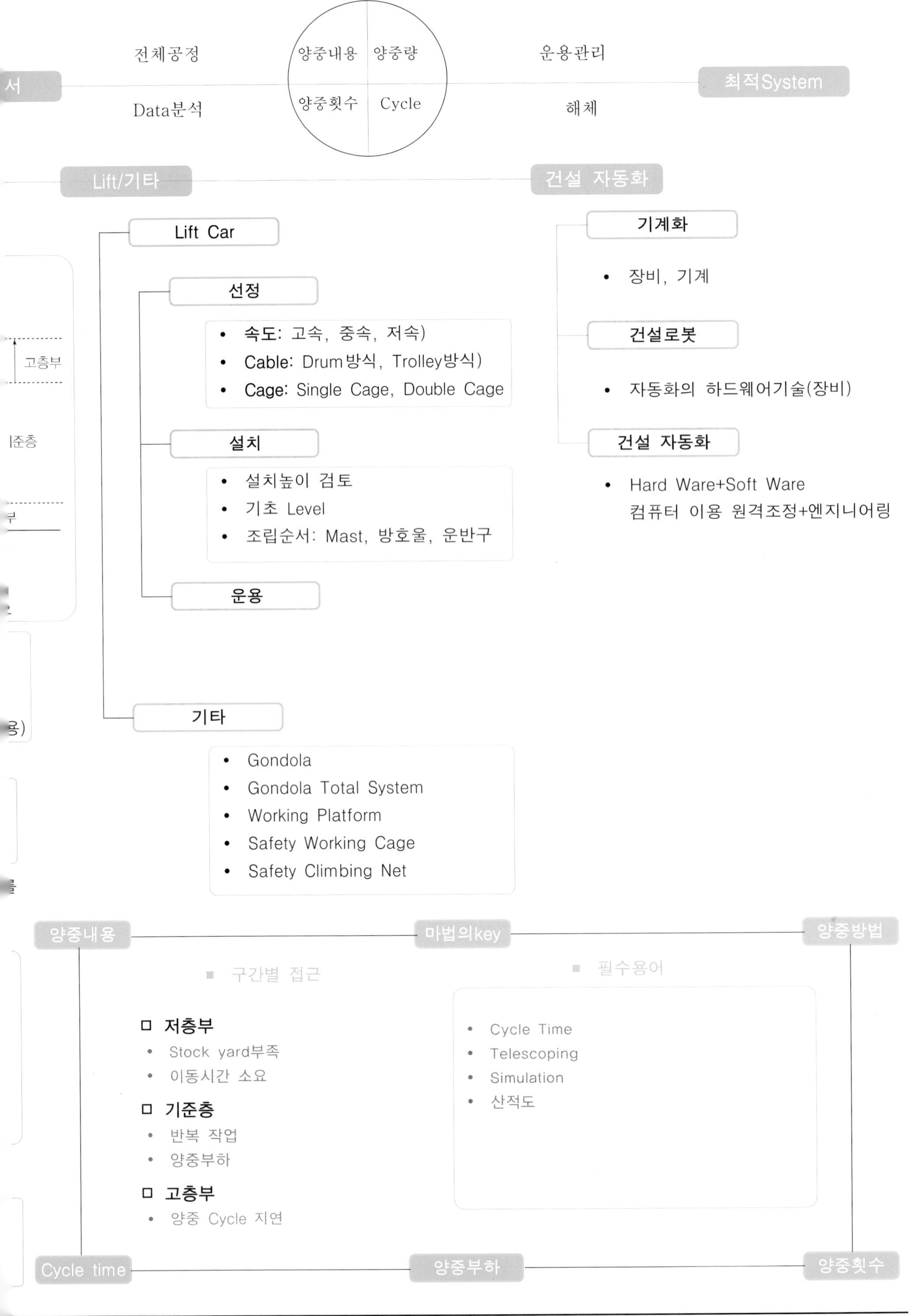
서
전체공정
Data분석
양중내용
양중량
양중횟수
Cycle
운용관리
해체
최적System
Lift/기타
건설 자동화
Lift Car
선정
• 속도: 고속, 중속, 저속)
• Cable: Drum방식, Trolley방식)
• Cage: Single Cage, Double Cage
설치
• 설치높이 검토
• 기초 Level
• 조립순서: Mast, 방호울, 운반구
운용
기타
• Gondola
• Gondola Total System
• Working Platform
• Safety Working Cage
• Safety Climbing Net
기계화
• 장비, 기계
건설로봇
• 자동화의 하드웨어기술(장비)
건설 자동화
• Hard Ware+Soft Ware
컴퓨터 이용 원격조정+엔지니어링
고층부
준층
양중내용
마법의key
양중방법
구간별 접근
□ 저층부
• Stock yard부족
• 이동시간 소요
□ 기준층
• 반복 작업
• 양중부하
□ 고층부
• 양중 Cycle 지연
필수용어
• Cycle Time
• Telescoping
• Simulation
• 산적도
Cycle time
양중부하
양중횟수

제2장 토공사 main-screen

지반조사

조사단계

- 예비군은 본래 보톡스를 맞는다.

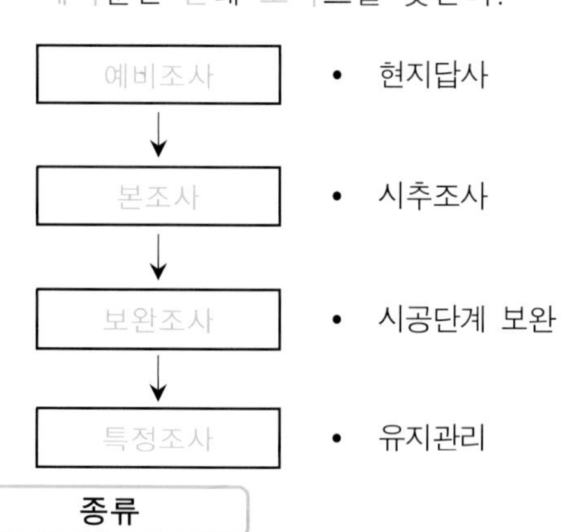

종류

- 지BS에서는 Sample로 토지를 방송하고 있다.

지하탐사법

- 짚어보기, 터파보기, 물리적 탐사법

Boring

- 토질주상도

- 오거식, 수세식, 회전식, 충격식

Sounding

- N치

- 표준관입, Vane Test, Cone관입

Sampling

- 비교란 시료
- 교란시료

토질시험

- 물리적: 입도, 연경도, 간극비, 함수비
- 역학적: 강도, 압밀, 투수성, 액상화

지내력시험

- 평판재하시험

토공

흙파기

- OIT

- Open cut
- Island Cut
- Trench Cut

흙막이

- 벽지로 막을려면 H시트를 주서와라~버어스 IP가 Top

벽식 공법

- H-Pile 토류판
- Sheet Pile
- 주열식(SCW, CIP)
- Slurry Wall

지보공 공법

- 버팀대(Strut)
- Earth Anchor
- IPS
- PS Beam
- Top Down

사

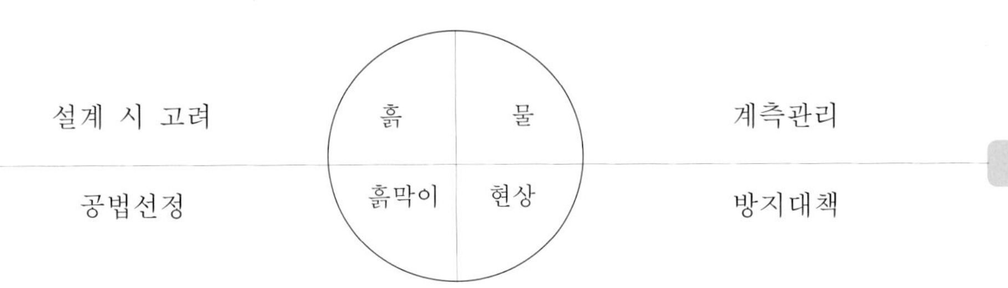

복구대책

물

하자/계측

차수공법

- 차 빼라~LSJC(리성진씨)가 중강에 영구하고 집뒤에 포진해 있다가 물을 타다다 퍼부을 상이다~

- LW: 저압 Seal재 주입(차수)
- SGR: 저압복합주입(차수)
- JSP: 초고압 분사주입(차수 · 지반보강)
- CGS: 저유동성 Mortar 주입(지반보강)

배수

중력배수

- 집수정
- Deep Well

강제배수

- Well Point
- 진공 Deep Well

영구배수

- Trench+다발관
- Drain Mat
- Dual Chamber
- Permanent Double Drain
- 상수위 조절(자연, 강제)

토압

- 주동토압, 수동토압, 정지토압

하자/침하/붕괴

- 흙+물+막이+현상(Heaving, Boiling)

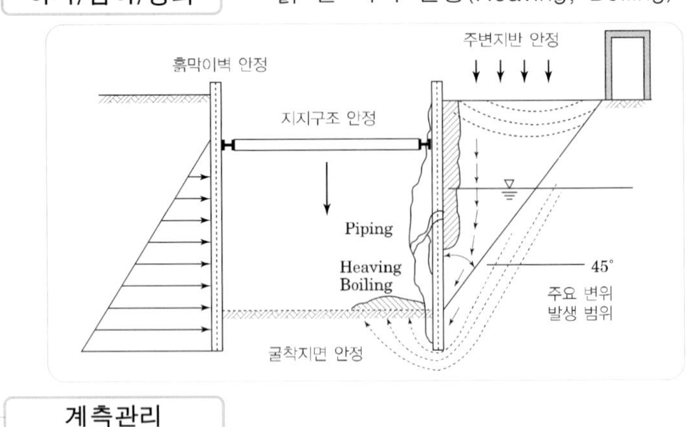

계측관리

① 지중수평변위 측정계 Inclinometer
② 지하수위계, 간극수압계 Water Level Meter, Piezometer
③ 지중 수직변위 측정계 Extensometer
④ 지표침하계 Measuring Settlement of Surface
⑤ 변형률계 Strain Gauge
⑥ 하중계 Load Cell
⑦ 건물경사계(인접건물 기울기 측정) Tiltmeter
⑧ 균열 측정기 Crack Gauge
⑨ 진동소음 측정기 Vibration Monitor

흙　　마법의key　　물

■ 부위별 접근

□ 흙

- 상부(침하, 보양)
- 중앙부(뒤채움)
- 하부(Heaving, Boiling)

□ 물

- 지하수수위, 피압수, 차수, 배수

□ 흙막이

- 상부: 보양
- 중앙부: 뒤채움, 버팀대, Earth Anchor
- 하부: 근입장

■ 필수용어

- Boring, N치, 토질주상도
- 연경도, 전단강도, 투수성, 압밀, 액상화
- 슬러리월, 안정액
- Top Down, S.P.S
- 차수공법(LW, SGR, JSP)
- Heaving, Boiling

흙막이　　주상도　　계측관리

제3장

기초공사 main-screen

기초유형

기초분류

기초판 형식

- 독립기초, 복합기초, 연속기초, 온통기초

기타

- Floating Foundation

지지방법

- 부마찰력

- 마찰말뚝, 지지말뚝, 다짐말뚝

형상

- 선단확대말뚝, Top Base

기초유형 결정

- 평면 지지력 깊이가 유형을 결정한다.

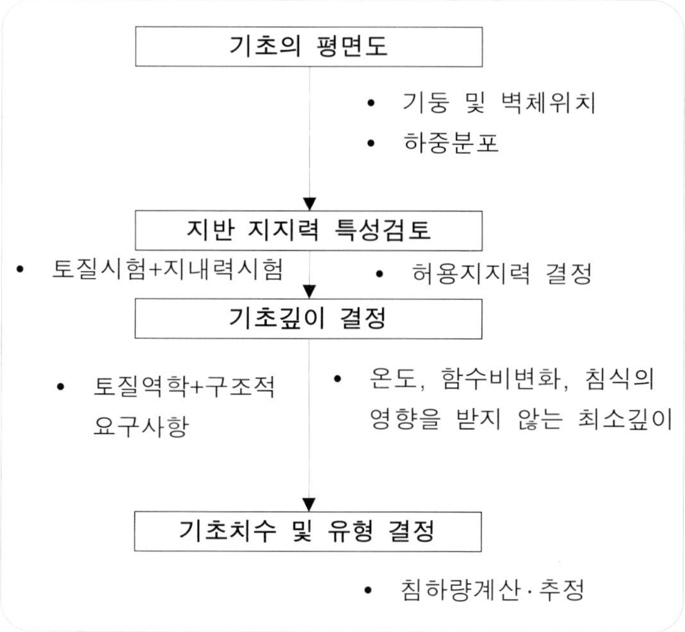

기초의 평면도

- 기둥 및 벽체위치
- 하중분포

↓

지반 지지력 특성검토

- 토질시험+지내력시험
- 허용지지력 결정

↓

기초깊이 결정

- 토질역학+구조적 요구사항
- 온도, 함수비변화, 침식의 영향을 받지 않는 최소깊이

↓

기초치수 및 유형 결정

- 침하량계산·추정

기성 P

공법종류

- 타진압으로 PW중
  - 타격공법
  - 진동공법
  - 압입공법
  - Preboring (SIP, DRA)
  - Water Jet
  - 중공굴착

시공

- 지표 말시세를 파악해 오면 수박도 주고 연속이음판 두부도 줄게~
  - 지반조사
  - 표토제거
  - 말뚝 중심측량
  - 시항타
  - 세우기
  - 수직도
  - 박기순서 및 항타
  - 연속박기
  - 이음(충전식, 장부식, Bolt식, 용
  - 지지력 판정
  - 두부정리

파손 및 문제점

- 해머를 낙하고에서 편타하면 타회사 쿠션으 바꿔도 장축이 강수경이다.
  - Hammer 중량(W)
  - 낙하고(H)
  - 편타
  - 타격에너지(F=WH)
  - 타격횟수
  - Cushion 두께 부족
  - 장애물
  - 축선불일치
  - 이음불량
  - Pile 강도부족
  - Pile 수직도 불량
  - 경사지반

결정
측량
공법선정/시항타
천공
보호
삽입/이음
고정/주입
지지력/두부정리
침하대책
보강대책
현장 P
기초의 안정
공법종류
ERP는 바레트~
Earth Drill공법
RCD공법
PRD공법
Barrette
시공
중공천 선단에 SK 철콘을 인발해라
말뚝중심측량
공벽보호(공내 수위, Casing, 안정액)
천공 수직도
선단지반 붕괴 주의
Slime제거
Koden Test
철근망/기둥 부상방지
콘크리트 품질확보
기계인발 시 공벽붕괴 주의
시험
결함: 건전도 시험
지지력: 양방향 말뚝재하시험
지반개량
배탈나면 압으로 고치고 동전으로 대표를 가리자
모두전진하면 폭동이 약이다.
점성토
사질토
배수
탈수
압밀
고결
치환
동치환
전기침투
대기압
표면처리
모래다짐
전기충격
진동다짐
폭파다짐
동다짐
약액주입
부력
강인이 자수하면 마자브라~
강제배수
인접건물 긴결
자중증대
지하수 유입
마찰말뚝
자연배수
Bracket
Rock Anchor
하중
마법의key
허용지지력
증연두는 수경이파 매제다
부동침하
증축, 연약지반, 연약지반 두께차이
수위변화
경사지반
이질지반
인근터파기
매설물
기초제원 차이
다른기초
사전에 준비해서 가보니 철거와 복구를 하더라
바보는 바닥에서 약을 먹는다.
Underpinning
사전조사 〉 준비공사 〉 가받이 〉 본받이 〉 철거, 복구
바로받이 〉 보받이 〉 바닥받이 〉 약액주입
부마찰력, Top Base, S.I.P공법, DRA공법
시항타, Rebound Check
Rock Anchor공법
수직도
주상도
심도

제4-1장 거푸집공사 main-screen

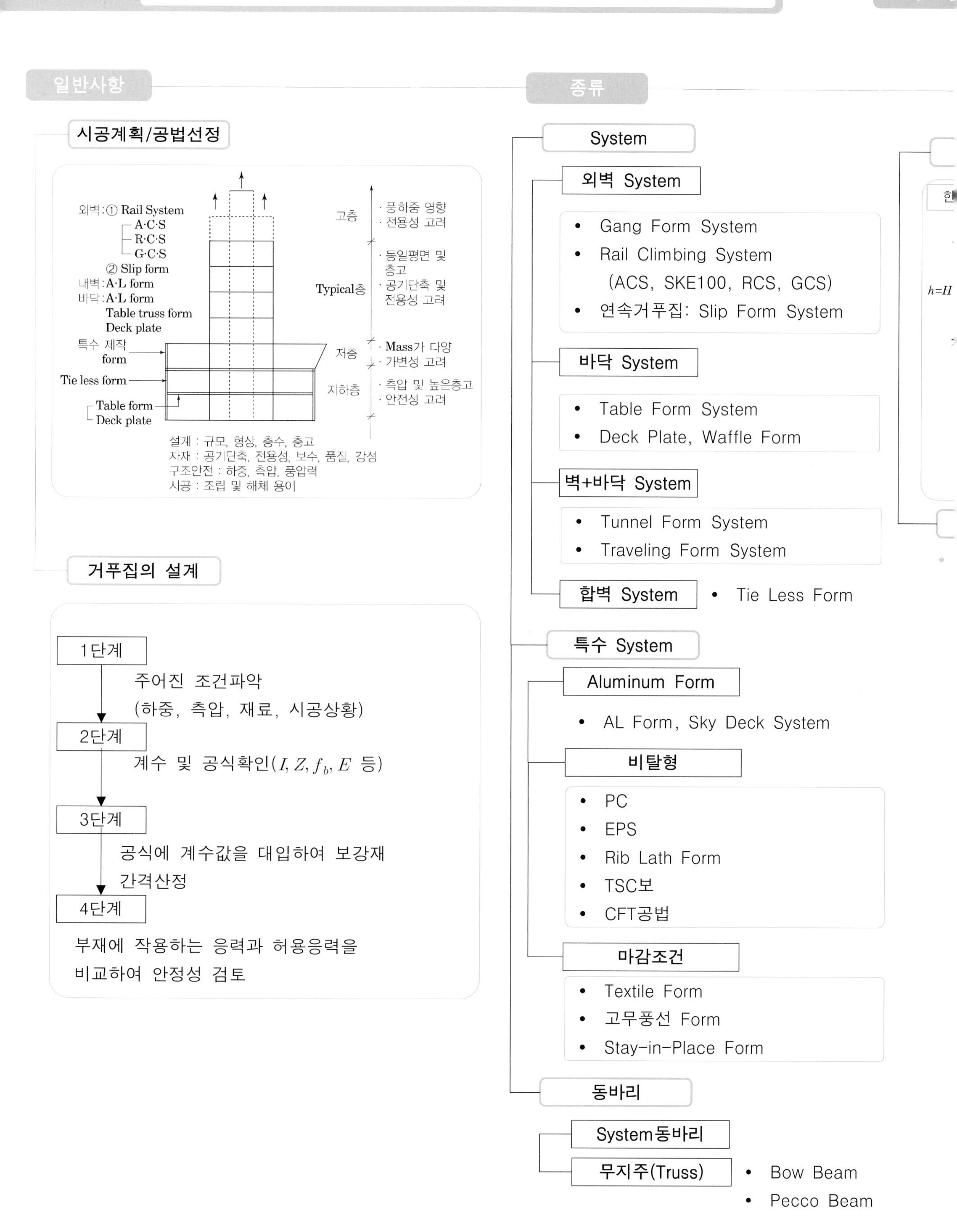
요구조건
일반사항
시공계획/공법선정
외벽:① Rail System
A·C·S
R·C·S
G·C·S
② Slip form
내벽:A·L form
바닥:A·L form
Table truss form
Deck plate
특수 제작
form
Tie less form
Table form
Deck plate
고층
· 풍하중 영향
· 전용성 고려
Typical층
· 동일평면 및 층고
· 공기단축 및 전용성 고려
저층
· Mass가 다양
· 가변성 고려
지하층
· 측압 및 높은층고
· 안전성 고려
설계 : 규모, 형상, 층수, 층고
자재 : 공기단축, 전용성, 보수, 품질, 강성
구조안전 : 하중, 측압, 풍압력
시공 : 조립 및 해체 용이
거푸집의 설계
1단계
주어진 조건파악
(하중, 측압, 재료, 시공상황)
2단계
계수 및 공식확인(I, Z, f_b, E 등)
3단계
공식에 계수값을 대입하여 보강재
간격산정
4단계
부재에 작용하는 응력과 허용응력을
비교하여 안정성 검토
종류
System
외벽 System
Gang Form System
Rail Climbing System
(ACS, SKE100, RCS, GCS)
연속거푸집: Slip Form System
바닥 System
Table Form System
Deck Plate, Waffle Form
벽+바닥 System
Tunnel Form System
Traveling Form System
합벽 System
Tie Less Form
특수 System
Aluminum Form
AL Form, Sky Deck System
비탈형
PC
EPS
Rib Lath Form
TSC보
CFT공법
마감조건
Textile Form
고무풍선 Form
Stay-in-Place Form
동바리
System동바리
무지주(Truss)
Bow Beam
Pecco Beam
$h=H$

존치기간

해체

전용계획

시공 — 존치기간

측압과 Head

에 타설하는	2회로 나누어 타설하는	2차 타설시의 측압

최대측압

최대측압

h H 최대 측압

H h 경화되지 않은 Concrete

경화가 시작된 Concrete

– 시간의 경과에 따라 최대측압 부위가 상승

$p = WH$

p : 콘크리트의 측압(kN/m^2)

W : 굳지않은 콘크리트의 (kN/m^3)

H : 콘크리트의 타설높이(m)

측압 영향요인

부슬타다 습기 응수철

- 부배합일수록 大
- 슬럼프 클수록 大
- 타설속도 大
- 다짐량 大
- 습도 높을수록 大
- 기온 낮을수록 大
- 시멘트 응결 빠를수록 小
- 거푸집 수밀성 大
- 철근량 많을수록 小

압축강도 시험 有

- 부재측면 강도5M, 밑면은 평균보다 3분의 2 이상 다만, 14MPa 이상~

부 재		콘크리트 압축강도
기초, 기둥, 벽, 보, 등의 측면		5MPa 이상
슬래브 및 보의 밑면, 아치내면	단층구조	$f_{cu} \geq \frac{2}{3} \times f_{ck}$ 다만, 14MPa 이상
	다층구조	$f_{cu} \geq f_{ck}$ 측압(필러 동바리→기간단축) 다만, 14MPa 이상

압축강도 시험 無

- 조보혼씨 20대 이상 24.5, 10대 36.8~

KCS 21.02.18

평균기온 \ 시멘트	조강P·C	보통 P·C (혼합C 1종)	혼합 C (2종)
20℃ 이상	2일	4일	5일
10℃ 이상	3일	6일	8일

하중 — 마법의key — 측압

■ 거푸집

- 안전한 형상으로 변수를 균등하게 측압에 존치해라~

- 안정성 검토, 안전인증(적정 제품)
- 형상 및 치수 정확도
- 변형고려(처짐, 배부름, 뒤틀림)
- 수밀성 유지 및 보강철저
- 균등한 응력 유지
- 측압
- 존치기간 준수

■ 동바리

- 안전한 수직 간격으로 수평 시스템을 전도하여 측압을 방지해라~

- 안정성 검토, 안전인증(적정 제품)
- 동바리 수직도 확보
- 동바리의 간격
- 수평 연결재 설치
- System Support
- 동바리 전도 방지
- 측압 과다발생방지

조립 — 해체 — 존치기간

요구조건

재료

종류/성질

- 형강용 원이일고에서 용접에 하이타이 수배 나선다.

형상별

- 원형철근
- 이형철근

강도별

- 일반철근
- 고강도철근

용도별

- 용접철망
- 에폭시 수지 코팅철근
- 하이브리드(FRP)보강근
- Tie Bar
- 수축 · 온도철근
- 배력철근
- 나선철근
- Dowel Bar

가공

- 표준갈고리

주철근

$12d_b$ 이상

$4d_b$ 이상

60mm 이상

180° hook

90° hook

스터럽 · 띠철근

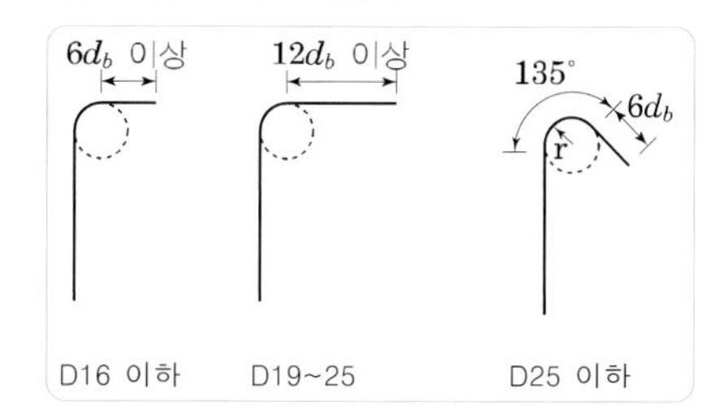

정착

길이

($\sqrt{f_{ck}}$ ≤8.4MPa로 제한)

인장

- 기 준: $l_d = l_{db}$ ×보정계수≥300mm
- 약산식: $l_{db} = \dfrac{0.6 d_b \cdot f_y}{\lambda\sqrt{f_{ck}}}$
- 방 법:

l_d

압축

- 기 준: $l_d = l_{db}$ ×보정계수≥200mm
- 약산식: $l_{db} = \dfrac{0.25 d_b f_y}{\lambda\sqrt{f_{ck}}} \geq 0.043 d_b f_y$
- 방 법:

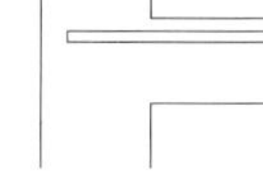

표준갈고리를 갖는 인장 이형철근

- 기 준: $l_{dh} = l_{hb}$ ×보정계수≥$8d_b$, ≥ 150mm
- 약산식: $l_{hb} = \dfrac{0.24\beta \cdot d_b \cdot f_y}{\lambda\sqrt{f_{ck}}}$
- 방 법:

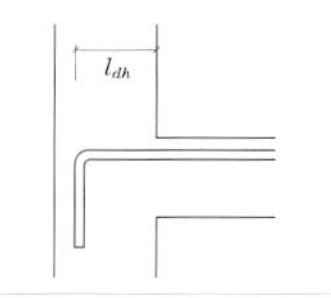

정착위치

- 기둥→기초
- 큰보→기둥
- 작은보→큰보
- 지중보→기초, 기둥
- 벽체→보, Slab
- Slab→보, 벽체, 기둥

음

조립

길이

인장

기 준: A급: 1.0 l_d, B급: 1.3l_d

제 한: (l_d)≤ 300mm

l_d :과다철근의 보정계수는 적용하지 않은 값

A급이음: 구조계산 결과의 2배 이상, 이겹침 이음길이 내에서 전철근량에 대한 겹침이음된 철근량이 1/2 이하

압축

기 준: f_y≤400MPa →$0.072 f_y d_b$ 이상

f_y>400MPa→$(0.13 f_y - 24) d_b$ 이상

제 한: f_{ck}<21MPa = $\frac{1}{3}$ 증가시킴

위치

보: 상부근(중앙), 하부근(단부). Bent근(ℓ/4)

기둥: 바닥에서 500mm 이상~3/4H 이상

공법

겹용가스는 나사 압편에서~이음해라

- 겹침이음
- 용접이음
- 가스압접
- Sleeve Joint(기계적 이음): 나사, 압착, 편체식

조립

순간격

- 철근 공칭지름(1.5 d_b 이상)
- 굵은 골재 최대치수 4/3 이상
- 25mm 이상

Prefab

- 기둥 보철근 Prefab
- 벽 바닥철근 Prefab

최소 피복두께

KDS 21.02.18

종 류			기준
수중에 타설하는 콘크리트			100
흙에 접하여 콘크리트를 친 후 영구히 흙에 묻히는 콘크리트			75
흙에 접하거나 옥외의 공기에 직접 노출되는 콘크리트		D19 이상의 철근	50
		D16 이하의 철근	40
옥외의 공기나 흙에 직접 접하지 않는 콘크리트	슬래브, 벽체, 장선	D35 초과하는 철근	40
		D35 이하인 철근	20
	보, 기둥		40
	쉘, 절판부재		20

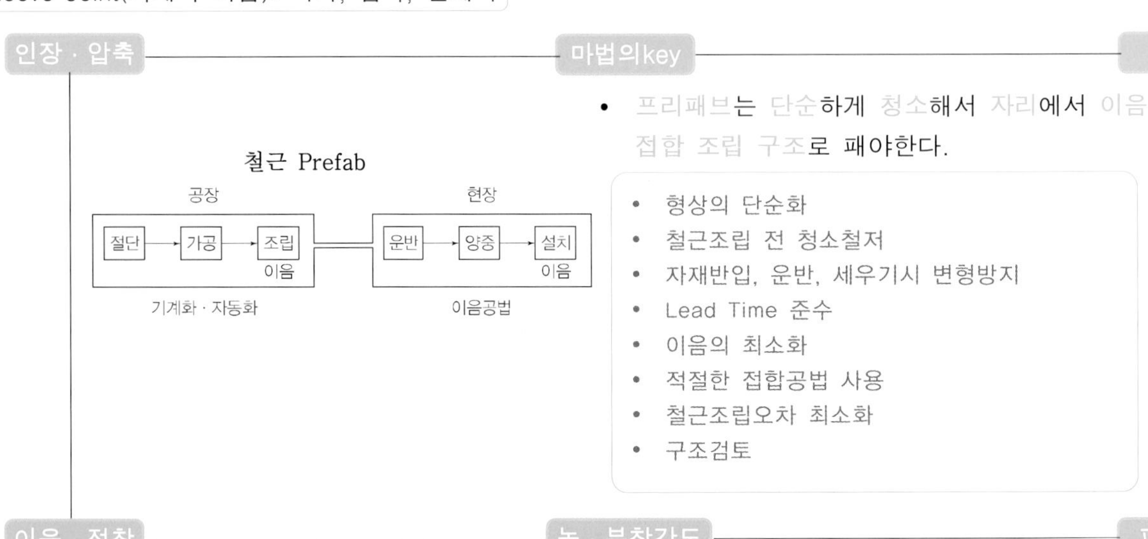

- 프리패브는 단순하게 청소해서 자리에서 이음 접합 조립 구조로 패야한다.

- 형상의 단순화
- 철근조립 전 청소철저
- 자재반입, 운반, 세우기시 변형방지
- Lead Time 준수
- 이음의 최소화
- 적절한 접합공법 사용
- 철근조립오차 최소화
- 구조검토